数据库原理及应用

主　编　李玲玲
副主编　吴修国　贾可亮　马艳波

電子工業出版社
Publishing House of Electronics Industry
北京·BEIJING

内容简介

本书内容共分为11章，分别介绍了数据库基础理论知识、SQL Server 2017操作、数据库应用。全书体系完整、可操作性强、案例丰富、深入浅出，通过案例对数据库相关知识进行分析，使读者通过学习能够构建一个数据库应用系统。本书配有电子课件、完整的开发案例源代码等教学资源，读者可登录华信教育资源网（www. hxedu. com. cn）免费下载。

本书既适合作为高等院校计算机、信息管理等相关专业学生的教材，也适合作为其他专业IT支撑类课程的教材。

图书在版编目（CIP）数据

数据库原理及应用 / 李玲玲主编. —北京：电子工业出版社，2020. 12

ISBN 978-7-121-40323-1

Ⅰ. ①数… Ⅱ. ①李… Ⅲ. ①关系数据库系统-高等学校-教材 Ⅳ. ①TP311. 132. 3

中国版本图书馆CIP数据核字（2020）第269492号

责任编辑：王二华
印　　刷：三河市鑫金马印装有限公司
装　　订：三河市鑫金马印装有限公司
出版发行：电子工业出版社
　　　　　北京市海淀区万寿路173信箱　邮编：100036
开　　本：787×1092　1/16　印张：19　字数：486. 4千字
版　　次：2020年12月第1版
印　　次：2020年12月第1次印刷
定　　价：58. 00元

凡所购买电子工业出版社图书有缺损问题，请向购买书店调换。若书店售缺，请与本社发行部联系，联系及邮购电话：(010)88254888，88258888。

质量投诉请发邮件至zlts@phei.com.cn，盗版侵权举报请发邮件至dbqq@phei.com.cn。

本书咨询联系方式：(010)88254532。

前　　言

随着大数据时代的到来，人们需要收集、分析、应用的数据量急剧增加，大数据分析技术应运而生。数据库系统和技术是大数据分析技术的基础，大数据分析技术更是将数据库的应用平台推向一个新的高度。

本书从教学实际需求出发，理论联系实际，介绍数据库原理知识和 SQL Server 2017 数据库管理系统的实际应用。全书体系完整、可操作性强，案例丰富、深入浅出，适合计算机、信息管理等相关专业的学生学习使用，也适合作为其他专业 IT 支撑类课程的教材。

本书内容可分为以下三个部分。

第一部分包括第 1 ~2 章，对数据库的基础理论进行介绍，包括数据库系统的基本概念、关系数据库基本理论和关系数据库规范化理论等，为后面的具体应用提供理论基础。

第二部分包括第 3 ~ 10 章，介绍关系数据库管理系统的具体应用，介绍 SQL Server 2017 的数据管理功能，包括数据库的创建和管理、数据表的创建和管理、数据完整性控制、数据查询、视图、索引、游标等相关内容。

第三部分包括第 11 章，介绍目前比较流行的另一种关系数据库管理系统，为编程人员的开发工作提供更多的选择。

本书由李玲玲、吴修国、贾可亮、马艳波等人合作编写，具体分工如下：李玲玲编写第 1、2、11 章；马艳波编写第 3、4、10 章；吴修国编写第 5、6、7 章；贾可亮编写第 8、9 章。最后由李玲玲进行统稿，李玲玲、吴修国、贾可亮完成最后的校稿工作。

本书在编写过程中参阅了大量数据库应用技术的文献，在此向这些文献的作者，以及为本书编写提供帮助的老师、同人和课题组成员致以诚挚的谢意和崇高的敬意。本书的编写还得到了济南网源科技有限公司的大力支持，公司工作人员对书中实例提出了宝贵建议；同时电子工业出版社的编辑也对本书的出版提供了细心指导和耐心帮助，在此一并表示衷心感谢。

本书的出版得到了山东财经大学一流学科建设项目与山东省教育服务新旧动能转换对接产业项目的资助；与此同时，本书也是山东省精品课程建设和在线精品课程建设的阶段性成果。为更好地服务课程建设，本书配有电子课件、完整的开发案例源代码、网络教学视频等教学资源。

由于我们学识水平有限，书中难免存在疏漏和不妥之处，恳请广大读者和同人批评指正。

编　者

目　录

第 1 章

数据库系统概述

数据库是信息科学相关学科和工程应用领域的重要基础，主要研究如何向用户提供具有共享性、安全性和可靠性数据的方法，如何在信息处理过程中有效地组织和存储海量数据的问题。

本章首先介绍数据库系统的基本概念、基本模型和基础理论；然后，介绍数据库系统、数据库管理系统的架构；最后，介绍数据库技术的最新发展和面临的挑战。

重点和难点

▶数据库系统的基本概念

▶数据库系统架构

▶数据模型

1.1 数据管理技术的产生和发展

从 20 世纪 60 年代中期到现在，数据库系统的研究和开发取得了非常辉煌的成就，发展成了以数据建模和数据库管理系统核心技术为主、内容丰富的一门学科。在“互联网 +”时代，数据库管理技术又有了新的特点。总体来看，数据管理技术经历了人工管理、文件管理、数据库管理、大数据管理四个阶段。

20 世纪 50 年代后期之前，数据无法存储，没有对数据进行统一管理的软件，数据由应用程序管理，不具备共享性和独立性，管理技术处于人工管理阶段。从 20 世纪 50 年代后期到 20 世纪 60 年代中期，数据以文件的形式存储在存储器中，由操作系统进行管理，与程序分开存储，具有设备独立性，数据管理技术处于文件管理阶段。从 20 世纪 60 年代后期开始，数据以结构化的方式存储在数据库中，由数据库管理系统管理，具备较高的独立性和共享性，数据管理处于数据库管理阶段，该阶段数据管理采用复杂的结构化数据模型，数据库系统描述数据与数据之间的联系，存取方式灵活，冗余度较低，数据控制功能强。

从数据的人工管理到数据库管理阶段，数据管理方式有了质的飞跃，这三个阶段的比较如表 1 - 1 所示。

表 1-1 数据管理阶段的比较

数据管理阶段	人工管理阶段	文件管理阶段	数据库管理阶段
应用背景	科学计算	科学计算、管理	大规模数据、分布数据的管理
硬件背景	无直接存储设备	磁带、磁盘	大容量磁盘、按需增容磁带机
软件背景	无专门的管理软件	利用 OS 的文件系统	由 DBMS 支撑
处理方式	批处理	联机实时处理、批处理	联机实时处理、批处理、分布处理
数据的管理者	用户管理	文件系统管理	DBMS 管理

随着互联网和物联网的飞速发展，文本、音频、视频、日志等大量半结构化、非结构化数据成为新的数据管理对象，大数据技术应运而生。大数据是指从客观存在的全量超大规模、多源异构、实时变化的微观数据中，利用自然语言处理、信息检索、机器学习、数据挖掘、模式识别等技术抽取知识，并转化为智慧的方法学，数据的采集和迁移、数据的存储和管理、数据的处理和分析、数据的安全和隐私保护成为大数据的关键技术。

然而，各类大数据技术多传承自关系数据库，如关系数据库上的异构数据集成技术、结构化查询技术、数据半结构化组织技术、数据联机分析技术、数据挖掘技术、数据隐私保护技术等。同时，大数据中的 NoSQL 数据库本身的含义是 Not Only SQL，表明大数据的非结构化数据库和关系数据库处理技术在解决问题上各具优势，大数据存储中的一致性、数据完整性、复杂查询的效率等方面还需要借鉴关系型数据库的一些成熟方案，因此掌握和理解关系数据库对日后开展大数据相关技术的学习、实践和创新具有重要的借鉴意义。

1.2 数据库的基本概念

1. 数据和信息

数据（Data）是描述客观事物的符号记录，是数据库中存储的基本对象，是关于现实世界事物的存在方式或运动状态反映的描述，可表现为数值、文字、图形、图像、音频、视频等形式。

信息（Information）是人脑对现实世界事物的存在方式、运动状态及事物之间联系的抽象反映。信息是客观存在的，人类有意识地对信息进行加工、传递，从而形成了各种消息、情报、指令等。也就是说，信息是具有特定意义的数据。信息不仅具有能够感知、存储、加工、传播、可再生等自然属性；同时，也是具有重要价值的社会资源。

数据和信息之间存在着固有的联系，数据是信息的符号表示或者载体，而信息是数据的内涵，如图 1-1 所示。

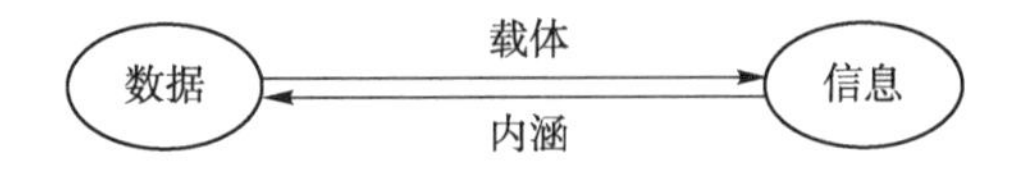

图 1-1 数据与信息之间的联系

下式简单地表达了信息与数据的关系：

信息 = 数据 + 语义

数据表示信息，而信息只有通过数据的形式表示出来才能被人们理解和接受。尽管两者在概念上不尽相同，但通常人们并不严格区分它们。

2. 数据处理与数据管理

数据处理是数据转换成信息的过程，包括对数据的收集、管理、加工利用乃至信息输出等一系列活动，其目的包括两个：一是从大量的原始数据中抽取和推导出有价值的信息，作为决策的依据；二是借助计算机科学地保存和管理大量复杂的数据，以便这些信息资源能够被方便利用。

数据管理是利用计算机硬件和软件技术对数据进行有效的收集、存储、处理和应用的过程，目的在于充分有效地发挥数据的作用。数据管理是与数据处理相关的不可缺少的环节，其技术优劣将直接影响数据处理的效果，数据库技术就是进行数据管理的一种重要技术。

3. 数据库

数据库（Database，DB）是长期存储在计算机内、有组织、可共享、统一管理的相关数据和数据对象（如表、视图、存储过程、触发器等）的集合。这种集合能够按一定的数据模型或结构进行组织、描述和长期存储数据；同时，能以安全和可靠的方法进行数据的检索和存储。数据库中的数据能被多个应用共享，具有较小的冗余度，相互之间联系紧密而又有较高的独立性。

4. 数据库管理系统

数据库管理系统（Database Management System，DBMS）是位于用户和操作系统之间，操纵和管理数据库的一种大型软件，用于建立、使用和维护数据库。DBMS 可以对数据库进行统一的管理和控制，以保证数据的安全性和完整性，是数据库系统的核心。DBMS 提供了数据定义语言（Data Definition Language，DDL）、数据操作语言（Data Manipulation Language，DML）和应用程序，为用户提供定义数据库的模式结构与权限约束，实现对数据的追加、删除、修改、查询等操作。

5. 数据库系统

数据库系统（Database System，DBS）是指计算机系统中引入数据库后的系统，主要由数据库、数据库用户、计算机硬件系统和软件系统组成，也有人将数据库系统简称数据库，数据库系统结构如图 1-2 所示。

（1）用户（Users）。用户是指使用和管理数据库的人，他们可以对数据库中的数据进行使用、维护、重构等操作。数据库系统中的用户又可以分为三类：终端用户、应用程序员和数据库管理员。其中数据库管理员（DBA）是指对数据库进行设计、维护和管理的人员，不仅需要熟悉系统软件，还应当熟悉本单位的业务工作，需要自始至终地参与整个数据库系统的研制工作，参与数据库设计的全过程并决定数据库的结构和内容，定义数据的安全性和完整性，分配用户对数据库的使用权限并完成资源配置等，负责监督并控制数据库的运行，必要时需要改进和重构数据库系统，当数据库受到破坏时应该负责恢复数据库。对于数据库系统，数据库管理员极为重要。

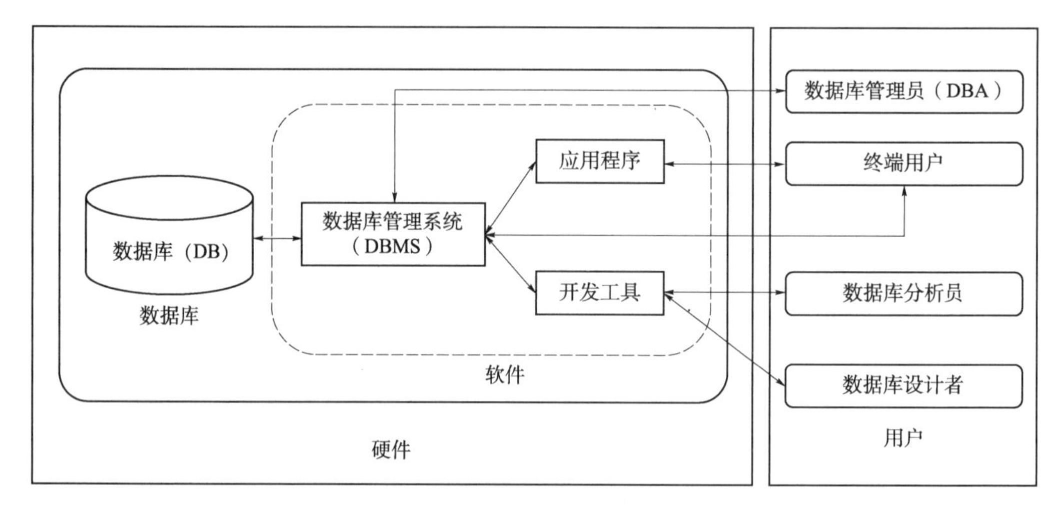

图1－2　数据库系统结构

（2）数据库。用户要用到的数据存储在数据库中，其中的数据种类包括永久性数据、索引数据、数据字典和事务日志等，数据库中的数据通常为多个用户所共享。

（3）软件（Software）。软件指在数据库环境中使用的软件，包括数据库管理系统、应用程序和开发工具等。

（4）硬件（Hardware）。安装数据库相关软件的硬件设备包括主机（CPU、内存和网卡等）、磁盘阵列、光驱和备份装置等。

1.3　数据模型

数据库不仅要反映数据本身的内容，而且要反映数据之间的联系。由于计算机不可能直接处理现实世界中的具体事务，所以人们必须事先把具体事务转换成计算机能够处理的数据。也就是首先要把信息数字化，把现实中具体的人、物、活动、概念等用数据模型这个工具来抽象、表示和处理。

1.3.1　数据模型的概念及分类

数据模型是现实世界事物、概念等的抽象，用于描述一组数据的概念和定义。数据模型是对现实世界数据的模拟，利用数据模型我们可以更好地把现实中的事务抽象为计算机可处理的数据。现有的数据库都是基于某种模型而构建的，数据模型是数据库系统的核心和基础。一般来说，数据模型应满足三个方面的要求：一是能比较真实地模拟现实世界；二是容易为人们所理解；三是便于在计算机上实现。一种数据模型要很好地满足这三方面要求在目前尚很困难，在数据库系统中应根据不同的使用对象和应用目的，采用不同的数据模型。

1. 三个世界的基本概念

人们把具体事物抽象并转换为计算机能够处理的数据，需要经过两个阶段：首先将现实世界中的客观对象抽象为信息世界的概念模型；然后，将信息世界的概念模型转换为计算机世界的组织模型，如图1－3所示。

图 1－3　三个世界之间的数据转换

现实世界，即客观存在的世界，其中存在着各种事物及它们之间的联系，每个事物都有自己的特性或性质。信息世界是现实世界在人们头脑中的反映，现实世界经过人脑的分析、归纳和抽象，形成信息，人们把这些信息进行记录、整理、归类和格式化后，形成了信息世界。计算机世界就是将信息世界中的信息数据化，将信息用字符和数值等数据表示，存储在计算机中由计算机进行识别和处理。

概念模型和组织模型是现实世界事物及其联系的两级抽象，而组织模型是实现数据库系统的根据。在数据处理中，数据加工经历了现实世界、信息世界和计算机世界三个不同的世界，经历了两级抽象和转换，将数据集合存储和管理于计算机之中。在三个世界抽象和转换过程中各个术语之间的对应关系如图 1－4 所示。

现实世界	→	信息世界	→	计算机世界
事物总体	→	实体集	→	文件
事物个体	→	实体	→	记录
特征	→	属性	→	字段
事物之间的联系	→	概念模型	→	组织模型

图 1－4　在三个世界抽象和转换过程中各个术语之间的对应关系

2. 数据模型的组成要素

一般地讲，数据模型是严格定义的一组概念的集合，是一种形式化描述数据、数据间联系以及有关语义约束规则的方法，精确地描述了系统的静态特性、动态特性和完整性约束，因此数据模型通常由数据结构、数据操作和完整性约束三个部分组成，称为数据模型的三要素。

1）数据结构

数据结构用于描述数据库系统的静态特性，是所研究的对象类型的集合。数据结构所研究的是数据本身的类型、内容和性质，以及数据之间的关系。

2）数据操作

数据操作是一组用于对指定数据结构的有效操作，主要是指检索和更新（插入、删除、修改）两类操作。数据模型必须定义这些操作的确切含义、操作符号、操作规则（如优先级）以及实现操作的语言。数据操作是对数据库系统动态特性的描述。

3）完整性约束

完整性约束是一组完整性规则的集合，定义了针对给定数据模型中数据及其联系所具有的制约和依存规则，规定了数据库状态及状态变化所应满足的条件，以保证数据的正确性、有效性和相容性。每种数据模型都有通用的和特殊的完整性约束条件，把具有普遍性的问题归纳成通用完整性约束条件，能够把反映某一应用中涉及的数据所必须遵守的特定语义约束条件定义为特殊的完整性约束条件。

3. 数据模型分类

根据数据模型的应用层次不同，数据模型可以分为以下几类。

（1）概念模型（Conceptual Model）：也称为信息模型，按用户的观点对数据和信息建模，是现实世界到信息世界的第一层抽象，主要用来描述现实世界的概念化结构，与具体的 DBMS 无关。概念模型属于信息世界的模型，是概念级的，转换成组织模型才能在 DBMS 中实现。

（2）组织模型（Organizational Model）：或直接称为数据模型，是计算机世界中的数据模型，是对现实世界的第二层抽象，按计算机的观点对数据建模，有严格的形式化定义，是具体的 DBMS 所支持的数据模型，如网状模型（Network Model）、层次模型（Hierarchical Model）、关系模型（Relational Model）、面向对象模型（Object－oriented Model）等。

（3）物理模型（Physical Model）：是对数据最底层的抽象，描述数据在存储介质上的存储方法和存取方法，是面向计算机系统的，不但与具体的 DBMS 有关，而且与操作系统和硬件有关。每一种组织模型在实现时都有其对应的物理模型。

DBMS 为了保证其独立性与可移植性，大部分物理模型的实现工作由系统自动完成，而设计者只设计索引、聚集等特殊结构。因此，后面章节仅介绍概念模型和组织模型。

1.3.2 概念模型

概念模型用于信息世界的建模，是数据库设计人员进行数据库设计的有力工具，也是数据库设计人员和用户之间进行交流的语言。因此，概念模型一方面应该具有较强的语义表达能力，能够方便、直接地表达应用中的各种语义知识；另一方面它还应该简单、清晰、易于用户理解。

1. 基本概念

（1）实体（Entity）：客观存在的实体事物，可以是具体的人或事物，也可以是抽象的概念，如一个银行、一个企业、一种物资、一次比赛、一堂课等。

（2）属性（Attribute）：实体所具有的某一特性，如实体企业的一个属性为法人代表。一个实体由多个属性来刻画，且属性有“型”和“值”之分，“型”即为属性名，如银行代码、银行名称、所在区域、联系电话等都是属性的型；“值”即为属性的具体内容，如银行（'J0101'，'建行济钢分理处'，'历城区'，'0531－88866691'），这些属性值的集合表示了一个银行实体。

（3）实体集（Entity Set）：同一类型实体的集合，如某银行的全部支行、全体客户等。

（4）联系（Relationship）：现实世界中事物内部及事物之间是有联系的，这些联系同样也要反映到信息世界中，即单个实体型内部的联系和实体型之间的联系。

不管是单个实体型内部的联系还是实体型之间的联系，都有一对一、一对多、多对多三种类型。

2. E－R 图

概念模型的表示方法很多，其中非常著名的是 P. P. Chen 于 1976 年提出的实体－联系方法（Entity－Relationship Approach，E－R 方法），该方法用 E－R 图来描述现实世界的概念模型，称为 E－R 模型或 E－R 图。E－R 图由实体、属性和联系组成。

1）实体和属性

在 E－R 图中，实体用矩形表示，矩形框内写明实体名称；属性用椭圆形表示，并用无向边将其与相应的实体连接起来。

例如，银行实体具有银行代码、银行名称、银行所在区、联系电话四个属性，可以用图 1－5 来表示。

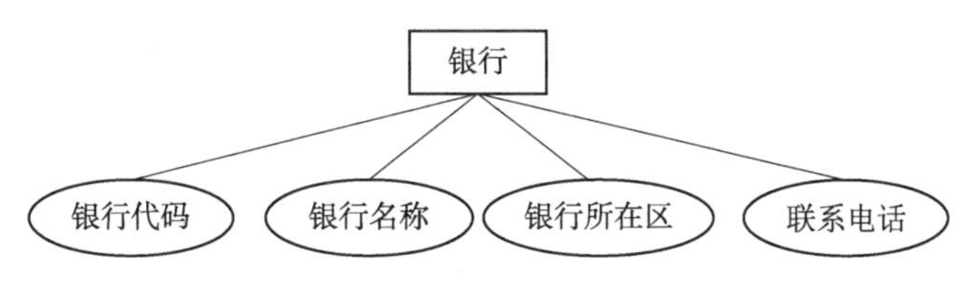

图 1－5　银行实体及其属性

2）联系

在 E－R 图中，联系用菱形表示，菱形框内写明联系名称，并用无向边分别与有关实体连接起来，同时在无向边旁标上联系的类型，实体之间的联系分为以下三种类型。

（1）一对一联系（1∶1），如图 1－6（a）所示，是指实体集 A 中的一个实体至多与实体集 B 中的一个实体相对应；反之，实体集 B 中的一个实体至多与实体集 A 中的一个实体对应，如观众与座位、班长与班级之间的联系。

（2）一对多联系（$1:n$），如图 1－6（b）所示，是指实体集 A 中的一个实体可以与实体集 B 中的 n（$n \geqslant 0$）个实体相联系，但实体集 B 中的一个实体仅与实体集 A 中的一个实体相对应，如公司与职员、班级与学生之间的联系。

（3）多对多联系（$m:n$），如图 1－6（c）所示，是指实体集 A 中的一个实体可以与实体集 B 中的 n（$n \geqslant 0$）个实体相联系；反之，实体集 B 中的一个实体可以与实体集 A 中的 $m(m \geqslant 0)$ 个实体相对应，如商店与顾客、企业与银行之间的联系。

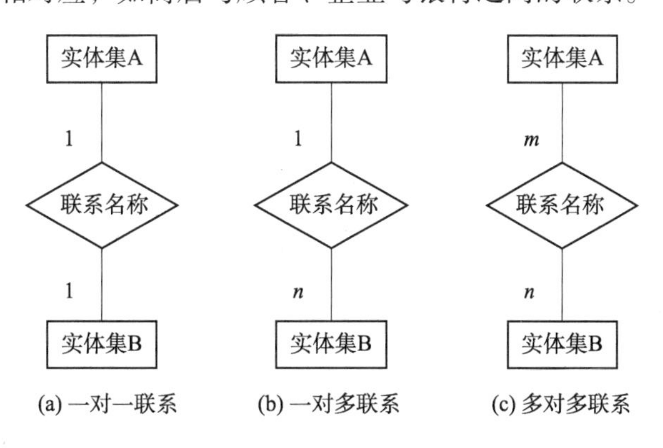

图 1－6　实体间的联系

联系若有属性，这些属性也要用无向边与该联系连接起来。例如，在银行贷款管理系统中，银行与客户之间的贷款联系，需要贷款时间、贷款金额和贷款期限等属性，属于多对多联系，可以表示为图1-7。

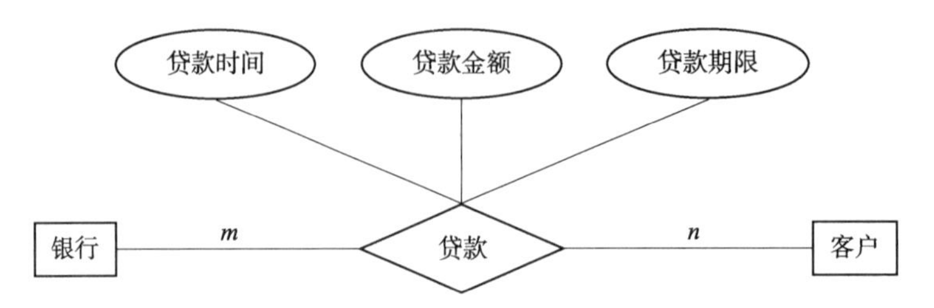

图1-7　银行和客户之间的贷款联系

将图1-7中银行、客户的属性补充完整，得到如图1-8所示的某地区各个银行营业厅的贷款情况统计完整E-R图。

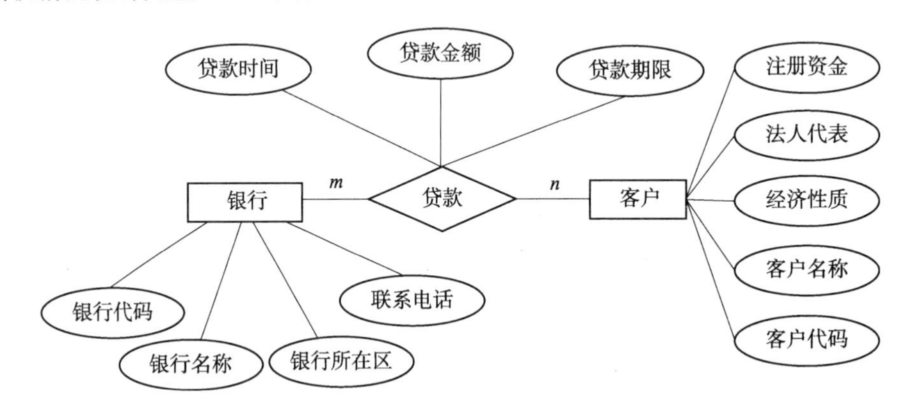

图1-8　某地区各个银行营业厅的贷款情况统计完整E-R图

实体-联系方法是抽象和描述现实世界的有力工具，用E-R图表示的概念模型独立于具体的DBMS所支持的组织模型，是各种组织模型的共同基础，比组织模型更一般、更抽象、更接近现实世界。

1.3.3　组织模型

常见的传统组织模型主要有层次模型、网状模型、关系模型和面向对象模型四种。其中，层次模型和网状模型统称为非关系模型，随着大数据技术的发展出现了文档、索引等新兴的组织模型。

1. 层次模型

层次模型的数据结构类似一棵倒置的树，按照层次结构的形式组织数据库中的数据，即用树型结构表示实体以及实体之间的联系，每个节点表示一个记录型，节点之间的连线表示记录型之间的联系。

层次模型只能处理一对一、一对多的实体联系，而无法表达两个以上实体之间的复杂联系和实体之间的多对多联系，严格的层次关系使得数据插入和删除操作变得复杂。

2. 网状模型

网状模型采用网状结构表示实体及其之间的联系。在网状模型中，每个节点表示一个记录型，记录型描述的是实体；节点间带箭头的连线（有向边）表示记录型之间的联系。与层次模型不同的是，每个节点允许有多个前驱，节点之间可以存在多种联系。

然而由于网状模型比较复杂，一般实际的网络数据库对网状都有一些具体限制。

3. 关系模型

关系模型是以关系代数理论为基础构造的数据模型，实体以及实体间的联系都使用关系表示。

在关系模型中，操作的对象和结果都是二维表（关系），表格与表格之间通过相同的栏目（码）建立联系。关系模型有很强的数据表示能力和坚实的数学理论，且结构单一，数据操作方便，最易被用户接受，以关系模型为基础建立的关系数据库是目前应用最广泛的数据库。目前绝大多数 DBMS 为关系型的，如 SQL Server、MySQL、Oracle 等就是几种典型的关系型 DBMS。

4. 面向对象模型

面向对象模型是采用面向对象的方法来设计数据库，数据存储以对象为单位，每个对象包含对象的属性和方法，具有类和继承等特点。面向对象模型也用二维表来表示，称为对象表，一个对象表用来存储这一类的一组对象。对象表的每一行存储该类的一个对象，对象表的列则与对象的各个属性对应。因此，在面向对象数据库中，表分为关系表和对象表，虽然都是二维表结构，但是基于的数据模型是不同的。

5. 其他组织模型

随着数据库管理技术的发展，组织模型不断推陈出新，多种组织模型得到广泛应用，如键-值模型、文档模型、列式存储模型、倒排索引模型等。

1.4 数据库系统结构

考察数据库系统结构可以有多种不同的层次或不同的角度。从数据库最终用户角度看，数据库系统结构分为集中式结构（又分成单用户结构、主从式结构）、分布式结构、客户/服务器结构、浏览器/服务器结构，这是数据库系统的外部系统结构；从数据库管理系统角度看，数据库系统通常采用三级模式结构，这是数据库系统的内部系统结构。本小节仅介绍数据库系统的内部系统结构，外部系统结构请参见相关资料。

1.4.1 数据库系统的三级模式结构

从数据库管理系统角度看，数据库系统的内部系统采用三级模式二级映像的结构。

1. 模式的概念

在数据模型中有“型”（Type）和“值”（Value）的概念，型是对某一类数据的结构和属性的说明，值是型的一个具体赋值。而模式（Schema）则是数据库中全体数据的逻辑结构和特征的描述，是对“型”的描述，不涉及具体的“值”。模式的一个具体值称为模式的一个实例（Instance），同一个模式可以有很多实例。模式是相对稳定的，而实例是相对变动的，因为数据库中的数据是不断更新的。模式反映的是数据的结构及其联系，而实例反映的是数据库某一时刻的状态。

尽管数据库管理系统产品种类繁多，支持的数据模型不同，使用的数据库语言、操作系统、存储结构也各不相同，但它们在系统结构上通常都具有相同的特征，即采用三级模式结构，并提供二级映像功能，如图 1－9 所示。

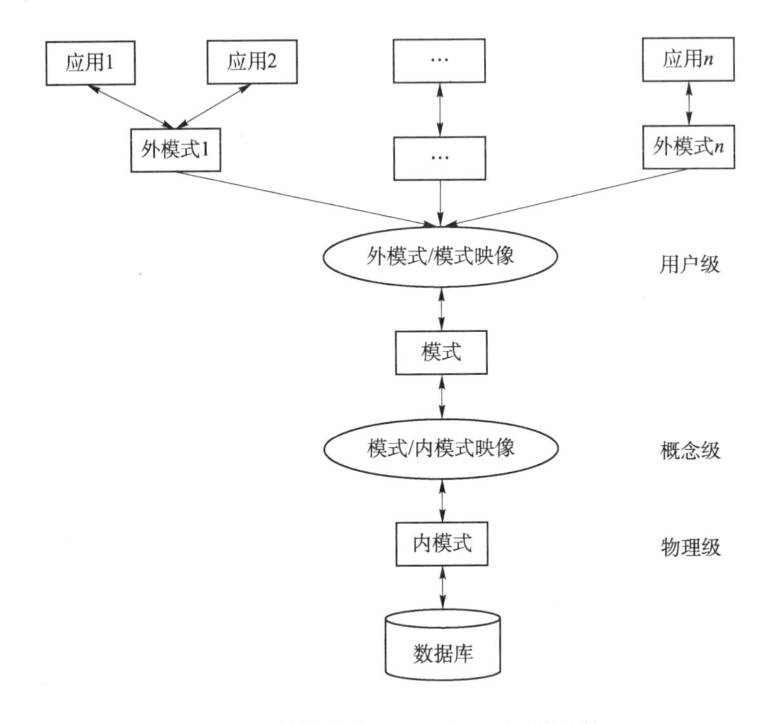

图 1－9　数据库的三级模式二级映像结构

2. 概念模式

概念模式也称逻辑模式，简称模式，是数据库系统模式结构的中间层，是对数据库中数据的整体逻辑结构和特征的描述，是所有用户的公共数据视图。一般说来，概念模式既不涉及数据的物理存储细节，也与具体的应用、客户端开发工具无关。概念模式以某种数据模型为基础，综合考虑用户的需求和整个数据集合的抽象表示，并将它们有机地结合成一个逻辑整体，是整个数据库实际存储的抽象表示。定义概念模式时，不仅要定义数据的逻辑结构，如数据的属性、属性的类型信息等，还要定义与数据有关的安全性和完整性要求、数据之间的联系等。一个数据库应用只有一个概念模式。

3. 外模式

外模式又称子模式，是三级模式结构的最外层。外模式是对数据库用户看见和使用的局部数据的逻辑结构和特征的描述，是数据库用户的数据视图，是与某一应用有关的数据的逻辑表示，如数据库的视图就是一种外模式。外模式通常是模式的一个子集，一个数据库可以有多个外模式，同一外模式也可以为某一用户的多个应用系统所使用，但是一个应用只能使用一个外模式。

外模式是保证数据库安全性的一个有力措施，每个用户只能看见和访问所对应的外模式中的数据，数据库中的其余数据是不可见的，外模式在一定程度上保证了信息的安全性。

4. 内模式

内模式又称存储模式，是三级模式结构的最内层，是对数据物理结构和存储方式的描述，是数据在数据库内部的表示方式。例如，记录的存储方式是用顺序存储还是哈希存储、数据是否压缩存储、数据是否加密等均属于内模式的范畴。数据库管理系统一般提供内模式描述语言来描述和定义内模式。一般说来，一个数据库系统只有一个内模式，即一个数据库系统实际存在的只是物理级的数据库。

1.4.2 数据库系统的二级映像与数据独立性

数据库系统的三级模式结构是对数据库的三个级别的抽象，它使用户能逻辑、抽象地处理数据，而不必关心数据在计算机内部的存储表示。为了能够在内部实现这三个抽象层次间的联系和转换，数据库管理系统在三级模式之间提供了二级映像，即外模式/模式、模式/内模式映像。二级映像保证了数据库数据具有较高的独立性，即物理独立性和逻辑独立性。

1. 外模式/模式映像

外模式描述的是数据的局部逻辑结构，模式描述的是数据的全局逻辑结构。对于模式而言，可以有多个外模式；对于每个外模式，都存在一个外模式/模式映像。外模式/模式映像确定了数据的局部逻辑结构与全局逻辑结构间的对应关系。一旦应用程序需要不同的外模式，即需要修改局部逻辑结构，数据库管理员可以调整外模式/模式映像，而不必修改全局逻辑结构；同样，全局逻辑结构发生改变也可以通过修改外模式/模式映像实现，而避免修改局部逻辑结构，从而不必修改访问局部逻辑结构的应用程序。因此，外模式/模式映像提高了数据的逻辑独立性。

2. 模式/内模式映像

数据库中的模式和内模式都只有一个，所以模式/内模式映像是唯一的，该映像确定了数据的全局逻辑结构与内部存储结构之间的对应关系。当存储结构变化时，内模式/模式映像也有相应的变化，但是模式仍可保持不变，这样就把数据存储结构变化的影响限制在模式之下，可使数据的存储结构和存储方法独立于应用程序。该映像保证了数据存储结构的变化不影响全局的逻辑结构，因此提高了数据的物理独立性。

1.4.3 三级模式二级映像结构的优点

数据库系统的三级模式二级映像结构具有如下优点。

（1）保证了数据的独立性。将外模式和模式分开，保证了数据的逻辑独立性；将模式和内模式分开，保证了数据的物理独立性。

（2）简化了数据接口。按照外模式即可编写应用程序或输入命令，而不需要了解数据库内部的存储结构，方便用户使用系统。

（3）有利于数据的共享。在不同的外模式下可由多个用户共享系统中的数据，减少了数据冗余。

（4）有利于数据的安全保密。在外模式下根据要求进行操作，只能对限定的数据进行操作，保证了其他数据的安全。

1.5 关系数据库面临的挑战及流行的数据库产品

1.5.1 关系数据库面临的挑战

大数据时代以及 Web2.0、3.0 时代的到来，传统的关系数据库在一些应用场景下遇到一些挑战。

首先，存储和管理数据库方面。随着互联网、物联网的迅猛发展，数据来源非常丰富且多样，这就导致数据量非常大，且半结构化、非结构化特征明显，对数据的存储和管理提出了新的要求，传统的关系数据库无法存储大量半结构化、非结构化数据。

其次，数据的实时处理方面。大数据时代数据的特征是 Volume（大量）、Variety（多样）、Velocity（高速）、Value（价值密度低），因此数据处理的要求便是对海量、多样非结构化且价值密度低的数据进行高速处理，即时得到有价值的信息。传统关系数据库在实时处理方面无法满足大数据时代数据处理的需求。

最后，SQL 查询功能被弱化。在大数据背景下，数据量大且结构复杂，数据处理时应避免对多个大表的关联查询以及复杂的数据分析类型的 SQL 报表查询，否则响应时间得不到保证，此时更多的是对单表的主键查询以及单表的简单条件分页查询，SQL 无法再发挥其强大功能。

在此背景下，NoSQL 数据库应运而生，涌现出大量的新兴数据库产品。在实际应用中，需要根据实际应用场景选择满足需求的数据库产品。

1.5.2 流行的数据库产品

数据库系统在 OLTP（联机数据处理，记录即时的增、删、查、改）、OLAP（联机分析处理，可用于商业智能、决策支持分析等）、信息检索、分布式存储、并行计算、大数据智能、电子商务与电子政务等应用领域都发挥了重要作用，可以安全高效地管理数据并对其进行有效维护。可以说，数据库技术是计算机科学与技术领域中迅速发展壮大的一个分支，已经发展成为具有很大工程实践价值的学科。

目前，商品化的数据库管理系统以关系数据库为主导产品，技术比较成熟。国际国内的主导关系数据库管理系统有 Oracle、Sybase、INFORMIX 等。这些产品都支持多平台，如 UNIX、VMS、Windows，但支持的程度不一样。IBM 的 DB2 也是成熟的关系数据库。但是，DB2 是内嵌于 IBM 的 AS/400 系列机中，只支持 OS/400 操作系统。随着大数据时代的到来，也出现了很多新型的非关系型数据库等，表 1－2 列出了 2020 年 6 月份数据库权威网站 db－engines（http：//db－engines. com）上面给出的 356 种不同数据库排名的前十名，这些数据库产品所支持的数据模型包括关系模型、键－值模型、文档模型、搜索引擎模型等，像文档型数据库 MongoDB 已在排名榜上进入前五名。然而，从表 1－2 中可以看出，关系数据库仍然在当今数据库技术中占据主导地位。

表 1－2　来自 db-engines 网站的流行数据库排名

356 systems in ranking, June 2020							
Rank			DBMS	Database Model	Score		
Jun 2020	May 2020	Jun 2019			Jun 2020	May 2020	Jun 2019
1.	1.	1.	Oracle	Relational, Multi-Model	1343. 59	－1. 85	＋44. 37
2.	2.	2.	MySQL	Relational, Multi-Model	1277. 89	－4. 75	＋54. 26
3.	3.	3.	Microsoft SQL Server	Relational, Multi-Model	1067. 31	－10. 99	－20. 45
4.	4.	4.	PostgreSQL	Relational, Multi-Model	522. 99	＋8. 19	＋46. 36
5.	5.	5.	MongoDB	Document, Multi-Model	437. 08	－1. 92	＋33. 17
6.	6.	6.	IBM DB2	Relational, Multi-Model	161. 81	－0. 83	－10. 39
7.	7.	7.	Elasticsearch	Search Engine, Multi-Model	149. 69	＋0. 56	＋0. 86
8.	8.	8.	Redis	Key-Value, Multi-Model	145. 64	＋2. 17	－0. 48
9.	9.	↑11.	SQLite	Relational	124. 82	＋1. 78	－0. 07
10.	↑11.	10.	Cassandra	Wide Column	119. 01	－0. 15	－6. 17

第 2 章

关系数据库理论基础

关系数据库是支持关系模型的数据库。关系数据库目前仍是应用最广泛，也是最重要、最流行的数据库。本章从数据结构、关系操作集合、完整性约束、规范化四方面讲述关系数据库的基本理论，包括关系模型的数据结构、关系的定义和性质、关系的完整性和规范化、关系代数和关系数据库的基本概念等。

重点和难点

▶关系模型的基本概念

▶关系模型的完整性约束

▶关系代数

▶函数依赖和关系模式的规范化

▶关系模式分解

2.1 关系模型的基本概念

关系模型将概念模型中的实体和联系均用关系来表示，从用户观点看，关系模型中数据的逻辑结构就是一张二维表，由行、列组成。因此，关系可以用二维表表示。关系是关系模型的单一数据结构。关系模型是以集合代数理论为基础的，可用集合代数给出“关系”的形式化定义。

2.1.1 基本概念

1. 域

定义 2－1　域（Domain）

域是一组具有相同数据类型的值的集合，又称值域，用字母 D 表示。域中所包含的值的个数称为域的基数（用 m 表示）。

在关系中，域是用来表示属性的取值范围的，也就是二维表中“列”的取值范围。

例 2－1　已知如下 4 个域：

D_1 = {…，－3，－2，－1，0，1，2，3，4，5…}，表示全体整数的集合；

D_2 = {建行济钢分理处，建行济南新华支行，招行舜耕支行，招行洪楼支行，农业银行山东省分行}，表示银行营业厅的集合；

D_3 = {历城区，市中区，历下区}，表示银行所在区的集合；

D_4 = {0531 - 88866691，0531 - 82070519，0531 - 82091077，0531 - 88119699}，表示电话号码的集合。

一般来说，域内的元素无次序。域 D_1 的基数 m_1 为无穷大，域 D_2 的基数 $m_2 = 5$，域 D_3 的基数 $m_3 = 3$，域 D_4 的基数 $m_4 = 4$。

2. 笛卡儿乘积（笛卡儿积）

在数学中，两个集合 X 和 Y 的笛卡儿乘积（Cartesian Product），又称直积，表示为 $X \times Y$，是第一个对象为 X 的成员而第二个对象为 Y 的成员的所有可能有序对集合。假设集合 A = {a, b}，集合 B = {0, 1, 2}，则两个集合的笛卡儿乘积为 $A \times B$ = {(a, 0), (a, 1), (a, 2), (b, 0), (b, 1), (b, 2)}。

一般地，我们可以将笛卡儿乘积做如下定义。

定义 2-2　笛卡儿乘积

给定一组域 D_1，D_2，…，D_n（它们可以包含相同的元素；可以完全不同；也可以完全相同或者部分相同），则 D_1，D_2，…，D_n 的笛卡儿乘积为：

$$D_1 \times D_2 \times \cdots \times D_n = \{(d_1, d_2, \cdots, d_n) \mid d_i \in D_i, i = 1, 2, 3, \cdots, n\}$$

其中，每一个元素（d_1，d_2，…，d_n）称为一个元组（Tuple）。当 $n = 1$ 时称为单元组，$n = 2$ 时称为二元组，依此类推。

元素中的每一个值称为元组分量，分量来自相应的域（$d_i \in D_i$）。

若 $D_i(i = 1, 2, \cdots, n)$ 为有限集，其基数为 $m_i(i = 1, 2, \cdots, n)$，则 $D_1 \times D_2 \times \cdots \times D_n$ 的基数为 $\prod_{i=1}^{n} m_i$。

例 2-2　给定以下 3 个域：

D_2 = {建行济钢分理处，建行济南新华支行，招行舜耕支行}；

D_3 = {历城区，市中区}；

D_4 = {0531 - 88866691，0531 - 82070519，0531 - 82091077}。

求 $D_2 \times D_3 \times D_4$。

将 D_2，D_3 与 D_4 的笛卡儿乘积定义为集合：

$D_2 \times D_3 \times D_4$ = {(建行济钢分理处，历城区，0531 - 88866691)，(建行济钢分理处，历城区，0531 - 82070519)，(建行济钢分理处，历城区，0531 - 82091077)，(建行济钢分理处，市中区，0531 - 88866691)，…}。

上述笛卡儿乘积表示银行名称、区域和电话的所有可能的组合。其中（建行济钢分理处，历城区，0531 - 88866691）（建行济钢分理处，历城区，0531 - 82070519）等都是元组，建行济钢分理处、历城区、0531 - 88866691 等是分量。该笛卡儿乘积的基数为 $3 \times 2 \times 3 = 18$，即 $D_2 \times D_3 \times D_4$ 共 18 个元组。

笛卡儿乘积可以表示为一个二维表，表中每行对应一个元组，表中每列对应一个域。$D_2 \times D_3 \times D_4$ 的二维表形式如表 2-1 所示。

表 2-1　$D_2 \times D_3 \times D_4$的二维表形式

D_2	D_3	D_4
建行济钢分理处	历城区	0531-88866691
建行济钢分理处	历城区	0531-82070519
建行济钢分理处	历城区	0531-82091077
建行济钢分理处	市中区	0531-88866691
建行济钢分理处	市中区	0531-82070519
建行济钢分理处	市中区	0531-82091077
建行济南新华支行	历城区	0531-88866691
建行济南新华支行	历城区	0531-82070519
建行济南新华支行	历城区	0531-82091077
建行济南新华支行	市中区	0531-88866691
建行济南新华支行	市中区	0531-82070519
建行济南新华支行	市中区	0531-82091077
招行舜耕支行	历城区	0531-88866691
招行舜耕支行	历城区	0531-82070519
招行舜耕支行	历城区	0531-82091077
招行舜耕支行	市中区	0531-88866691
招行舜耕支行	市中区	0531-82070519
招行舜耕支行	市中区	0531-82091077

显然，笛卡儿乘积是所有域的所有取值的组合，其中元组没有重复。这些元组是单纯的笛卡儿乘积的结果，没有考虑具体的语义，可能只有部分元组是有意义的。

3. 关系

定义 2-3　关系（Relation）

笛卡儿乘积$D_1 \times D_2 \times \cdots \times D_n$的一个子集称为定义在域$D_1$，$D_2$，…，$D_n$上的$n$元关系，表示为：

$$R(D_1, D_2, \cdots, D_n)$$

这里R表示关系的名字，n是关系的目或者度（Degree）。

关系中的每个元素是关系中的元组，通常用t表示。

当$n=1$时，称该关系为单元关系（Unary Relation）；

当$n=2$时，称该关系为二元关系（Binary Relation）。

关系是笛卡儿乘积的有意义的有限子集，所以关系也是一个**二维表**，表的每一行对应一个**元组**，表的每一列对应一个域。由于域可以相同，为了区分，必须对每列取一个名字，称为**属性**（Attribute）。n元关系必须有n个属性。

例 2-3　从例 2-2 的笛卡儿乘积中取出有实际意义的元组构造关系 Bank。实际情况中，每个银行的地址和联系电话都是唯一的。于是：

Bank = {(建行济钢分理处，历城区，0531-88866691)，(建行济南新华支行，市中区，0531-82070519)，(招行舜耕支行，市中区，0531-82091077)}

对每个属性列取一个唯一的名字，D_2用银行名称代替，D_3用银行所在区代替，D_4用联系电话来代替，Bank 包含三个银行的基本情况，其二维表形式如表 2－2 所示。

表 2－2　Bank 的二维表形式

银 行 名 称	银行所在区	联 系 电 话
建行济钢分理处	历城区	0531－88866691
建行济南新华支行	市中区	0531－82070519
招行舜耕支行	市中区	0531－82091077

2.1.2　关系的性质

尽管关系与二维表、传统的数据文件非常类似，但它们之间又有重要区别。严格地说，关系是规范化了的二维表中行的集合，为了使相应的数据操作简化，在关系模型中，对关系做了种种限制，关系具有如下特性。

（1）每一列中的分量必须来自同一个域，必须是同一类型的数据。

（2）不同的属性必须有不同的名字，不同的属性可来自同一个域，即它们的分量值可以取自同一个域。

（3）列的顺序可以任意交换，关系中属性的顺序即列序是无关紧要的。

（4）关系中元组的顺序（行序）可任意。在一个关系中可以任意交换两行的次序，关系中元组的顺序是无关紧要的。因为集合中的元素是无序的，所以作为集合元素的元组也是无序的。根据关系的这个性质，改变元组的顺序使其具有某种排序，然后按照顺序查询数据，可以提高查询速度。

（5）关系中不允许出现相同的元组。因为数学集合中没有相同的元素，而关系是元组的集合，所以作为集合的元组应该是唯一的。

（6）关系中每一分量必须是不可分的数据项，或者说所有属性都是原子的，即属性值一定是一个确定的值或空值（表示未知或不可使用），而不能是一个值的集合，不可“表中有表”。这是规范条件中最基本的一条，满足此条件的关系称为规范化关系，否则称为非规范化关系。

例 2－4　表 2－3 所示的关系为非规范化的关系，表 2－4 所示的关系就是相应的规范化的关系。

表 2－3　非规范化的关系

<table>
<tr><th rowspan="2">银行名称</th><th rowspan="2">银行所在区</th><th colspan="2">联 系 电 话</th></tr>
<tr><th>电话 1</th><th>电话 2</th></tr>
<tr><td>建行济南新华支行</td><td>市中区</td><td>0531－82070519</td><td>0531－82091077</td></tr>
</table>

表 2－4　规范化的关系

<table>
<tr><th rowspan="2">银行名称</th><th rowspan="2">银行所在区</th><th colspan="2">联 系 电 话</th></tr>
<tr><th>电话 1</th><th>电话 2</th></tr>
<tr><td>建行济南新华支行</td><td>市中区</td><td>0531－82070519</td><td>0531－82091077</td></tr>
</table>

2.1.3 关系模式

关系模式是关系的框架，或称为表框架，是对关系的描述。严格说来，它是一个五元组。

定义 2-4 关系模式（Relation Schema）

完整关系模式的数学定义为：

$$R(U, D, \mathrm{dom}, F)$$

其中，R 为关系名，U 为组成该关系的属性名集合，D 为属性组 U 中属性所来自的域的集合，dom 为属性向域映像的集合，域名 D 及属性向域的映像 dom 常常直接被说明为属性的类型、长度，而 F 为属性间函数依赖关系的集合，函数依赖将在 2.4 节讲述。关系模式通常简写为

$$R(U) \text{或} R(A_1, A_2, \cdots, A_n)$$

其中，R 为关系名，U 为属性集合，A_1，A_2，…，A_n为属性名。

例 2-5 例 2-3 中 Bank 关系的关系模式为：

Bank（银行名称，银行所在区，联系电话）

关系模式和关系是型和值的联系。关系模式指出了一个关系的结构，而关系则是由满足关系模式结构的元组构成的集合。因此，关系模式决定了关系的变化形式，只有关系模式确定了，由它所产生的值——关系的数据结构也就确定了。关系模式是稳定的、静态的，而关系则是随时间变化的、动态的。但通常在不引起混淆的情况下，两者都可以称为关系。

2.1.4 关系数据库与关系数据库模式

在关系模型中，实体以及实体间的联系都是用关系来表示的。例如，银行实体、客户实体，银行与客户间的多对多联系都可以分别用一个关系来表示。在一个给定的应用领域中，所有实体以及实体之间联系所对应的关系的集合就构成一个关系数据库。

关系数据库也有型和值之分，关系数据库的型即关系数据库模式，关系数据库的值是关系数据库中某时刻各个关系的集合。

关系数据库模式是一个应用领域中所有关系模式的集合，包括若干域的定义和在这些域上定义的若干关系模式。因此，关系数据库模式是对关系数据库的描述，是对关系数据库框架的描述。

而关系数据库是一个关系的集合，是关系数据库的值，是给定的关系数据库模式在某一时刻对应的关系的集合。也就是说，与关系数据库模式对应的数据库中的当前值就是关系数据库的内容，称为关系数据库实例。

关系数据库模式是稳定的、相对固定的，而关系数据库的值则是动态的，会随时间而变化。

例如，银行贷款数据库 LoanDB，其中包含银行、客户、贷款三个关系模式：

（1）银行 BankT（银行代码 Bno，银行名称 Bname，银行所在区 Bloc，联系电话 Btel）；

（2）客户 CustomerT（客户代码 Cno，客户名称 Cname，经济性质 Cnature，注册资金 Ccaptical，法人代表 Crep）；

（3）贷款 LoanT（客户代码 Cno，银行代码 Bno，贷款日期 Ldate，贷款金额 Lamount，贷款年限 Lterm）。

银行贷款数据库 LoanDB 在某时刻的关系的集合如表 2－5、表 2－6、表 2－7 所示。

表 2－5　银行 BankT

Bno	Bname	Bloc	Btel
J0101	建行济钢分理处	历城区	0531－88866691
J0102	建行济南新华支行	市中区	0531－82070519
Z0101	招行舜耕支行	市中区	0531－82091077
Z0102	招行洪楼支行	历城区	0531－88119699
N0101	农业银行山东省分行	槐荫区	0531－85858216
N0102	农行和平支行	历下区	0531－86567718
N0103	农行燕山支行	历下区	0531－88581512
G0101	工行甸柳分理处	历下区	0531－88541524
G0102	工行历山北路支行	历城区	NULL
G0103	工行高新支行	高新区	0531－87954745
G0104	工行东城支行	高新区	0531－25416325

表 2－6　客户 CustomerT

Cno	Cname	Cnature	Ccaptical	Crep
C001	三盛科技公司	私营	30	张雨
C002	华森装饰公司	私营	500	王海洋
C003	万科儿童教育中心	集体	1000	刘家强
C004	博科生物集团	集体	800	刘爽
C005	英冠文具有限公司	三资	6000	李倩
C006	飘美广告有限公司	三资	15000	汪菲
C007	稻香园食品有限公司	国营	1300	刘易凡
C008	新都美百货公司	国营	800	吴晓伟
C009	莱英投资有限公司	私营	800	赵一蒙
C010	健康药业集团	国营	600	安中豪
C011	中纬科技公司	集体	100	马哲文
C012	鲁新公司	国营	700	刘安

表 2－7　贷款 LoanT

Cno	Bno	Ldate	Lamount	Lterm
C001	J0102	2019－8－20	10	15
C001	Z0102	2019－4－1	15	20
C001	J0102	2018－3－2	8	5
C002	J0102	2019－4－16	1000	5
C002	Z0101	2019－8－6	2000	10
C002	Z0102	2018－7－3	1500	10

续表

Cno	Bno	Ldate	Lamount	Lterm
C002	N0102	2018－3－9	1000	5
C002	N0103	2018－5－9	800	15
C002	G0101	2018－10－12	600	20
C003	G0104	2019－8－20	400	20
C003	J0101	2019－5－14	30	5
C006	Z0101	2018－4－7	50	5
C006	Z0102	2019－6－3	100	20
C006	J0102	2019－8－9	350	NULL
C007	N0101	2019－7－12	120	10
C007	N0102	2014－5－18	640	15
C007	N0103	2019－6－8	680	10
C007	G0101	2019－7－4	390	15
C009	Z0101	2019－8－19	210	10
C009	Z0102	2018－12－20	140	25
C010	N0101	2018－3－21	890	10

2.2 关系模式的完整性约束

2.2.1 关系的码

在关系数据库中，码是关系模型的一个重要概念。对每个指定的关系经常需要根据某些属性的值来唯一地操作一个元组，也就是需要通过某个或某几个属性来唯一地标识一个元组，这样的属性或属性组称为指定关系的码。

（1）超码（Super Key）：在一个关系中，能唯一地标识元组的属性或属性组称为关系的超码。

在如表2－5所示的银行关系中，“银行代码”可以唯一地标识元组，“银行代码”是一个超码。所有包含了属性“银行代码”的属性集都能唯一地标识一个元组，因此这些属性集都是超码，当然整个关系模式的所有属性组成的集合也是一个超码。

（2）候选码（Candidate Key）：如果关系中的某一属性组的值能唯一地标识一个元组且又不含有多余的属性，那么称该属性组为候选码。候选码不仅要求属性集合具有唯一标识性，还要求集合的属性数目最小，候选码是最小的超码。

（3）主码（Primary Key）：如果一个关系有多个候选码，那么选定其中一个为主码。主码又称为主键、主关键字，一个关系只能有一个主码。

例如，银行关系中，银行代码，联系电话都可以唯一地标识一个元组，因此银行代码、联系电话都是该关系的候选码，一个关系可以有多个候选码；而若选定其中的银行代码作为主码，它就是该关系唯一的主码。一个关系的主码只能有一个，且选定后一般不会进行改变；但是候选码、超码可以有多个。

对任意关系而言，主码肯定是候选码，候选码必定是超码，反之则不一定。

（4）主属性（Prime Attribute）：候选码中包含的各属性称为主属性；而不包含在任何候选码中的属性称为非主属性。

（5）外码（Foreign Key）：又称外键，是指一个关系 *A* 中属性集的取值要参照另一个关系 *B* 中主键的取值，也就是说该属性集的取值只能是空或者关系 *B* 中主键的值，那么该属性集就称为关系 *A* 的外码。此处关系 *A* 和 *B* 可能是不同的关系，也可能是同一个关系。

"银行代码"在贷款关系中是一个主属性，且不是主码，但是在银行关系中却是主码，因此"银行代码"在贷款关系中是外码，贷款关系是参照关系，银行关系是被参照关系或是目标关系。

2.2.2 关系的完整性

关系模型的基本理论不仅对关系模型的结构进行了严格定义，而且还有一组完整的数据约束规则，规定了数据模型中的数据必须符合某种约束条件。在定义关系数据模型和进行数据操作时都必须保证符合这种约束。

关系模型提供了三类完整性约束：实体完整性规则、参照完整性规则、用户自定义完整性规则。其中，实体完整性规则和参照完整性规则是关系模型必须满足的完整性约束条件，任何关系系统都应能自动维护。

1. 实体完整性（Entity Integrity）

实体完整性指主码的值不能为空，也不能部分为空。

在实际的数据存储中，我们是用主码来唯一标识每一个元组的，因此在具体的关系数据库管理系统中，通过约束主码的取值来保证每个元组可识别，因此实体完整性规则被定义如下。

规则 2-1　实体完整性规则

若属性 *A*（一个或一组属性）是关系 *R* 主码中的属性，则 *A* 不能取空值。

目前大部分关系数据库管理系统都支持实体完整性约束，但是只有用户在创建的关系模式中说明了主码，系统才会自动进行这项检查，否则不强制检查。

2. 参照完整性（Referential Integrity）

现实世界中的事物和概念往往都是存在某种联系的，关系模型就是通过关系来描述实体和实体之间的联系。很自然，关系和关系之间也不会是独立的，它们是按照某种规律进行联系的。参照完整性约束就是不同关系之间或同一关系的不同属性之间必须满足的约束。

例 2-6　关系之间的联系。

银行贷款数据库中存在三个关系：

银行（银行代码，银行名称，银行所在区，联系电话）；

客户（客户代码，客户名称，经济性质，注册资金，法人代表）；

贷款（客户代码，银行代码，贷款日期，贷款金额，贷款年限）。

这三个关系之间存在着属性的引用，即贷款关系引用了银行关系的银行代码和客户关系的客户代码，因此贷款关系中的银行代码和客户代码必须是实际存在的代码，即在银行关系和客户关系中有该银行和该客户的记录。

可以看出，在此三个关系中，银行关系的银行代码和客户关系的客户代码分别为各自关系的主码，而贷款关系的银行代码和客户代码则为贷款关系的外码。

不仅两个或两个以上关系间可以存在引用关系，同一关系内部也可能存在引用关系。

例2-7 关系内部的联系。

存在关系职工（职工编号，姓名，部门号，领导编号，年龄，电话），“职工编号”为主码，该关系将存储某公司全部职工信息，因此领导也是一个职工，故“领导编号”必须是确实存在的“职工编号”，属性“领导编号”的值要参照属性“职工编号”的取值。于是，“职工编号”是主码，“领导编号”为外码。

规则2-2 参照完整性规则

如果属性（或属性组）*F* 是关系 *R* 的外码，它与关系 *S* 的主码 *Ks* 相对应（关系 *R* 和 *S* 可以是同一个或不同关系），那么对 *R* 中每个元组在 *F* 上的取值必须为：

（1）空值，即 *F* 的每个属性值均为空；

（2）*S* 中某个元组的主码的值。

其中 *R* 被称为参照关系，*S* 被称为被参照关系或目标关系。

参照完整性中，关系 *R* 和 *S* 可以是不同的关系，如贷款关系和银行关系，贷款关系中银行代码属性必须参照银行关系中银行代码属性；关系 *R* 和关系 *S* 也可以是相同的关系，如职工关系，其中的“领导编号”必须参照“职工编号”。

目前，绝大多数数据库管理系统增加了参照完整性约束的检查功能，可帮助用户维护参照完整性，但前提是在建立数据库模式时定义了外键。

3. 用户自定义完整性（User-defined Integrity）

任何关系数据库都应支持实体完整性和参照完整性。除此之外，不同关系数据库系统根据其应用环境的不同往往还需要一些特殊约束条件，用户自定义完整性就是针对某一具体关系数据库的约束条件，反映某一具体应用所涉及的数据必须满足的语义要求。例如，某个属性必须取唯一值、某些属性之间应该满足一定的函数关系等。关系数据库管理系统提供定义和检查这类完整性的机制，如约束、规则、触发器等机制，以便使用统一、系统的方法进行处理，而不是要应用程序承担这一功能。

2.3 关系模型的基本操作

为了对关系型数据库中的数据进行操作，必须提供基于关系数据模型的操作语言。关系操作是从集合的角度出发的，对关系的操作，理论上讲就是对集合进行操作，即操作对象和结果都是集合，这种操作方式称为“一次一集合”的方式。

2.3.1 关系数据语言

关系模型的数据操作分为查询和更新两大类。查询是指用户的各类查询要求，更新是指用户的插入、删除和修改等操作。查询操作是关系操作的主要内容，因此关系数据语言也称关系查询语言。关系数据语言分为以下三类。

1. 关系代数语言

关系代数语言以集合操作为基础，用对关系的运算来表达查询要求。ISBL（Information System Base Language）为关系代数语言的代表。

2. 关系演算语言

关系演算语言以谓词演算为基础，是用查询得到的元组应满足的谓词条件来表达查询要求的语言。关系演算语言根据演算变量的不同分为元组关系演算语言和域关系演算语言。Alpha 是一种典型的元组演算语言，QBE 是一种典型的域关系演算语言。

3. 具有关系代数和关系演算双重特点的语言

SQL（Structured Query Language）语言是一种具有关系代数和关系演算双重特点的语言，不仅具有丰富的查询功能，还具有数据定义和数据控制功能，是集 DDL（数据定义语言）、DML（数据操纵语言）、DCL（数据控制语言）于一体的关系数据语言。SQL 语言充分体现了关系数据语言的特点和优点，是关系数据库的标准语言。

以上提到的三类语言的共同特点是语言具备完备的表达能力，是非过程化的集合操纵语言，尽管非过程化的程度强弱不同。

2.3.2 关系代数

关系代数是一种抽象的查询语言，由 E. F. Codd 在 1970 年代的一系列文章中率先提出，是关系数据操纵语言的一种传统表达方式。关系代数可以用最简单的形式来表达所有关系数据库查询语言必须完成的运算，它们能作为评估实际系统查询语言能力的标准或基础。

关系代数对查询的表达是通过对关系进行运算完成的，它的运算对象是关系，运算结果也是关系。关系代数的运算可分为两类，一类是传统的集合运算，包括集合的交、差、并和笛卡儿乘积；另一类是专门的关系运算，即专门针对关系数据库设计的运算，包括投影、选择、连接和除。

关系代数运算用到的运算符包括四类：集合运算符、专门关系运算符、比较运算符和逻辑运算符，如表 2－8 所示。

表 2－8 关系代数运算符

类别	符号	运算说明	类别	符号	运算说明
集合运算符	∪	并	比较运算符	$>$	大于
	−	差		$\geqslant$	大于或等于
	∩	交		$<$	小于
	×	笛卡儿乘积		$\leqslant$	小于或等于
				$\neq$	不等于
				$=$	等于

续表

类别	符号	运算说明	类别	符号	运算说明
专门关系运算符	σ	选择	逻辑运算符	¬	非
	π	投影		∧	与
	⋈	连接		∨	或
	÷	除			

1. 传统的集合运算

传统的集合运算完全把关系看作元组的集合，这类运算包括交、差、并、笛卡儿乘积四种。其中，交、差、并三种运算要求参与运算的关系是相容的，即两个关系元数相同，相应属性取自同一个域。

设关系 R 和关系 S 具有相同的元数 n（两个关系都有 n 个属性），且相应的属性取自同一个域，t 是元组变量，$t \in R$ 表示 t 是 R 的一个元组。定义交、差、并、笛卡儿乘积四种运算如下。

1）交（Intersection）

关系 R 和关系 S 的交是由既属于 R 又属于 S 的元组组成的，结果仍为 n 元关系，记为 $R \cap S$，形式定义如下：

$$R \cap S = \{t \mid t \in R \wedge t \in S\}$$

2）差（Difference）

关系 R 和关系 S 的差由属于 R 而不属于 S 的所有元组组成，其结果仍是 n 元关系，记为 $R-S$，形式定义如下：

$$R - S = \{t \mid t \in R \wedge t \notin S\}$$

3）并（Union）

关系 R 和关系 S 的并是由属于 R 或属于 S 的元组组成的，其结果仍为 n 元关系，记为 $R \cup S$，形式定义如下：

$$R \cup S = \{t \mid t \in R \vee t \in S\}$$

两个关系的并运算是将两个关系中的所有元组构成一个新关系，并运算要求两个关系属性的性质必须一致且运算结果要消除重复的元组。

4）笛卡儿乘积

严格来讲，这里的笛卡儿乘积应该是广义笛卡儿乘积（Extended Cartesian Produc），因为这里笛卡儿乘积的元素是元组。

设关系 R 和关系 S 的元数分别是 r 和 s，定义 R 和 S 的笛卡儿乘积 $R \times S$ 是一个（$r+s$）元的元组集合，每个元组的前 r 个分量（属性值）是来自 R 的一个元组，后 s 个分量是来自 S 的一个元组，记为 $R \times S$，形式定义如下：

$$R \times S = \{t = <t^r, t^s> \wedge t^r \in R \wedge t^s \in S\}$$

其中，t^r、t^s中的 r、s 为上标，分别表示 r 个分量和 s 个分量；若 R 有 n 个元组，S 有 m 个元组，则 $R \times S$ 有 $n \times m$ 个元组。

笛卡儿乘积允许参与运算的关系有同名属性。当属性没有同名时，可以直接使用属性名；若 R 和 S 中有属性同名，则通常在结果关系的属性名前面加上关系名来区分，这样也能保证结果关系具有唯一的属性名。

例2-8 有关系 R、S 分别如表2-9和表2-10所示，R、S 的并、交、差、笛卡儿乘积分别如表2-11、表2-12、表2-13、表2-14所示。

表2-9 R

CA	*CB*	*CC*
b	2	d
b	3	b
c	2	d
d	3	b

表2-10 S

CA	*CB*	*CC*
a	3	c
b	2	d
e	5	f

表2-11 $R \cup S$

CA	*CB*	*CC*
b	2	d
b	3	b
c	2	d
d	3	b
a	3	c
e	5	f

表2-12 $R \cap S$

CA	*CB*	*CC*
b	2	d

表2-13 $R - S$

CA	*CB*	*CC*
b	3	b
c	2	d
d	3	b

表2-14 $R \times S$

R.CA	*R.CB*	*R.CC*	*S.CA*	*S.CB*	*S.CC*
b	2	d	a	3	c
b	2	d	b	2	d
b	2	d	e	5	f
b	3	b	a	3	c
b	3	b	b	2	d
b	3	b	e	5	f
c	2	d	a	3	c
c	2	d	b	2	d
c	2	d	e	5	f
d	3	b	a	3	c
d	3	b	b	2	d
d	3	b	e	5	f

2. 专门关系运算

在关系运算中，由于关系数据结构的特殊性，除需要一般的集合运算外，还需要一些专门关系运算，包括选择、投影、连接和除等。

1）选择

选择操作是根据某些条件对关系进行水平分割，即选择符合条件的元组。条件用命题公式 F 表示，F 中的运算对象是常量或元组分量（属性名或列的序号），运算符有比较运算符（>、≥、<、≤、≠、=，这些符号统称为 θ 符）和逻辑运算符（¬、∧、∨）。

关系 R 关于公式 F 的选择操作用$\sigma_F(R)$表示，形式定义如下：

$$\sigma_F(R) = \{t \mid t \in R \wedge F(t) = \text{true}\}$$

其中，σ 为选择运算符，$\sigma_F(R)$表示从 R 中挑选满足公式 F 的元组所构成的关系。

选择运算是单目运算，即运算的对象仅有一个关系，选择运算不会改变参与运算的关系及关系模式，只是根据给定的条件从给定的关系中找出符合条件的元组。

例 2-9 设关系 R、S 如表 2-9 和表 2-10 所示，计算$\sigma_{CA='b' \wedge CB \leqslant 3}(R)$或者$\sigma_{[1]='b' \wedge [2] \leqslant 3}(R)$，结果如表 2-15 所示，计算$\sigma_{CB<5 \wedge CC \neq 'd'}(S)$ 或 $\sigma_{[2]<5 \wedge [3] \neq 'd'}(S)$的结果如表 2-16 所示。

表 2-15 $\sigma_{CA='b' \wedge CB \leqslant 3}$ (R)

CA	*CB*	*CC*
b	2	d
b	3	b

表 2-16 $\sigma_{CB<5 \wedge CC \neq 'd'}$ (S)

CA	*CB*	*CC*
a	3	c

选择运算$\sigma_{CA='b' \wedge CB \leqslant 3}(R)$中，条件 F 为“$CA='b' \wedge CB \leqslant 3$”，即满足条件 CA 属性为'b'值且 CB 属性小于或等于 3 的元组为选择运算的结果，而在条件“$[1]='b' \wedge [2] \leqslant 3$”中，方括号中的数字代表关系中属性的序号，“[1]”表示关系的第一个属性，即属性 CA。同样的解释适用于运算$\sigma_{CB<5 \wedge CC \neq 'd'}$ (S)。

2）投影

设关系 R 是一个 k 元关系，R 在其分量A_{i_1}，A_{i_2}，…，A_{i_m}($m \leqslant k, i_1, i_2, \cdots, i_m$为 1 到 k 之间的整数)上的投影用$\pi_{A_{i_1}, A_{i_2}, \cdots, A_{i_m}}(R)$表示，它是从 R 中选择若干属性列组成的一个 m 元组的集合，形式定义如下：

$$\pi_{A_{i_1}, A_{i_2}, \cdots, A_{i_m}}(R) = \{t \mid t = \langle t_{i_1}, t_{i_2}, \cdots, t_{i_m} \rangle \wedge \langle t_{i_1}, t_{i_2}, \cdots, t_{i_m} \rangle \in R\}$$

投影运算也是单目运算，它从列的角度对关系进行垂直分解运算，可以改变关系中列的顺序，与选择一样，它也是一种分解工具。

例 2-10 设关系 R、S 如表 2-9 和表 2-10 所示，计算$\pi_{CA,CC}(R)$和$\pi_{CC,CB}(S)$的结果如表 2-17、表 2-18 所示。

表 2-17 $\pi_{CA,CC}$ (R)

CA	*CC*
b	d
b	b
c	d
d	b

表 2-18 $\pi_{CC,CB}$ (S)

CC	*CB*
c	3
d	2
f	5

表 2-17 中，计算$\pi_{CA,CC}(R)$，即关系 R 中仅剩 CA、CC 两列，在垂直方向上将关系 R 分割。

从表 2-18 中 $\pi_{CC,CB}(S)$的计算结果可以看出，对关系 S 进行垂直分割，属性仅保留 CC、CB，且投影运算中属性 CC 位于 CB 的前面，投影运算对属性的顺序也做出了调整。

3）连接

连接运算在关系代数中是最有用的运算之一，最常用的方式就是合并两个或多个关系的信息。连接是从两个关系的笛卡儿乘积中选出满足条件的元组。新的关系包含所有的属性，并且不消除重复的元组。连接又称为θ连接，形式定义如下：

$$R \underset{A\theta B}{\bowtie} S = \{t \mid < t^r, t^s > \wedge t^r \in R \wedge t^s \in S \wedge t^r[A]\theta t^s[B]\}$$

其中，A 和 B 分别是 R 和 S 上个数相等且可比的属性组（名称可以不同）。

若 R 有 m 个元组，此运算就是用 R 的第 p 个元组的 A 属性集与 S 中每个元组的 B 属性集从头到尾依次做θ比较。每当满足这一比较运算时，就把 S 的这一元组接在 R 的第 p 个元组的右边，构成新关系的一个元组。反之，当不满足这一比较运算时，就继续做 S 关系的下一个元组 B 的属性集的比较，依此类推。这样，当 p 从 1 到 m 遍历一遍时，就得到了新关系的全部元组。新关系的属性集取名方法同笛卡儿乘积。

例 2－11　设关系 R、S 如表 2－9 和表 2－10 所示，计算 $R \underset{R.CB<S.CB}{\bowtie} S$ 的结果如表 2－19 所示。

表 2－19　$R \underset{R.CB<S.CB}{\bowtie} S$

R.CA	R.CB	R.CC	S.CA	S.CB	S.CC
b	2	d	a	3	c
b	2	d	e	5	f
b	3	b	e	5	f
c	2	d	a	3	c
c	2	d	e	5	f
d	3	b	e	5	f

连接运算中有两种最为重要也是最为常用的连接：等值连接和自然连接。

（1）等值连接。

当一个连接表达式中的运算符θ取等号“＝”时的连接就是等值连接，是从两个关系的广义笛卡儿乘积中选取 A 属性集和 B 属性集相等的元组，等值连接不要求属性集 A 和属性集 B 中的属性名完全相同。形式定义如下：

$$R \underset{A=B}{\bowtie} S = \{t \mid t < t^r, t^s > \wedge t^r \in R \wedge t^s \in S \wedge t^s[A] = t^r[B]\}$$

若 A 和 B 的属性个数为 n，A 和 B 中属性相同的个数为 $k(0 \leqslant k \leqslant n)$，则等值连接结果将出现 k 个完全相同的列，即数据冗余，这是它的不足。

（2）自然连接。

自然连接是一种特殊的等值连接，是在两个关系的相同属性集上做等值连接，因此，它要求两个关系中进行比较的分量必须是相同的属性组，并且去掉结果中重复的属性列。

例 2－12　设关系 R、S 分别如表 2－20、表 2－21 所示，计算等值连接 $R \underset{R.A=S.B}{\bowtie} S$ 和自然连接 $R \bowtie S$ 的结果如表 2－22、表 2－23 所示。

表 2－20　R

A	B	C
1	2	2
3	3	7
5	9	4
4	2	9
3	5	8

表 2－21　S

B	C	D
3	7	s
7	2	f
5	8	g

表 2-22 $R \underset{R.A=S.B}{\bowtie} S$

R.A	R.B	R.C	S.B	S.C	S.D
3	3	7	3	7	s
5	9	4	5	8	f
3	5	8	3	7	s

表 2-23 $R \bowtie S$

A	B	C	D
3	3	7	s
3	5	8	f

自然连接是特殊的等值连接，两者间的区别包括以下几点。

①等值连接中相等的属性可以是相同属性，也可以是不同属性；自然连接中相等的属性必须是相同的属性。

②自然连接结果必须去掉重复的属性，特指进行相等比较的属性，而等值连接不需要。

③自然连接用于有公共属性的情况。如果两个关系没有公共属性，那么它们不能进行自然连接，而等值连接无此要求。

4）除

给定关系 $R(X,Y)$ 和 $S(Y,Z)$，其中 X、Y、Z 为属性或属性组，R 中的 Y 和 S 中的 Y 可以有不同的属性名，但必须出自相同的域集。除运算 $R \div S$ 定义为如下的所有 X 属性组列上值 x 的集合：对于 R 中的每个 X 属性组列上的值 x，考虑具有 x 值的所有 Y 属性列上的列值的集合，如果该集合中包含了 S 中的所有 Y 属性组列上的值，那么这个 x 的值就包含在结果中。$R \div S$ 的形式定义如下：

$$R \div S = \{t^r[X] \mid t^r \in R \wedge \pi_Y(S) \subseteq Y_x\}$$

其中，Y_x 为 x 在 R 中的像集，即关系 R 中所有 X 分量值为 x 的 Y 分量值的集合，$x = t^r[X]$。

也就是说，$R \div S$ 的结果得到一个新的关系，这个新关系是 R 中一些元组在 X 上的投影，这些元组在 X 上的分量值 x 的像集 Y_x 包含关系 S 在 Y 上投影的集合。

例 2-13 已知关系 R、S 如表 2-24、表 2-25 所示，则 $R \div S$ 计算结果如表 2-26 所示。

表 2-24 R

A	B	C	D
a1	b2	c3	d5
a1	b2	c4	d6
a2	b4	c1	d3
a3	b5	c3	d5
a1	b2	c2	d2

表 2-25 S

C	D	F
c3	d5	f3
c4	d6	f4

表 2-26 $R \div S$

A	B
a1	b2

与除法的定义相对应，本题中 $X=\{A, B\}=\{(a1, b2), (a2, b4), (a3, b5)\}$，$Y=\{C, D\}$，$Z=\{F\}=\{f3, f4\}$，元组 X 上各分量的像集分别为：

(a1，b2) 的像集为$\{(c3, d5), (c4, d6), (c2, d2)\}$；

(a2，b4) 的像集为$\{(c1, c3)\}$；

(a3，b5) 的像集为$\{(c3, d5)\}$；

S 在 Y 上的投影为$\{(c3, d5), (c4, d6)\}$。

只有 (a1，b2) 的像集包含 S 在 Y 上的投影，所以 $R \div S=\{(a1, b2)\}$。

3. 关系代数运算实例

使用关系代数运算可以对关系数据库进行各种有目的的运算，考察前面提到的银行贷款统计数据库，其中包含银行、客户、贷款三个关系模式，其关系集合如表2-5、表2-6、表2-7所示。

例2-14 查询历下区所有银行的基本情况。

分析：关系 BankT 包含了所有查询所需的信息和结果，先要查询银行所在区域为“历下区”的，只要对关系表做水平分解的选择运算即可。

$$\sigma_{Bloc='历下区'}(\text{BankT})$$

计算结果如表2-27所示。

表2-27 历下区所有银行的基本情况

Bno	Bname	Bloc	Btel
N0102	农行和平支行	历下区	0531-86567718
N0103	农行燕山支行	历下区	0531-88581512
G0101	工行甸柳分理处	历下区	0531-88541524

例2-15 查询2019-8-20日贷款的客户的客户名称和法人代表。

分析：题目中所包含的数据信息有贷款日期、客户名称、法人代表，其中贷款日期是关系 LoanT 中的 Ldate 属性，“客户名称”和“法人代表”是 CustomerT 中的 Cname 和 Crep 属性。因此，本例中包含的信息分布在两个不同的关系表中，在关系 LoanT 中存在属性 Cno 与关系 CustomerT 联系，所以可以用自然连接将两个关系连接在一起形成一个新的关系。然后，用选择运算水平分解这个关系得出贷款日期为“2019-8-20”的所有贷款及客户信息，再用投影运算得出最终需要的列。

$$\pi_{Cname, Crep}(\sigma_{Ldate='2019-8-20'}(\text{CustomerT} \bowtie \text{LoanT}))$$

计算结果如表2-28所示。

表2-28 2019-8-20日贷款的客户的客户名称和法人代表

Cname	Crep
三盛科技公司	张雨
万科儿童教育中心	刘家强

例2-16 查询向市中区的银行贷款的所有客户的客户名、贷款银行名字、贷款金额、贷款日期。

分析：题目中要查找的信息包括客户名称、银行名称、贷款金额、贷款日期等，分别在关系 CustomerT、BankT、LoanT 中，且 LoanT 存在外码 Cno 与 CustomerT 相联系，外码 Bno 与 BankT 相联系，因此可以用自然连接将三个关系连接起来，然后再进行选择和投影：

$$\pi_{\text{Cname,Bname,Lamount,Ldate}}(\sigma_{\text{Bloc='市中区'}}(\text{CustomerT} \bowtie \text{LoanT} \bowtie \text{BankT}))$$

计算结果表 2 - 29 所示

表 2 - 29　向市中区的银行贷款的所有客户的贷款信息

Cname	Bname	Ldate	Lamount
三盛科技公司	建行济南新华支行	2019 - 8 - 20	10
三盛科技公司	建行济南新华支行	2018 - 3 - 2	8
华森装饰公司	建行济南新华支行	2019 - 4 - 16	1000
华森装饰公司	招行舜耕支行	2019 - 8 - 6	2000
飘美广告有限公司	招行舜耕支行	2018 - 4 - 7	50
莱英投资有限公司	招行舜耕支行	2019 - 8 - 19	210

4. 关系代数表达式的等价变换

在关系代数中，同一个问题可以由若干个不同的关系代数表达式来解决，这些表达式可达到等价的效果。

例 2 - 17　考察例 2 - 16 的查询需求，我们可以用如下关系代数表达式完成该查询：

$$Q_1 = \pi_{\text{Cname,Bname,Lamount,Ldate}}(\sigma_{\text{Bloc='市中区'} \wedge \text{CustomerT.Cno=LoanT.Cno} \wedge \text{LoanT.Bno=BankT.Bno}}(\text{CustomerT} \times \text{LoanT} \times \text{BankT}))$$

$$Q_2 = \pi_{\text{Cname,Bname,Lamount,Ldate}}(\sigma_{\text{Bloc='市中区'}}(\text{CustomerT} \bowtie \text{LoanT} \bowtie \text{BankT}))$$

$$Q_3 = \pi_{\text{Cname,Bname,Lamount,Ldate}}(\text{CustomerT} \bowtie \sigma_{\text{Bloc='市中区'}}(\text{LoanT} \bowtie \text{BankT}))$$

$$Q_4 = \pi_{\text{Cname,Bname,Lamount,Ldate}}(\text{CustomerT} \bowtie \sigma_{\text{Bloc='市中区'}}(\text{LoanT}) \bowtie \text{BankT})$$

三个关系式均包含元组的连接、投影和选择运算，从查询效率上简单分析，关系代数的基本运算次数越少，关系代数表达式的查询效率越高。

假设：CustomerT 包含 100 个元组，BankT 包含 100 个元组，LoanT 包含 1000 个元组（其中 50 个元组符合条件），那么关系代数表达式Q_1、Q_2、Q_3、Q_4的基本运算的执行次数大约有多少次？Q_1、Q_2、Q_3、Q_4基本运算次数比较如表 2 - 30 所示。

表 2 - 30　Q_1、Q_2、Q_3、Q_4基本运算次数比较

表达式	元组连接次数	选择运算扫描元组数/结果元组数	投影运算扫描元组数/结果元组数
Q_1	10000000	10000000/50	50/50
Q_2	2000	2000/50	50/50
Q_3	1050	1050/50	50/50
Q_4	100	1000/50	50/50

从上述分析可以得出，Q_1 的查询效率最低，Q_4 的查询效率最高。主要原因是 Q_4 最先执行了选择运算，去掉了不符合条件的元组，使得中间结果集的元素个数大大减少，从而后面运算扫描的范围大大减少，查询效率明显提高。

提高关系代数查询效率的基本技术手段，除尽早执行选择运算外，还要尽早执行投影运算、同时执行相邻的投影和选择运算、连接运算之前进行预处理等。我们在进行查询操作时可综合采用多种技术手段提高查询运算的效率。

2.4 关系数据库规范化理论

关系数据库的规范化理论主要包括三方面的内容：模式分解、函数依赖和范式（Normal Form）。其中，模式分解是关系数据库规范化的主要方法；函数依赖起着核心的作用，是模式分解和模式设计的基础；范式是模式分解的标准。

2.4.1 规范化问题的提出

在关系模式的设计过程中，如果试图把太多的信息存放在一个关系中，就会出现某些问题，下面以客户银行贷款的关系模式为例来进行说明。

例 2－18 设有一个客户银行贷款关系模式（银行代码 Bno，银行名称 Bname，银行所在区 Bloc，客户代码 Cno，客户名称 Cname，客户法人代表 Crep，贷款日期 Ldate，贷款金额 Lamount，贷款年限 Lterm），部分数据如表 2－31 所示。

表 2－31 客户银行贷款关系部分数据

Cno	Cname	Crep	Bno	Bname	Bloc	Ldate	Lamount	Lterm
C001	三盛科技公司	张雨	J0102	建行济南新华支行	市中区	2019－8－20	10	15
C001	三盛科技公司	张雨	Z0102	招行洪楼支行	历城区	2019－4－01	15	20
C002	华森装饰公司	王海洋	Z0102	招行洪楼支行	历城区	2018－7－3	1500	10
C002	华森装饰公司	王海洋	N0102	农行和平支行	历下区	2018－3－9	1000	5
C002	华森装饰公司	王海洋	N0103	农行燕山支行	历下区	2018－5－9	800	15
C002	华森装饰公司	王海洋	G0101	工行甸柳分理处	历下区	2018－10－12	600	20
C003	万科儿童教育中心	刘家强	G0104	工行东城支行	高新区	2019－8－20	400	20

通过分析可以看出，主码是 Cno＋Bno＋Ldate，该关系存在数据冗余和更新异常的问题。

1. 数据冗余

所谓数据冗余，就是指相同数据在数据库中多次重复存储的现象。如表 2－31 中，银行名称、银行所属区域、客户名称、客户法人代表等信息重复存储多次。数据冗余不仅浪费存储空间，而且可能造成数据的不一致性，如相同的银行代码，在不同的地方存储了不同的银行名称、银行所属区域等信息。

2. 更新异常

由于存在数据冗余，就可能导致数据共享异常，这主要表现在以下方面。

（1）插入异常：由于主码中的属性值不能取空值，所以如果有一位新客户未从任何一家银行贷款，那么该客户的代码、名称等信息就无法插入。同样，如果刚刚建立一家银行还没有任何客户的贷款信息，该银行信息也无法插入。

（2）修改异常：若更改一个客户的名称，则需要修改多个元组。如果仅部分修改而其他部分不修改，就会造成数据的不一致性。

（3）删除异常：若删除某客户的全部贷款信息，则该客户的其他信息也一并删除，造成客户信息丢失。

由此可知，上述客户银行贷款关系看似满足一定需求，但存在一些问题，因而它并不是一个合理的关系模式。

不合理的关系模式最突出的问题就是数据冗余。上述关系中，关系内部数据之间的联系没得到充分解决，同一关系模式中的各个属性之间存在着某种联系，如银行名称、银行所在区与银行代码，客户名称、客户法人代表与客户代码之间存在依赖关系，使得数据出现大量冗余，进而引发各种操作异常。

关系数据库系统中数据冗余产生的重要原因就在于对数据依赖的处理，从而影响关系模式本身的结构设计。解决数据间的依赖关系常常采用对关系的分解来消除不合理的部分，以减少数据冗余，如上述客户银行贷款关系可分解为三个关系模式：

（1）银行关系 Bank（Bno，Bname，Bloc）；

（2）客户关系 Customer（Cno，Cname，Crep）；

（3）贷款关系 Loan（Cno，Bno，Ldate，Lamount，Lterm）。

模式分解后，解决了上述的数据冗余和更新异常问题。但是，分解后的关系模式也存在另一个问题，当查询某个客户的贷款情况时，需要进行连接后才能查询，而关系连接的代价也是很大的。

那么，什么样的关系模式需要分解？分解关系模式的理论依据是什么？如何评价分解的关系模式？下面介绍的关系数据库规范化理论就是讨论和解决这些问题的理论。

2.4.2 函数依赖

在理论和实际应用中人们发现，同一关系中属性值之间存在相互依赖和相互制约的关系，这就是数据依赖。函数依赖是数据依赖中最重要的一种，它反映了同一关系中属性间一一对应的约束，是关系数据库规范化理论中的一个重要概念。

1. 函数依赖

定义 2－5　函数依赖（Functional Dependency，FD）

设有关系模式 $R(U)$，U 是关系 R 的属性集合，X 和 Y 是 U 的子集。对于 $R(U)$ 的任意一个可能的关系 r，若 r 中不存在在 X 上的属性值相同、在 Y 上的属性值不同的元组，则称“X 函数决定 Y”，或“Y 函数依赖于 X”，记作 $X \rightarrow Y$。

例 2-19 在客户银行贷款关系模式中，如下函数依赖成立：

Cno→（Cname）

Bno→（Bname）

（Cno，Bno，Ldate）→（Lamount，Lterm）

对于函数依赖：

（1）当确定关系模式 R 中的某个函数依赖时，是指 R 的所有可能关系 r 都必须满足这个函数依赖；如果 R 中只要有一个关系 r 不满足这个函数依赖，那么关系模式 R 中的这个函数依赖就不成立。

（2）一个关系模式 R 上的函数依赖的确定，只能从属性的含义上来说明，而不能从数学上来说明，它仅是一个语义范畴的概念。

当 $X \rightarrow Y$ 成立时，则称 X 为决定因素，Y 为依赖因素。当 Y 不函数依赖于 X 时，记为 $X \nrightarrow Y$。

若 $X \rightarrow Y$，且 $Y \rightarrow X$，则记为 $X \leftrightarrow Y$。

2. 平凡函数依赖与非平凡函数依赖

定义 2-6　平凡函数依赖与非平凡函数依赖

在关系模式 $R(U)$ 中，对于 U 的子集 X 和 Y，若 $X \rightarrow Y$，但 Y 不是 X 的子集，则称 $X \rightarrow Y$ 是非平凡函数依赖；若 Y 是 X 的子集，则称 $X \rightarrow Y$ 为平凡函数依赖。

对任一关系模式而言，平凡函数依赖都必然是成立的，它不反映新的语义，因此若不特别声明，函数依赖是指非平凡函数依赖。

3. 完全函数依赖与部分函数依赖

定义 2-7　完全函数依赖与部分函数依赖

在关系模式 $R(U)$ 中，若 $X \rightarrow Y$，且对于 X 的任一真子集 X'，都有 $X' \nrightarrow Y$，则称 Y 完全函数依赖于 X，记作 $X \xrightarrow{F} Y$。若 $X \rightarrow Y$，但 Y 不完全函数依赖于 X，则称 Y 部分函数依赖于 X，记作 $X \xrightarrow{P} Y$。

例 2-20 在银行贷款统计关系模式 Loan 中：

$$(\text{Cno}, \text{Cname}) \xrightarrow{P} (\text{Crep}, \text{Ccaptical})$$

$$(\text{Cno}, \text{Bno}, \text{Ldate}) \xrightarrow{F} (\text{Lamout}, \text{Lterm})$$

如果 Y 对 X 部分函数依赖，X 中的“部分”就可以确定对 Y 的关联，从数据依赖的观点来看，X 中存在“冗余”的属性。

4. 传递函数依赖

定义 2-8　传递函数依赖

在关系模式 $R(U)$ 中，若 $X \rightarrow Y$，$Y \not\subseteq X$，$Y \nrightarrow X$，且 $Y \rightarrow Z$，则称 Z 传递函数依赖于 X，记作 $X \xrightarrow{T} Z$。

也就是说，Y 函数依赖于 X，但 X 不函数依赖于 Y，且 Y 不是 X 的子集，若 Z 函数依赖于 Y，则 Z 传递函数依赖于 X。

传递函数依赖定义中之所以要加上条件 $Y \nrightarrow X$，是因为如果 $Y \rightarrow X$，则 $X \leftrightarrow Y$，这实际上是 Z 直接函数依赖于 X，而不是传递函数依赖了。

按照函数依赖的定义可知，若 Z 传递函数依赖于 X，则说明 Z 是“间接”函数依赖于 X，从而表明 X 和 Z 之间的关联较弱，表现出间接的弱数据依赖。这也是产生数据冗余的原因之一。

2.4.3 规范化

前面介绍完整性约束时提到，一个关系只有其分量都是不可分的数据项，它就是规范化的关系，但这只是最基本的规范化。规范化程度可以分为 6 个不同的级别，即 6 种范式：第一范式（1NF）、第二范式（2NF）、第三范式（3NF）、BC 范式（BCNF）、第四范式（4NF）、第五范式（5NF）。各种范式之间存在联系：$1NF \subset 2NF \subset 3NF \subset BCNF \subset 4NF \subset 5NF$。通常把某一关系模式 R 为第 n 范式简记为 $R \in n$NF。在这些范式中，较重要的是 2NF、3NF 和 BCNF。第四范式和第五范式与多值依赖有关，在此不做介绍。

1. 第一范式（1NF）

定义 2－9 第一范式

如果关系模式 R 中每个属性值都是一个不可分解的数据项，那么称该关系模式满足第一范式，简称 1NF，记为 $R \in 1$NF。

1NF 是对关系的最低要求，不满足 1NF 的关系是非规范化的关系，表 2－32 就是一个非规范化关系。

表 2－32 具有组合数据项的非规范化关系

<table>
<tr><th rowspan="2">订单号</th><th rowspan="2">下单日期</th><th rowspan="2">客户编号</th><th rowspan="2">客户名称</th><th rowspan="2">联系电话</th><th colspan="2">商品类别</th><th rowspan="2">商品编号</th><th rowspan="2">商品名称</th><th colspan="3">订购商品信息</th></tr>
<tr><th>类别编号</th><th>类别名称</th><th>单价</th><th>单位</th><th>数量</th></tr>
<tr><td rowspan="4">D201908020003</td><td rowspan="4">2019－08－02</td><td rowspan="4">C01001</td><td rowspan="4">刘彤</td><td rowspan="4">13435432345</td><td rowspan="2">T003</td><td rowspan="2">食品</td><td>F002</td><td>面包</td><td>7.5</td><td>包</td><td>3</td></tr>
<tr><td>F007</td><td>饼干</td><td>4.5</td><td>包</td><td>4</td></tr>
<tr><td rowspan="2">T007</td><td rowspan="2">居家</td><td>R011</td><td>衣撑</td><td>2.4</td><td>把</td><td>10</td></tr>
<tr><td>R012</td><td>毛巾</td><td>8.6</td><td>条</td><td>2</td></tr>
<tr><td rowspan="5">D201908120001</td><td rowspan="5">2019－08－12</td><td rowspan="5">C02003</td><td rowspan="5">王红</td><td rowspan="5">19121213235</td><td rowspan="3">T003</td><td rowspan="3">食品</td><td>F002</td><td>面包</td><td>7.5</td><td>包</td><td>3</td></tr>
<tr><td>F008</td><td>点心</td><td>8.6</td><td>包</td><td>2</td></tr>
<tr><td>F007</td><td>饼干</td><td>4.5</td><td>包</td><td>3</td></tr>
<tr><td rowspan="2">T007</td><td rowspan="2">居家</td><td>R010</td><td>保鲜盒</td><td>12.4</td><td>个</td><td>1</td></tr>
<tr><td>R012</td><td>毛巾</td><td>8.6</td><td>条</td><td>2</td></tr>
</table>

非规范化的关系转换成 1NF 的方法很简单，当然方法也不是唯一的，对表 2－32 分别进行横向和纵向展开，可转换成如表 2－33 所示的符合 1NF 的订单明细关系 Order。

表 2-33　符合 1NF 的订单明细关系 Order

订单号	下单日期	客户编号	客户名称	联系电话	类别编号	类别名称	商品编号	商品名称	商品单价	商品单位	订购数量
D201908020003	2019-08-02	C01001	刘彤	13435432345	T003	食品	F002	面包	7.5	包	3
D201908020003	2019-08-02	C01001	刘彤	13435432345	T003	食品	F007	饼干	4.5	包	4
D201908020003	2019-08-02	C01001	刘彤	13435432345	T007	居家	R011	衣撑	2.4	把	10
D201908020003	2019-08-02	C01001	刘彤	13435432345	T007	居家	R012	毛巾	8.6	条	2
D201908120001	2019-08-12	C02003	王红	19121213235	T003	食品	F002	面包	7.5	包	3
D201908120001	2019-08-12	C02003	王红	19121213235	T003	食品	F008	点心	8.6	包	2
D201908120001	2019-08-12	C02003	王红	19121213235	T003	食品	F007	饼干	4.5	包	3
D201908120001	2019-08-12	C02003	王红	19121213235	T007	居家	R010	保鲜盒	12.4	个	1
D201908120001	2019-08-12	C02003	王红	19121213235	T007	居家	R012	毛巾	8.6	条	2

但是满足 1NF 的关系模式不一定是一个好的关系模式。如表 2-33 所示的订单明细关系模式 Order，其主码为（订单号，商品编号），Order 中各属性的函数依赖关系如图 2-1 所示。

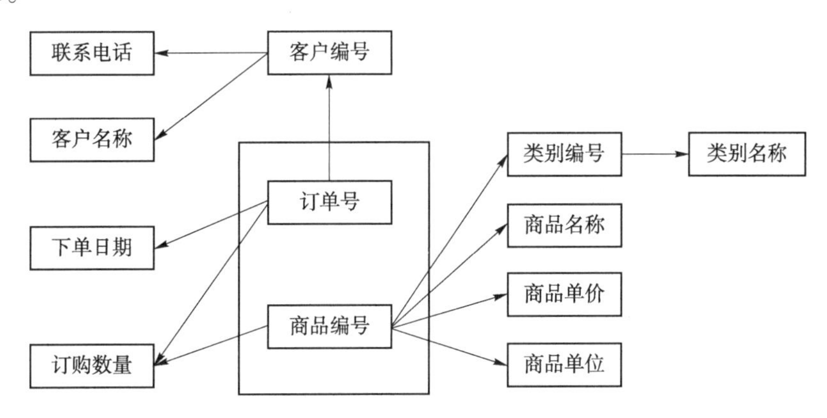

图 2-1　Order 中各属性的函数依赖关系

显然，Order 满足 1NF。但是根据对其函数依赖关系的分析，Order 中存在数据冗余和更新异常等问题，并不是一个好的关系模式。

2. 第二范式（2NF）

定义 2-10　第二范式

如果一个关系模式 $R \in 1NF$，且它的所有非主属性都完全函数依赖于 R 的主码，则 $R \in 2NF$。

订单明细关系模式 Order 出现数据冗余和更新异常等问题的原因是类别编号、商品单价等属性对码的部分函数依赖。为消除部分函数依赖，可以采用投影分析法，将 Order 分解为三个关系模式：

商品（商品编号，商品名称，类别编号，类别名称，商品单价，商品单位），主码为商品编号

订单明细（订单号，商品编号，订购数量），主码为（订单号，商品编号）

订单（订单号，下单日期，客户编号，客户名称，联系电话），主码为订单号

显然，在分解后的关系模式中，非主属性都完全依赖于主码，从而使数据冗余和更新异常问题在一定程度上得以解决；将订单内容、订单信息、商品信息分别存储在三张表中，大大降低了冗余度。分解以后，商品、订单、订单明细全部符合第二范式。

显然，若关系模式的主码仅包含一个属性，则其必为2NF，因为它不可能存在非主属性对主码的部分函数依赖。

但是，将一个1NF关系分解为2NF关系，并不能完全消除关系模式中的各种异常情况和数据冗余。也就是说，属于2NF的关系模式并不一定是一个好的关系模式。

例如，2NF关系模式商品（商品编号，商品名称，类别编号，类别名称，商品单价，商品单位）中存在下列函数依赖：

商品编号→类别编号

类别编号→类别名称

因此，商品编号$\xrightarrow{T}$类别名称。

同样在订单关系中，也存在传递函数依赖：订单号$\xrightarrow{T}$（客户名称，联系电话）。

即在商品关系中存在非主属性对主码的传递函数依赖，如商品类别信息、客户信息会重复存储，仍存在数据冗余和更新异常问题，仍然不是一个好的关系模式。

3. 第三范式（3NF）

定义2－11　第三范式

如果一个关系模式$R \in 2NF$，且所有非主属性都不传递函数依赖于主码，那么$R \in 3NF$。

关系模式商品和订单出现上述问题的原因是存在非主属性对主码的传递函数依赖，为了消除传递函数依赖，可以采用投影分解法，把商品关系模式和订单模式分别分解成两个关系模式：

商品（商品编号，商品名称，类别编号，商品单价，商品单位）

类别（类别编号，类别名称）

订单（订单号，下单日期，客户编号）

客户（客户编号，客户名称，联系电话）

显然，在分解后的关系模式中既没有非主属性对主码的部分函数依赖，又没有非主属性对主码的传递函数依赖，基本上解决了上述问题：每个商品类别信息在类别关系中仅存储一次，数据冗余度降低，修改某类别时只需要更新类别关系中的一个元组；类别的基本信息直接存储在类别关系中，即使该类别没有任何商品也不影响类别的插入；即使某类别的全部商品信息被删除，也不会影响该类别的存储。

分解后，商品和类别中不存在非主属性对主码的传递函数依赖，均属于3NF。但将一个2NF关系分解为多个3NF的关系后，并不能完全消除关系模式中的各种异常情况和数据冗余。也就是说，3NF的关系模式虽然基本上消除了大部分异常问题，但解决得并不彻底，仍然存在不足。

例如，上述商品模式的库存信息，用关系模式仓库（仓库编号，管理员，商品编号，数量）来表示该商店的若干个仓库，每个仓库只能有一名管理员，一名管理员只能在一个仓库中工作；一个仓库中可以存放多种物品，一种物品也可以存放在不同的仓库中，每种

物品在每个仓库中都有对应的数量。

于是，该关系模式中存在如下函数依赖：

仓库编号 → 管理员

管理员 → 仓库编号

（仓库编号，商品编号）→ 数量

（管理员，商品编号）→ 数量

因此，该关系存在两组侯选码，（仓库编号，商品编号）和（管理员，商品编号）。

非主属性为数量，不存在非主属性对主码的部分函数依赖和传递函数依赖，属于 3NF。

但是关系模式“仓库”仍然存在如下问题：

（1）一个仓库中存在多种商品，因此管理员会重复存储多次，造成数据冗余；

（2）如果某仓库中并没有存储任何商品，因为主码“商品编号”不能为空，因此管理员信息也无法插入，造成插入异常；

（3）当删除某仓库的所有商品存储信息，那么仓库和管理员的关联信息也会被删除，造成删除异常；

（4）当某仓库更换管理员时，需要修改所有商品存储的管理员信息，造成更新异常。

因此，3NF 虽然已经是比较好的模型，但仍然存在改进的余地。

4. BC 范式（BCNF）

定义 2－12　BC 范式

若关系模式 $R \in 1NF$，对任何非平凡函数依赖 $X \rightarrow Y(Y \not\subseteq X)$，$X$ 必包含侯选码，则 $R \in BCNF$。

BCNF 是从 1NF 直接定义而来的，可以证明，若 $R \in BCNF$，则 $R \in 3NF$。

由 BCNF 定义可知，每个 BCNF 的关系模式都有如下三个性质：

（1）所有非主属性都完全函数依赖于每个候选码，符合 2NF；

（2）所有主属性都完全函数依赖于每个不包含它的候选码；

（3）没有任何属性完全依赖于非侯选码的任何一组属性，即非主属性不传递函数依赖于码，符合 3NF。

如果关系模式 $R \in BCNF$，由定义可知，R 中不存在任何属性传递函数依赖于或者部分依赖于任何侯选码，因此必定有 $R \in 3NF$；但是如果 $R \in 3NF$，那么 R 未必符合 BCNF。

将关系模式仓库（仓库编号，管理员，商品编号，数量）分解：

仓库（仓库编号，管理员编号），码为（仓库编号）

库存（仓库编号，商品编号，数量），码为（仓库编号，商品编号）

分解后可解决上述问题，关系仓库和库存均符合 BCNF。

3NF 和 BCNF 是以函数依赖为基础的关系模式规范化程度的测度，如果一个关系数据库中的所有关系模式都属于 BCNF，那么在函数依赖范畴内，它已经实现了关系模式的彻底分解，达到了最高的规范化程度。

在信息系统设计中，普遍采用基于 3NF 的系统设计方法，因为 3NF 是无条件可达到的，并且基本解决了“异常”问题，因此这种方法目前在信息系统设计中被广泛应用。

2.4.4 关系模式规范化步骤

规范化程度过低的关系不一定能够很好地描述现实世界，可能会存在插入异常、删除异常、修改复杂、数据冗余等问题，解决方法就是对其进行规范化，将其转换成高级范式。

规范化的基本思想是逐步消除数据依赖中不合适的部分，使模式中的各关系模式达到某种程度的“分离”。即采用“一事一地”的模式设计原则，让一个关系描述一个概念、一个实体或实体间的一种联系。若多于一个概念，则把它“分离”出去。因此，所谓规范化，实质上是概念的单一化。

关系模式规范化的基本步骤如图 2－2 所示。

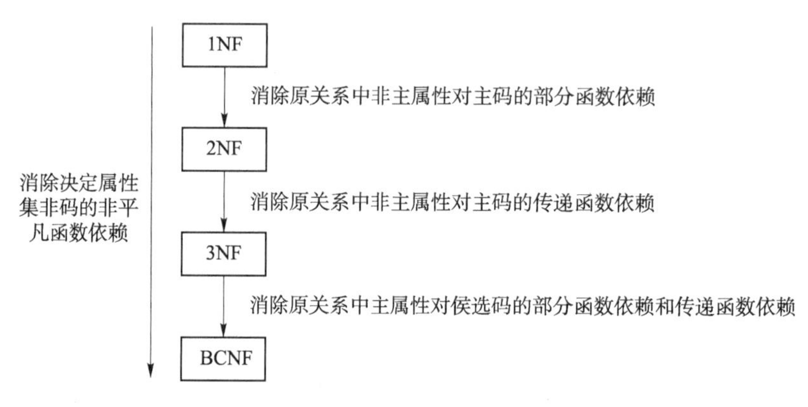

图 2－2　关系模式规范化的基本步骤

（1）对 1NF 关系进行投影，消除原关系中非主属性对码的部分函数依赖，将 1NF 关系转换为若干 2NF 关系；

（2）对 2NF 关系进行投影，消除原关系中非主属性对码的传递函数依赖，从而产生一组 3NF 关系；

（3）对 3NF 关系进行投影，消除原关系中主属性对不包含它的码的部分函数依赖和传递函数依赖，使得决定属性都成为投影的码，得到一组 BCNF 关系。

上述三个步骤也可以合并为一步：对原关系进行投影，消除决定属性集不是码的任何函数依赖。

规范化程度低的关系模式可能会存在数据冗余、数据操作异常等问题，需要对其进行规范化，转换成高级范式，但这并不意味着规范化程度越高的关系模式就越好。在设计数据库模式结构时，必须根据现实世界的实际情况和用户应用需求做进一步分析，确定一个合适的、能够反映现实世界的模式，即上述三个规范化步骤中可以根据需要在其中任何一个步骤上终止规范化。

第 3 章

SQL Server 2017 数据定义

本章主要介绍 SQL Server 2017 数据库管理系统中的数据定义功能。SQL Server 2017 将数据以表的形式保存于数据库中，并为用户提供访问这些数据的接口。数据表是 SQL Server 2017 数据库中最重要的数据对象，其设计的优劣将影响磁盘空间使用效率、数据处理时内存的利用率及数据的查询效率。而数据完整性则是保证表中数据正确与完整的关键。本章首先介绍数据库的基本概念及数据库的创建、修改、附加、分离、删除等基本操作，接着讨论各种数据类型的特点和用途，数据表的创建、修改、管理，以及实现数据完整性的方法和基本操作。

重点和难点

▶数据库和数据表的基本操作

▶数据完整性控制

3.1 SQL Server 2017 简介

SQL Server 是 Microsoft 公司开发的大中型关系数据库管理系统，支持 Transact - SQL 语句。SQL Server 目前已经历多个版本的发展演化。Microsoft 公司于 1995 年发布 SQL Server 6.0 版本；1996 年发布 SQL Server 6.5 版本；1998 年发布 SQL Server 7.0 版本，在数据存储和数据引擎方面做了根本性的变化，确立了 SQL Server 在数据库管理工具中的主导地位；2000 年发布的 SQL Server 2000，在数据库性能、可靠性、易用性方面做了重大改进；2005 年发布的 SQL Server 2005，可为各类用户提供完善的数据库解决方案；2008 年发布的 SQL Server 2008 R2 在安全性、延展性和管理能力等方面进一步提高；2012 年发布的 SQL Server 2012 具有高安全性、高可靠性、高效智能等优点；2017 年发布的 SQL Server 2017，增加了最新的数据服务和分析功能，包括强大的 AI 功能、对 R 语言和 Python 语言的支持。本书主要介绍 SQL Server 2017。

1. SQL Server 2017 的版本

SQL Server 2017 包括企业版、标准版、Web 版、开发版、Express 版，其中 Express 版是一款入门级的免费数据库，是学习和构建桌面及小型服务器数据驱动应用程序的理想选择。

本书以 SQL Server 2017 Express 版（为叙述简洁，后文简称 SQL Server 2017）为例，进行有关内容的讲解。

2. SQL 数据库的体系结构

SQL Server 数据库的体系结构是三级结构，如图 3－1 所示。

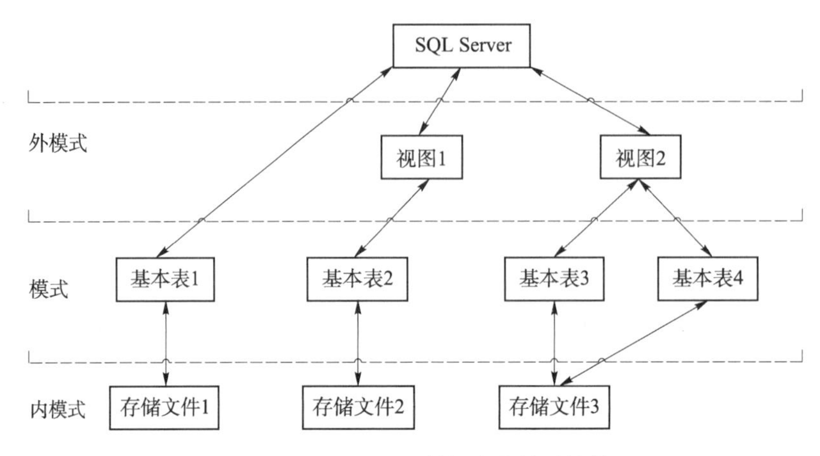

图 3－1　SQL Server 数据库的体系结构

SQL Server 术语与传统的关系模型术语不同，在 SQL Server 中，外模式对应于视图，模式对应于基本表，内模式对应于存储文件。

1）基本表

基本表是模式的基本内容，是实际存储在数据库中的表，对应一个实际存在的关系。

2）视图

视图是外模式的基本单位，用户可以通过视图使用数据库中基于基本表的数据。视图是从基本表或其他视图中导出的表，它本身不存储在数据库中。也就是说，视图是一个虚表，数据库中只存放视图的定义，而不存放视图的数据，这些数据仍存放在导出视图的基本表中。

用户可以用 SQL Server 语句对视图和基本表进行查询等操作。在用户看来，视图和基本表是一样的，都是关系。

3）存储文件

存储文件是内模式的基本单位。一个存储文件可以存放一个或多个基本表，一个基本表可以有若干个索引，索引同样存放在存储文件中。每个存储文件与外部存储器上一个物理文件对应。存储文件的存储结构对用户来说是透明的。

3.2　数据库的创建和管理

3.2.1　SQL Server 数据库

对于 SQL Server 数据库，从使用数据库的角度来说，它是一个逻辑数据库，只需要知道如何操作它就可以；从数据库保存角度来说，它是物理数据库，需要关心包含哪些文件、文件大小、存放位置等；按数据库的用途来分，又分为系统数据库和用户数据库。

1. 逻辑数据库

SQL Server 数据库是存储数据的容器，是一个由存放数据的表和支持这些数据的存储、检索、安全性和完整性的逻辑成分所组成的集合，组成数据库的逻辑成分称为数据库对象。

1）数据库对象

数据库是一个容器，主要存放数据库对象。SQL Server 的数据库对象主要包括表、视图、索引、存储过程、触发器和约束等。

2）数据库所有者

数据库所有者（DBO）就是有权限访问数据库的用户，即登录数据库的网络用户。数据库所有者是唯一的，拥有该数据库中的全部权限，并能够提供给其他用户访问权限和功能。

3）架构

架构是形成单个命名空间的数据库实体的集合。命名空间是一个集合，其内部的每个元素的名称都是唯一的。在 SQL Server 中的默认架构是 DBO。在 SQL Server 中，每个对象都属于一个数据库架构。如果用户创建数据库时没有指定架构，系统将使用默认架构。

4）数据库对象的引用

用户通过引用数据库对象名对其进行操作。数据库对象名有两种表示方式，完全限定名和部分限定名。所谓完全限定名，是指对象的全名，包括四个部分，格式如下：

服务器名.数据库名.数据库架构名.对象名

在使用 Transact-SQL 编程时，使用全名往往很烦琐且没有必要，所以常省略全名中的某些部分。对象全名的前三个部分均可以省略。当省略中间的部分时，圆点符“.”不可省略。SQL Server 可以根据系统的当前工作环境确定对象名称中省略的部分，这种方式称为部分限定名。

2. 物理数据库

SQL Server 将数据库映射为一组磁盘文件，并将数据与日志信息分别保存于不同的磁盘文件中，每个文件仅在与之相关的数据库中使用。因此，从物理角度看，数据库包括数据库文件和日志文件。

1）数据库文件

（1）主数据文件。主数据文件包含数据库的启动信息，并指向数据库中的其他文件。用户数据和对象可存储在此文件中，也可以存储在次要数据文件中。每个数据库有一个主数据文件，文件扩展名是.mdf。

（2）次要数据文件。次要数据文件是可选的，由用户定义并存储用户数据。通过将每个文件放在不同的磁盘驱动器上，次要文件可用于将数据分散到多个磁盘上，文件扩展名是.ndf。

（3）事务日志文件。事务日志文件简称日志文件，保存用于恢复数据库的日志信息。每个数据库必须至少有一个日志文件，文件扩展名是.ldf。

在创建一个数据库后，该数据库至少具有两个文件：一个主数据文件和一个日志文件。默认情况下，数据文件和日志文件被放在同一个驱动器的同一个路径下。这是为处理单磁盘系统而采用的方法。但是在实际环境中，建议将数据文件和日志文件放在不同的磁盘上。

2）文件组

文件组是由数据库相关的一组磁盘文件组成的集合。通常可以为一个磁盘驱动器创建一个文件组，然后将特定的表、索引等与该文件组相关联，那么对这些表的存储、查询和修改等操作都在该文件组中。SQL Server 在创建数据库时会自动创建一个主文件组 PRIMARY，用户也可根据自己的需要自定义一个或多个文件组。但是，一旦将文件添加到数据库中，就不可能再将这些文件移到其他文件组。在 SQL Server 中有以下两类文件组。

（1）主文件组。主文件组包含主数据文件以及任何其他没有明确分配给其他文件组的文件，系统表的所有页都从主文件组分配。

（2）用户定义文件组。该文件组使用 CREATE DATABASE 或 ALTER DATABASE 语句中的 FILEGROUP 关键字，或在 SQL Server Management Studio 的数据库"属性"对话框上创建的任何文件组。

每个数据库都有一个文件组作为默认文件组。若在 SQL Server 中创建表或索引时没有为其指定文件组，则将从默认文件组进行存储、查询等操作。用户可以指定默认文件组，若没有指定默认文件组，则主文件组为默认文件组。

一个文件只能是一个文件组的成员。只有数据文件才能作为文件组的成员，日志文件不能作为文件组的成员。

3. 系统数据库和用户数据库

在 SQL Server 中有两类数据库：系统数据库和用户数据库。系统数据库存储有关 SQL Server 的系统信息，它是 SQL Server 管理数据库的依据。如果系统数据库遭到破坏，那么 SQL Server 将不能正常启动。在安装 SQL Server 时，系统将创建四个可见的系统数据库，master、model、msdb 和 tempdb，以及一个隐藏的只读数据库 resource。

（1）master 数据库包含了 SQL Server 系统的所有系统信息、该服务器上所有数据库的相关信息、SQL Server 的初始化信息等。如果 master 数据库不可用，那么 SQL Server 将无法启动。

（2）model 数据库为新创建的数据库提供模板，当创建新数据库时，系统将 model 数据库的全部内容（包括数据库选项）复制到新的数据库中，以简化数据库及其对象的创建和设置工作。

（3）msdb 数据库为"SQL Server 代理"，为报警、调度信息和作业记录提供存储空间。

（4）tempdb 数据库为临时表和临时存储过程提供存储空间，所有与系统连接的用户的临时表和临时存储过程都存储于该数据库中。

（5）resource 数据库为资源数据库，包含了 SQL Server 中的所有系统对象。逻辑上，系统对象出现在 sys 架构中，资源数据库不包含用户数据或用户元数据。

用户数据库是用户创建的数据库，用户数据库与系统数据库结构相同，文件的扩展名也相同。本书中创建的都是用户数据库。

3.2.2 数据库的创建

能够创建数据库的用户必须是系统管理员，或者是拥有 CREATE DATABASE、CREATE ANY DATABASE 或 ALTER ANY DATABASE 等语句的权限的用户。在 SQL Server 中，

用户要创建数据库，必须确定数据库的名称、所有者、大小及存储该数据库的文件和文件组。一般来说，创建数据库的用户将成为该数据库的所有者。

数据库名称必须遵循标识符指定的规则，这些规则主要包括如下几点：

（1）数据库名称长度为 1 ~ 128 个字符；

（2）名称首字符必须是一个英文字母或、#和@ 中的任意字符；

（3）在中文版 SQL Server 中，可以直接使用汉字为数据库命名；

（4）名称中不能出现空格，不允许使用 SQL Server 的保留字。

1. 在 SQL Server Management Studio 中创建数据库

（1）启动 SQL Server Management Studio，在对象资源管理器中用鼠标右键单击“数据库”节点，从弹出的快捷菜单中选择“新建数据库”命令，打开“新建数据库”窗口。在“新建数据库”窗口的“常规”选项卡中的设置内容如图 3 -2 所示。

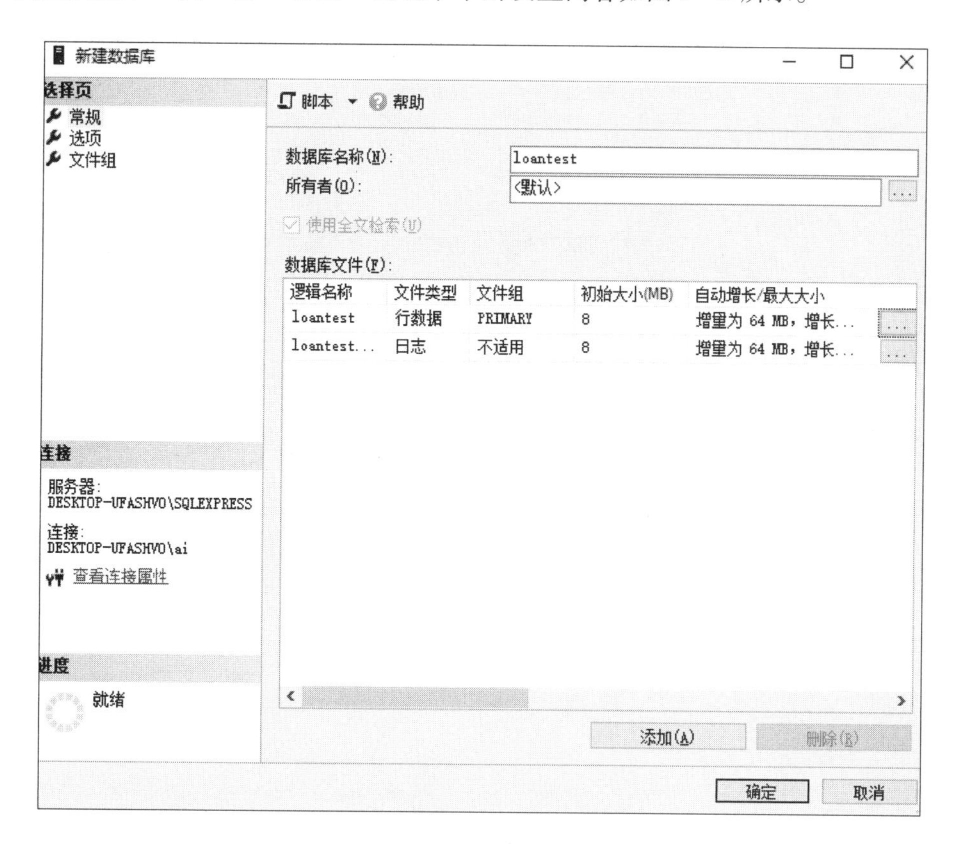

图 3 -2　“常规”选项卡

①在“数据库名称”文本框中输入数据库名称，如 loantest。

②若要通过接受所有的默认值来创建数据库，则单击“确定”按钮；否则，继续后面可选项目的选择。

③若要更改所有者名称，单击“所有者”文本框后“…”按钮选择其他所有者。

④若要启用数据库的全文搜索，选中“使用全文索引”。

⑤若要更改主数据文件和事务日志文件的默认值，在“数据库文件”列表框中单击相应的单元格，并输入新值。各项的具体含义如下。

◇ 逻辑名称：默认的逻辑数据文件和日志文件的名称。

◇ 文件类型：数据库文件的类型。

◇ 文件组：数据库中的数据文件所属的文件组，日志文件没有文件组的概念。

◇ 初始大小：默认的数据文件初始大小为8MB，日志文件初始大小为1MB。

◇ 自动增长/最大大小：显示默认设置的数据文件和日志文件的增长方式。

◇ 路径：显示数据库物理文件存放的物理路径。

◇ 文件名：显示数据文件和日志文件的物理名称。

(2) 切换到“选项”选项卡，其中有以下几个可选项，如图3-3所示。

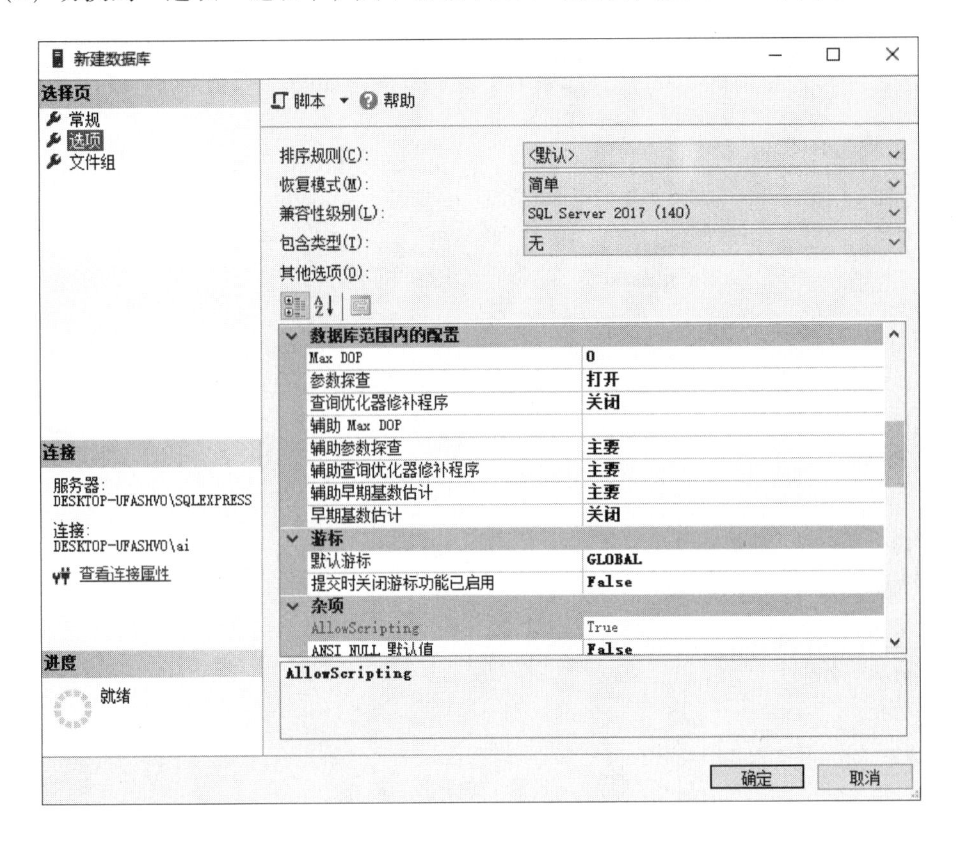

图3-3 设置“选项”选项卡

①若要更改数据库的排序规则，则从“排序规则”下拉列表中选择一个排序规则。

②若要更改恢复模式，则从“恢复模式”下拉列表中选择一个恢复模式。

③若要更改数据库的其他选项，则从列表框中根据需要修改选项值。

(3) 切换到“文件组”选项卡进行设置，如图3-4所示。如果要添加文件组，那么可以单击“添加文件组”按钮，然后输入文件组的名称。

所有参数设置完毕后，单击“确定”按钮，新的数据库就创建成功。展开“对象资源管理器”中的“数据库”项，就可以观察到loantest数据库已经创建成功。

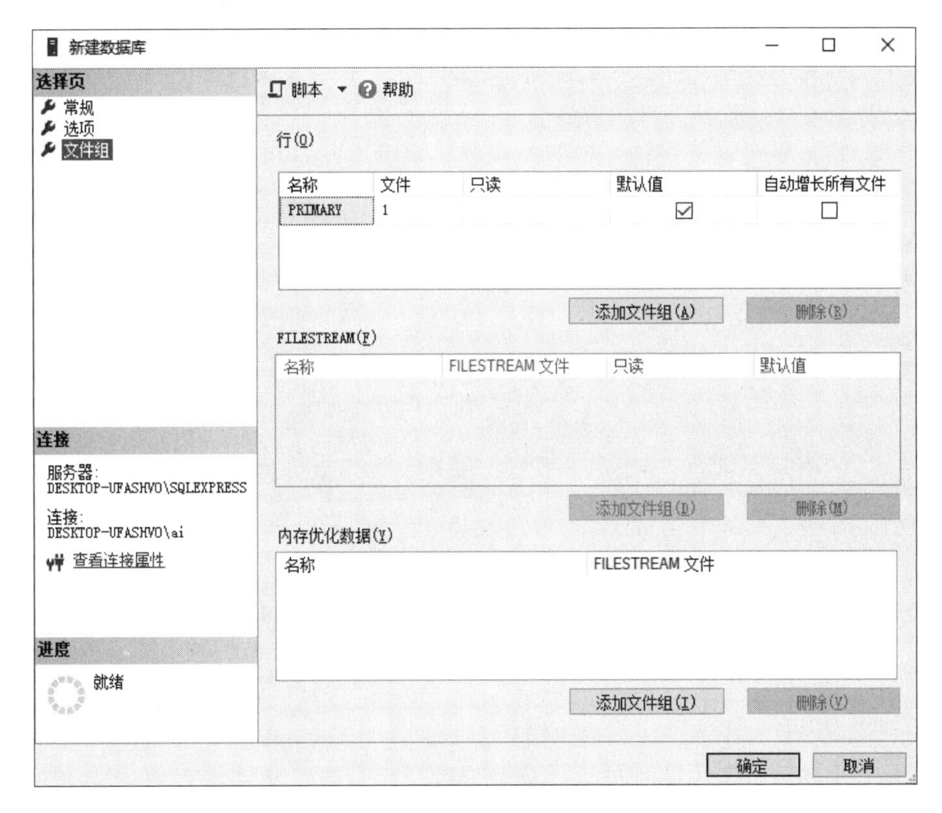

图 3-4　设置“文件组”选项卡

2. 用 CREATE DATABASE 语句创建数据库

用户还可以利用 CREATE DATABASE 语句来创建数据库。创建步骤为：选择“文件”→“新建”→“使用当前连接查询”命令，弹出“查询设计器”窗口，在该窗口中编写 Transact-SQL 语句。

（1）用 CREATE DATABASE 语句创建数据库的基本格式如下：

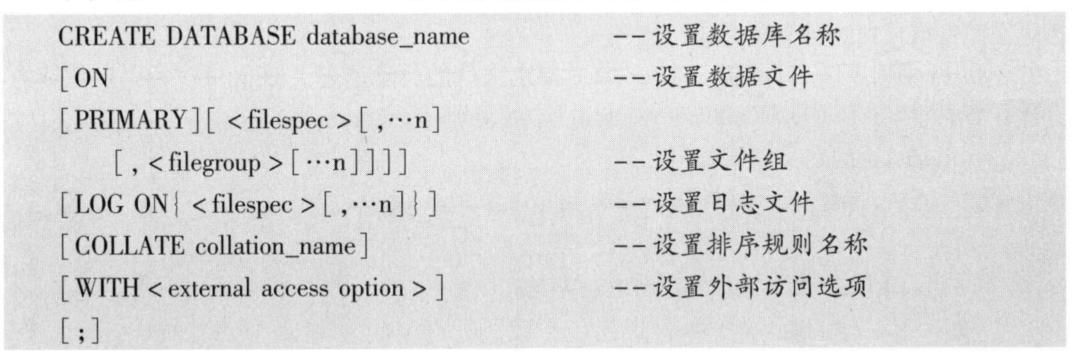

```
CREATE DATABASE database_name                --设置数据库名称
[ON                                          --设置数据文件
[PRIMARY][<filespec>[,…n]
    [,<filegroup>[…n]]]]                     --设置文件组
[LOG ON{<filespec>[,…n]}]                    --设置日志文件
[COLLATE collation_name]                     --设置排序规则名称
[WITH <external access option>]              --设置外部访问选项
[;]
```

上述格式中的主要参数说明如下。

◇ database_name：新建数据库的名称，同一个 SQL Server 实例中数据库名称必须唯一，且最多可以包含 128 个字符。

◇ ON：显式定义数据文件，后面跟的是以逗号分隔的 <filespec> 项列表。

◇ <filespec>：控制文件属性，详细定义数据文件或日志文件属性。

◇ PRIMARY：指定关联的 <filespec> 列表为主数据文件。主文件组的 <filespec> 项中的第一个文件为主数据文件，一个数据库只能有一个主数据文件。

◇ <filegroup>：控制文件组属性。

◇ LOG ON：显式定义数据库的日志文件。LOG ON 后跟以逗号分隔的、日志文件 <filespec> 项列表。

◇ COLLATE collation_name：指定数据库的默认排序规则。

◇ WITH <external access option>：控制外部与数据库之间的双向访问。

（2）filespec 的定义格式如下：

```
<filespec>::=
{
(
    NAME = 'logical_file_name'
    FILENAME = 'os_file_name'
        [ , SIZE = size [ KB|MB|GB|TB ] ]
        [ , MAXSIZE = { maxsize [ KB|MB|GB|TB ] |UNLIMITED} ]
        [ , FILEGROWTH = growth_increment [ KB|MB|GB|TB|% ] ]
) [ ,…n]
}
```

上述格式中的主要参数说明如下。

◇ <filespec>：控制文件属性，文件的各个属性用括号括起来，各属性之间用逗号隔开。若有多个文件，每个文件的属性用一个小括号括起来，多个文件之间用逗号隔开。

◇ NAME = 'logical file_name'：指定文件的逻辑名称。

◇ FILENAME = 'os_file_name'：指定操作系统（物理）文件名称。os_file_name 是创建文件时由操作系统使用的路径和文件名。

◇ SIZE = size：指定文件的大小。若没有为主文件提供 size，则数据库引擎将使用 model 数据库中的主文件大小；size 后若省略单位，则默认为 MB。

◇ MAXSIZE = max_size：指定文件可增大到的最大大小，若设置为 UNLIMITED，则指定文件将增长到磁盘充满。

◇ FILEGROWTH = growth_increment：指定文件的自动增量，该值可以为固定值或百分比（%）。

（3）filegroup 的定义格式如下：

```
<filegroup>::=                    -- <filegroup>语法格式
{
    FILEGROUP filegroup_name [ DEFAULT]
        <filespec>[ ,…n]
}
```

上述格式中的主要参数说明如下。

◇ FILEGROUP filegroup_name：文件组的逻辑名称。

◇ DEFAULT：指定文件组为数据库的默认文件组。

例 3－1　创建数据库 banktest，并指定数据库主数据文件的名字、所在位置、初始容量和文件增长量。

程序代码如下：

```
CREATE DATABASE banktest
ON
(
    NAME = 'banktest',
    FILENAME = 'D:\database\banktest.mdf',
    SIZE = 5MB,
    MAXSIZE = 10MB,
    FILEGROWTH = 5%
)
GO
```

在查询设计器中输入上述程序后，单击工具栏上的“执行”按钮，数据库 banktest 就创建成功。

本例中仅指定数据库 banktest 的数据文件的相关属性，而日志文件的属性则以 model 数据库中日志文件为模板建立。在“对象资源管理器”窗口的“数据库”选项上单击鼠标右键，在弹出的快捷菜单中选择“刷新”命令，可观察到 banktest 数据库，如图 3－5 所示。

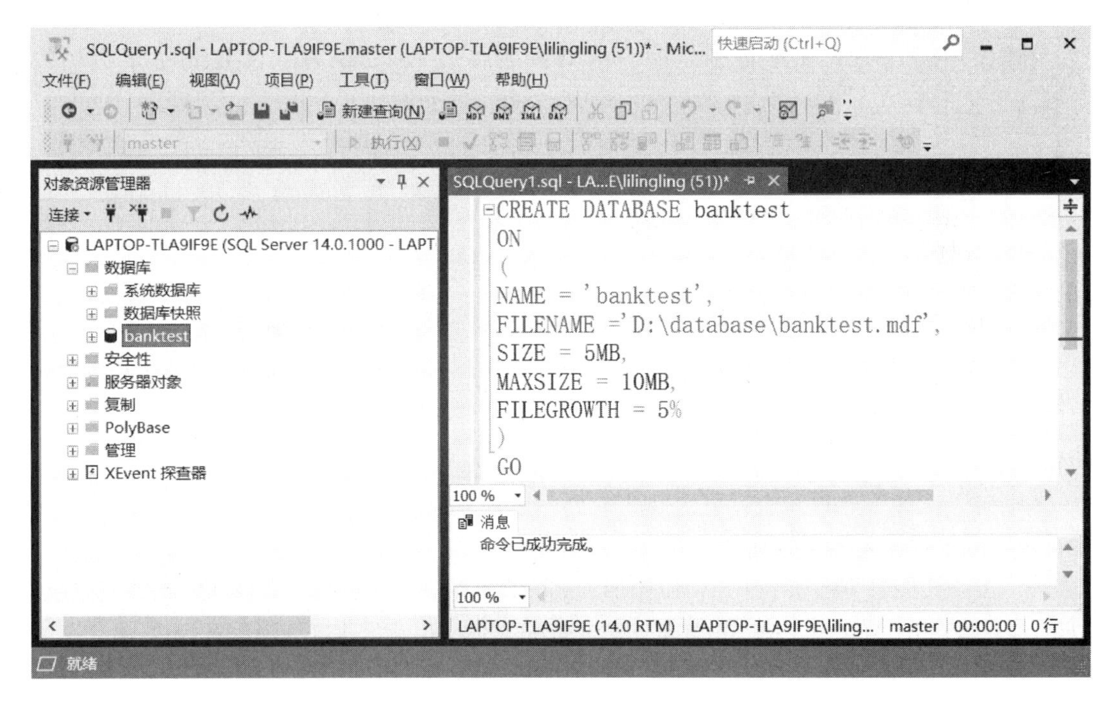

图 3－5　banktest 数据库

例 3－2　创建数据库 LoanDB，并指定数据库的数据文件和日志文件的所在位置、初始容量、最大容量和文件增长量。

程序代码如下：

```sql
CREATE DATABASE LoanDB
ON
(
    NAME = 'LoanDB',
    FILENAME = 'D:\Database\LoanDB.mdf',
    SIZE = 10MB,
    MAXSIZE = 100MB,
    FILEGROWTH = 5%
)
LOG ON
(
    NAME = 'LoanDB_log',
    FILENAME = 'D:\Database\LoanDB_log.ldf',
    SIZE = 3MB,
    MAXSIZE = 30MB,
    FILEGROWTH = 1MB
)
GO
```

在以后的章节中，如不特别指明，本书例题将以 LoanDB 为默认数据库介绍相关内容。

3.2.3 数据库的修改

修改数据库有以下两种方法。

1. 用 SQL Server Management Studio（SSMS）修改数据库

启动 SQL Server Management Studio，在对象资源管理器中用鼠标右键单击要修改的数据库，在弹出的快捷菜单中选择“属性”命令，打开“数据库属性”对话框，如图 3－6 所示。

◇ 在“文件”选项卡中，可以修改数据库的逻辑名称、初始大小、自动增长量等属性，也可以根据需要添加数据文件和日志文件。

◇ 在“文件组”选项卡中，可以添加或删除文件组，也可以指定数据库的默认文件组。但是，若文件组中有文件，则不能删除，必须先将文件移出文件组才能删除文件组。

◇ 在“选项”选项卡中，可以设置数据库的许多属性，如排序规则、恢复模式、兼容级别等。

◇ 在“更改跟踪”选项卡中，可以设定是否对数据库的修改进行跟踪。

◇ 在“权限”选项卡中，可以设定用户或角色对此数据库的操作权限。

◇ 在“扩展属性”选项卡中，可以设定表或列的扩展属性。在设计表或列时，通常通过表名或列名来表达含义，当表名或列名无法表达含义时，就需要使用扩展属性。

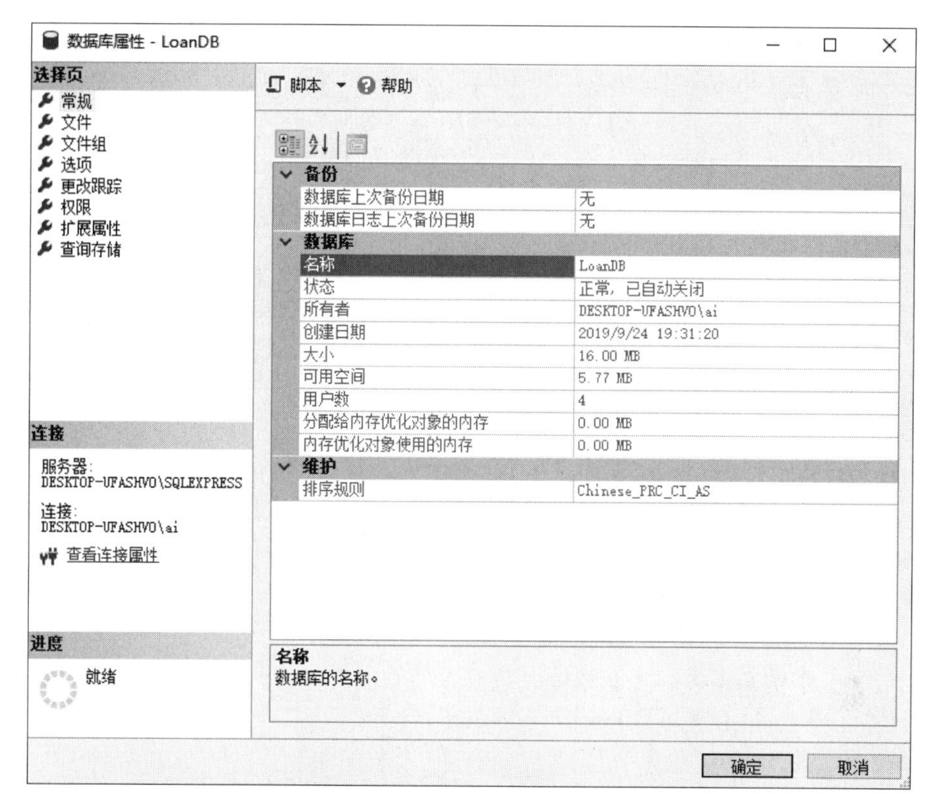

图 3 - 6　“数据库属性”对话框

2. 用 ALTER DATABASE 语句修改数据库

Transact - SQL 提供了修改数据库的语句 ALTER DATABASE。这里只介绍语法格式和主要参数。

（1）ALTER DATABASE 语句的语法格式如下：

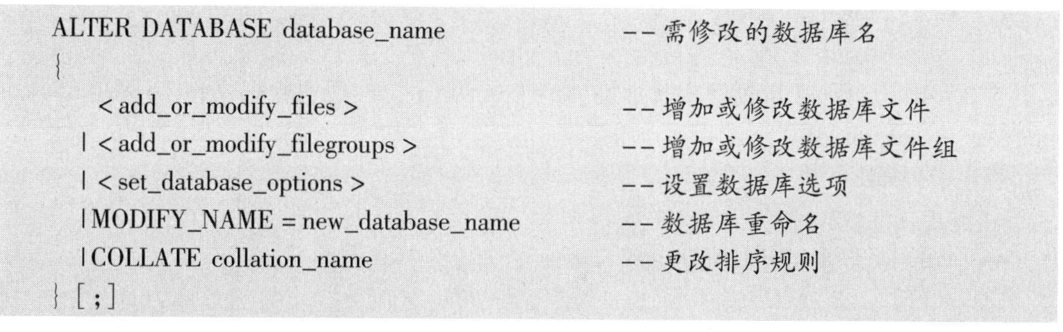

```
ALTER DATABASE database_name                        --需修改的数据库名
{
    <add_or_modify_files>                           --增加或修改数据库文件
  | <add_or_modify_filegroups>                      --增加或修改数据库文件组
  | <set_database_options>                          --设置数据库选项
  |MODIFY_NAME = new_database_name                  --数据库重命名
  |COLLATE collation_name                           --更改排序规则
}[;]
```

上述格式中的主要参数说明如下。

◇ database_name：要修改的数据库的名称。

◇ <add_or_modify_files>：指定要添加或修改的文件。

◇ <add_or_modify_filegroups>：在数据库中添加或修改文件组。

◇ <set_database_options>：设置数据库选项。

◇ MODIFY_NAME = new_database_name：使用指定的名称重命名数据库。

◇ COLLATE collation_name：指定数据库的排序规则。

（2） <add_or_modify_files>子句的语法格式如下：

```
<add_or_modify_files>::=              --增加或修改数据库文件语法块
{
    ADD FILE <filespec>[,…n]          --文件属性修改
        [TO FILEGROUP {filegroup_name|DEFAULT}]
    |ADD LOG FILE <filespec>[,…n]
    |REMOVE FILE logical_file_name
    |MODIFY FILE <filespec>
}
```

上述格式中的主要参数说明如下。

◇ ADD FILE：将文件添加到数据库。

◇ TO FILEGROUP {filegroup_name|DEFAULT}：将指定文件添加到文件组。

◇ ADD LOG FILE：将日志文件添加到指定的数据库中。

◇ REMOVE FILE logical_file_name：从 SQL Server 的实例中删除逻辑文件，并删除物理文件。若文件不为空，则无法删除。

◇ MODIFY FILE：指定要修改的文件。

下面通过几个例题来进一步介绍修改数据库的方法。

例 3-3 为 LoanDB 数据库增加一个日志文件。

程序代码如下：

```
ALTER DATABASE LoanDB
  ADD LOG FILE
  (
   NAME = 'Loan_log',
   FILENAME = 'D:\Database\Loan_log.LDF',
   SIZE = 2MB,
   MAXSIZE = 6MB,
   FILEGROWTH = 1MB
  )
```

例 3-4 为 LoanDB 数据库添加文件组 LoanDBfgp，再添加数据文件 LoanDBtfile.ndf 到文件组 LoanDBfgp 中。

程序代码如下：

```
ALTER DATABASE LoanDB
    ADD FILEGROUP LoanDBfgp
GO
ALTER DATABASE LoanDB
  ADD FILE
  (
   NAME = 'LoanDBtfile',
   FILENAME = 'D:\Database\LoanDBtfile.ndf'
  )
  TO FILEGROUP LoanDBfgp
GO
```

3.2.4 数据库的管理

1. 数据库状态查看

在实际生产过程中的数据库总是处于一个特定的状态中，若要确认数据库的当前状态，除通过“数据库属性”对话框的“常规”选项卡查看数据库属性以外，还可以通过Select语句选择显示sys.databases目录视图中的state_desc列完成。在新建查询窗口中输入代码并执行，如图3-7所示。

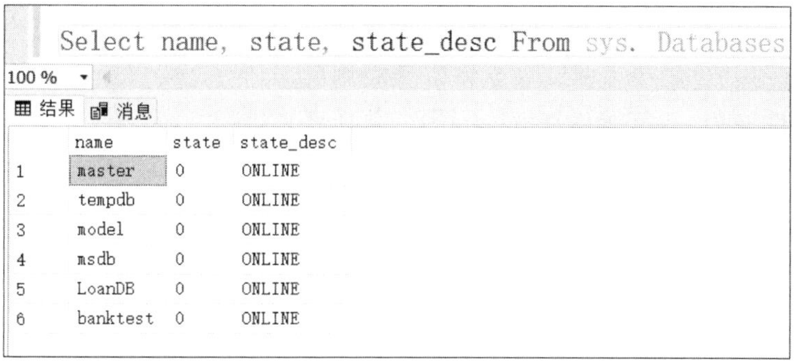

```sql
Select name, state, state_desc From sys. Databases
```

	name	state	state_desc
1	master	0	ONLINE
2	tempdb	0	ONLINE
3	model	0	ONLINE
4	msdb	0	ONLINE
5	LoanDB	0	ONLINE
6	banktest	0	ONLINE

图3-7　查看数据库状态信息

在SQL Server中，数据库文件的状态独立于数据库的状态。文件始终处于一个特定状态，若要查看文件的当前状态，则使用sys.master_files或sys.database_files目录视图。若数据库处于离线状态，则可以从sys.master_files目录视图中查看文件的状态，如图3-8所示。可以在“查询设计器”窗口中输入代码并执行，即可查看到相关数据文件的状态信息。

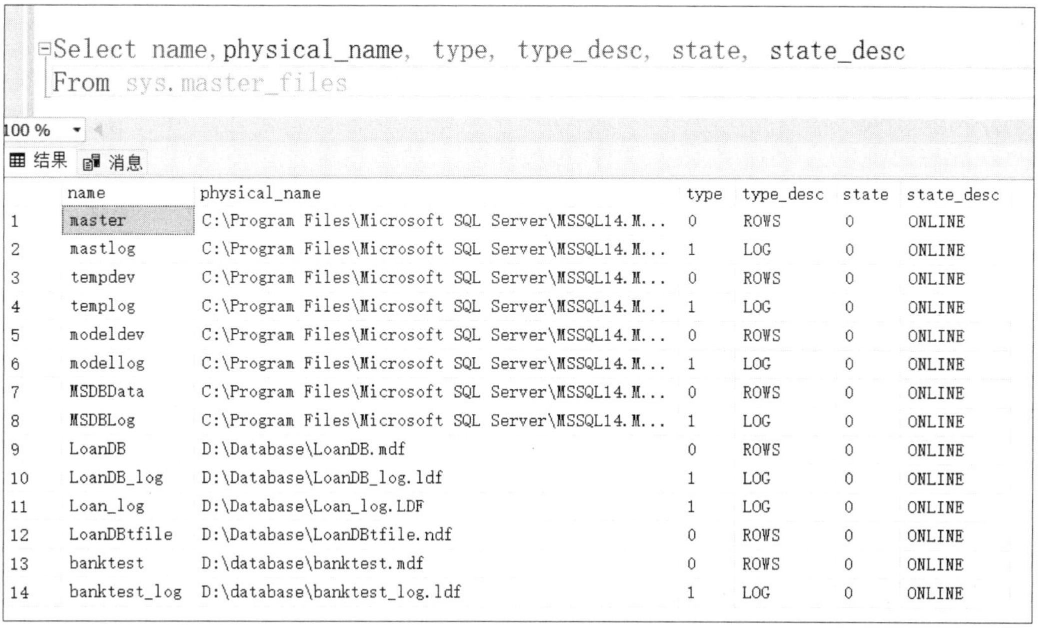

```sql
Select name, physical_name, type, type_desc, state, state_desc
From sys.master_files
```

	name	physical_name	type	type_desc	state	state_desc
1	master	C:\Program Files\Microsoft SQL Server\MSSQL14.M...	0	ROWS	0	ONLINE
2	mastlog	C:\Program Files\Microsoft SQL Server\MSSQL14.M...	1	LOG	0	ONLINE
3	tempdev	C:\Program Files\Microsoft SQL Server\MSSQL14.M...	0	ROWS	0	ONLINE
4	templog	C:\Program Files\Microsoft SQL Server\MSSQL14.M...	1	LOG	0	ONLINE
5	modeldev	C:\Program Files\Microsoft SQL Server\MSSQL14.M...	0	ROWS	0	ONLINE
6	modellog	C:\Program Files\Microsoft SQL Server\MSSQL14.M...	1	LOG	0	ONLINE
7	MSDBData	C:\Program Files\Microsoft SQL Server\MSSQL14.M...	0	ROWS	0	ONLINE
8	MSDBLog	C:\Program Files\Microsoft SQL Server\MSSQL14.M...	1	LOG	0	ONLINE
9	LoanDB	D:\Database\LoanDB.mdf	0	ROWS	0	ONLINE
10	LoanDB_log	D:\Database\LoanDB_log.ldf	1	LOG	0	ONLINE
11	Loan_log	D:\Database\Loan_log.LDF	1	LOG	0	ONLINE
12	LoanDBtfile	D:\Database\LoanDBtfile.ndf	0	ROWS	0	ONLINE
13	banktest	D:\database\banktest.mdf	0	ROWS	0	ONLINE
14	banktest_log	D:\database\banktest_log.ldf	1	LOG	0	ONLINE

图3-8　数据库文件的状态信息

1）数据库状态含义

◇ ONLINE 表示可以对数据库进行访问。

◇ OFFLINE 表示数据库无法使用。数据库由于显式的用户操作而处于离线状态，并保持离线状态直至执行了其他的用户操作。

◇ RESTORING 表示正在还原主文件组的一个或多个文件，或正在离线还原一个或多个辅助文件，此时数据库不可用。

◇ RECOVERING 表示正在恢复数据库。恢复进程是一个暂时性状态，恢复成功后数据库将自动处于在线状态。若恢复失败，则数据库不可用。

◇ RECOVERY PENDING 表示 SQL Server 在恢复过程中遇到了与资源相关的错误，数据库未损坏，但是可能缺少文件，或系统资源限制可能导致无法启动数据库，此时数据库不可用。需要用户另外执行操作来解决问题，并让恢复进程完成。

◇ SUSPECT 表示至少主文件组可疑或可能已损坏。在 SQL Server 启动过程中无法恢复数据库，此时数据库不可用。需要用户另外执行操作来解决问题。

◇ EMERGENCY 表示用户更改了数据库，并将其状态设置为 EMERGENCY。数据库处于单用户模式，可以修复或还原。数据库标记为 READ_ONLY，禁用日志行，并且仅限 sysadmin 固定服务器角色的成员访问。EMERGENCY 主要用于故障排除。

2）数据库文件状态含义

◇ ONLINE 表示文件可用于所有操作。若数据库本身处于在线状态，则主文件组中的文件始终处于在线状态。若主文件组中的文件处于离线状态，则数据库将处于离线状态，并且辅助文件的状态未定义。

◇ OFFLINE 表示文件不可访问，并且可能不显示在磁盘中。文件通过显式用户操作变为离线，并在执行其他用户操作之前保持离线状态。注意：当文件已损坏时，该文件仅应设置为离线，但可以进行还原。设置为离线的文件只能通过从备份中还原才能设置为在线。

◇ RESTORING 表示正在还原文件。文件处于还原状态，并且在还原完成及文件恢复之前一直保持此状态。

◇ RECOVERY PENDING 表示文件恢复被推迟。由于在段落还原过程中未还原和恢复文件，因此文件将自动进入此状态。需要用户执行其他操作来解决该错误，并允许完成恢复过程。

◇ SUSPECT 表示在线还原过程中恢复文件失败。若文件位于主文件组，则所属数据库还将被标记为 SUSPECT。否则，仅文件处于可疑状态，而数据库仍处于在线状态。

◇ DEFUNCT 表示当文件不处于在线状态时被删除。删除离线文件组后，文件组中的所有文件都将失效。

2. 数据库属性设置

通过前面章节的介绍，我们已经知道可利用命令修改部分数据库属性。下面再对其他一些数据库属性做进一步的设置。

1）数据库更名

更改数据库的名称可以采用以下两种方法。

一种方法是在 SQL Server Management Studio 的对象资源管理器中选中此数据库，单击鼠标右键，从弹出的快捷菜单中选择“重命名”命令。或者直接利用 ALTER DATABASE 命令来实现，语法格式如下：

```
ALTER DATABASE old_name
MODIFY NAME = new_name
```

另一种方法是使用系统存储过程 sp_renamedb 更改数据库的名称。在重命名数据库之前，应该确保没有用户正在使用该数据库。系统存储过程 sp_renamedb 的语法格式如下：

```
[EXEC] sp_renamedb [@dbname = ]'old_name',[@newname = ] 'new_name'
```

2）限制用户对数据库的访问

在 SQL Server 的运行过程中，有时需要限制用户的访问。

例如，在数据库 LoanDB 的“数据库属性”对话框中选择“选项”选项卡，如图3－9所示。选择“状态”栏下的“限制访问”下拉列表，出现以下三个选项。

◇ Multiple：数据库处于正常状态，允许多个用户同时访问数据库。

◇ Single：指定一次只能一个用户访问，其他用户的连接被中断。

◇ Restricted：限制除 db_ower（数据库所有者）、dbcreator（数据库创建者）和 sysadmin（系统管理员）以外的角色成员访问数据库，但对数据库的连接不加限制。一般在维护数据库时将数据库设置为该状态。

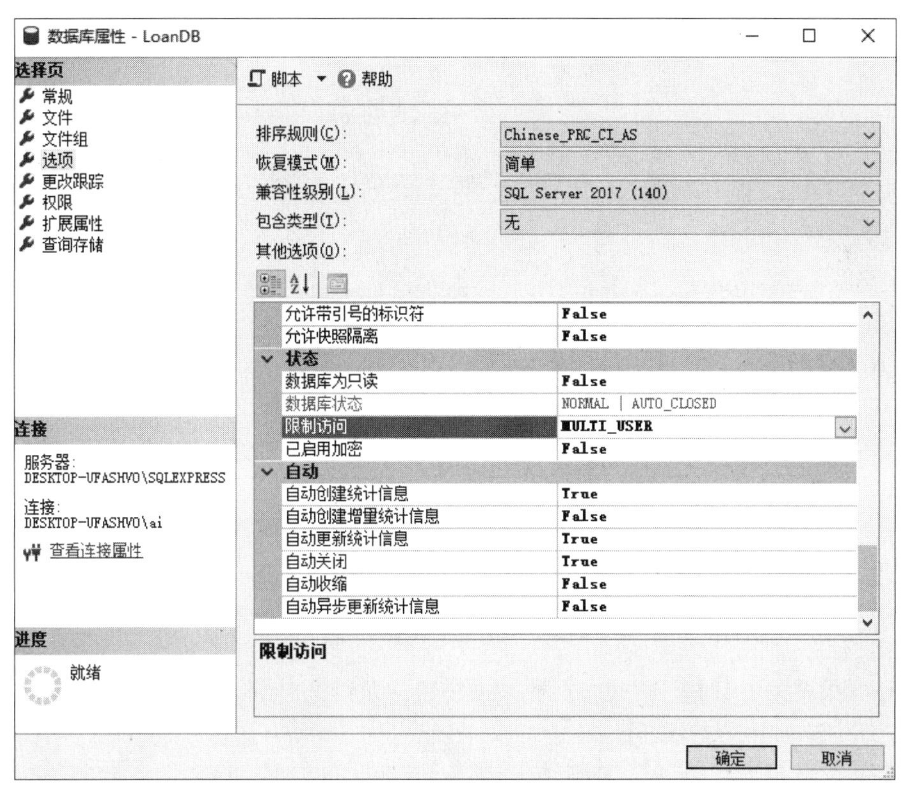

图3－9 限制用户访问数据库

3. 数据库收缩

SQL Server 中当为数据库分配的磁盘空间过大时，可以收缩数据库。数据文件和事务文件都可进行收缩。数据库也可设置为按给定时间间隔自动收缩。该活动在后台进行，不影响数据库内的用户活动。

1）设置自动收缩数据库

设置数据库的自动收缩，可以在“数据库属性”对话框的“选项”选项卡中设置，只要将“自动收缩”项设为 True 即可。

2）手动收缩数据库

手动收缩数据库的步骤如下。

（1）在 SQL Server Management Studio 的对象资源管理器中用鼠标右键单击相应的数据库，如 LoanDB，从弹出的快捷菜单中选择“任务”→“收缩”→“数据库”命令。

（2）在弹出的“收缩数据库”对话框中进行设置，如图 3-10 所示。数据库 LoanDB“当前分配的空间”为 26.00MB，设置“收缩后文件中的最大可用空间”为 47%，单击“确定”按钮即可完成操作。系统将根据数据库的具体情况对数据库进行收缩。

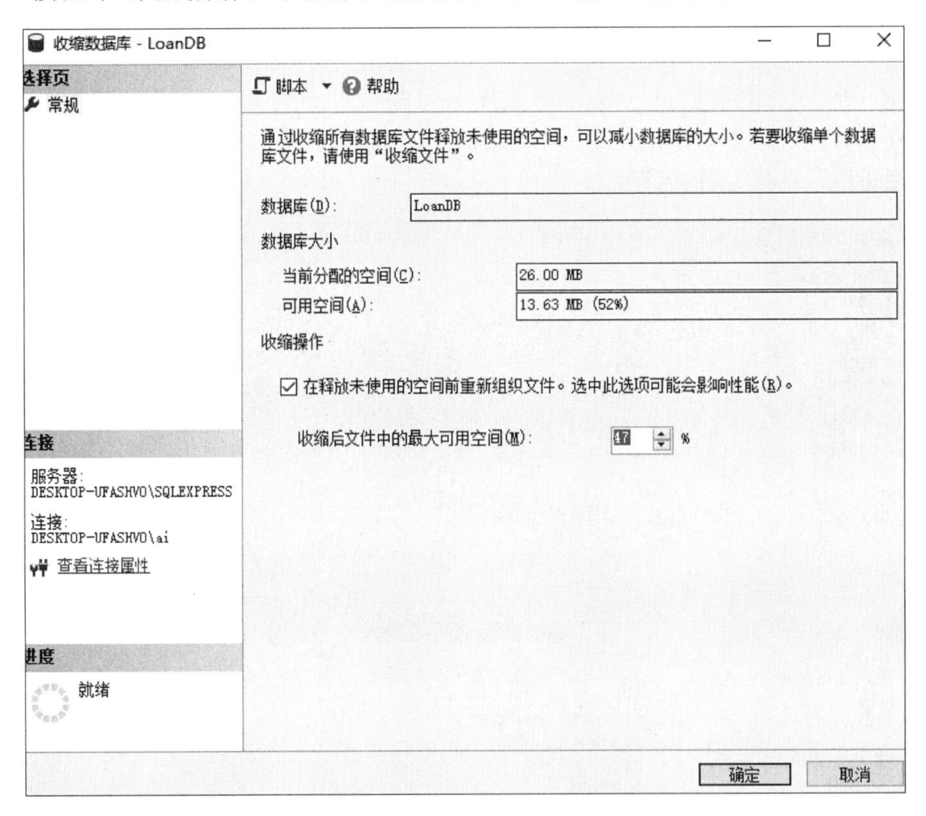

图 3-10　设置收缩数据库

（3）如果单击对话框上方的“脚本”按钮，系统还能够将收缩操作的脚本显示到“新建查询”界面中，结果如下：

```
USE [LoanDB]
GO
DBCC SHRINKDATABASE(N 'LoanDB' 1,47)
GO
```

3）手动收缩数据库文件

手动收缩数据库文件的步骤如下。

（1）在 SQL Server Management Studio 的对象资源管理器中，用鼠标右键单击相应的数据库，如 LoanDB，从弹出的快捷菜单中选择“任务”→“收缩”→“文件”命令。

（2）在弹出的“收缩文件”对话框中进行设置，如图 3－11 所示。数据库 LoanDB 的数据文件“当前分配的空间”为 8MB，设置收缩数据库文件参数后，单击“确定”按钮即可完成操作。

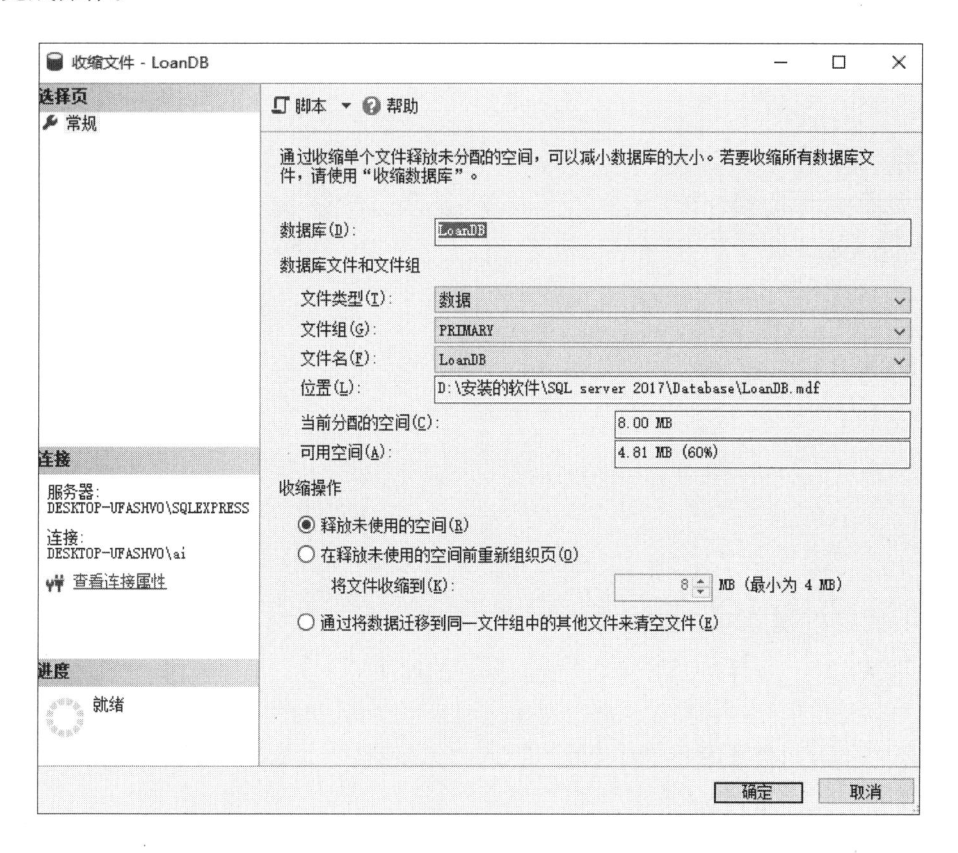

图 3－11　收缩数据库文件

4. 数据库的分离和附加

在 SQL Server 中，除系统数据库外，其他数据库都可以从服务器的管理中进行分离，以脱离服务器的管理，同时保持数据文件与日志文件的完整性和一致性。而分离出来的数据库可以附加到其他 SQL Server 服务器上，构成完整的数据库。分离和附加是系统开发过程中的重要操作。

1）分离数据库

（1）在 SQL Server Management Studio 的对象资源管理器中，用鼠标右键单击相应的数据库，如 LoanDB，从弹出的快捷菜单中选择“任务”→“分离”命令。

（2）在弹出的“分离数据库”对话框中进行设置，如图 3－12 所示。设置数据库 LoanDB 的分离参数后，单击“确定”按钮即可完成操作。

图 3-12　分离数据库

其中的主要参数项含义如下。

◇ 删除连接：选择是否断开与指定服务器的连接。

◇ 更新统计信息：选择在分离数据库之前是否更新过时的优化统计信息。

◇ 状态：显示数据库分离前“就绪”或“未就绪”。

◇ 消息：显示是否成功的消息。

2）附加数据库

附加数据库可以将已经分离的数据库重新附加到当前或其他 SQL Server 2017 的实例中。

（1）在 SQL Server Management Studio 的对象资源管理器中，用鼠标右键单击“数据库”节点，从弹出的快捷菜单中选择“附加”命令。

（2）在弹出的“附加数据库”对话框中单击“添加”按钮，目的是将要附加数据库的主数据文件添加到实例中。在弹出的“定位数据库文件”窗口中选择要添加的数据库的主数据文件，如图 3-13 所示。数据库 LoanDB 的主数据文件为 LoanDB. mdf。

（3）单击“确定”按钮，返回“附加数据库”窗口。单击“确定”按钮，数据库 LoanDB 就附加到当前的实例中了。

5. 数据库的联机和脱机

脱机可以使某个用户数据库暂停服务，联机可以使某个用户数据库提供服务。

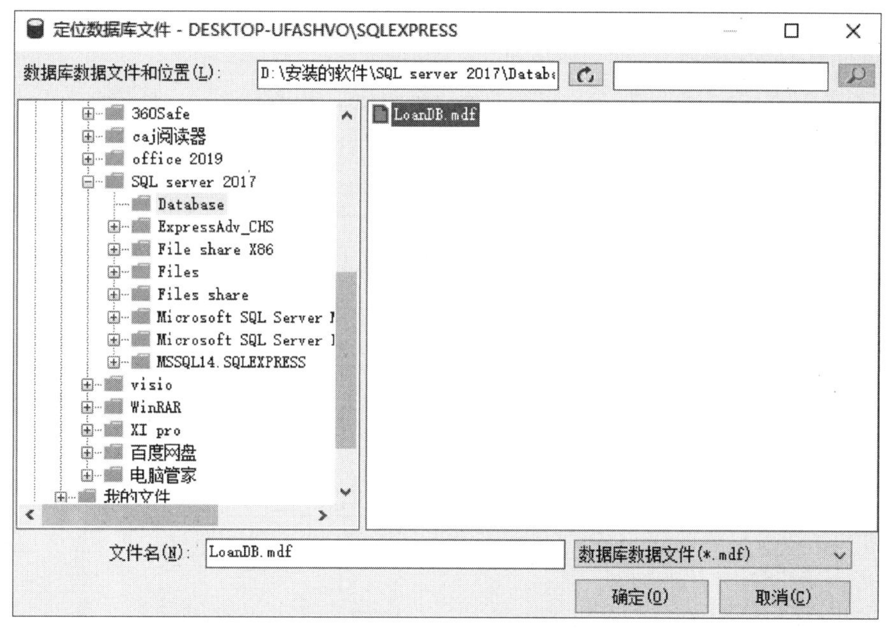

图 3-13　定位数据库文件

1）脱机用户数据库

（1）在 SQL Server Management Studio 的对象资源管理器中，用鼠标右键单击相应的数据库，如 LoanDB，从弹出的快捷菜单中选择“任务”→“脱机”命令，弹出如图 3-14 所示的“使数据库脱机”对话框。选择“删除所有活动连接”命令，单击“确定”按钮完成操作。

图 3-14　脱机数据库

（2）完成脱机过程后，系统在对象资源管理器中将数据库标注为“LoanDB（脱机）”。

2）联机用户数据库

（1）在 SQL Server Management Studio 的对象资源管理器中，用鼠标右键单击已经脱机的数据库，如 LoanDB（脱机），从弹出的快捷菜单中选择“任务”→“联机”命令，弹出如图 3 - 15 所示的“使数据库联机”对话框。

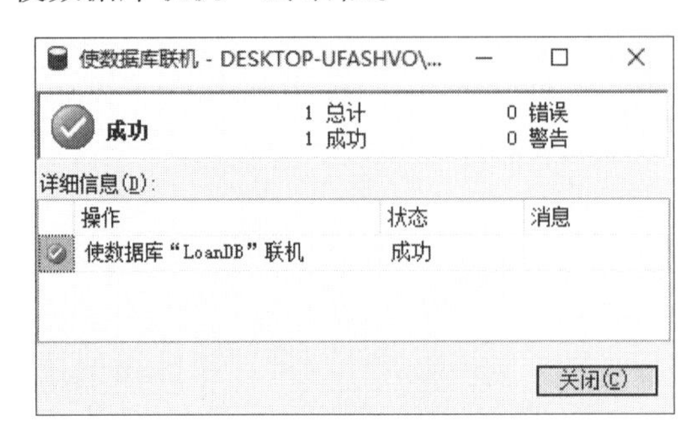

图 3 - 15　联机数据库

（2）完成联机过程后，单击“关闭”按钮，系统将数据库恢复原样。

3.2.5　数据库的删除

当系统中不再需要某数据库时，用户可以根据自己的权限选择将其删除。数据库删除之后，数据库的文件及其数据都从服务器的磁盘中删除。数据库的删除是永久性的，并且如果不使用以前的备份，则无法检索该数据库。

在 SQL Server 2017 中，可以使用 SQL Server Management Studio 与 Transact - SQL 语句来删除数据库。

1. 在 SQL Server Management Studio 中删除数据库

在 SQL Server Management Studio 的对象资源管理器中，用鼠标右键单击要删除的数据库，从弹出的快捷菜单中选择“删除”命令即可完成操作。

2. 用 Transact - SQL 语句删除数据库

Transact - SQL 提供了数据库修改语句 DROP DATABASE。具体格式如下：

```
DROP DATABASE {database_name}[,…n][;]
```

其中，database_name 指定要删除的数据库的名称。该命令可以一次删除一个或多个数据库。

例 3 - 5　删除已创建的数据库 banktest。

程序代码如下：

```
DROP DATABASE banktest
GO
```

若要执行数据库删除操作，用户至少须对数据库具有 CONTROL 权限。执行删除数据库操作会从 SQL Server 实例中删除数据库，并删除该数据库使用的所有物理文件。

3.3 数据表的创建和管理

3.3.1 SQL Server 支持的数据类型

数据库中的所有数据都存放在数据表（也可简称“表”）中，数据表按行与列的格式组织。在创建列时，要为列指定列名、数据类型等属性。数据类型是数据的一种属性，决定数据存储的空间和格式。正确选择数据类型可以为数据库的设计和管理奠定良好的基础，对数据的存储、查询等操作有着重要的影响。本节将对 SQL Server 支持的数据类型做简单说明。

为数据库对象选择数据类型时，可以为对象定义 3 个属性：

（1）所存储值占有的空间（字节数）和数值范围；

（2）数值的精度（仅适用于数值类型）；

（3）数值的小数位数（仅适用于数值类型）。

SQL Server 支持的数据类型如表 3 – 1 所示。下面对常用数据类型进行介绍。

表 3 – 1 SQL Server 支持的数据类型

数据类型	符 号 标 识
整数型	bigint，int，smallint，tinyint
精确数值型	decimal，numeric
浮点型	float，real
货币型	money，smallmoney
位型	bit
字符型	char，varchar、varchar(MAX)
unicode 字符型	nchar，nvarchar、nvarchar(MAX)
日期时间类型	date，time，datetime，datetime2，smalldatetime，datetimeoffset
文本型	text，ntext
二进制型	binary，varbinary、varbinary(MAX)
时间戳型	timestamp
图像型	image
其他	cursor，sql_variant，table，uniqueidentifier，xml，hierarchyid

1. 整数型

整数型包括 bigint、int、smallint 和 tinyint，从标识符的含义就可以看出，它们的表示数范围逐渐缩小。

（1）bigint：大整数，数范围为 $-2^{63} \sim 2^{63}-1$，长度为 8 字节。

（2）int：整数，数范围为 $-2^{31} \sim 2^{31}-1$，长度为 4 字节。

（3）smallint：短整数，数范围为 $-2^{15} \sim 2^{15}-1$，长度为 2 字节。

（4）tinyint：微短整数，数范围为 0 ~ 255，长度为 1 字节。

2. 精确数值型

精确数值型数据由整数部分和小数部分构成，其所有的数字都是有效位，能够以完整的精度存储十进制数。精确数值型包括 decimal 和 numeric 两类，但这两种数据类型在功能上完全等价。

声明精确数值型数据的格式是 numeric | decimal(p[,s])，其中 p 为精度，s 为小数位数，s 的默认值为 0，方括号表示该项可选。例如，指定某列为精确数值型，精度为 6，小数位数为 3，即 decimal（6，3），那么当向某记录的该列赋值 56.342689 时，该列实际存储的是 56.343

decimal 和 numeric 可存储 $-10^{38}+1 \sim 10^{38}-1$ 的固定精度和小数位的数字数据，它们的存储长度随精度的变化而变化，最少为 5 字节，最多为 17 字节。

注意：声明精确数值型数据时，其小数位数必须小于精度。在给精确数值型列赋值时，必须使所赋数据的整数部分位数不大于列的整数部分的长度。

3. 浮点型

浮点型也称近似数值型。顾名思义，这种类型不能提供精确表示数据的精度，使用这种数据类型来存储某些数值时，有可能会损失一些精度，所以它可用于处理取值范围非常大且对精确度要求不太高的数值量，如一些统计量。

浮点型包括 float[(n)]和 real，两者通常都使用科学计数法表示数据，形式为：尾数 E 阶数，如 5.6432E20、-2.98E10、1287659E-9 等。

（1）real：使用 4 字节存储数据，范围为 -3.40E+38 ~ 3.40E+38，数据精度为 7 位有效数字。

（2）float[(n)]：float 型数据的范围为 -1.79E+308 ~ 1.79E+308。定义中的 n 取值范围是 1 ~ 53，用于指示其精度和存储大小。当 n 在 1 ~ 24 之间时，实际上将定义一个 real 型数据，存储长度为 4 字节，精度为 7 位有效数字。当 n 在 25 ~ 53 之间时，存储长度为 8 字节，精度为 15 位有效数字。当省略 n 时，代表 n 在 25 ~ 53 之间。

4. 货币型

SQL Server 提供了两个专门用于处理货币的数据类型：money 和 smallmoney，它们用十进制数表示货币值。

（1）money：数据范围为 $-2^{63} \sim 2^{63}-1$，其精度为 19，小数位数为 4，长度为 8 字节。money 的数据范围与 bigint 相同，不同的只是 money 类型有 4 位小数。实际上，money 就是按照整数进行运算的，只是将小数点固定在最后 4 位。

（2）smallmoney：数据范围为 $-2^{31} \sim 2^{31}-1$，其精度为 10，小数位数为 4，长度为 4 字节。可见 smallmoney 与 int 的关系就如同 money 与 bigint 的关系。

当向表中插入 money 或 smallmoney 类型的数据时，必须在数据前面加上货币表示符号（$），并且数据中间不能有逗号（,）；若货币数据为负数，则需要在符号 $ 的后面加上负号（-）。例如，$1500032、$680、$-20000908 都是正确的货币数据表示形式。

5. 字符型

字符型数据用于存储字符串，字符串中可包括字母、数字和其他特殊符号（如#、@、&等）。在输入字符串时，需将串中的符号用单引号或双引号括起来，如 'abc'、"Abc<Cde"。

SQL Server 字符型包括固定长度（char）或可变长度（varchar）字符数据类型。

（1）char[（n）]：固定长度字符数据类型，其中 n 定义字符型数据的长度，n 在 1～8000 间，默认为 1。当表中的列定义为 char（n）类型时，若实际存储的字符串长度不足 n 时，则在字符串的尾部添加空格以达到长度 n，所以 char（n）的长度为 n。

例如，某列的数据类型为 char（20），而输入的字符串为“ahom1922”，则存储的字符串为“ahom1922”和 12 个空格。若输入的字符个数超出了 n，则超出的部分被截断。

（2）varchar[（n）]：可变长度字符数据类型，其中，n 的规定与固定长度字符数据类型 char（n）中的 n 完全相同，但这里的 n 表示的是字符串可达到的最大长度。

varchar（n）的长度为输入字符串的实际字符个数，而不一定是 n。例如，表中某列的数据类型为 varchar（100），而输入的字符串为“ahom1922”，则存储的就是字符串“ahom1922”，其长度为 8 字节。当列中的字符数据值长度差不多时（如姓名），可使用 char 类型；当列中的数据值长度显著不同时，使用 varchar 类型较为恰当，可以节省存储空间。

6. unicode 字符型

unicode 是“统一字符编码标准”，用于支持国际上非英语语种的字符数据的存储和处理。SQL Server 的 unicode 字符型可以存储 unicode 标准字符集定义的各种字符。

unicode 字符型包括 nchar[（n）]和 nvarchar[（n）]两类。nchar 是固定长度 unicode 数据的数据类型，nvarchar 是可变长度 unicode 数据的数据类型，二者均使用 UNICODE UCS－2 字符集。

（1）nchar[（n）]：nchar[（n）]为包含 n 个字符的固定长度 unicode 字符型数据，n 的值在 1～4000 间，占用的存储空间为 2n 字节。若输入的字符串长度不足 n，将以空白字符补足。

（2）nvarchar[（n）]：nvarchar[（n）]为最多包含 n 个字符的可变长度 unicode 字符型数据，n 的值在 1～4000，默认为 1。占用的存储空间是所输入字符个数的 2 倍。

实际上，nchar、nvarchar 与 char、varchar 的使用非常相似，只是字符集不同（前者使用 unicode 字符集，后者使用 ASCII 字符集）。

7. 日期时间类型

日期时间类型用于存储日期和时间数据，可具体分为 date、time、datetime、datetime2、smalldatetime 和 datetimeoffset 6 种类型。datetime 数据类型存储为一对 4 字节整数，它们一起表示自 1753 年 1 月 1 日午夜 12 点钟经过的毫秒数。smalldatetime 数据类型存储为一对 2 字节整数，它们一起表示自 1900 年 1 月 1 日午夜 12 点钟经过的分钟数。表 3－2 列出了 SQL Server 支持的日期时间数据类型。

表 3－2　SQL Server 支持的日期时间数据类型

日期时间类型	字节数	取值范围	作用
date	10	0001 年 1 月 1 日至 9999 年 12 月 31 日	只存日期，不存时间
datetime	8	1753 年 1 月 1 日至 9999 年 12 月 31 日，精度为 3.33 毫秒	存大型日期时间值
datetime2（n）	8	1753 年 1 月 1 日至 9999 年 12 月 31 日，精度为 0.0001 毫秒	存大型日期时间值
smalldatetime	4	1900 年 1 月 1 日至 2079 年 6 月 6 日，精度为 1 分钟	存小范围日期时间值
datetimeoffset	26～34	1753 年 1 月 1 日至 9999 年 12 月 31 日，精度为 0.0001 毫秒	转换为 UTC 时间
time（n）	3～5	00：00：00 至 24：00：00，精度为 0.0001 毫秒	只存时间，不存日期

例如，4/01/98 12：15：00：00：00 pm 和 1：28：29：15：00 am 8/17/98 均为有效的日期和时间数据。前一个数据类型是日期在前、时间在后；后一个数据类型是时间在前、日期在后。在 SQL Server 中日期的格式可以自己设定。

8. 文本型

当需要存储大量的字符数据（较长的备注、日志信息等）时，字符型数据最长 8000 个字符的限制可能使它们不能满足这种应用需求，此时可使用文本型数据。

文本型包括 text 和 ntext 两类，分别对应 ASCⅡ字符集和 unicode 字符集。

（1）text 类型：可以表示最大长度为 $2^{31}-1$ 个字符的数据，其数据的存储长度为实际字符数个字节。

（2）ntext 类型：可以表示最大长度为 $2^{30}-1$ 个 unicode 字符的数据，其数据的存储长度是实际字符个数的 2 倍（以字节为单位）。

9. 其他数据类型

1）二进制数据类型

有很多时候需要存储二进制数据。因此，SQL Server 提供了三种二进制数据类型，允许在一个表中存储各种数量的二进制数据。表 3－3 列出了 SQL Server 支持的二进制数据类型。

表 3－3　二进制数据类型

数据类型	字节数	作用
binary（n）	1～8000	存储固定大小的二进制数据
varbinary（n）	1～8000	存储可变大小的二进制数据
varbinary（max）	最多 2G	存储可变大小的二进制数据
image	最多 2G	存储可变大小的二进制数据

二进制数据类型基本上用来存储 SQL Server 中的文件。binary/varbinary 数据类型用来存储小文件，如一组 4KB 或 6KB 文件的数据。

varbinary（max）数据类型可以用来存储与 image 数据类型相同大小的数据，并且可以使用它执行所有可以用 binary/varbinary 数据类型执行的操作和函数。

2）特殊数据类型

SQL Server 还提供了多种特殊数据类型，如表 3－4 所示。timestamp 用于表示 SQL Server 活动的先后顺序，以二进制的格式表示，timestamp 数据与插入数据或者日期和时间没有关系。bit 由 1 或 0 组成，当表示真或假、on 或 off 时，使用 bit 数据类型。uniqueidentifier 由 16 字节的十六进制数字组成，表示全局唯一的量，当表的记录行要求唯一时，该类型是非常有用的。例如，在客户标识号列使用这种数据类型可以区别不同的客户。

表 3-4 特殊数据类型

数据类型	作　用
bit	存储 0、1 或 NULL，用于基本“标记”值。TRUE 被转换为 1，而 FALSE 被转换为 0
timestamp	一个自动生成的值。一个表只能有一个 timestamp 列，并在插入或修改行时被设置到数据库时间戳
uniqueidentifier	一个 16 位 GUID，用来全局标识数据库、实例和服务器中的一行
sql_variant	可以根据其中存储的数据改变数据类型。最多存储 8000 字节
cursor	供声明游标的应用程序使用，包含一个可用于操作的游标的引用，不能在表中使用
table	用来存储随后进行处理的结果集。该数据类型不能用于列。该数据类型的唯一使用时机是在触发器、存储过程和函数中声明表变量时
hierarchyid	存储层次化结构型数据
geometry	存储平面几何对象数据，如点、多边形、曲线等 11 种
gcography	存储 GPS 等全球定位类型的地理数据，以经纬度为度量方式存储
rowversion	存储 SQL Server 产生的可标注数据行唯一性的二进制数据
XML	存储一个 XML 文档，最大容量为 2GB

（3）用户自定义数据类型

SQL Server 允许用户根据自己的需要自定义数据类型（UDT），并可以用此数据类型来声明变量或列。自定义类型名能更清楚地代表对象内容和结构等，这使程序员或数据库管理员更容易理解用该数据类型定义的对象的用途。

用户自定义的数据类型基于在 SQL Server 中提供的数据类型。在 SQL Server 的实践过程中，基本数据类型已经能够满足需要了，除非特别需要，否则不必使用用户自定义数据类型。

3.3.2 表的创建

1. 表的类型

表是数据库中最基本的数据对象，用于存放数据库中的数据。在创建数据库之后就要建立表。在 SQL Server 系统中，可以按照不同的标准对表进行分类。

按照表的用途可将表分为以下几类。

（1）系统表。这是用于维护 SQL Server 服务器和数据库正常工作的只读数据表。系统表存在于各个数据库中，由 DBMS 系统自动维护。

（2）用户表。这是由用户自己创建的用于各种数据库应用系统开发的表。

（3）已分区表。已分区表是将数据水平划分为多个单元的表，这些单元可以分布到数据库中的多个文件组中。在维护整个集合的完整性时，使用分区可以快速而有效地访问或管理数据子集，从而使大型表或索引更易于管理。

按照表的存储时间可将表分为以下两类。

（1）永久表。永久表包括 SQL Server 的系统表和用户数据库中创建的数据表。该类表除非人工删除，否则一直存储在介质中。

（2）临时表。临时表是临时使用的表结构。临时表分为局部临时表和全局临时表，并且可以由任何用户创建。所有临时表都是在 tempdb 数据库中创建的。局部临时表只有创建该表的用户在用来创建该表的连接中可见。局部临时表关联的连接被关闭时，局部临时表会自动被删除。全局临时表在创建后，对于任何连接都是可见的，如果服务器关闭，那么所有临时表会被清空、关闭。

2. 表的创建方法

创建表的方法有两种：一种是在 SQL Server Management Studio 中创建表；另一种是利用 SQL 语句 CREATE TABLE 创建表。下面以创建银行贷款数据库 LoanDB 中的表为例，介绍表的创建方法和步骤。

1）在 SQL Server Management Studio 中创建表

首先以创建表 3－5 所示的银行表（BankT）结构为例，说明如何利用 SQL Server Management Studio 为数据库 LoanDB 创建表，具体步骤如下。

表 3－5　银行表（BankT）

字段名称	数据类型	说　明
Bno	char（5）	银行代码，主键
Bname	nchar（10）	银行名称
Bloc	nchar（6）	银行所在区，值为｛“历下区”，“高新区”，“槐荫区”，“市中区”，“历城区”｝之一
Btel	char（16）	联系电话

（1）启动 SQL Server Management Studio，在对象资源管理器中展开要新建表的数据库 LoanDB 子目录。

（2）用鼠标右键单击“表”节点，从弹出的快捷菜单中选择“新建”→“表”命令，如图 3－16 所示。

图 3－16　新建表菜单命令

（3）在弹出的“表设计器”对话框中依次输入列名、数据类型及允许空否等选项，如图 3－17 所示。

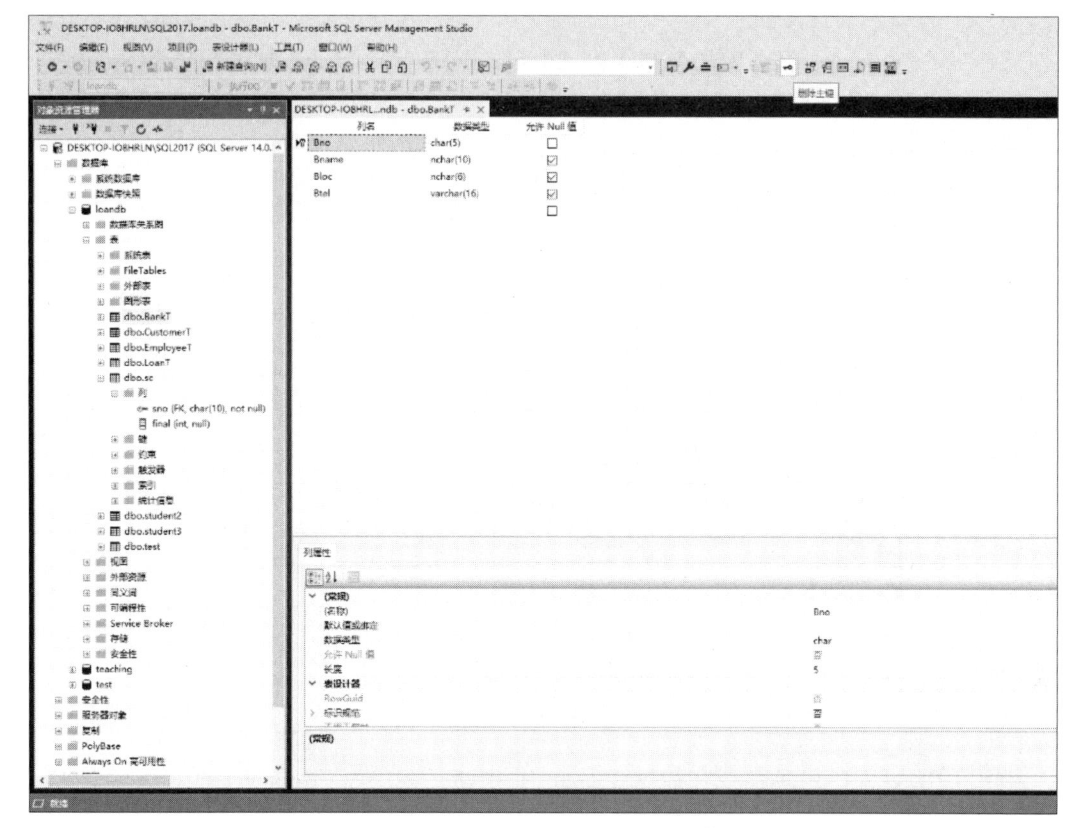

图 3-17　在表设计器中创建表结构

◇ 列名：输入学生学号名 Bno。

◇ 数据类型：在下拉列表中选择 char（10），如果默认列长度不合适，那么可以修改列长度为 5。

◇ 允许 NULL 值：不选中，表示将来表中的 Bno 列值不允许出现空值。

（4）以此类推，设置其他列的名称、数据类型、列长度和允许 NULL 值等选项。

（5）右击 Bno 列，从弹出的快捷菜单中选择“设置主键”命令，或者使用“设置主键”按钮来设置主键，设置主键为 Bno。

（6）设置完毕后，单击“保存”按钮。在弹出的对话框中输入表名 BankT 后，单击“确定”按钮，即完成了创建表的操作。

2）利用 SQL 语句 CREATE TABLE 创建表

利用 SQL 语句 CREATE TABLE 创建表的语法格式如下：

```
CREATE TABLE
    [database_name. [schema_name]. |schema_name. ]table_name
    ({ <column_definition> | <computed_column_definition> }
        [ <table_constraint> ][ ,…n])
    [ON {partition_scheme_name (partition_column_name)
        |filegroup|default} ]
    [ ; ]
```

其中，各参数的含义如下。

◇ database_name：数据库的名称。若未指定，则 database_name 默认为当前数据库。

◇ schema_name：新表所属架构的名称。

◇ table_name：新表的名称。表名必须遵循标识符规则。

◇ <column_definition>：设置列的属性。

◇ <computed_column_definition>：用于定义计算列。

◇ <table_constraint>用于设置表约束，可同时针对多个列设置约束。

◇ ON {partition_scheme_name（partition_column_name）| filegroup | default}：指定存储表的分区架构或文件组。

例 3－6 利用 CREATE TABLE 命令建立客户表 CustomerT，表结构如表 3－6 所示。

表 3－6 客户表（CustomerT）

字段名称	数据类型	取值说明	说　明
Cno	char（5）	主键	客户代码，主键
Cname	nvarchar（20）	否	客户名称
Cnature	nchar（2）	否	客户的经济性质，取值范围为｛国营，私营，集体，三资｝之一
Ccaptical	int	否	注册资金
Crep	nchar（4）	否	法人代表

利用 CREATE TABLE 命令在数据库 LoanDB 中建立客户表 CustomerT 的程序代码如下：

```
CREATE TABLE LoanDB.dbo.CustomerT(
  Cno char(5)NOT NULL,
  Cname nvarchar(20)NULL,
  Cnature nchar(2)NULL,
  Ccaptical int NULL,
  Crep nchar(4)NULL,
  CONSTRAINT PK_CustomerT PRIMARY KEY CLUSTERED(Cno ASC)
)
```

在程序中，在创建 CustomerT 时为表设置了主键。其中：

◇ PK_CustomerT：表示创建主键的名称，可以是任意标识符；

◇ CLUSTERED：表示同时创建聚集索引；

◇ ASC：表示按 Cno 值的升序方式排列数据，若是 DESC 则表示降序。

例 3－7 利用 CREATE TABLE 命令建立贷款表 LoanT，表结构如表 3－7 所示。

表 3－7 贷款表（LoanT）

列　名	数 据 类 型	取 值 说 明	说　明
Cno	char（5）	主键	客户代码
Bno	char（5）		银行代码
Ldate	smalldatetime	否	贷款时间
Lamount	decimal（8，2）	否	贷款金额
Lterm	int	否	贷款年限

利用 CREATE TABLE 命令在数据库 LoanDB 中建立贷款表 LoanT 的程序代码如下：

```
CREATE TABLE dbo. LoanT
(
    Cno char(5) NOT NULL,
    Bno char(5) NOT NULL,
    Ldate smalldatetime NULL,
    Lamount decimal(8,2) NULL,
    Lterm int NULL,
    CONSTRAINT PK_LoanT PRIMARY KEY CLUSTERED
    (
        Ldate ASC,Cno ASC, Bno ASC
    )
)
```

其中：

◇ 没有指定表所在的文件组，系统将表创建到默认文件组；

◇ 主键由三列构成，同时为“Ldate + Cno + Bno”建立聚集索引，表中的数据先按照 Ldate 升序的方式排列，Ldate 列数据相同的再按照 Cno 升序的方式排序，若前两列均相同，再按照 Bno 排列。

3. 创建表的脚本代码

利用 CREATE TABLE 命令创建表和利用可视化方式创建表实现的功能是一样的。只要表结构创建完成，就可以查看表的脚本代码。

在要查看脚本代码的表的名称上面单击鼠标右键，从弹出的快捷菜单中选择“编写表脚本为”→“CREATE 到”→“新查询编辑器”窗口命令，即可在“查询编辑器”窗口中显示创建该表的代码，图 3－18 显示了创建表 LoanT 的脚本代码。

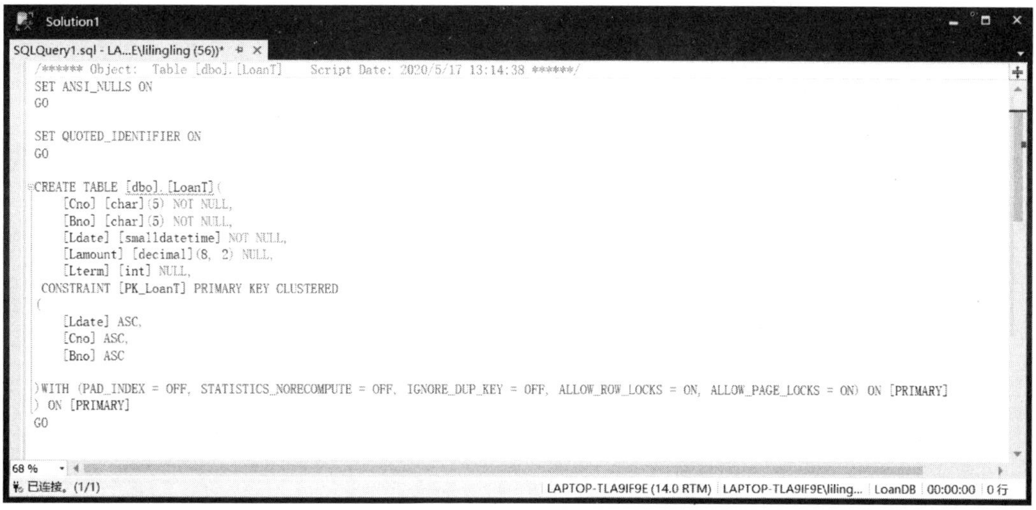

```
Solution1
SQLQuery1.sql - LA...E\lilingling (56))*
/****** Object:  Table [dbo].[LoanT]    Script Date: 2020/5/17 13:14:38 ******/
SET ANSI_NULLS ON
GO

SET QUOTED_IDENTIFIER ON
GO

CREATE TABLE [dbo].[LoanT](
    [Cno] [char](5) NOT NULL,
    [Bno] [char](5) NOT NULL,
    [Ldate] [smalldatetime] NOT NULL,
    [Lamount] [decimal](8, 2) NULL,
    [Lterm] [int] NULL,
 CONSTRAINT [PK_LoanT] PRIMARY KEY CLUSTERED
(
    [Ldate] ASC,
    [Cno] ASC,
    [Bno] ASC
)WITH (PAD_INDEX = OFF, STATISTICS_NORECOMPUTE = OFF, IGNORE_DUP_KEY = OFF, ALLOW_ROW_LOCKS = ON, ALLOW_PAGE_LOCKS = ON) ON [PRIMARY]
) ON [PRIMARY]
GO

68 %
已连接。(1/1)    LAPTOP-TLA9IF9E (14.0 RTM)  LAPTOP-TLA9IF9E\liling...  LoanDB  00:00:00  0 行
```

图 3－18　显示脚本代码

3.3.3 表结构的修改

在表创建完成后，有时需要对表结构进行修改。在 SQL Server Management Studio 的表设计器中可以修改表结构，利用 Transact - SQL 语句也可以修改表结构。

1. 利用表设计器修改表结构

利用表设计器修改表结构的步骤如下。

（1）启动 SQL Server Management Studio，在对象资源管理器中展开树形目录，找到要修改结构的表。

（2）若要修改表名，可用鼠标右键单击该表，从弹出的快捷菜单中选择“重命名”命令。

（3）若要在表中进行插入、删除列等操作，可用鼠标右键单击该表，从弹出的快捷菜单中选择“设计”命令，此时会出现“表设计器”窗口。若想在某一列前插入另一列，则用鼠标右键单击此列，从弹出的快捷菜单中选择“插入列”命令，并输入要插入的列名和类型；若要删除某列，只需在弹出的快捷菜单中选择“删除列”命令即可。

（4）若要修改列数据类型，在“表设计器”窗口中直接单击“数据类型”项修改即可。同样，可修改数据表的索引、约束。

2. 利用 ALTER TABLE 命令修改表结构

列是修改表结构的主要对象，表的每列都有一组属性，如名称、长度、数据类型、精度、小数位数等。列的所有属性构成列的定义。利用 Transact - SQL 语句的 ALTER TABLE 命令，可以更改、添加或删除列和约束，从而修改表的结构。

利用 ALTER TABLE 命令修改表结构的语法格式如下：

```
ALTER TABLE [database_name. [schema_name]. |schema_name. ]table_name
{
ALTER COLUMN column_name                    --要修改的列名
{
    [type_schema_name. ]type_name[precision[ , scale]]
    [COLLATE collation_name]                --设置排序规则
        [NULL|NOT NULL]
[WITH{CHECK|NOCHECK}]}
|ADD
    {<column_definition>
    |<computed_column_definition>
    |<table_constraint>
    }[ ,…]
 |DROP                                      --删除约束
 {[CONSTRAINT] constraint_name              --删除列
    |COLUMN column_name
```

```
    }[ ,…n]
}
[ ;]
```

上述格式中的主要参数说明如下。

◇ database_name：数据库的名称。

◇ schema_name：表所属架构的名称。

◇ table_name：要更改的表的名称。

◇ ALTER COLUMN：要更改指定列的命令。

◇ column_name：要更改、添加或删除的列的名称。

◇ [type_schema_name.]type_name：更改后的列的新数据类型或添加的列的数据类型。

◇ precision：指定的数据类型的精度。

◇ scale：指定数据类型的小数位数。

◇ COLLATE collation_name：指定更改后的列的新排序规则。

◇ WITH CHECK | NOCHECK：指定表中的数据是否用新添加的或重新启用的 FOREIGN KEY 或 CHECK 约束进行验证。

◇ ADD：指定添加一个或多个列定义，计算列定义或者表约束。

◇ DROP：指定从表中删除多个列或约束。

例 3-8 在 LoanDB 数据库中创建一个新表 CustomerT1，然后修改其列属性。

程序代码如下：

```
CREATE TABLE CustomerT1 (Cid char(5))          --创建新表
GO
EXEC sp_help CustomerT1                         --查看表的信息
GO
ALTER TABLE CustomerT1
ADD Caddr VARCHAR(20) NULL
GO
EXEC sp_help CustomerT1
ALTER TABLE CustomerT1
DROP COLUMN Cid                                 --删除列
GO
EXEC sp_help CustomerT1
GO
```

例 3-9 修改数据库 LoanDB 中表 CustomerT1 的列 Caddr 的数据类型和名称。

程序代码如下：

```
Use LoanDB
GO
ALTER TABLE CustomerT1
ALTER COLUMN Caddr char(20) NOT NULL          --修改数据类型,且不允许空值
```

```
GO
EXEC sp_rename 'CustomerT1. Caddr', 'Address'          --修改列名
GO
EXEC sp_help CustomerT1
GO
```

其中，系统存储过程 sp_rename 可以更改当前数据库中用户创建的对象的名称。

3.3.4 表的删除

1. 在 SQL Server Management Studio 中删除表

启动 SQL Server Management Studio，在对象资源管理器中用鼠标右键单击要删除的表，如表 CustomerT1，在弹出的快捷菜单中选择“删除”命令，弹出“删除对象”对话框，如图 3－19 所示。

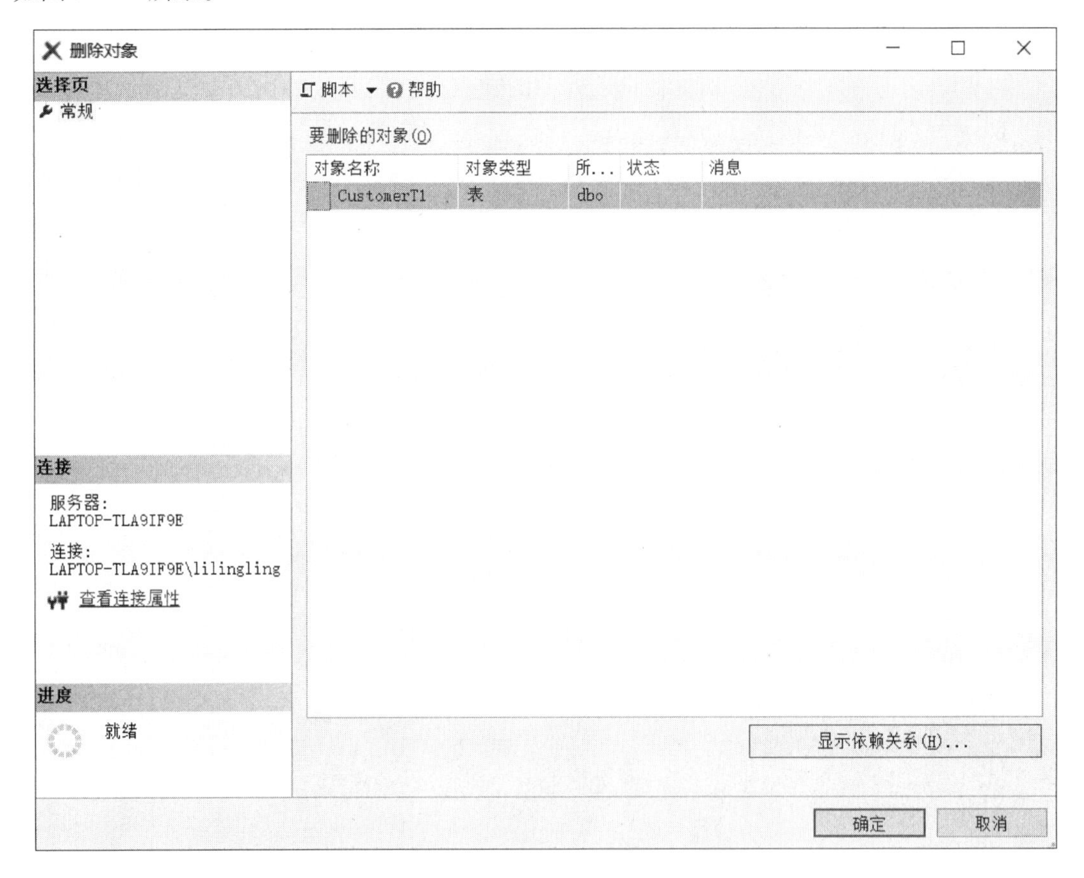

图 3－19　“删除对象”对话框

在该对话框中，单击“显示依赖关系”按钮，弹出“依赖关系”对话框，其中列出了表所依赖的对象和依赖于该表的对象，当有对象依赖于该表时不可以删除该表。

单击“删除对象”对话框中的“确定”按钮，即可删除表；否则，单击“取消”按钮返回主窗口。

2. 用 DROP TABLE 命令删除表

用 DROP TABLE 命令删除表的语法格式如下：

```
DROP TABLE [database_name.[schema_name].|schema_name.]table_name[,…n][;]
```

例 3－10 删除表 CustomerT1。代码如下：

```
    DROP TABLE CustomerT1
```

需要注意的是，不管使用哪种方法删除表，都是从物理上将该表删除，一旦误删，无法恢复。因此，执行删除命令一定要谨慎进行。

3.3.5 表数据的录入和浏览

1. 数据录入

为数据表录入数据的方式有多种，可以通过可视化方式添加行数据，也可以通过程序实现表数据的添加。这里以表 BankT 为例介绍直接在可视化方式下录入表数据的步骤。

（1）启动 SQL Server Management Studio，在对象资源管理器中展开“数据库”节点下的 LoanDB 子目录，用鼠标右键单击表 BankT，从弹出的快捷菜单中选择“编辑前 200 行”命令。

（2）进入如图 3－20 所示的数据输入界面，依次按照表结构的要求为每一列输入数据。每输入一行，系统会自动进入下一行的输入状态。在输入过程中，要针对不同的数据类型输入合法的数据。如果输入不合规则的数据，那么系统不接受，需要重新输入该行数据。例如，日期时间型列不能输入像“2016－02－30”这样的数据，数值型列不能输入字母等，录入的数据必须是现实中使用的数据。

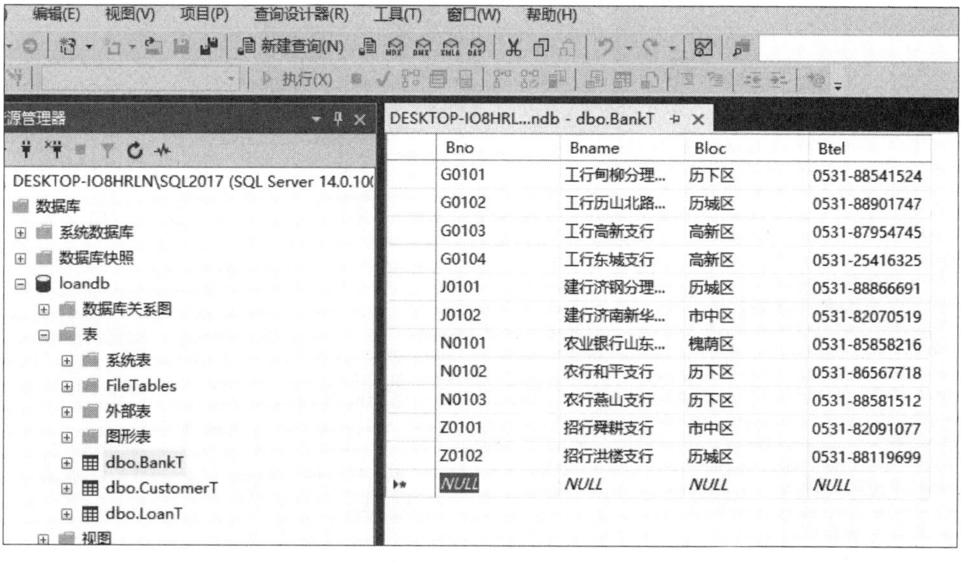

图 3－20 数据录入界面

（3）当光标移动到其他行，本行数据自动存储到数据库中。

（4）依次输入表 BankT 的各行数据，关闭数据输入窗口，完成数据的输入过程。

（5）如果需要添加数据，重复上述过程即可。

按照上述方法，可将表 2－5、表 2－6、表 2－7 中的数据依次录入数据库的各个表中。

2. 数据浏览

如果需要查看数据库表中的数据，可以通过查询窗口和命令等多种方式实现。现以 BankT 表为例介绍在查询窗口中浏览表数据的步骤，具体步骤如下。

（1）启动 SQL Server Management Studio，在对象资源管理器中展开“数据库”下的 LoanDB 子目录，用鼠标右键单击表 BankT，从弹出的快捷菜单中选择“选择前 1000 行”命令。

（2）进入如图 3－21 所示的代码窗口和数据浏览窗口，可以在代码窗口修改代码，执行后数据输出窗口就会重新按修改后的代码显示数据。例如，将 Top 后的“1000”改成“5”，执行后窗口就会显示前 5 行的数据。

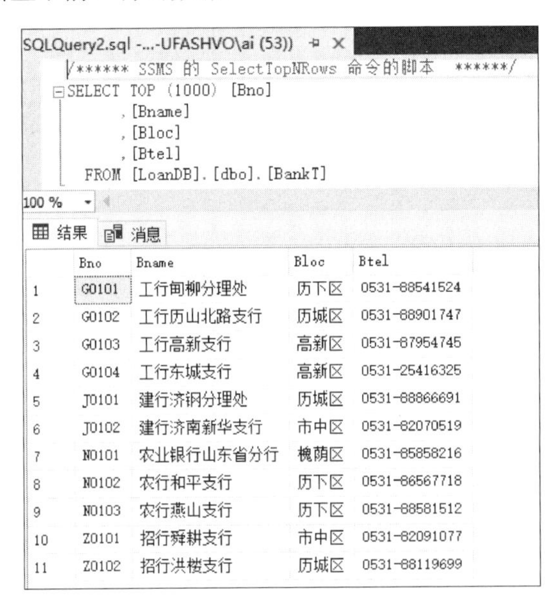

图 3－21　浏览数据表 BankT

3.4　完整性控制

数据库中的数据是从外界输入的，如果在输入数据的过程中没有一些约束与检测机制，那么用户就有可能录入一些错误或者无效的数据。保证输入的数据符合规定，成为数据库系统尤其是多用户的关系数据库系统重点要关注的问题。数据完整性是解决此问题的重要方法。

数据完整性是指数据库中的数据在逻辑上的一致性和准确性。SQL Server 支持的数据完整性包括实体完整性、域完整性和参照完整性。

3.4.1 SQL Server 数据完整性

1. 实体完整性

实体完整性又称为行的完整性，要求表中有一个主键，其值不能为空且能唯一地标识对应的记录。通过 PRIMARY KEY 约束和 UNIQUE 约束或 IDENTITY 属性可实现实体完整性。

1）PRIMARY KEY 约束

表中应有一个列或列的组合，其值能唯一地标识表中的每一行，选择这样的一列或多列作为主键，可实现表的实体完整性。通过定义 PRIMARY KEY 约束来创建主键。

一个表只能有一个 PRIMARY KEY 约束，而且 PRIMARY KEY 约束中的列不能取空值。由于 PRIMARY KEY 约束能确保数据的唯一，所以经常用来定义标识列。当为表定义 PRIMARY KEY 约束时，SQL Sever 2017 为主键列创建唯一索引，实现数据的唯一性。在查询中使用主键时，该索引可用来对数据进行快速访问。

如果 PRIMARY KEY 约束是由多列组合定义的，那么某一列的值可以重复，但 PRIMARY KEY 约束定义中所有列的组合值必须唯一。

2）UNIQUE 约束

如果要确保一个表中的非主键列不输入重复值，那么应在该列上定义唯一键约束（UNIQUE约束）。例如，对于数据库 LoanDB 中的表 BankT，“银行代码”列是主键，若要求每个银行的联系电话唯一，可以定义一个 UNIQUE 约束来要求表中联系电话“Btel”列的取值是唯一的。

PRIMARY KEY 约束与 UNIQUE 约束的相同点在于：二者均不允许表中对应字段存在重复值。基于此功能，PRIMARY KEY 约束与 UNIQUE 约束可实现对表的实体完整性约束。

PRIMARY KEY 约束与 UNIQUE 约束的主要区别如下：

◇ 一个数据表只能创建一个 PRIMARY KEY 约束，但一个表中可根据需要对表中不同的列创建若干个 UNIQUE 约束；

◇ PRIMARY KEY 字段的值不允许为 NULL，而 UNIQUE 字段的值允许一个行的值取 NULL；

◇ 一般创建 PRIMARY KEY 约束时，系统会自动产生索引，索引的默认类型为聚集索引。创建 UNIQUE 约束时，系统会自动产生一个 UNIQUE 索引，索引的默认类型为非聚集索引。

2. 域完整性

域完整性又称为列完整性，用于检测某列输入的有效性。可以通过 CHECK 约束、数据类型、DEFALUT 约束、NOT NULL 约束和规则等实现域完整性。

CHECK 约束通过限制输入到列中的值来实现域完整性。给列定义 DEAULT 后，如果列中没有输入值，则填充默认值来实现域完整性；通过定义列为 NOT NULL 限制输入的值不能为空，也是实现域完整性的一种方法。

3. 参照完整性

参照完整性又称为引用完整性。参照完整性保证主表中的数据与从表中的数据的一致性。在 SQL Server 2017 中，参照完整性的实现是通过定义外键与主键之间或外键与唯一键之间的对应关系来实现的。

若定义了两个表之间的参照完整性，则提出以下要求。

（1）从表不能引用不存在的键值，如表 LoanT 中行记录出现的银行代码必须是表 BankT 中已存在的银行代码。

（2）若主表中没有关联的记录，则不能将记录添加到从表中。

（3）要删除或修改已被引用的主表键值时，需要根据外键的更新和删除规则确定如何操作。外键的 update 和 delete 规范均包含以下四种选项。

◇ 不执行任何操作：即不允许对已引用主表键值的修改或删除，此项为默认选项。

◇ 级联：要删除或修改已被引用的主表键值，需要删除或修改从表中该键值对应的所有行。

◇ 设置空：要删除或修改已被引用的主表键值，若从表的所有外键列都可接受空值，则将从表中的该值设置为空。

◇ 设置默认值：要删除或修改已被引用的主表键值，若从表的所有外键列均已定义默认值，则将从表中的该值设置为列定义的默认值。

3.4.2 实体完整性控制

1. 在 SQL Server Management Studio 中创建和删除主键约束

1）创建主键约束

在 SQL Server Management Studio 的对象资源管理器中选择要创建主键约束的表，单击鼠标右键，在弹出的快捷菜单中选择“设计”命令，打开“表设计器”窗口，用鼠标右键单击表中要设置主键的列，从弹出的快捷菜单中选择“设置主键”命令，或者在选中要设置主键的列后单击工具栏的“设置主键”按钮，即可建立主键。该主键以“PK_”为前缀、后跟表名的方式命名，系统自动按照聚集索引方式建立主键索引。

2）删除主键约束

在“表设计器”窗口中，选中主键所对应的行，单击鼠标右键，在弹出的快捷菜单中选择“删除主键”命令，或单击工具栏的“设置主键”按钮，即可删除该主键。

2. 界面方式创建和删除唯一键约束

1）创建唯一键约束

在 SQL Server Management Studio 的对象资源管理器中选择要创建唯一键约束的表，打开“表设计器”窗口，单击工具栏上的“管理索引和键”按钮。在弹出的“索引/键”对话框中单击“添加”按钮，然后单击右侧键属性的“列”后面的按钮，从弹出的对话框中选择建立唯一键的列（一列或多列），单击“确定”按钮回到“索引/键”对话框；“类型”选择“唯一键”选项，单击“关闭”按钮完成设置。

2）删除唯一键约束

打开指定表的“索引/键”对话框，选择要删除的 UNIQUE 约束，单击左下方的“删除”按钮，然后单击“关闭”按钮完成操作。

3. 命令方式创建及删除主键约束或唯一键约束

利用 Transact - SQL 语句可以在创建表或修改表时定义约束，可以作为列的约束或作为表的约束创建。

1）在创建表时创建主键约束或唯一键约束

语法格式如下：

```
CREATE TABLE [database_name.[schema_name].|schema_name.]table_name
(
  {<column_definition> <column_constraint>}[,…n]
        [<table_constraint>][,…n]
```

其中，<column_constraint>和<table_constraint>的具体格式如下：

```
<column_constraint>::=                       /*定义列的约束*/
[CONSTRAINT constraint_name]
{
{PRIMARY KEY|UNIQUE}                         /*定义主键与 UNIQUE 键*/
[CLUSTERED|NONCLUSTERED]                     /*定义约束的索引类型*/
[WITH (<index_option>[,…n])]
|[FOREIGN KEY]<reference_definition>         /*定义外键*/
|CHECK [NOT FOR REPLICATION] (logical_expression)   /*定义 CHECK 约束*/
}
```

```
<table_constraint>::=/*定义表的约束*/
[CONSTRAINT constraint_name]
{
    {PRIMARY KEY|UNIQUE}
    [CLUSTERED|NONCLUSTERED]
        (column [ASC|DESC][,…n])/*定义表的约束时需要指定列*/
    [WITH (<index_option>[,…n])]
|[FOREIGN KEY]<reference_definition>/*定义外键*/
|CHECK [NOT FOR REPLICATION] (logical_expression)   /*定义 CHECK 约束*/
}
```

上述格式的主要参数说明如下。

◇ CONSTRAINT constraint_name：为约束命名，constraint_name 表示指定的名称。若省略，则系统自动创建一个名称。

◇ PRIMARY KEY|UNIQUE：定义约束的关键字，PRIMARY KEY 为主键，UNIQUE 为唯一键。

◇ CLUSTERED|NONCLUSTERED：定义约束的索引类型，CLUSTERED 表示聚集索引，NONCLUSTERED 表示非聚集索引。column 给出了建立键及索引的列，ASC 或 DESC 给出了索引顺序，WITH 关键字给出了建立索引的选项。

◇ FOREIGN KEY：定义外键约束，有关外键的内容将在后面介绍。

◇ CHECK：定义 CHECK 约束，有关 CHECK 约束的内容将在后面介绍。外键和 CHECK 约束都可以作为列的约束或表的约束来定义。

◇ <table_constraint>：定义表的约束与定义列的约束方法基本相同，只不过在定义表的约束时需要指定约束的列。

例 3－11 创建数据库 test，在数据库 test 中创建数据表 customer，并在该表上创建主键约束。

```
CREATE DATABASE test
GO
USE test
GO
CREATE TABLE customer(
    Cno char(6) not null PRIMARY KEY, --列级约束
    Cname nchar(10) not null,
    Ctel char(15)not null
)
/*或者,定义为表级约束
CREATETABLE customer(
    Cno char(6) not null,
    Cname nchar(10) not null,
    Ctel char(15) not null,
    CONSTRAINT PK_customer PRIMARY KEY CLUSTERED(Cno ASC)
)
*/
GO
```

2）通过修改表创建主键约束或唯一键约束

使用 ALTER TABLE 语句中的 ADD 子句可以为表中已存在的列或新列定义约束，语法格式参见 ALTER TABLE 语句的 ADD 子句。

例 3-12 修改例 3.11 中建立的 customer 表，向该表添加一个 Email 字段来描述电子邮箱信息，并对该字段定义唯一键约束，然后为 Ctel 字段添加唯一键约束。

```
ALTER TABLE customer
    ADD Email char(20) CONSTRAINT UQ_Email UNIQUE
GO
ALTER TABLE customer
    ADD CONSTRAINT UQ_Ctel UNIQUE NONCLUSTERED(Ctel ASC)
GO
```

3）删除主键约束或唯一键约束

删除主键约束或唯一键约束需要使用 ALTER TABLE 的 DROP 子句。

语法格式如下：

```
ALTER TABLE[ database_name. [ schema_name]. |schema_name. ] table_name
  DROP CONSTRAINT constraint_name [ ,…n]
```

例 3-13 删除约束 UQ_Email 和 UQ_Ctel。

```
ALTER TABLE customer
    DROP CONSTRAINT UQ_Email, UQ_Ctel
```

3.4.3 域完整性控制

SQL Server 2017 可以通过数据类型、CHECK 约束、规则、DEFAULT 约束和 NOT

NULL 约束实现域完整性。其中，数据类型、NOT NULL 约束在之前的内容中已经介绍，这里不再重复；而规则属于逐步取消的数据完整性手段，在本书中不做介绍。下面主要介绍如何使用 CHECK 约束和 DEFAULT 约束实现域完整性。

CHECK（check_rule）约束实际上是字段输入内容的验证规则，表示一个字段的输入内容必须满足 CHECK 约束的条件；若不满足，则数据无法正常输入。对于 timestamp 类型字段和 identity 类型字段不能定义 CHECK 约束。

1. 使用界面方式创建、删除 CHECK 约束和 DEFAULT 约束

创建和删除 CHECK 约束和 DEFAULT 约束均可在表设计器中完成。

1）创建和删除 CHECK 约束

例如，在 test 数据库的 customer 表中，要求 Email 中必须含有“@”符号，具体步骤如下。

（1）在 SQL Server Management Studio 的对象资源管理器中选择表 customer，执行“设计”命令后打开“表设计器”窗口，单击“管理 CHECK 约束”按钮。

（2）在弹出的“检查约束”对话框中单击“添加”按钮，然后在该对话框右侧列表中单击“表达式”后的“…”按钮。在弹出的“CHECK 约束表达式”对话框中输入表达式“Email like '%@%'”（like 为逻辑运算符,% 为通配符，将在第 5 章中介绍），单击“确定”按钮，CHECK 约束创建完毕，如图 3-22 所示。

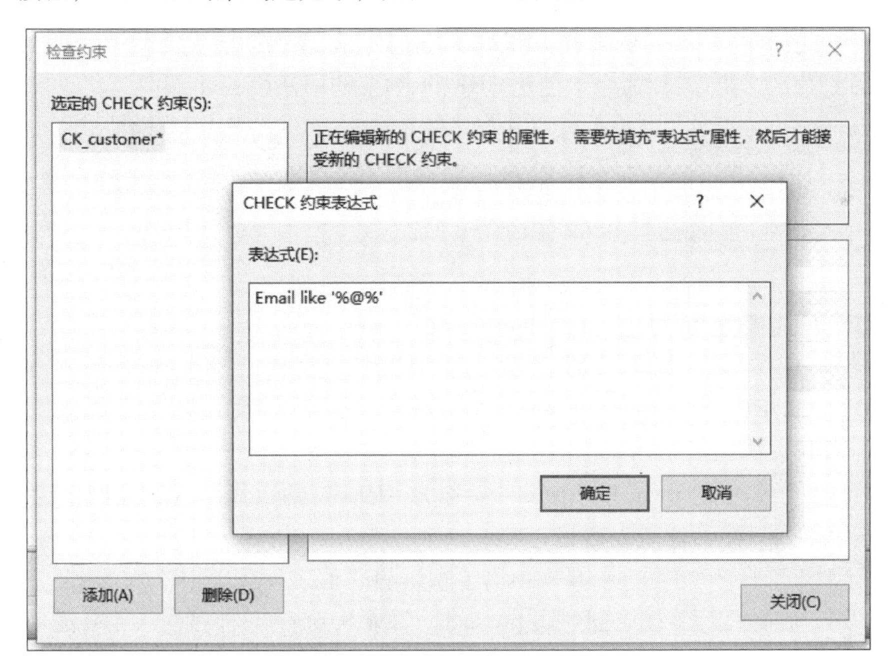

图 3-22 CHECK 约束创建

若要删除上述约束，在“检查约束”对话框左侧列表中选中要删除的约束，单击“删除”按钮，然后单击“关闭”按钮即可。

2）创建和删除 DEFAULT 约束

在表设计器中，选中要设置默认值的列，在下方的“列属性”列表中，将“默认值或绑定”属性修改为相应的值，单击“保存”按钮即可。

若要删除默认值，只需清除该列的“默认值或绑定”属性的值即可。设置和删除默认值如图 3－23 所示。

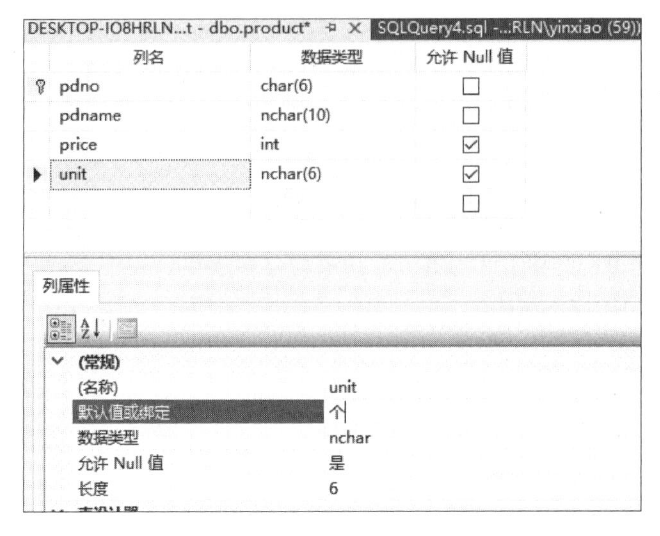

图 3－23　设置和删除默认值

2. 在 CREATE TABLE 命令中创建 CHECK 约束和 DEFAULT 约束

以命令方式创建 CHECK 约束和 DEFAULT 约束，可以在创建表或修改表命令中完成。在创建表的 CREATE TABLE 命令中创建 CHECK 约束的语法格式如下：

```
[CONSTRAINT ck_name]CHECK [NOT FOR REPLICATION] (logical_expression)
```

创建 DEFAULT 约束的语法格式如下：

```
[CONSTRAINT df_name] DEAFAULT expression
```

其中：

◇ CONSTRAINT 后面可以为建立的约束取一个名字；

◇ 关键字 CHECK 和 DEFAULT 表示定义的约束类型；

◇ NOT FOR REPLICATION 选项表示当复制代理执行插入、更新或删除操作时，将不会强制执行此约束；

◇ CHECK 子句中的 logical_ expression 称为 CHECK 约束表达式，返回值为 TRUE 或 FALSE，该表达式只能为标量表达式；

◇ DEFAULT 子句中的 expression 给出了默认的“值”。

例 3－14　在数据库 test 中创建表 product，要求其 price 只能接受大于 0 的值，unit 默认为“个”。

```
CREATE TABLE product(
    pdno char(6) NOT NULL PRIMARY KEY,
    pdname nchar(10) NOT NULL,
    price int CHECK (price >0),        --建立了一个列级的默认名称的 CHECK 约束
    unit nchar(6) DEFAULT '个'         --建立了一个列级的默认名称的默认值
)
```

这里 CHECK 约束指定了单价只能取正数，被定义为列的约束。CHECK 约束也可以定义为表的约束：

```
CREATE TABLE product(
    pdno char(6) NOT NULL PRIMARY KEY,
    pdname nchar(10) NOT NULL,
    price int,
    unit nchar(6) DEFAULT '个', --建立了一个列级的默认名称的默认值
    CHECK(price >0)              --建立了一个表级的默认名称的 CHECK 约束
)
```

将 CHECK 约束定义为表级约束时可同时定义多个，约束间用逗号隔开。

3. 在 ALTER TABLE 命令中创建 CHECK 约束和 DEFAULT 约束

在使用 ALTER TABLE 语句修改表时也能创建 CHECK 约束和 DEFAULT 约束，创建方式见 ALTER TABLE 语句，可以在添加列的同时增加约束，也可以用 ADD CONSTRAINT 子句创建约束。

例 3－15 在数据库 test 中通过修改表 customer，添加性别“Ssex”字段，并要求该字段只能取值“男”或“女”，且默认值为“男”。

```
ALTER TABLE customer
ADD Ssex nchar(1) CHECK(Ssex = '男' or Ssex = '女') DEFAULT '男'
```

例 3－16 修改数据库 test 中的表 product，为字段 price 设置默认值 1。

```
ALTER TABLE product
    ADD CONSTRAINT DF_price DEFAULT 1 FOR price
```

4. 使用 命令方式删除 CHECK 约束或 DEFAULT 约束

使用 ALTER TABLE 语句的 DROP 子句可以删除 CHECK 约束或 DEFAULT 约束。语法格式如下：

```
ALTER TABLE[database_name.[schema_name].|schema_name.] table_name
    DROP CONSTRAINT constraint_name[,…n]
```

例 3－17 删除数据库 test 中表 product 的约束 DF_price。

```
ALTER TABLE product
    DROP CONSTRAINT DF_price
```

3.4.4 参照完整性控制

对两个相关联的表（主表与从表，也称为父表和子表）进行数据插入和删除时，可以通过参照完整性保证两个表之间数据的一致性。利用 PRIMARY KEY 或 UNIQUE 约束定义主表中的主键或唯一键（不允许为空），利用 FOREIGN KEY 定义从表的外键，可实现主表与从表之间的参照完整性。在定义表间参照关系时，先定义主表的主键（或唯一键），再对从表定义外键约束（根据查询的需要可先对从表的该列创建索引）。

1. 使用界面方式定义表间的参照关系

下面，我们在表设计器中创建数据库 LoanDB 中三个表之间的参照完整性。在创建这三个表时，我们已经分别设置了主键，构建它们之间的参照完整性的操作步骤如下。

（1）在表 LoanT 上单击鼠标右键，在弹出的快捷菜单中选择“设计”命令，打开表设计器。

（2）在表设计器的工具栏上单击“关系”按钮，打开“外键关系”对话框。

（3）在“外键关系”对话框中，单击左下角的“添加”按钮，建立新的关系，并在该对话框右侧对新关系的属性进行编辑。

（4）单击关系属性“表和列规范”右侧的按钮，打开“表和列”对话框。在该对话框左侧的主键表选择“bankT”项，在主键表下方的列中选择“Bno”项。在右侧外键表下方的列表中，第二、三行选择“无”项，第一行选择“Bno”项，单击“确定”按钮，返回“外键关系”对话框。

（5）在“外键关系”对话框中，列属性“INSERT 和 UPDATE 规范”项下包括“更新规则”和“删除规则”两项，它们的默认值均为“不执行任何操作”，意思是当该主键值被外键引用时，不允许修改和删除。对于表 BankT 和表 LoanT 的外键关系，若一个银行在表 LoanT 中有贷款记录存在，则不允许修改该主键值，即不允许删除该 Bno 标识的 BankT 中的元组。

这两个规范还可以取其他值，包括：级联，当修改或删除表 BankT 中的一个银行的 Bno 信息时，其对应的表 LoanT 的 Bno 列值也要全部的被修改或删除；当设置 NULL 或默认值，就是删除或修改表 BankT 中某银行的 Bno 信息时，将表 LoanT 中相对应的 Bno 列值也设置为 NULL 或默认值（如果该列允许空值，设置了默认值的话）。

单击“关闭”按钮，回到表设计器，单击工具栏上的“保存”按钮后，将建立的外键保存到数据库中。

2. 使用界面方式删除表间的参照关系

（1）要删除外键，可再次打开“外键关系”对话框，从该对话框左侧的列表中选择要删除的外键关系，单击“删除”按钮即可删除选定的外键关系。

（2）删除外键还可以在对象资源管理器中完成，在该数据表的“键”节点下面找到要删除的外键关系，如 fk_loant_bankt，用鼠标右键单击该外键关系，在弹出的快捷菜单中选择“删除”命令，打开“删除对象”对话框，然后单击“确定”按钮即可删除。

3. 使用命令方式定义表间的参照关系

下面介绍通过 Transact - SQL 命令创建外键的方法。

1）创建表的同时定义外键约束

创建表语法格式中的 <column_definition> 前面已经列出，这里只列出定义外键部分的语法。

```
[CONSTRAINT constraint_name]
    [FOREIGN KEY][(column [,…])] <reference_definition>
```

其中，<reference_definition>的具体格式如下：

```
<reference_definition>::=
REFERENCES reference_table [(reference_column [,…n])]
[NOT FOR REPLICATION]
```

上述格式的主要参数说明如下。

◇ FOREIGN KEY 定义的外键应与参数 reference_table 指定的主表中的主键或唯一键对应，主表中主键或唯一键字段由参数 reference_column 指定，主键的数据类型和外键的数据类型必须相同。

◇ 若指定 NOT FOR REPLICATION 选项，则当复制代理执行插入、更新或删除操作时，将不会强制执行此约束。

和主键一样，外键也可以定义为列的约束或表的约束。若定义为列的约束，则直接在列定义后面使用 FOREIGN KEY 关键字定义该字段为外键。若定义为表的约束，则需要在 FOREIGN KEY 关键字后面指定由哪些字段名组成外键。

下面我们仍以数据库 test 为例，演示外键约束的创建和删除。

例 3－18 在数据库 test 中创建表 orders，其中的 Cno 字段是引用 customer 主键的外键。

```
CREATE TABLE orders(
    Orderid char(10) not null PRIMARY KEY,
    Cno char(6)  FOREIGN KEY REFERENCES  customer(Cno),
    Orderdate datetime,
    Amount decimal(8,2)
)
```

2）通过修改表定义外键约束

使用 ALTER TABLE 语句的 ADD 子句也可以定义外键约束，语法格式同上。

例 3－19 在数据库 test 中创建表 orderdetail，主键为 Orderid＋Pdno。修改该表，创建外键 Orderid，引用 orders 表的主键；外键 pdno 引用 product 表的主键。

```
CREATE TABLE orderdetail(
    Orderid char(10) not null,
    Pdno char(6) not null,
    Amount decimal(6,2),
    CONSTRAINT pk_od PRIMARY KEY (Orderid, Pdno) --主键有两个属性
)
GO
ALTER TABLE orderdetail
    ADD CONSTRAINT fk_od_pd  FOREIGN KEY (Pdno) REFERENCES product(Pdno),
    CONSTRAINT fk_od_o  FOREIGN KEY (Orderid) REFERENCES orders(Orderid)
GO
```

4. 使用命令方式删除表间的参照关系

删除表间的参照关系，删除从表的外键约束即可。

语法格式与前面其他约束删除的语法格式类似。

例 3 - 20 删除例 3 - 19 中表 orderdetail 的外键约束 fk_od_o。

```
ALTER TABLE orderdetail
    DROP CONSTRAINT fk_od_o
```

3.5 数据库关系图

数据库关系图（Database Diagram）是数据库中对象的图形表示形式。在数据库设计过程中，可以利用数据库关系图对数据库对象（如表、列、键、索引、关系、约束等）进行进一步设计和修改。数据库关系图包括表对象、表所包含的列及它们之间相互联系的情况。可以通过创建数据库关系图或打开现有的数据库关系图来打开数据库关系图设计器。

3.5.1 数据库关系图的创建

创建数据库关系图的步骤如下。

（1）在 SQL Server Management Studio 的对象资源管理器中，用鼠标右键单击“数据库关系图”文件夹或该文件夹中的任何关系图，从弹出的快捷菜单中选择“新建数据库关系图”命令。

（2）此时将显示“添加表”对话框，在“表”列表框中选择所需的表，再单击“添加”按钮。选择的表将以图形方式显示在新的数据库关系图中。

（3）继续添加或删除表，按照设计的方案修改表或更改表关系，如添加 CutomerT、BankT、LoanT 三个表，创建数据库关系图，如图 3 - 24 所示。

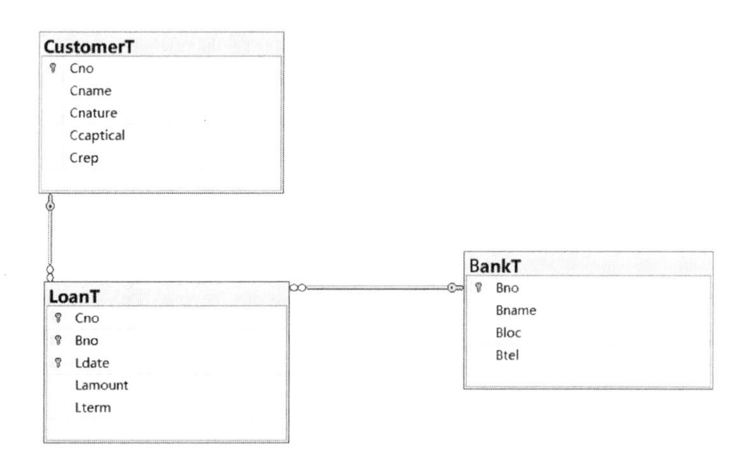

图 3 - 24 数据库关系图

（4）选择“文件”→“保存关系图”命令，在弹出的对话框中输入关系图名称“Diagram_bank”，单击“确定”按钮，即可建成数据库关系图。

通过保存数据库关系图，可以保存对数据库所做的所有更改，包括对表、列和其他数据库对象所做的任何更改。

对于任何数据库，可以创建任意数目的数据库关系图；每个数据库表都可以出现在任意数目的数据库关系图中。这样便可以创建不同的数据库关系图使数据库的不同部分可视化，或强调设计的不同方面。例如，可以创建一个大型数据库关系图来显示所有表和列，并创建一个较小的数据库关系图来显示所有表但不显示列。

3.5.2 数据库关系图要素

在数据库关系图中，表中所显示的列名与表中实际的列名相同，可以在数据库关系图中可视化地修改数据库结构。

（1）数据库关系图中默认的表视图为“列名”，在表的标题栏上单击鼠标右键，在弹出的快捷菜单中选择“表视图”命令，在“表视图”命令下有“标准”“列名”等五种表视图模式，如图3－25所示。利用该菜单还可对表的约束、关系索引等进行修改。

（2）在“标准”或“列名”表视图模式下，单击要修改的列名，重新输入新的列名，即可为表的列重命名。

（3）若要删除或设置某个表的主键，可选中该表的主键列，在该列上单击鼠标右键，从弹出的快捷菜单中选择“删除主键”或“设置主键”命令即可。

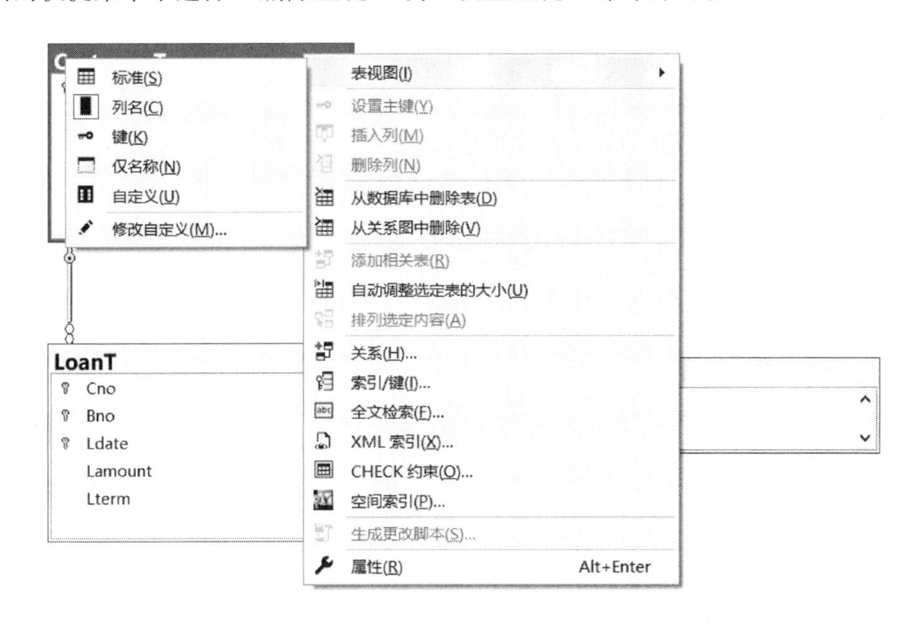

图3－25　数据库关系要素图

3.5.3 数据库关系图的查看

数据库关系图是一种可视化工具，可用于对所连接的数据库进行设计和可视化处理。在数据库关系图中可以创建、编辑或删除表、列、键、索引、关系和约束。一个数据库可以通过创建一个或多个数据库关系图，以显示数据库中的部分或全部表、列、键和关系，以实现数据库对象的可视化操作。

查看数据库关系图的步骤如下。

（1）在 SQL Server Management Studio 的对象资源管理器中用鼠标右键单击相应数据库的“数据库关系图”子目录下已经建成的数据库关系图。

（2）在弹出的快捷菜单中选择“修改”命令，或者在“对象资源管理器”窗口中展开“数据库关系图”文件夹，双击要打开的数据库关系图的名称，即可查看和修改所选择的数据库关系图。

3.6　SQL Server 数据的导入/导出

3.6.1　数据转换概念

SQL Server Integration Services（SSIS）是一种企业数据转换和数据集成解决方案，用户可以以此从不同的数据源提取、转换、复制及合并数据，并将其移至单个或多个目标，由此来提高开发人员、管理人员和开发数据转换解决方案的工作者的能力和工作效率。SSIS 的典型用途如下。

（1）合并来自异类数据存储区的数据，包括文本格式、Excel、Access 等数据。

（2）自动填充数据仓库，进行数据库的海量导入、导出操作。

（3）对数据的格式在使用前进行数据标准化转换。

（4）将商业智能置入数据转换过程。

（5）使数据库的管理功能和数据处理自动化。

1. 启动 SSIS

在使用 SSIS 之前要求启动该服务，启动 SSIS 的步骤如下。

（1）选择“开始”→“所有程序”→“Microsoft SQL Server 2017”→“SQL Server 2017 配置管理器”命令，启动 SQL Server 配置管理器。

（2）单击窗体左侧的“ SQL Server 服务”，在右侧窗口中选择“SQL Server Integration Services 14.0”项，并单击鼠标右键，从弹出的快捷菜单中选择“启动”命令即可，如图 3-26 所示。

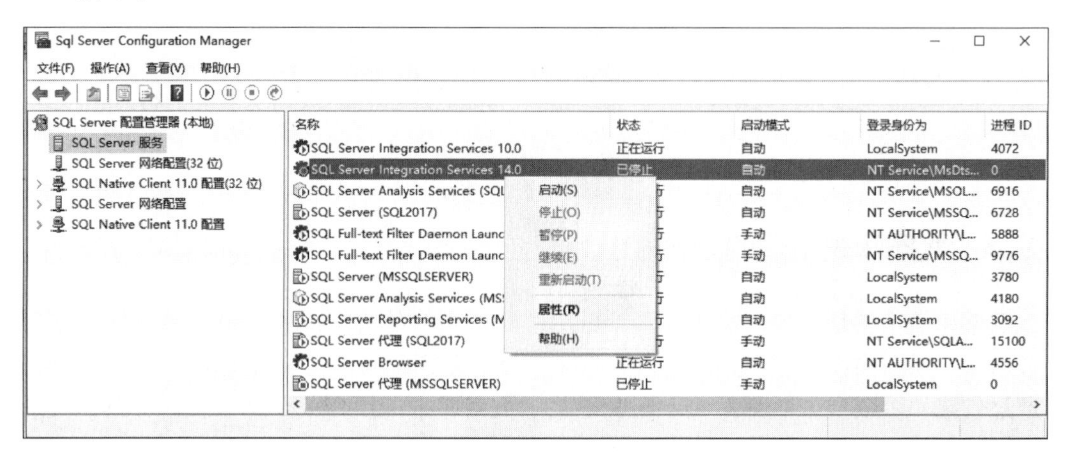

图 3-26　启动 SSIS

2. Integration Services 的数据转换类型

数据转换将输入列中的数据转换为其他数据类型，然后将其复制到新的输出列。例如，可从多种数据源中提取数据，然后用此转换将列转换为目标数据存储所需的数据类型。如果需要配置数据转换，那么可以采用下列方法。

（1）指定包含要转换的数据的列和要执行的数据转换的类型。

（2）指定转换输出列是使用 SSIS 提供的不区分区域设置的较快分析例程，还是使用标准的区分区域设置的分析例程。

Integration Services 数据引擎支持具有多个源、多个转换和多个目标的数据流。利用数据转换，开发人员可以方便地生成具有复杂数据流的包，而无须编写任何代码。这些转换具体包括以下方面的内容。

（1）条件性拆分和多播转换，用于将数据行分布到多个下游数据流组件。

（2）合并和合并连接转换，用于组合来自多个上游数据流组件的数据行。

（3）排序转换，用于排序数据和标识重复的数据行。

（4）模糊分组转换，用于标识相似的数据行。

（5）查找和模糊查找转换，用于扩展包含查找表中值的数据。

（6）字词提取和字词查找转换，用于文本挖掘应用程序。

（7）聚合、透视、逆透视和渐变维度转换，用于常见数据仓库任务。

（8）百分比抽样和行抽样转换，用于提取样本行集。

（9）复制列转换、数据转换和派生列转换，用于复制和修改列值。

（10）聚合转换，用于汇总数据。

（11）透视和逆透视转换，用于从非规范化的数据创建规范化的数据行，以及从规范化的数据创建非规范化的数据行。

Integration Services 还包括用于简化自定义转换的开发工作的脚本组件。

3.6.2 数据导入

使用 SQL Server 导入向导可以从支持的数据源向本地数据库复制和转换数据。下面以 Excel 文件转换为 SQL Server 数据表为例介绍导入向导的用法和步骤。具体步骤参考如下。

（1）启动导入向导。在 SQL Server Management Studio 的对象资源管理器中，用鼠标右键单击数据库 LoanDB，从弹出的快捷菜单中选择“任务”→“导入数据”命令，如图 3-27 所示，弹出“SQL Server 导入数据”对话框。

（2）选择数据源类型。在弹出的“SQL Server 导入数据”对话框中单击“下一步”按钮，弹出“选择数据源”对话框。在“输入源”下拉列表中选择数据源类型“Microsoft Excel”；单击“Excel 文件路径”框右侧的“浏览”按钮，指定要导入数据的电子表格的路径和文件名，如图 3-28 所示，单击“Next”按钮，弹出“选择目标”对话框。

（3）选择目标。在“选择目标”对话框中，“目标”选择“.Net Framework Data Provider for SqlServer”，在下方的选项列表中找到“Integrated Security”项，将该项设置为“True”，设置“Data Source”为当前数据库服务器实例，设置“InitialCatalog”为目标数据库，如 LoanDB，如图 3-29 所示，单击“Next”按钮。

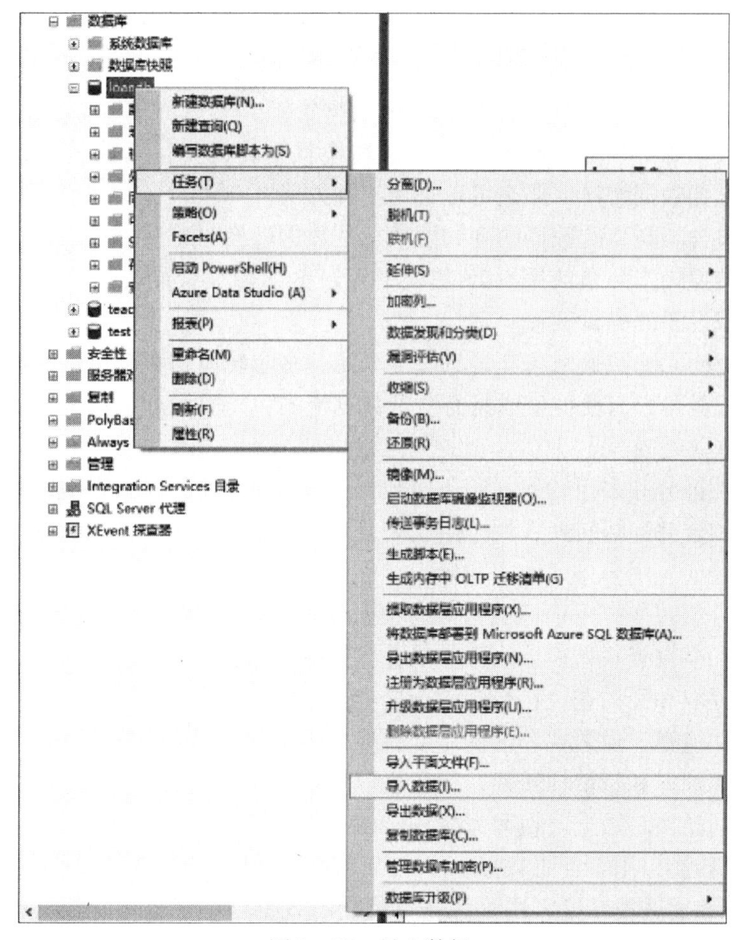

图 3－27　导入数据

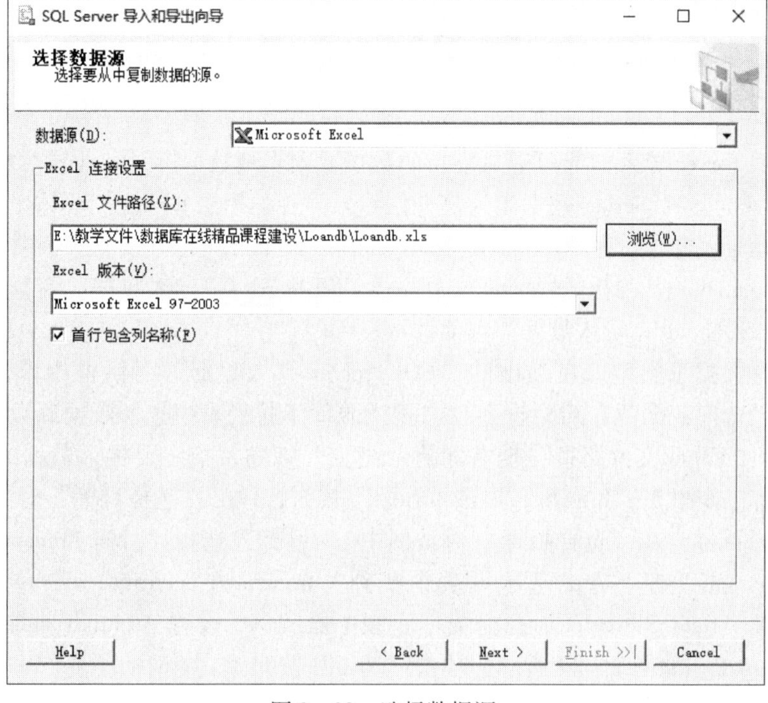

图 3－28　选择数据源

图 3－29　设置导入目标

（4）指定复制或查询操作。选择“复制一个或多个表或视图的数据”单选按钮，单击“Next”按钮，弹出“源表和源视图”对话框，从中选择要导入的数据表和视图。

（5）单击“Next”按钮，进入“保存并运行包”对话框。单击“立即执行”按钮，将立即运行包。若选择“保存 SSIS 包”选项，则保存包以便日后运行。单击“Next”按钮。

（6）完成。进入“完成该向导”对话框，然后单击“完成”按钮，进入“执行成功”对话框，表明电子表格“测试 . XLS”成功导入数据库 LoanDB 中，成为一个 SQL Server 2017 的数据表，单击“关闭”按钮完成操作。

（7）查看数据。展开数据库 LoanDB，用鼠标右键单击导入的表，从弹出的快捷菜单中选择“打开表”命令，在“查询编辑器”窗口中可以浏览转换的数据表。

3. 6. 3　数据导出

使用 SQL Server 2017 的导出向导可以在支持的本地数据库与指定类型目标文件之间复制和转换数据。

导出向导与导入向导的使用方法基本一致，在此不再赘述。

第 4 章

Transact - SQL 语言基础

SQL 语言是关系数据库的标准语言，而 Transact - SQL 语言是 SQL Server 在 SQL 语言的基础上增加了语言要素后的扩展语言，这些要素包括注释、变量、运算符、函数、流程控制语句等。这些附加的语言要素不是标准 SQL 中的内容，而是进一步掌握数据库应用开发技术的关键。本章主要介绍 Transact - SQL 语言中的常量、变量、函数、表达式等语言要素和控制流语句等。

重点和难点

▶Transact - SQL 运算符和函数

▶Transact - SQL 控制流语句

4.1 SQL 与 Transact - SQL 概述

4.1.1 SQL 概述

SQL 是 Structured Query Language 的缩写，它的前身是著名的关系数据库原型系统 System R 所采用的 SEQUEL 语言。作为一种访问关系数据库的标准语言，SQL 自问世以来得到了广泛的应用，不仅大型商用数据库产品（如 Oracle、DB2、SQL Server 等）支持它，很多开源的数据库产品（如 PostgreSQL、MySQL 等）也支持它，甚至一些小型的产品（如 Access、SQLite 等）也支持 SQL。

SQL 之所以能够成为标准并被业界和用户接受，是因为它具有简单、易学、综合、一体化等特点，主要体现在以下几个方面。

1. 综合统一

SQL 一体化的特点主要表现在 SQL 的功能和操作符上。SQL 可以独立完成数据库生命周期中的全部活动，包括定义关系模式、输入数据以建立数据库、查询、更新、维护、重构数据库、安全控制数据库等一系列操作要求，具有集数据查询、数据操作、数据定义和数据控制功能于一体的特点。SQL 的核心包括如下数据语言：

（1）数据定义语言（Data Definition Language，DDL），DDL 用于定义数据库的逻辑结构，是对关系模式一级的定义，包括基本表、视图及索引的定义；

（2）数据操纵语言（Data Manipulation Language，DML），DML 用于对关系模式中的具体数据进行增、删、查、改等操作；

（3）数据控制语言（Data Control Language，DCL），DCL 用于对数据访问权限的控制。SQL 集这些功能于一体，语言风格统一，为数据库应用系统的开发提供了良好的环境。

2. 用同一种语法结构提供两种使用方法

SQL 既是自含式语言，又是嵌入式语言。自含式语言能够独立地用于联机交互，这种方式适用于非计算机专业人员使用；嵌入式语言使其能够嵌入到高级语言程序中，这种方式适用于程序员开发应用程序。尽管用户使用 SQL 的方式可能不同，但是 SQL 的语法结构是基本一致的。

3. SQL 是一种非过程化的语言

使用 SQL 进行数据操作，不需要关心具体的操作过程，用户只需提出“做什么”，而无须指出“怎么做”，SQL 语言就可以提交给系统，系统自动完成全部工作。

4. 语言简洁，易学易用

虽然 SQL 的功能非常强大，但是它的语法十分简洁，接近英语口语，易学易用。标准 SQL 完成核心功能一共用了 9 个动词：CREATE、ALTER、DROP、SELECT、INSERT、UPDATE、DELETE、GRANT、REVOKE、DENY。

4.1.2 Transact – SQL 概述

Transact – SQL 是在 SQL Server 中使用的 SQL 语言，是 ANSI SQL 的扩展加强版。除提供标准的 SQL 命令之外，Transact – SQL 还对 SQL 做了许多补充。

Transact – SQL 语言由以下几部分组成。

1. 数据定义语言（DDL）

DDL 用于执行数据库的任务，对数据库以及数据库中的各种对象进行创建、删除、修改等操作。如前所述，数据库对象主要包括表、默认约束、规则、视图、触发器、存储过程等。DDL 包括的主要语句及功能如表 4 – 1 所示。

表 4 –1　DDL 包括的主要语句及功能

语　句	功　能	说　明
CREATE	创建数据库或数据库对象	不同数据库对象，其 CREATE 语句的语法形式不同
ALTER	对数据库或数据库对象进行修改	不同数据库对象，其 ALTER 语句的语法形式不同
DROP	删除数据库或数据库对象	不同数据库对象，其 DROP 语句的语法形式不同

2. 数据操纵语言（DML）

DML 用于操纵数据库中的各种对象，检索和修改数据。DML 包括的主要语句及功能如表 4 – 2 所示。

表 4 –2　DML 包括的主要语句及功能

语　句	功　能	说　明
SELECT	从表或视图中检索数据	是使用最频繁的 SQL 语句之一
INSERT	将数据插入表或视图中	既可向表或视图中插入一行数据，也可插入一组数据
UPDATE	修改表或视图中的数据	既可修改表或视图的一行数据，也可修改一组或全部数据
DELETE	从表或视图中删除数据	可根据条件删除指定的数据

3. 数据控制语言（DCL）

DCL 用于安全管理，确定哪些用户可以查看或修改数据库中的数据。DCL 包括的主要语句及功能如表 4－3 所示。

表 4－3 DCL 包括的主要语句及功能

语　句	功　能	说　明
GRANT	授予权限	可把语句许可或对象许可的权限授予其他用户或角色
REVOKE	收回权限	与 GRANT 的功能相反，但不影响该用户或角色从其他角色中作为成员继承许可权限
DENY	收回权限，并禁止从其他角色继承许可权限	功能与 REVOKE 相似，不同之处在于，除收回权限外，还禁止从其他角色继承许可权限

4. Transact－SQL 增加的语言元素

这部分不是 ANSI SQL 所包含的内容，而是微软为了方便用户编程而增加的语言元素。这些语言元素包括变量、运算符、流程控制语句、函数等，它们可以在查询分析器中交互执行。

4.2 Transact－SQL 语法要素

4.2.1 标识符

标识符是用于命名表、视图、存储过程等数据库对象及常量、变量、自定义函数名称的，也就是为数据库对象指定的名字。根据命名对象的方式，标识符可分为常规标识符和分隔标识符。常规标识符和分隔标识符的字符数必须在 1～128 之间。

常规标识符可以和分隔符（方括号）一起使用，也可以不和分隔符一起使用。常规标识符的字符要符合 Unicode Standard 2.0 标准，其格式规则见本书 3.2.2 节。

对于不符合常规标识符的格式规则的标识符使用方括号“［］”进行分隔，称为分隔标识符。

例 4－1 常规标识符的声明。

```
DECLARE @Ex_bank NCHAR(10)     --声明了一个名为@Ex_bank 的局部变量
DECLARE @Ex_Table TABLE(col1 CHAR) --声明了一个名为@Ex_Table 的表变量
CREATE TABLE #TempTable(itemid INT) --用于创建一个名为#TempTable 的临时表
CREATE PROCEDURE sp_Client AS --定义了一个名为 sp_Client 的存储过程
    BEGIN
     …
    END
```

例 4－2 下面给出的示例都是合法的分隔标识符：

```
[Sales Volume]
[Sales + Cube]
[Select]
```

4.2.2 常量与变量

1. 常量

常量是指在程序运行过程中值不变的量，又称为字面值或标量值。在 Transact - SQL 语言中常量的用法主要有两种：一是作为表达式中的操作数；二是为变量赋值。

常量的使用格式取决于值的数据类型。根据常量值的不同类型，分为字符串常量、整型常量、数值型常量、浮点型常量、日期时间常量、货币常量、唯一标识常量。各类常量举例说明如下。

1）字符串常量

字符串常量分为 ASCII 字符串常量和 Unicode 字符串常量。

ASCII 字符串常量是用单引号内括起来，由字母（a ~ z、A ~ Z）、数字字符（0 ~ 9）及特殊字符（如!、@ 和#等）构成的字符序列。SQL Server 为字符串常量分配当前数据库的默认排序规则，除非使用 COLLATE 子句为其指定排序规则。

如果单引号中的字符串包含一个嵌入的单引号，那么可以使用两个单引号表示嵌入的单引号。也可以使用双引号定义字符串常量，对于嵌入在双引号中的单引号不必做特别处理。空字符串用中间没有任何字符的单引号表示。下面是字符串常量的示例：

```
'AB132'
'0''British'
'The proposition is 50 % .'
```

Unicode 字符串常量与 ASCII 字符串常量相似，但它前面必须有一个大写字母 N 前缀（N 代表 SQL - 92 标准中的国际语言 National Language）。例如，'ABC' 是 ASCII 字符串常量，而 N'ABC' 则是 Unicode 字符串常量。

2）整型常量

整型常量以没有用引号括起来并且不包含小数点的数字字符序列来表示。分为二进制整型常量和十进制整型常量。下面是整型常量的示例：

```
0XAB8        --十六进制常数
467          --十进制常数
```

3）数值型常量

数值型常量一般指 decimal 类型的常量，由没有用引号括起来并且包含小数点的数字字符串来表示。下面是数值型常量的示例：

```
3.1415926
1.713
```

4）浮点型常量

浮点型常量包括 float 和 real 两种类型的常量，一般使用科学计数法来表示。下面是

float 和 real 常量的示例：

```
13.76E9
2.77E-3
```

5）日期时间常量

日期时间常量用单引号将表示日期时间的字符串括起来。SQL Server 可以识别如下格式的日期和时间。

字母日期格式，如 'April 20，2000'。

数字日期格式，如 '4/15/1998'、'1998-04-15'。

未分隔的字符串格式，如 '20001207'。

时间常量的举例如下：

```
'14:30:24'
'04:24:PM'
```

日期时间常量的举例如下：

```
'April 20,2000 14:30:24'
```

（6）货币常量

货币常量即 money 型的常量，是以“$”作为前缀的一个整型或数值型常数。money 常量不使用引号括起来。下面是 money 常量的示例：

```
$37012
$567894.13
$-56.89
```

7）唯一标识常量

唯一标识常量即 unique identifier 常量，是用于表示全局唯一标识符值的字符串，可以使用字符串或十六进制字符串格式指定。例如：

```
'6F9619FF-8A86-D011-B42D-00004FC964FF'
0XFF19966F868B11D0B4200C04FC964FF
```

2. 变量

变量用于临时存放数据，变量中的数据随着程序的执行而变化。变量有名称及数据类型两个属性。变量名称用于标识该变量，变量的数据类型确定了该变量存放值的格式及允许的运算。变量分为两类：一种是用户自己定义的局部变量；另外一种是系统提供的全局变量。

1）局部变量

局部变量是用户可自定义的变量。局部变量在程序中通常用来存储从表中查询到的数据，或当作程序执行过程中的暂存变量。它的作用范围仅在其声明的批处理、存储过程或触发器中。但局部变量的名称不能与全局变量的名称相同，否则会在应用中出错。

局部变量必须先用 DECLARE 命令声明后才可使用，其声明形式如下：

```
DECLARE {@local_var data_type}[,…n]
```

其中，相关参数如下：

◇ @local_var 用于指定局部变量的名称，变量名必须以符号@开头，并且局部变量必须符合标识符的命名规则，不区分大小写；

◇ data_type 用于设置局部变量的数据类型及其大小，可以是系统类型或自定义类型；

◇ DECLARE 命令声明并创建局部变量之后，设置其初始值为 NULL；

◇ 可一次声明多个局部变量，各局部变量之间用逗号隔开。

当声明局部变量后，可用 SELECT 或 SET 命令来给局部变量赋值，其语法如下：

```
SELECT {@ local_var = expression} [ ,…n]
或
SET {@ local_var = expression}
```

其中，参数 expression 是任何有效的 SQL Server 表达式。

例 4-3 声明一个变量@ my_var，然后将一个字符串放在变量中，再输出@ my_var 变量的值。

```
DECLARE @ my_var nchar (30)
SELECT @ my_var = 'This is SQL SERVER 2017'
SELECT @ my_var
GO
```

2）全局变量

全局变量是 SQL Server 系统内部提供的变量，其作用范围并不局限于某一程序，而是任何程序均可随时调用。全局变量通常存储一些 SQL Server 的配置设定值和统计数据。用户可在程序中用全局变量来测试系统的设定值或 Transact - SQL 命令执行后的状态值。

全局变量不是由用户的程序定义的，而是由系统定义和维护的，用户只能使用预先说明及定义的全局变量。因此，全局变量对用户而言是只读的，用户只能读取全局变量的值，而不能对它们进行修改和管理。使用全局变量必须以“@ @”开头。例如，@ @ ERROR 返回执行的上一个 Transact - SQL 语句的错误号；@ @ CONNECTIONS 返回自上次启动 SQL Server 以来连接或试图连接的次数。

例 4-4 输出自上次启动 SQL Server 以来连接或试图连接的次数。

```
Print @@CONNECTIONS
```

4.2.3 运算符

运算符是一种符号，用来指定要在一个或多个表达式中执行的操作。SQL Server 提供了算术运算符、比较运算符、逻辑运算符、赋值运算符、字符串连接运算符、位运算符等运算符。利用运算符按照一定规则将运算数连接起来，就构成了表达式。

1. 算术运算符

算术运算符用于对两个表达式执行算术运算，这两个表达式可以是任何数值数据类型。算术运算符包括加（+）、减（-）、乘（*）、除（/）和求模（%）五种运算。加、减运算还可以用于对日期时间类型的值进行算术运算。

2. 比较运算符

比较运算符如表 4-4 所示，用于测试两个表达式的值是否相同，其运算结果为逻辑值，可以为 TRUE、FALSE 及 UNKNOWN 三者之一。

表 4－4　比较运算符

运　算　符	含　　义	运　算　符	含　　义
=	等于	<=	小于等于
>	大于	<>、! =	不等于
<	小于	! <	不小于
>=	大于等于	! >	不大于

除 text、ntext 或 image 类型的数据外，比较运算符可以用于所有的表达式。

3. 逻辑运算符

逻辑运算符用于对某个条件进行测试，运算结果为 TRUE 或 FALSE。SQL Server 提供的逻辑运算符如表 4－5 所示。

表 4－5　SQL Server 提供的逻辑运算符

运　算　符	运 算 规 则
AND	二元运算，当两个操作数值都为 TRUE 时，运算结果为 TRUE
OR	二元运算，当两个操作数中有一个为 TRUE 时，运算结果为 TRUE
NOT	一元运算，对参与运算的操作数取反
ALL	对 AND 运算符的扩展，将二元运算推广到多元运算
ANY	对 OR 运算符的扩展，将二元运算推广到多元运算
BETWEEN…AND	如果操作数位于某一指定范围内，那么运算结果为 TRUE
EXISTS	如果表达式的执行结果不为空，那么运算结果为 TRUE
IN	如果操作数与表达式列表中的任何一项匹配，那么运算结果为 TRUE
LIKE	如果操作数与指定模式匹配，那么运算结果为 TRUE
SOME	如果在一系列操作数中，有某些子表达式的值为 TRUE，那么运算结果为 TRUE

逻辑表达式经常用于查询条件或域完整性约束中，常见用法见第 5 章。

4. 赋值运算符

赋值运算符指在给局部变量赋值的 SET 和 SELECT 语句中使用的“ = ”。

例 4－5　声明 int 型局部变量@ n，并为其赋值 10.

```
DECLARE  @n  int
SET  @n=10
```

5. 字符串连接运算符

通过运算符“ + ”实现两个字符串的连接运算。例如，SELECT 'abc' + '123' + 'abc'，返回结果为 abc123abc。

6. 位运算符

位运算符在两个表达式之间执行位操作，这两个表达式的类型可为整型或与整型兼容的数据类型（如字符型等，但不能为 image 类型）。位运算符如表 4－6 所示。

表 4-6　位运算符

<table>
<tr><th>位运算符</th><th>运 算 规 则</th></tr>
<tr><td>&</td><td>按位与，两个位均为1时，结果为1，否则为0</td></tr>
<tr><td>|</td><td>按位或，只要一个位为1，结果为1，否则为0</td></tr>
<tr><td>^</td><td>按位异或，两个位不同时，结果为1，否则为0</td></tr>
</table>

7. 运算符的优先级

在 SQL Server 中，当一个复杂的表达式有多个运算符时，运算符优先级决定执行运算的先后次序。执行的顺序会影响所得到的运算结果。Transact - SQL 支持的运算符优先级如表 4-7 所示。在一个表达式中按先高（优先级数字小）后低（优先级数字大）的顺序进行运算。

表 4-7　Transact - SQL 支持的运算符优先级

<table>
<tr><th>运　算　符</th><th>优先级</th><th>运　算　符</th><th>优先级</th></tr>
<tr><td>()(圆括号)</td><td>1</td><td>^(位异或)、&(位与)、|(位或)</td><td>6</td></tr>
<tr><td>+(正)、-(负)、~(按位 NOT)</td><td>2</td><td>NOT</td><td>7</td></tr>
<tr><td>*(乘)、/(除)、%(求模)</td><td>3</td><td>AND</td><td>8</td></tr>
<tr><td>+(加)、+(串连)、-(减)、</td><td>4</td><td>ALL、ANY、BETWEEN、IN、LIKE、OR、SOME</td><td>9</td></tr>
<tr><td>= , > , < , > = , < = , < > , ! = ,! > ,! <</td><td>5</td><td>=(赋值)</td><td>10</td></tr>
</table>

当一个表达式中的两个运算符有相同的优先级时，根据它们在表达式中的位置确定运算顺序，一般而言，一元运算符按从右向左的顺序运算，二元运算符按从左到右的顺序运算。

4.2.4 表达式

Transact - SQL 的表达式是指符号和运算符的一种组合，SQL Server 数据库引擎处理该组合以获得单个数据值。符号可以包括常量、变量、列名、函数等元素，运算符如 4.2.3 节所述。与常量和变量一样，一个表达式的值也具有某种数据类型，可能的数据类型包括字符类型、数值类型、日期时间类型。

1. 表达式的分类

根据表达式值的类型，表达式可以分为字符型表达式、数值型表达式和日期时间型表达式等。

根据值的复杂性表达式又可以分为简单表达式和复杂表达式。简单表达式可以是一个常量、变量、列或标量函数。复杂表达式是由运算符连接起来的一个或多个简单表达式，需要它们具有该运算符支持的数据类型，且至少满足下列一个条件：

（1）两个表达式有相同的数据类型；

（2）优先级低的数据类型可以隐式转换为优先级高的数据类型；

（3）CAST 函数能够显式地将优先级低的数据类型转化成优先级高的数据类型，或者转换为一种可以隐式地转化成优先级高的数据类型的过渡数据类型。

2. 表达式的结果

对于由单个常量、变量、标量函数或列名组成的简单表达式，其数据类型、排序规则、精度、小数位数和值就是它所引用元素的数据类型、排序规则、精度、小数位数和值。

复杂表达式的计算结果为单值结果。生成的表达式的数据类型、排序规则、精度、小数位数和值由进行组合的表达式决定，并按每次两个表达式的顺序递延，根据表达式中运算符的优先级确定表达式中元素的组合顺序，直到得到最后结果。

例 4-6 以下是合法的 SQL 表达式。

```
DECLARE @a AS INTEGER
DECLARE @b AS INTEGER
SET @a =2                          --为变量@a 赋值一个简单表达式的值
SET @b =@a *2 +len('abcd')         --为变量@b 赋值一个复杂表达式的值
```

4.3 Transact-SQL 流程控制语句

Transact-SQL 为用户提供了流程控制语句，用来控制程序执行流程以满足程序设计的需要。在 Transact-SQL 中，流程控制语句主要用来控制 SQL 语句、语句块或存储过程的执行流程。Transact-SQL 提供的流程控制语句如表 4-8 所示。下面详细介绍常用的流程控制语句。

表 4-8 Transact-SQL 提供的流程控制语句

控制语句	说　明	控制语句	说　明
BEGIN…END	语句块	CONTINUE	用于重新开始下一次循环
IF…ELSE	条件语句	BREAK	用于退出最内层的循环
CASE	分支语句	RETURN	无条件返回
GOTO	无条件转移语句	WAITFOR	为语句的执行设置延迟
WHILE	循环语句		

4.3.1 BEGIN…END

BEGIN…END 语句能够将多个 Transact-SQL 语句组合成一个语句块，并将它们视为一个单元处理。在条件语句和循环等控制流程语句中，当符合特定条件需执行两个或者多个语句时，就需要使用 BEGIN…END 语句。

BEGIN…END 语句的语法格式如下：

```
BEGIN
    {
        sql_statement | sql_block
    }
END
```

语法格式及参数说明如下。

◇ BEGIN…END：语句关键词，允许嵌套，BEGIN 和 END 必须成对使用。

◇ sql_statement | sql_block：SQL 语句或语句块，BEGIN…END 可以嵌套使用，“语句块”表示使用 BEGIN…END 定义的另一个语句块。

4.3.2 条件语句

1. IF…ELSE 语句

IF…ELSE 语句是条件判断语句，其中 ELSE 子句是可选的，最简单的 IF 语句没有 ELSE 子句部分。IF…ELSE 语句当某条件成立时执行某段程序，条件不成立时执行另一段程序。SQL Server 允许嵌套使用 IF…ELSE 语句，而且嵌套层数没有限制。

IF…ELSE 语句的语法格式如下：

```
IF Boolean_expression
{sql_statement | statement_block}
[EISE
{sql_statement | statement_block}]
```

语法格式及参数说明如下。

◇ IF…ELSE：选择语句关键词，ELSE 项是可选项。

◇ Boolean_expression：逻辑表达式，其值决定分支的执行路线。

◇ sql_statement | statement_block：SQL 语句或语句块，语句中允许有 IF 语句嵌套。

例 4-7 使用 IF 语句实现语句跳转。

程序代码如下：

```
DECLARE @bamount AS int
Set @bamount =87
IF @bamount > =60
  BEGIN
     PRINT '@bamount 大于 60,@bamount -60 为:'
     PRINT @bamount -60
  END
ELSE
    BEGIN
        PRINT '@bamount 小于 60,其值为:'
        PRINT @bamount
    END
```

本例利用 IF 语句判断变量@bamount 值是否大于 60，若大于 60，则输出该数值与 60 的差，否则输出原数。

2. CASE 语句

CASE 语句为多分支语句，可以计算多个条件式，并将其中一个符合条件的结果表达式返回。CASE 语句按照使用形式的不同，可以分为简单 CASE 语句和搜索 CASE 语句。

简单 CASE 语句的语法格式如下：

```
CASE input_expression
   WHEN when_expression THEN result_expression
  [ ···n ]
  [ ELSE else_result_expression ]
END
```

搜索 CASE 语句的语法格式如下：

```
CASE
   WHEN Boolean_expression THEN result_expression
   [ ···n ]
   [ ELSE else_result_expression ]
END
```

其中，语法格式及参数说明如下。

◇ input_expression：简单 CASE 语句的计算表达式。

◇ WHEN when_expression：在简单 CASE 语句中，比较该表达式是否与 input_expression 相等，若相等则返回 then 后面的表达式。

◇ THEN result_expression：当简单 CASE 语句的 input_expression = when_expression 或搜索 CASE 语句的 Bodean_expression 运算结果为 TRUE 时的返回表达式。

◇ ELSE else_result_expression：当 input_expression 与 when_expression 的比较结果不为 TRUE 时的返回表达式。

◇ WHEN Boolean_expression：搜索 CASE 语句的分支条件布尔类型表达式。

例 4-8 简单 CASE 语句举例如下：

```
USE LoanDB
GO
SELECT Cno AS '代码',
        CASE Cnature
            WHEN '国营' THEN '国营企业'
            WHEN '私营' THEN '私营企业'
            WHEN '集体' THEN '集体企业'
            WHEN '三资' THEN '三资企业'
        END AS '经济性质'
FROM CustomerT
```

例 4-9 搜索 CASE 语句举例如下：

```
USE LoanDB
GO
SELECT Cno AS '客户代码', Bno AS '银行代码',
        CASE
            WHEN Lamount <10 THEN '低额'
            WHEN Lamount > =10 AND Lamount <100 THEN '中等'
            WHEN Lamount > =100 THEN '高额'
        END AS '额度分类'
FROM LoanT
GO
```

4.3.3 WHILE 语句

WHILE…BREAK…CONTINUE 语句用于实现重复执行的 SQL 语句或语句块。只要指定的条件为真，就重复执行语句，其中，CONTINUE 语句可以使程序跳过 CONTINUE 语句后面的语句，回到 WHILE 循环的第一行命令。BREAK 语句可以使程序完全跳出循环结束 WHILE 语句的执行。WHILE 语句的语法格式如下：

```
WHILE Boolean_expression
   {sql_statement|statement_block}
   [BREAK]
   {sql_statement|statement_block}
   [CONTINUE]
```

语法格式及参数说明如下。

◇ WHILE…BREAK…CONTINUE：语句关键词，WHILE 语句允许嵌套。

◇ BREAK：结束本层循环。

◇ CONTINUE：结束本次循环。

◇ Boolean_expression：循环条件，为真时执行循环体。

◇ sql_statement|statement_block：SQL 语句或语句块。

例 4-10 计算并输出 1~100 之间所有能被 3 整除的数的个数及其总和。

```
DECLARE @s SMALLINT, @i SMALLINT, @nums SMALLINT
SET @s=0
SET @i=1
SET @nums=0
WHILE (@i<=100)
BEGIN
   IF (@i%3=0)
      BEGIN
         SET @s=@s+@i
         SET @nums=@nums+1
      END
   SET @i=@i+1
END
PRINT @s
PRINT @nums
```

4.3.4 其他语句

1. GO 语句

GO 语句是批处理的结束语句。批处理是一起提交并作为一个组执行的若干 SQL 语句。

2. PRINT 语句

PRINT 语句的功能是向客户端返回用户定义消息。PRINT 语句的语法格式如下：

```
PRINT @local_variable|string_expr
```

3. 注释

注释是程序代码中非可执行的文本字符串。使用注释对代码进行说明有助于日后的管理和维护。注释通常用于记录程序名称、作者姓名和主要代码更改的日期，还可以用于描述复杂的计算或者解释编程的方法。

在 SQL Server 中，可以使用两种类型的注释方法：

（1）--注释。该方式用于单行注释。

（2）/*…*/ 注释。"/*"用于注释文字的开头，"*/"用于注释文字的结尾，利用它们可以在程序中标识多行文字为注释。当然，单行注释也可以使用。

例 4-11 为例 4-3 添加注释。

程序代码如下：

```
DECLARE @my_var nchar(30)              --定义变量@myvar
SELECT @myvar = 'This is SQL SERVER 2017'
SELECT @myvar
GO
/*上面第一行给变量赋值，
第二行输出变量值
*/
```

4. RETURN 语句

RETURN 语句用于无条件地终止一个查询、存储过程或批处理，RETURN 之后的语句将不会被执行。

RETURN 语句的语法格式如下：

```
RETURN [expression]
```

其中，expression 为返回值。如果不提供表达式，则退出程序时返回 0 值。

存储过程或函数可以将运算结果通过 RETURN 语句返回给调用过程或与应用程序，其类型可以是任何合法的数据类型。

此外，SQL Server 保留了 0 ~ -99 的整数值作系统使用，表示存储过程的返回状态，如 0 表示程序执行成功，-1 表示找不到对象，等等。

例 4-12 判断变量@a 的值，若@a 大于 5，则终止该段代码（返回）；否则，输出@a 的值。

```
DECLARE @a AS INTEGER
SET @a =2
IF @a >5
    RETURN
ELSE
    PRINT @a
```

5. EXECUTE 语句

EXECUTE 语句执行 Transact - SQL 批处理中的命令字符串，或者执行下列模块之一：系统存储过程、用户定义存储过程、CLR 存储过程、标量值用户定义函数或扩展存储过程。

例 4 - 13 执行存储过程 sp_help。

```
EXEC sp_help
```

其中，EXEC 是 EXECUTE 语句的简写形式，sp_help 是一个系统存储过程。其他的存储过程也可以在程序中通过 EXECUTE 语句执行。

4.4 Transact - SQL 函数

SQL Server 2017 为 Transact - SQL 语言提供了大量的功能函数以供编程使用。如果按照功能对这些函数进行划分，那么可以将它们大致分为数学函数、聚合函数、日期时间函数、字符串函数、转换函数、文本/图像管理函数、安全管理函数、SQL Server 系统配置函数、系统统计函数、系统函数、游标函数、元数据函数。本节只介绍常用的 Transact - SQL 函数。

1. 数学函数

数学函数用于对数值型字段和表达式进行处理，并返回运算结果。数学函数可以对 SQL Server 2017 提供的各种数值型数据进行处理。Transact - SQL 中常用的数学函数如表 4 - 9所示。

表 4 - 9 Transact - SQL 中常用的数学函数

函　数	功能描述
ABS（numeric_expr）	返回表达式的绝对值，如 ABS（ -12）的值为 12，ABS（2）的值为 2
ACOS（float_expr）	反余弦函数，返回以弧度表示的角度值
ASIN（float_expr）	反正弦函数，返回以弧度表示的角度值
ATAN（float_expr）	反正切函数，返回以弧度表示的角度值
CEILING（numeric_expr）	返回大于或等于指定数值表达式的最小整数，如 CEILING（2.34）的值为 3，CEILING（ -2.34）的值为 -2
COS（float_expr）	返回以弧度为单位的角度的余弦值
COT（float_expr）	返回以弧度为单位的角度的余切值
DEGREES（numeric_expr）	弧度值转换为角度值
EXP（float_expr）	返回以给定表达式为指数的 e 的乘方值，如 EXP（2）表示 e 的平方
FLOOR（numeric_expr）	返回小于或等于指定数值表达式的最大整数，如 FLOOR（2.34）的值为 2，FLOOR（ -2.34）的值为 -3

续表

函　　数	功 能 描 述
LOG (float_expr [, base])	若省略第二个参数，则返回给定表达式的自然对数；否则，返回以第二个参数为底的该表达式的对数
LOG10 (float_expr)	返回给定表达式的以 10 为底的对数
PI(　)	常量，圆周率
POWER (float_expr ,int_expr)	返回给定表达式的指定次方的值，如 POWER（3，2）的值为9
RADIANS (numeric_expr)	角度值转换为弧度值
RAND ([seed])	返回 0 ~ 1 之间的随机 float 数
ROUND (numeric _ expr, len [, function])	返回指定小数的位数的表达式的值，默认 function = 0，对数据进行舍入，如 ROUND（2.345，2）的值为 2.35；若 function 为其他值，则对数值进行截断
SIGN (numeric_expr)	返回指定表达式的符号：正号（+1）、零（0）或负号（-1），如 SIGN（-3）的值为 -1，SIGN（3）的值为 1，SIGN（0）的值为 0
SIN (float_expr)	返回以弧度为单位的角度的正弦值
SQUARE (float_expr)	返回给定表达式的平方，如 SQUARE（2）的值为 4
SQRT (float_expr)	返回给定表达式的平方根，如 SQRT（9）的值为 3
TAN (float_expr)	返回以弧度为单位的角度的正切值

2. 聚合函数

聚合函数用于对一组值进行计算并返回一个单一的值。除 COUNT 函数之外，聚合函数忽略空值。聚合函数的作用是在结果集中通过对被选列值的收集处理，并返回一个数值型的计算结果。聚合函数经常与 SELECT 语句的 GROUP BY 子句一同使用。聚合函数可以应用于查询语句的 SELECT 子句中或者 HAVING 子句中，但不可用于 WHERE 子句中，因为 WHERE 子句是逐行对记录进行筛选的，具体使用方法将在第 5 章介绍。Transact - SQL 中常用的聚合函数如表4 - 10所示。

表 4 - 10　Transact - SQL 中常用的聚合函数

函　　数	功 能 描 述
AVG (expr)	返回组中数据的平均值，忽略 NULL 值
COUNT (expr)	返回组中项目的数量
MAX (expr)	返回多个数据比较的最大值，忽略 NULL 值
MIN (expr)	返回多个数据比较的最小值，忽略 NULL 值
SUM (expr)	返回组中数据的和，忽略 NULL 值
STDEV (expr)	返回组中所有值的标准偏差
VAR (expr)	返回组中所有值的方差

3. 日期时间函数

日期时间函数用于对日期和时间数据进行不同的处理和运算，并返回一个字符串、数字值或者日期时间值。日期时间函数可以在表达式中直接调用。Transact - SQL 中常用的日期时间函数如表 4 - 11 所示。

表 4-11　Transact-SQL 中常用的日期时间函数

函　　数	功 能 描 述
GETDATE（）	获取当前系统的日期和时间
DATEADD（unit，n，date）	在 date 的基础上添加 n 个 unit（天/小时/年）后的日期
DATEDIFF（unit，date1，date2）	以 unit 为单位计算 date1 与 date2 之间的差值
DATENAME（part，date）	返回指定日期的指定部分（如年/月/日）的字符串形式
DATEPART（part，date）	返回指定日期的指定部分（part，如年/月/日）的整数形式
DAY（date）	获取指定日期的天部分的整数
MONTH（date）	获取指定日期的月份部分的整数
YEAR（date）	获取指定日期的年份部分的整数
GETUTCDATE（date）	获取格林尼治的标准时间

表中参数 unit 或 part 表示日期、时间的某个部分，unit 或 part 参数取值缩写及含义如表 4-12所示。

表 4-12　part 参数取值缩写及含义

参数 unit 或 part 取值	参数 unit 或 part 取值缩写	含　　义
YEAR	YY 或 YYYY	年
QUARTER	QQ 或 Q	季度
MONTH	MM 或 M	月
DAYOFYEAR	DY	一年内的天
DAY	DD	天
WEEK	WK 或 WW	星期
WEEKDAY	DW	一星期内的天
HOUR	HH	小时
MINUTE	MI 或 N	分钟
SECOND	SS 或 S	秒
MILLISECOND	MS	毫秒

例 4-14　显示系统日期是星期几、当年的第几天，然后将当前系统日期中的年、月、日分别取出并显示。

代码如下：

```
SELECT  DATENAME(WEEKDAY, GETDATE()) AS WEEKDAY,
        DATENAME(DY,GETDATE())
SELECT  YEAR(GETDATE()) , MONTH(GETDATE()), DAY(GETDATE()) AS DAY
```

运行结果如图 4-1 所示。

图 4-1　例 4-14 运行结果

4. 字符串函数

字符串函数可以对二进制数据、字符串和表达式执行不同的运算，大多数字符串函数只能用于 char 和 varchar 类型数据的运算，少数几个字符串函数也可以用于 binary 和 varbinary 类型数据的运算。常用字符串函数及其功能如表 4－13 所示。

表 4－13　常用字符串函数及其功能

函数名称	功 能 描 述
ASCII(string)	返回字符表达式最左端字符的 ASCII 码值，如 ASCII('abc')的值为 97
CHAR(n)	将 ASCII 码 n 转换为字符的字符串函数，如 CHAR(98)的值为 'b'
LOWER(string)	将 string 中的大写字母转换为小写字母后返回字符表达式，如 LOWER('BEIjing123')的值为 'beijing123'
UPPER(string)	返回将 string 中的小写字母转换为大写字母后返回字符表达式，如 UPPER('BEIjing123')的值为 'BEIJING123'
STR(float_expr [, len [, < decimal >]])	返回由数值数据 float_expr 转换来的、len 位宽度、decimal 位小数的字符数据
LTRIM(string)	删除起始空格后返回字符表达式，如 LTRIM('　abc')的值为 'abc'
RTRIM(string)	截断所有尾随空格后返回一个字符串，如 RTRIM('abc　')的值为 'abc'
LEFT(string, len)	返回从字符串左边开始的 len 个字符的子串，如 LEFT('BEIJING', 3)的值为 'BEI'
RIGHT(string, len)	返回从字符串右边开始的 len 个字符的子串，如 RIGHT('BEIJING', 3)的值为 'ING'
SUBSTRING(str1, start, len)	返回 str1 中从 start 开始的 len 个字符组成的子串，如 SUBSTRING('abc123def', 2, 4)的值为 'bc12'
CHARINDEX(str1, str2[,start])	返回字符串 str2 中指定表达式 str1 的起始位置，从 start(默认为 1)位置开始查找，如 CHARINDEX('e','abc3ef')的值为 5
PATINDEX('%pattern%', expr)	返回指定表达式 expr 中某模式 pattern 第一次出现的起始位置。若在全部有效的文本和字符数据类型中没有找到该模式，则返回 0。如 PATINDEX('%t_r%', 'interest')的结果为 3，% 和_均为通配符
QUOTENAME('string' [,'quote'])	返回带字符串 string 的有分隔符 quote 的 Unicode 串，如 QUOTENAME('abf', '( )')的值为(abf)，quote 的默认值为方括号[ ]
REPLICATE(str1, n)	返回由 n 个重复字符 str1 组成的字符串，如 REPLICATE('ab', 3)的值为 'ababab'
REVERSE(string)	返回字符表达式 string 的反转，如 REVERSE('abcd')的值为 dcba
REPLACE(str1, str2, str3)	用 str3 替换 str1 中出现的所有 str2，如 REPLACE('string','in','on')的值为 strong
SPACE(n)	返回由 n 个重复的空格组成的字符串
STUFF(str1, start, len, str2)	删除指定长度的字符，并在指定的起始点插入另一组字符，即将 str1 中 start 开始的 len 个字符用 str2 代替，如 STUFF('stat',3,1,'uden')的值为 'student'

续表

函数名称	功 能 描 述
UNICODE(string)	按照 UNICODE 标准的定义，返回输入表达式 string 的第一个字符编码的整数值，如 UNICODE('ABC')的值为 65
DIFFERENCE(str1, str2)	以整数返回两个字符表达式的 SOUNDEX 差值，该值用于度量 SOUNDEX 值匹配的程度，范围为 0 到 4。值为 0，表示 SOUNDEX 值的相似性较弱或不相似；值为 4，表示与 SOUNDEX 值非常相似，甚至完全相同
LEN(string)	返回给定字符串表达式 string 的字符的个数，其中不包括尾随空格，如 len('string ')的值为 6
NCHAR(n)	根据 Unicode 标准的定义，用给定整数代码 n 返回 Unicode 字符，如 NCHAR(67)的值为 'C'

5. 转换函数

SQL Server 2017 不能自动执行数据类型的转换，如果需要进行不同类型数据之间的转换，可以使用转换函数 CAST 或 CONVERT。

1）CAST 函数

CAST 函数的语法格式如下：

```
CAST( <expression> AS <data_type> [length] )
```

其中，expression 为指定的需要进行类型转换的表达式，AS 为参数分隔符，data_type 为目标数据类型，length 用于指定数据的长度。

例如，SELECT CAST('20190810' AS DATE)的结果是将字符型的数据“20190810”转换为日期型的数据“2019-08-10”。

再如，SELECT CAST(100 AS CHAR(5))的结果是将整数 100 转换为带有 5 个显示宽度的字符型“100”。

2）CONVERT 函数

CONVERT 函数的语法格式如下：

```
CONVERT( <data_type> [(length)], <expression> [,style] )
```

其中，参数 data_type 为 SQL Server 系统定义的数据类型，表示转换后的目标数据类型；参数 length 用于指定数据的长度，默认值为 30；参数 style 是将 DATATIME 和 SMALLDATETIME 数据转换为字符串时所选用的由 SQL Server 系统提供的转换样式编号，不同的样式编号用不同的格式显示日期和时间，如 style 取值为 101，则以 mm/dd/yyyy 的形式显示日期，假如系统当前日期为 2019 年 8 月 15 日，则 SELECT CONVERT(CHAR, GETDATE(), 101)的结果为字符串“08/15/2019”。

6. 用户自定义函数

用户根据工作需要，可以创建用户自定义函数，以提高程序开发和运行的质量。创建用户自定义函数首先要根据业务需要选择函数类型。类型确定后才能使用 Transact-SQL 或 .NET Framework 编写函数。

创建自定义函数有两种方法：利用 SQL Server Management Studio 中的工具改写模板代码创建函数和使用 CREATE FUNCTION 语句创建函数。

使用 CREATE FUNCTION 语句创建函数的语法格式如下：

```
CREATE FUNCTION 函数名(参数)
  RETURNS 返回值数据类型
  [WITH {ENCRYPTION|SCHEMABINDING}]
  [AS]
  BEGIN
    SQL 语句(必须有 return 变量或值)
  END
```

其中：

◇ WITH SCHEMABINDING 表示将函数绑定到它引用的对象上（注：函数一旦绑定，则不能删除、修改，除非删除绑定）；

◇ WITH ENCRYPTION 表示函数文本加密；

◇ BEGIN…END 之间是实现函数功能的语句，即函数体。

自定义函数的调用方法同系统函数，在此不再赘述。

第 5 章

数据操纵

当数据存入数据库之后，即可对其进行分析和处理。一般来说，用户对数据库中数据的操作大多是查询和修改（包括插入数据、删除数据及更新数据），其中数据查询是最核心的操作。

本章首先介绍使用 Transact－SQL 语言进行数据查询的基本语法；之后，依次给出单表查询、多表查询及子查询等操作；最后，介绍插入数据、删除数据和更新数据等操作。

重点和难点

▶汇总查询

▶连接查询

▶子查询

▶数据更新

5.1 数据查询语句的基本结构

数据查询是 Transact－SQL 语言的核心功能，是数据库中使用频率最高的操作。查询语句作为数据库操作中最基本和最重要的语句之一，其功能是从数据库中检索出满足条件的数据。Transact－SQL 语言提供了 SELECT 语句进行数据库查询，该语句使用方式灵活、功能丰富。其基本语法格式如下：

```
SELECT [ALL|DISTINCT] <目标列表达式> [AS 列名] [,…n] --选择哪些列
[INTO <新表>]
FROM <表名> [[INNER|LEFT|RIGHT]JOIN <表名>] [… n] --来自哪些表
[WHERE <条件表达式> [AND|OR <条件表达式>] [… n]] --根据什么条件
[GROUP BY <分组依据列>]
[HAVING <条件表达式>]
[ORDER BY <排序依据列> [ASC|DESC]]
```

上述语法格式说明如下。

（1）SELECT 子句用于指定输出的字段，ALL 说明不去掉重复元组；DISTINCT 说明要去掉重复元组，默认为 ALL。

（2）INTO 子句说明把查询结果保存到哪个新表中，这个新表是查询语句在执行过程中创建的。

（3）FROM 子句用于指定数据的来源，可以基于单表、多表或视图进行查询。

（4）WHERE 子句用于指定数据的选择条件。

（5）GROUP BY 子句用于对检索到的记录进行分组。

（6）HAVING 子句用于限定分组必须满足的条件，即指定分组后的筛选条件，必须紧跟 GROUP BY 使用。

（7）ORDER BY 子句用于对查询结果进行排序。

在这些子句中，SELECT 子句和 FROM 子句是必须的，其他子句都是可选的。

SELECT 查询语句既可以完成简单的单表查询，也可以完成复杂的连接查询和嵌套查询等操作。依据查询来源，可以将查询分为单表查询和多表连接查询。

如果没有特别说明，本章所有的查询均在第 3 章建立的数据库 LoanDB 中进行，其数据结构如表 3-5、表 3-6、表 3-7 所示。为了清晰地描述数据查询与操作过程，这里假设上述三张表中已有第 2 章中表 2-5、表 2-6、表 2-7 中所示的数据。

5.2 单表查询

本节介绍单表查询，即数据源只涉及一张数据表的查询。本节所有例题的查询结果按照 SQL Server 2017 数据库管理系统的形式显示。

5.2.1 选择表中的某些列

对表进行投影运算，即选择表中的列，可以通过 SELECT 子句来完成。

1. 查询指定的列

在很多情况下，用户可能只对表中的一部分属性列感兴趣，这时可通过在 SELECT 子句的 <目标列表达式> 中指定要查询的列来实现。

例 5-1 查询全体客户的信息，列出客户代码、客户名称与注册资金。

```
SELECT Cno, Cname, Ccaptical
FROM CustomerT
```

查询结果如图 5-1 所示。

例 5-2 查询所有银行的信息，列出银行代码、银行名称及电话。

```
SELECT Bno, Bname, Btel
FROM BankT
```

查询结果如图 5-2 所示。

注意：查询结果中列的顺序与 SELECT 关键字后的目标列顺序一致，但可能与表中定义的字段顺序不同。

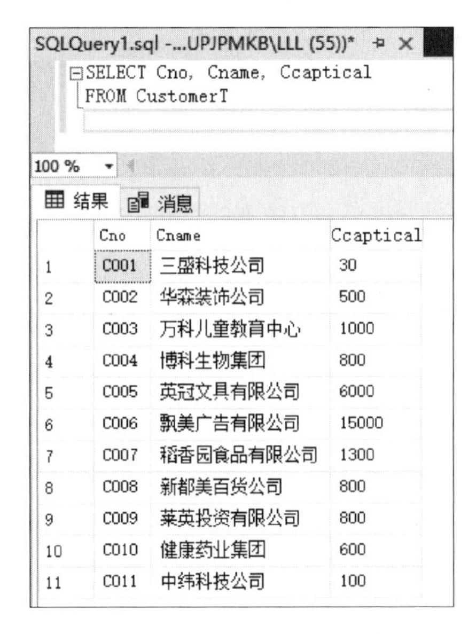

SQLQuery1.sql -...UPJPMKB\LLL (55))*

```
SELECT Cno, Cname, Ccaptical
FROM CustomerT
```

100 %

结果 消息

	Cno	Cname	Ccaptical
1	C001	三盛科技公司	30
2	C002	华森装饰公司	500
3	C003	万科儿童教育中心	1000
4	C004	博科生物集团	800
5	C005	英冠文具有限公司	6000
6	C006	飘美广告有限公司	15000
7	C007	稻香园食品有限公司	1300
8	C008	新都美百货公司	800
9	C009	莱英投资有限公司	800
10	C010	健康药业集团	600
11	C011	中纬科技公司	100

图 5-1　例 5-1 查询结果

结果 消息

	Bno	Bname	Btel
1	G0101	工行甸柳分理处	0531-88541524
2	G0102	工行历山北路支行	0531-88901747
3	G0103	工行高新支行	0531-87954745
4	G0104	工行东城支行	0531-25416325
5	J0101	建行济钢分理处	0531-88866691
6	J0102	建行济南新华支行	0531-82070519
7	N0101	农业银行山东省分行	0531-85858216
8	N0102	农行和平支行	0531-86567718
9	N0103	农行燕山支行	0531-88581512
10	Z0101	招行舜耕支行	0531-82091077
11	Z0102	招行洪楼支行	0531-88119699

图 5-2　例 5-2 查询结果

2. 查询全部的列

如果用户需要查询表中的全部字段信息，则可以使用以下两种方法实现。

（1）在 <目标列表达式> 中列出所有的列名，列的显示顺序与表达式中给出的顺序相同。

（2）如果列的显示顺序与其在表中定义的顺序相同，那么可以简单地在 <目标列表达式> 中写星号 * 。

例 5-3　查询全体银行的详细信息。

```
SELECT Bno, Bname, Bloc, Btel FROM BankT
```

等价于：

```
SELECT * FROM BankT
```

查询结果如图 5-3 所示。

3. 计算列

SELECT 子句中的 <目标列表达式> 可以是表中存在的属性列，也可以是表达式、常量或函数。

例 5-4　查询含表达式的列：查询所有客户贷款的到期年份，列出客户代码、贷款到期年份。

分析：在贷款表 LoanT 中只记录了贷款时间（Ldate）及贷款年限（Lterm），而没有记录贷款的到期年份，但可以经过计算得到到期年份，即用贷款时间中的年份加贷款年限，得到贷款到期年份。因此，实现此功能的查询语句如下：

```
SELECT Cno,YEAR(Ldate) + Lterm   FROM LoanT
```

查询结果如图 5-4 所示。

这里用到了函数 YEAR（date），用于返回指定日期的年份部分（INT 型），其中的参数 date 是合法的日期表达式。

	Bno	Bname	Bloc	Btel
1	G0101	工行甸柳分理处	历下区	0531-88541524
2	G0102	工行历山北路支行	历城区	0531-88901747
3	G0103	工行高新支行	高新区	0531-87954745
4	G0104	工行东城支行	高新区	0531-25416325
5	J0101	建行济钢分理处	历城区	0531-88866691
6	J0102	建行济南新华支行	市中区	0531-82070519
7	N0101	农业银行山东省分行	槐荫区	0531-85858216
8	N0102	农行和平支行	历下区	0531-86567718
9	N0103	农行燕山支行	历下区	0531-88581512
10	Z0101	招行舜耕支行	市中区	0531-82091077
11	Z0102	招行洪楼支行	历城区	0531-88119699

图 5－3　例 5－3 查询结果

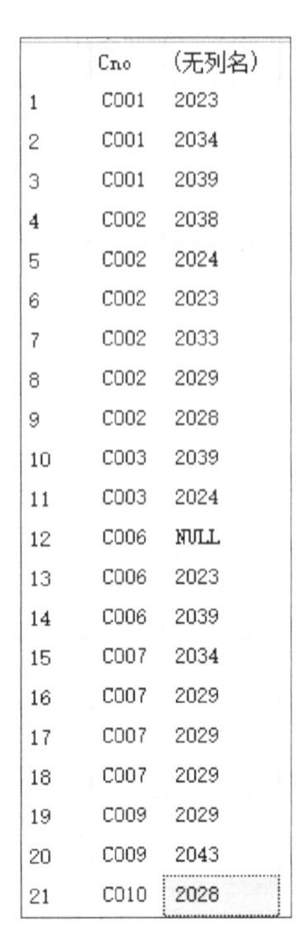

	Cno	(无列名)
1	C001	2023
2	C001	2034
3	C001	2039
4	C002	2038
5	C002	2024
6	C002	2023
7	C002	2033
8	C002	2029
9	C002	2028
10	C003	2039
11	C003	2024
12	C006	NULL
13	C006	2023
14	C006	2039
15	C007	2034
16	C007	2029
17	C007	2029
18	C007	2029
19	C009	2029
20	C009	2043
21	C010	2028

图 5－4　例 5－4 查询结果

例 5－5　查询含字符串常量的列：查询所有客户贷款的到期年份，并在贷款到期年份列前加入一列，此列的每行数据均为“到期年份”常量值。实现此功能的查询语句为：

```
SELECT Cno, '到期年份', Year(Ldate) + Lterm FROM LoanT
```

查询结果如图 5－5 所示。

注意：表中的常量和计算都是针对表中的每一行数据进行的。

从查询结果中可以看到，经过计算的表达式列、常量列的显示结果都没有列标题，通过指定列的别名可以改变查询结果显示的列标题，这对于含算术表达式、常量、函数名的目标列尤为重要。

改变显示的列标题的语法格式为：

```
列名|表达式 [AS] 列标题
```

或者是：

```
列标题 = 列名|表达式
```

例 5－6　例 5－4 的代码可以写为：

```
SELECT Cno,YEAR(Ldate) + Lterm 到期年份 FROM LoanT          --AS 可省略
```

该语句也可以写为：

```
SELECT Cno,到期年份 = YEAR(Ldate) + Lterm FROM LoanT
```

查询结果如图 5－6 所示。

	Cno	(无列名)	(无列名)
1	C001	到期年份	2023
2	C001	到期年份	2034
3	C001	到期年份	2039
4	C002	到期年份	2038
5	C002	到期年份	2024
6	C002	到期年份	2023
7	C002	到期年份	2033
8	C002	到期年份	2029
9	C002	到期年份	2028
10	C003	到期年份	2039
11	C003	到期年份	2024
12	C006	到期年份	NULL
13	C006	到期年份	2023
14	C006	到期年份	2039
15	C007	到期年份	2034
16	C007	到期年份	2029
17	C007	到期年份	2029
18	C007	到期年份	2029
19	C009	到期年份	2029
20	C009	到期年份	2043
21	C010	到期年份	2028

图 5-5　例 5-5 查询结果

	Cno	到期年份
1	C001	2023
2	C001	2034
3	C001	2039
4	C002	2038
5	C002	2024
6	C002	2023
7	C002	2033
8	C002	2029
9	C002	2028
10	C003	2039
11	C003	2024
12	C006	NULL
13	C006	2023
14	C006	2039
15	C007	2034
16	C007	2029
17	C007	2029
18	C007	2029
19	C009	2029
20	C009	2043
21	C010	2028

图 5-6　例 5-6 查询结果

5.2.2　选择表中的某些行

前面介绍的例子都是选择关系表中的全部记录，而没有对表中的数据行进行任何有条件的筛选。实际上，在查询过程中，除可以选择列外，还可以对行进行选择，以使查询结果满足用户需求。

1. 消除取值相同的行

例 5-7　查询向银行贷过款的客户代码。

若使用如下代码：

```
SELECT Cno FROM LoanT
```

则查询结果如图 5-7 所示。

从查询结果可以看出，多个本来并不完全相同的元组，投影到指定的某些列上后，可能变成相同的行了。在本例的执行结果集中，出现了 3 行“C001”、6 行“C002”等。显然，本例要查询的是向银行贷过款的客户代码，取值相同的行在结果中是没有意义的，因此，应该去掉重复的行。使用 DISTINCT 关键字可以解决这个问题，它的作用是去掉结果集中的重复行。

注意，DISTINCT 关键字必须紧跟在 SELECT 关键字后面书写。因此，本例应该用如下代码实现：

```
SELECT DISTINCT Cno FROM LoanT
```

查询结果如图 5-8 所示。

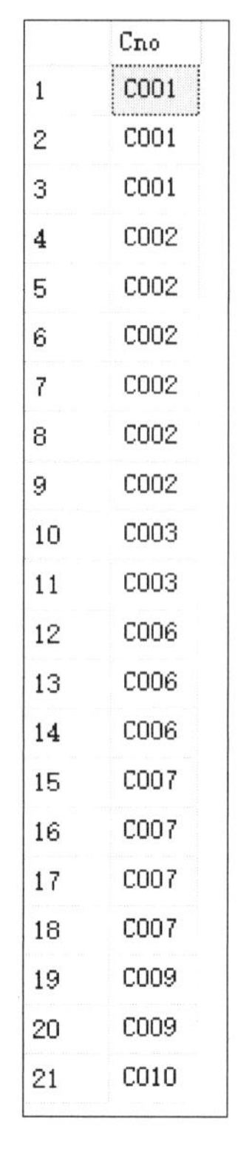

	Cno
1	C001
2	C001
3	C001
4	C002
5	C002
6	C002
7	C002
8	C002
9	C002
10	C003
11	C003
12	C006
13	C006
14	C006
15	C007
16	C007
17	C007
18	C007
19	C009
20	C009
21	C010

图5－7　例5－7查询结果

	Cno
1	C001
2	C002
3	C003
4	C006
5	C007
6	C009
7	C010

图5－8　例5－7代码中加DISTINCT关键字后的查询结果

由于上例的查询结果集只有一列，所以很容易误认为DISTINCT关键字是去掉紧跟在DISTINCT关键字后面的列的重复值，这种认识是错误的。DISTINCT关键字是去掉查询结果集中的重复行。

例5－8　在数据库test（在第3章中创建的）中创建表TT，并输入表5－1中的数据。要求编写Transact－SQL语句以查询表TT中Col1和Col2两列，且去掉重复行。

表5－1　表TT

Col1	Col2	Col3
a	b	c
a	b	d
a	c	e

实现代码如下：

```
SELECT DISTINCT Col1, Col2  FROM TT
```

查询结果如图5－9所示。由此可见，DISTINCT并不是修饰与其相邻的列，而是对整个查询结果集去掉重复值。

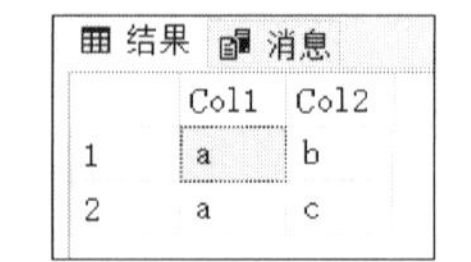

	Col1	Col2
1	a	b
2	a	c

图5－9　例5－8查询结果

2. 查询满足条件的元组

在查询过程中，一般通过WHERE子句来实现满足条件元组的筛选。WHERE子句常用的查询条件及谓词如表5－2所示。

表 5-2 WHERE 子句常用的查询条件与谓词

查 询 条 件	谓 词
比较（比较运算符）	=、>、>=、<、<=、!=、<>、!>、!<
逻辑查询	NOT、AND、OR
确定范围	BETWEEN…AND、NOT BETWEEN…AND
确定集合	IN、NOT IN
字符匹配	LIKE、NOT LIKE
空值查询	IS NULL、IS NOT NULL

下面分别对上述查询条件与谓词进行介绍。

1）比较

比较的谓词有=(等于)、>(大于)、>=(大于等于)、<(小于)、<=(小于等于)、!=(不等于)、<>(不等于)、!>(不大于)及!<(不小于)等。在实际应用中，能够进行比较操作的数据包括数值型数据、日期时间型数据及字符型数据等。对日期时间型数据来说，比较的结果依据其发生早晚来确定，早的日期时间小于晚的日期时间。

例 5-9 查询所有位于历下区的银行的银行名称。查询结果如图 5-10（a）所示。

```
SELECT Bname FROM BankT WHERE Bloc = '历下区'
```

例 5-10 查询注册资金超过 700 万元的客户名称及注册资金。查询结果如图 5-10（b）所示。

```
SELECT Cname, Ccaptical FROM CustomerT  WHERE Ccaptical > 700
```

例 5-11 查询单笔贷款金额超过 500 万元的客户代码。查询结果如图 5-10（c）所示。

```
SELECT DISTINCT Cno  FROM LoanT  WHERE Lamount > 500
```

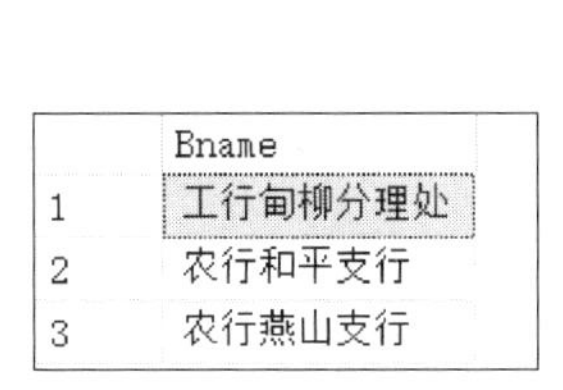

	Bname
1	工行甸柳分理处
2	农行和平支行
3	农行燕山支行

（a）例5-9查询结果

	Cname	Ccaptical
1	万科儿童教育中心	1000
2	博科生物集团	800
3	英冠文具有限公司	6000
4	飘美广告有限公司	15000
5	稻香园食品有限公司	1300
6	新都美百货公司	800
7	莱英投资有限公司	800

（b）例5-10查询结果

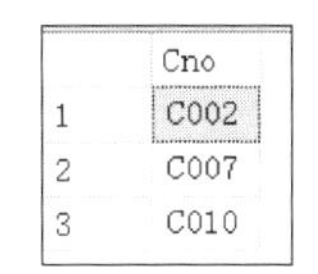

	Cno
1	C002
2	C007
3	C010

（c）例5-11查询结果

图 5-10 例 5-9、例 5-10、例 5-11 查询结果

从例 5-11 的查询结果可以看出，因为使用了关键字 DISTINCT，即使某客户有多笔贷款超过 500 万元，结果中也仅会出现一次该客户的信息。

2）逻辑查询

逻辑查询是由逻辑运算符 AND、OR、NOT 及其组合作为条件的查询。AND 和 OR 用于连接 WHERE 子句中的多个查询条件（布尔表达式）；NOT 用于对查询条件的结果取反。当一个语句中使用了多个逻辑运算符时，计算顺序依次为 NOT、AND 和 OR。

一般建议用户使用括号改变优先级，这样可以提高查询的可读性，并减少出现错误的可能性。

（1）使用逻辑运算符 AND 的一般格式为：

```
布尔表达式1 AND 布尔表达式2 AND…AND 布尔表达式 n
```

用 AND 连接的条件表示只有当全部的布尔表达式均为 True 时，整个表达式的结果才为 True；只要有一个布尔表达式的结果为 False，则整个表达式结果即为 False。

（2）使用逻辑运算符 OR 的一般格式为：

```
布尔表达式1 OR 布尔表达式2 OR…OR 布尔表达式 n
```

用 OR 连接的条件表示只要其中一个布尔表达式为 True，则整个表达式的结果即为 True；只有当全部布尔表达式的结果为 False 时，整个表达式的结果才为 False。

（3）使用逻辑运算符 NOT 的一般格式为：

```
NOT 布尔表达式
```

当布尔表达式的结果为 True 时，整个表达式的结果为 False；当布尔表达式的结果为 False 时，整个表达式的结果为 True。

例 5－12　查询经济性质为“三资”且注册资金大于 5000 万元的客户名称。

```
SELECT Cname
FROM CustomerT
WHERE (Cnature = '三资') AND (Ccaptical >5000)
```

例 5－13　查询经济性质为“集体”或“三资”的客户名称和经济性质。

```
SELECT Cname, Cnature
FROM CustomerT
WHERE (Cnature = '集体') OR (Cnature = '三资')
```

例 5－13 中的条件不可以写为 WHERE (Cnature = '集体' OR '三资')，这是因为逻辑运算符 AND 及 OR 要求两侧必须为能够计算出 True 或 False 的完整表达式，显然，此表达式中 OR 的右侧只是一个字符常量。

例 5－14　查询注册资金在 500 万元以上（不包括 500 万元），且经济性质为“集体”或“私营”的客户名称和经济性质。

```
SELECT Cname,Cnature
FROM CustomerT
WHERE (Ccaptical >500) AND ((Cnature = '集体') OR (Cnature = '私营'))
```

查询结果如图 5－11 所示。一定要注意该语句中 AND 后面含有括号，若没有括号，则变成如下语句：

```
SELECT Cname,Cnature
FROM CustomerT
WHERE (Ccaptical >500) AND (Cnature = '集体') OR (Cnature = '私营')
```

该语句的查询结果如图 5－12 所示。

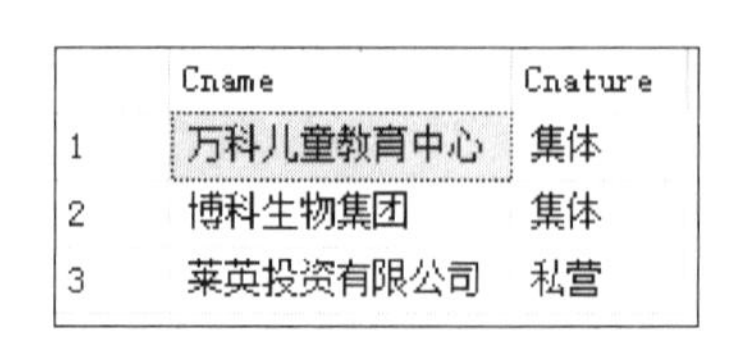

	Cname	Cnature
1	万科儿童教育中心	集体
2	博科生物集团	集体
3	莱英投资有限公司	私营

图 5－11　例 5－14 查询结果

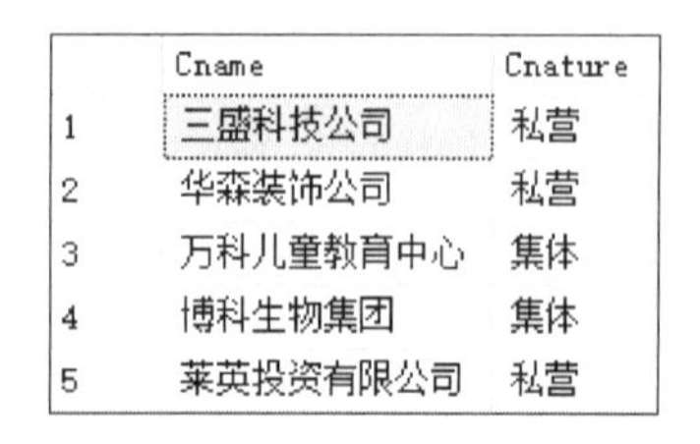

	Cname	Cnature
1	三盛科技公司	私营
2	华森装饰公司	私营
3	万科儿童教育中心	集体
4	博科生物集团	集体
5	莱英投资有限公司	私营

图 5－12　例 5－14 代码中去掉 AND 后面括号后的查询结果

该语句描述的是：查询注册资金大于500万元且经济性质为“集体”的客户信息，以及经济性质为“私营”的所有客户信息。

3）确定范围

BETWEEN…AND和NOT BETWEEN…AND可以用来查找属性值在（或不在）指定范围内的元组，其中BETWEEN后面指定范围的下限，AND后面指定范围的上限。BETWEEN…AND和NOT BETWEEN…AND运算符的运算对象可以是数值型数据和日期时间型数据。

BETWEEN…AND和NOT BETWEEN…AND的使用格式为：

```
列名|表达式 [NOT] BETWEEN 下限值 AND 上限值
```

◇ [NOT] BETWEEN…AND中下限值和上限值要与列名或表达式的类型相同。

◇ “BETWEEN下限值AND上限值”的含义是：若列或表达式的值在下限值和上限值的范围内（包括边界值），则结果返回True，表明此元组符合查询条件，要出现在查询结果中；否则，不满足查询条件。

◇ “NOT BETWEEN下限值AND上限值”的含义正好相反：若列或表达式的值在下限值和上限值的范围内（包括边界值），则结果返回False，表明此元组不符合查询条件，不会出现在查询结果中；否则，满足查询条件，此记录出现在查询结果中。

例5－15 查询注册资金在500～1000万元的客户名称及注册资金。

```
SELECT Cname, Ccaptical
FROM CustomerT
WHERE Ccaptical BETWEEN 500 AND 1000
```

	Cname	Ccaptical
1	华森装饰公司	500
2	万科儿童教育中心	1000
3	博科生物集团	800
4	新都美百货公司	800
5	莱英投资有限公司	800
6	健康药业集团	600

图5－13 例5－15查询结果

查询结果如图5－13所示。

根据分析，BETWEEN…AND的条件表达式结果等价于下面这条条件表达式的结果：

```
(列名|表达式 > = 下限值) AND (列名|表达式 < = 上限值)
```

而NOT BETWEEN…AND的条件表达式结果等价于下面这条条件表达式的结果：

```
(列名|表达式 < 下限值) OR (列名|表达式 > 上限值)
```

因此，例5－15等价于：

```
SELECT Cname, Ccaptical
FROM Customer
WHERE Ccaptical > =500 AND Ccaptical < =1000
```

例5－16 查询注册资金不在500～1000万元之间的客户名称及注册资金。

```
SELECT Cname, Ccaptical
FROM CustomerT
WHERE Ccaptical NOT BETWEEN 500 AND 1000
```

此语句等价于：

```
SELECT Cname, Ccaptical
FROM CustomerT
WHERE Ccaptical <500 OR Ccaptical >1000
```

对于日期时间型数据也可以使用基于范围的查找。

例 5－17 查询贷款日期在 2019 年 5 月 1 日至 2019 年 8 月 31 日之间的贷款信息。

```
SELECT *
FROM LoanT
WHERE Ldate BETWEEN '2019-5-1' AND '2019-8-31'
```

此语句等价于：

```
SELECT *
FROM LoanT
WHERE Ldate >= '2019-5-1' AND Ldate <= '2019-8-31'
```

4）确定集合

IN 是一个逻辑运算符，可以用来查找属性值属于指定集合的元组。使用 IN 的一般格式为：

```
列名|表达式 [NOT] IN (常量1,常量2,…,常量n)
```

IN 运算符的含义为：当列值或表达式的值与 IN 集合中的某常量值相等时，结果为 True，表明此元组为符合查询条件的元组；当列值或表达式的值与 IN 集合中任何一个常量值都不相等时，结果为 False，表明此元组不满足查询条件。

NOT IN 运算符的含义与 IN 运算符的含义正好相反。

使用 IN 条件表达式的结果等价于下面这条条件表达式的结果：

```
(列名|表达式 = 常量1) OR (列名|表达式 = 常量2) OR…OR(列名|表达式 = 常量n)
```

使用 NOT IN 条件表达式的结果等价于下面这条条件表达式的结果：

```
(列名|表达式 <> 常量1) AND (列名|表达式 <> 常量2) AND…AND(列名|表达式 <>
常量n)
```

例 5－18 查询经济性质为“国营”“私营”或“集体”的客户名称和经济性质。

```
SELECT Cname,Cnature
FROM CustomerT
WHERE Cnature IN ('国营','私营','集体')
```

该语句等价于：

```
SELECT Cname,Cnature
FROM CustomerT
WHERE (Cnature = '国营') OR (Cnature = '私营') OR (Cnature = '集体')
```

例 5－19 查询经济性质不为“国营”“私营”或“集体”的客户名称和经济性质。

```
SELECT Cname,Cnature
FROM CustomerT
WHERE Cnature NOT IN ('国营','私营','集体')
```

该语句等价于：

```
SELECT Cname,Cnature
FROM CustomerT
WHERE (Cnature <> '国营') AND (Cnature <> '私营') AND (Cnature <> '集体')
```

5）字符匹配

谓词 LIKE 用于查找指定列中与匹配串匹配的元组。匹配串是一种特殊的字符串，其特殊之处在于它不仅可以包含普通字符，还可以包含通配符。在匹配过程中，匹配串中的常规字符必须与字符串中指定的字符完全匹配；而其中的通配符可以与字符串的任意字符匹配。在实际应用中，如果需要从数据库中检索记录，但又不能给出精确的字符查询条件，就可以使用 LIKE 运算符和通配符来实现模糊查询。在 LIKE 运算符前也可以使用 NOT 运算符，表示对结果取反。

LIKE 运算符的一般使用格式为：

```
列名|字符串表达式 [NOT] LIKE <匹配串>
```

其含义是查找指定的列值与匹配串相匹配（或不相匹配）的元组。匹配串中常用的通配符包括_、%、[ ]及[^]，它们的含义如表 5－3 所示。

表 5－3　匹配串中常用的通配符及其含义

通　配　符	含　　义
_（下画线）	任意单个字符
%	零个或多个字符
[ ]	指定范围（如［a－f］、［0－9］）或集合（如［abcdef］）中的任意单个字符
[^]	指定不属于范围（如［a－f］、［0－9］）或集合（如［abcdef］）中的任何单个字符

例 5－20　查询客户表中法人代表姓“刘”的客户信息。

```
SELECT *
FROM CustomerT
WHERE Crep LIKE '刘%'
```

例 5－21　查询客户表中法人代表姓“王”“李”或“刘”的客户信息。

```
SELECT *
FROM CustomerT
WHERE Crep LIKE '[王李刘]%'
```

该语句等价于：

```
SELECT *
FROM CustomerT
WHERE (Crep LIKE '王%') OR (Crep LIKE '李%') OR (Crep LIKE '刘%')
```

注意：[ ] 中不要使用逗号分隔。如果将本例语句写成以下形式，则表示查询客户表中法人代表的第一个字符是“王”“李”“刘”及“,”的客户信息，所以这样写是错误的。

```
SELECT *
FROM CustomerT
WHERE Crep LIKE '[王,李,刘]% '
```

例 5－22　查询农业银行（银行名称以“农行”开头）的基本信息。

```
SELECT *
FROM BankT
WHERE Bname LIKE '农行%'
```

查询结果如图 5 – 14 所示。

	Bno	Bname	Bloc	Btel
1	N0102	农行和平支行	历下区	0531-86567718
2	N0103	农行燕山支行	历下区	0531-88581512

图 5 – 14　例 5 – 22 查询结果

例 5 –23　查询银行名称不以“农业银行”或“农行”开头的银行的基本信息。

```
SELECT *
FROM BankT
WHERE Bname NOT LIKE '农业银行%' AND Bname NOT  LIKE '农行%'
```

查询结果如图 5 – 15 所示。

例 5 –24　查询客户信息表中法人代表的姓名中第 2 个字为“海”或“易”的法人代表。

```
SELECT Crep FROM CustomerT  WHERE Crep LIKE '_[海易]%'
```

查询结果如图 5 – 16 所示。

	Bno	Bname	Bloc	Btel
1	G0101	工行甸柳分理处	历下区	0531-88541524
2	G0102	工行历山北路支行	历城区	0531-88901747
3	G0103	工行高新支行	高新区	0531-87954745
4	G0104	工行东城支行	高新区	0531-25416325
5	J0101	建行济钢分理处	历城区	0531-88866691
6	J0102	建行济南新华支行	市中区	0531-82070519
7	Z0101	招行舜耕支行	市中区	0531-82091077
8	Z0102	招行洪楼支行	历城区	0531-88119699

图 5 – 15　例 5 – 23 查询结果

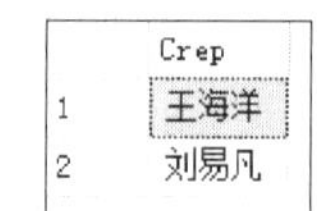

	Crep
1	王海洋
2	刘易凡

图 5 – 16　例 5 – 24 查询结果

例 5 –25　从银行表中查询银行电话号码最后一位不在 3 ~ 6 内的银行代码、银行名称和银行电话号码。

```
SELECT Bno,Bname,Btel FROM BankT WHERE Btel LIKE '%[^3 –6]'
```

6）空值查询

空值（NULL）在数据库中有特殊的含义，它表示值未知、不适用或将在以后添加。例如，某些银行的电话号码暂时没有，所以其值为空。空值不同于空格、零及空字符串；没有两个相等的空值。

在 SQL Server Management Studio 代码编辑器中查看查询结果时，空值在结果集中显示为 NULL。判断某个值是否为 NULL，不能使用普通的比较运算符（ =、! = 等），而只能使用 IS NULL 或 IS NOT NULL。

判断取值为空的语法格式如下：

```
列名|表达式 IS NULL
```

判断取值不为空的语句格式如下：

```
列名|表达式 IS NOT NULL
```

例 5－26 查询没有登记电话号码的银行的银行代码和银行名称。

```
SELECT Bno,Bname FROM BankT WHERE Btel IS NULL
```

例 5－27 查询登记了电话号码的银行的银行代码和银行名称。

```
SELECT Bno, Bname FROM BankT WHERE Btel IS NOT NULL
```

5.2.3 对查询结果进行排序

有时，希望查询的结果能按一定的顺序显示出来，如按注册资金金额从高到低排列客户信息。ORDER BY 具有按用户指定的列进行排序的功能，而且查询结果可以按一个列进行排序，也可以按多个列进行排序，排序方式可以是从小到大（升序），也可以是从大到小（降序）。ORDER BY 子句之所以重要，是因为关系理论规定除非已经指定 ORDER BY，否则不能假设查询结果集中的行带有任何顺序（行顺序无关）。如果查询结果集中行的顺序对 SELECT 语句很重要，那么在 SELECT 语句中就必须使用 ORDER BY 子句。

ORDER BY 子句的语法格式如下：

```
ORDER BY <列名>[ASC|DESC][,…n]
```

其中，<列名>为排序的依据列，可以是列名或列的别名。ASC 表示对列进行升序排序，DESC 表示对列进行降序排序。若没有指定排序方式，则默认的排序方式为升序排序。

例 5－28 指定一列作为排序依据列。查询客户代码、客户名称、经济性质和注册资金，要求查询结果按照注册资金的金额升序排列。

```
SELECT Cno,Cname,Cnature,Ccaptical FROM CustomerT ORDER BY Ccaptical ASC
```

查询结果如图 5－17 所示。

说明：子句 ORDER BY Ccaptical ASC 中的 ASC 可以省略。

例 5－29 指定一列作为排序依据列。查询客户代码、客户名称、经济性质和注册资金，要求查询结果按照注册资金金额降序排列。

```
SELECT Cno,Cname,Cnature,Ccaptical  FROM CustomerT  ORDER BY Ccaptical DESC
```

查询结果如图 5－18 所示。

	Cno	Cname	Cnature	Ccaptical
1	C001	三盛科技公司	私营	30
2	C011	中纬科技公司	集体	100
3	C002	华森装饰公司	私营	500
4	C010	健康药业集团	国营	600
5	C008	新都美百货公司	国营	800
6	C009	莱英投资有限公司	私营	800
7	C004	博科生物集团	集体	800
8	C003	万科儿童教育中心	集体	1000
9	C007	稻香园食品有限公司	国营	1300
10	C005	英冠文具有限公司	三资	6000
11	C006	飘美广告有限公司	三资	15000

图 5－17 例 5－28 查询结果

	Cno	Cname	Cnature	Ccaptical
1	C006	飘美广告有限公司	三资	15000
2	C005	英冠文具有限公司	三资	6000
3	C007	稻香园食品有限公司	国营	1300
4	C003	万科儿童教育中心	集体	1000
5	C004	博科生物集团	集体	800
6	C008	新都美百货公司	国营	800
7	C009	莱英投资有限公司	私营	800
8	C010	健康药业集团	国营	600
9	C002	华森装饰公司	私营	500
10	C011	中纬科技公司	集体	100
11	C001	三盛科技公司	私营	30

图 5－18 例 5－29 查询结果

如果在 ORDER BY 子句中使用多个列进行排序，那么这些列在该子句中出现的顺序决定了对结果集进行排序的方式。当指定多个排序依据列时，首先按最前面的列进行排序，如果排序后存在两个或两个以上列值相同的记录，那么将值相同的记录再依据列在第二位的列进行排序，依次类推。

例 5-30 指定多列作为排序依据列。查询贷款表的所有信息，要求查询结果首先按照贷款日期降序排列，同一贷款日期的记录再按照贷款金额升序排列。

```
SELECT * FROM LoanT  ORDER BY Ldate DESC, Lamount ASC
```

查询结果如图 5-19 所示。

	Cno	Bno	Ldate	Lamount	Lterm
1	C001	J0102	2019-08-20 00:00:00	10.00	15
2	C003	G0104	2019-08-20 00:00:00	400.00	20
3	C009	Z0101	2019-08-19 00:00:00	210.00	10
4	C006	J0102	2019-08-09 00:00:00	350.00	NULL
5	C002	Z0101	2019-08-06 00:00:00	2000.00	10
6	C007	N0101	2019-07-12 00:00:00	120.00	10
7	C007	G0101	2019-07-04 00:00:00	390.00	15
8	C007	N0103	2019-06-08 00:00:00	680.00	10
9	C006	Z0102	2019-06-03 00:00:00	100.00	20
10	C003	J0101	2019-05-14 00:00:00	30.00	5
11	C002	J0102	2019-04-16 00:00:00	1000.00	5
12	C001	Z0102	2019-04-01 00:00:00	15.00	20
13	C009	Z0102	2018-12-20 00:00:00	140.00	25
14	C002	G0101	2018-10-12 00:00:00	600.00	20
15	C002	Z0102	2018-07-03 00:00:00	1500.00	10
16	C002	N0103	2018-05-09 00:00:00	800.00	15
17	C006	Z0101	2018-04-07 00:00:00	50.00	5
18	C010	N0101	2018-03-21 00:00:00	890.00	10
19	C002	N0102	2018-03-09 00:00:00	1000.00	5
20	C001	J0102	2018-03-02 00:00:00	8.00	5
21	C007	N0102	2014-05-18 00:00:00	640.00	15

图 5-19 例 5-30 查询结果

5.2.4 使用 TOP 限制结果集

在使用 SELECT 语句进行查询时，有时只希望列出结果集中的前几个结果，而不是全部结果。例如，在对某项竞赛的成绩进行分析时，可能只需获取成绩最高的前三名，这时就可以使用 TOP 来限制输出结果的行数。

使用 TOP 的语法格式如下：

```
TOP n[PERCENT][WITH TIES]
```

其中：

◇ n 为一非负整数或非负整数表达式；

◇ TOP n 表示获取查询结果的前 n 行结果；

◇ TOP n PERCENT 表示获取查询结果的前 n% 行结果；

◇ WITH TIES 表示包括并列的结果。

TOP 写在 SELECT 的后边（若有 DISTINCT 的话，则 TOP 写在 DISTINCT 的后边），查询列表的前边。

若查询中包含 ORDER BY 子句，则将返回按 ORDER BY 子句排序的前 n 行或 n% 行。若查询不包含 ORDER BY 子句，则行的顺序是随意的，此时获得的结果可能是没有意义的。

例 5-31 查询贷款金额最高的前三项贷款记录。

```
SELECT TOP 3 *  FROM LoanT  ORDER BY Lamount DESC
```

查询结果如图 5-20 所示。

	Cno	Bno	Ldate	Lamount	Lterm
1	C002	Z0101	2019-08-06 00:00:00	2000.00	10
2	C002	Z0102	2018-07-03 00:00:00	1500.00	10
3	C002	J0102	2019-04-16 00:00:00	1000.00	5

图 5-20 例 5-31 查询结果

若要包含贷款金额并列的前三项贷款记录，则查询语句改写为：

```
SELECT TOP 3 WITH TIES *  FROM LoanT  ORDER BY Lamount DESC
```

查询结果如图 5-21 所示。

	Cno	Bno	Ldate	Lamount	Lterm
1	C002	Z0101	2019-08-06 00:00:00	2000.00	10
2	C002	Z0102	2018-07-03 00:00:00	1500.00	10
3	C002	J0102	2019-04-16 00:00:00	1000.00	5
4	C002	N0102	2018-03-09 00:00:00	1000.00	5

图 5-21 例 5-31 查询语句改写后的查询结果

注意：如果在 TOP 子句中使用了 WITH TIES，那么必须要使用 ORDER BY 子句对查询结果进行排序，否则语法会出错。但如果没有使用 WITH TIES，那么可以不写 ORDER BY。但此时要注意，这样获取的前若干行可能与希望的不一样。

例 5-32 查询注册资金金额最低的三名客户的客户代码、客户名称和注册资金，不包括并列的情况。

```
SELECT TOP 3 Cno, Cname, Ccaptical  FROM CustomerT  ORDER BY Ccaptical ASC
```

查询结果如图 5-22 所示。对于本例题查询语句，如果写成以下形式，那么就会出现如图 5-23 所示的查询结果。

```
SELECT TOP 3 Cno, Cname, Ccaptical  FROM CustomerT
```

	Cno	Cname	Ccaptical
1	C001	三盛科技公司	30
2	C011	中纬科技公司	100
3	C002	华森装饰公司	500

图 5-22 例 5-32 查询结果

	Cno	Cname	Ccaptical
1	C001	三盛科技公司	30
2	C002	华森装饰公司	500
3	C003	万科儿童教育中心	1000

图 5-23 例 5-32 查询语句修改后的查询结果

显然，图 5－23 所示的结果并不是注册资金金额最小的三名客户。造成这种错误的原因是，系统对数据的默认排序方式不一定是按注册资金升序排序进行的。因此，当要求系统返回前三行结果时，系统是按默认排序方式（通常按主码进行排序）产生的结果来提取前三名的。可以看出，在使用没有 WITH TIES 的 TOP 子句时，尽管语法上没有要求一定要写 ORDER BY 子句，但为了使结果满足要求，一般都要加上 ORDER BY 子句，以让结果集按要求排序。

5.2.5 分组与汇总查询

Transact－SQL 语句中 SELECT 查询可以直接对查询结果进行汇总计算，也可以对查询结果进行分组计算。在查询中完成汇总计算的函数称为聚合函数，实现分组查询的子句为 GROUP BY 子句。

1. 聚合函数与汇总查询

聚合函数又称集合函数、统计函数或聚集函数，其作用是对一组值进行计算并返回一个单值。Transact－SQL 提供的常用聚合函数及含义如表 5－4 所示。

表 5－4　SQL 提供的常用聚合函数及含义

<table>
<tr><th>聚 合 函 数</th><th>含　义</th></tr>
<tr><td>COUNT（＊）</td><td>统计表中元组的个数</td></tr>
<tr><td>COUNT（[DISTINCT|ALL]<列名|表达式>）</td><td>统计本列非空列值个数</td></tr>
<tr><td>SUM（[DISTINCT|ALL]<列名|表达式>）</td><td>计算列值总和（必须是数值型列）</td></tr>
<tr><td>AVG（[DISTINCT|ALL]<列名|表达式>）</td><td>计算列值平均值（必须是数值型列）</td></tr>
<tr><td>MAX（<列名|表达式>）</td><td>求一列值中的最大值</td></tr>
<tr><td>MIN（<列名|表达式>）</td><td>求一列值中的最小值</td></tr>
</table>

上述函数中除 COUNT（＊）外，其他函数在计算过程中均忽略 NULL 值。如果指定 DISTINCT 关键字，则表示在统计时要取消指定列的重复值。如果不指定 DISTINCT 关键字或指定 ALL 关键字（默认选项），则表示不取消重复值。

例 5－33　查询银行的总数。

```
SELECT COUNT( * )    FROM BankT
```

查询结果如图 5－24 所示。

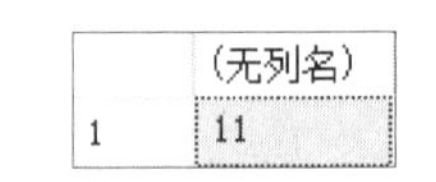

	(无列名)
1	11

图 5－24　例 5－33 查询结果

由于在银行表 BankT 中，主关键字是 Bno，因此，也可以用以下语句实现查询：

```
SELECT COUNT(Bno)    FROM BankT
```

但是不可以用 Btel 计数，原因是其中可能有空值。

例 5－34　查询有过贷款记录的公司总数。

```
SELECT COUNT(DISTINCT Cno)    FROM LoanT
```

例 5-35 查询 C002 客户的总贷款金额、贷款笔数及平均贷款金额。

```
SELECT SUM(Lamount)总贷款额,COUNT(*) 贷款笔数,AVG(Lamount) 平均贷款额
FROM LoanT
WHERE Cno = 'C002'
```

查询结果如图 5-25 所示。

例 5-36 查询银行代码为“Z0102”的银行的最高贷款金额和最低贷款金额。

```
SELECT MAX(Lamount)最高贷款金额,MIN(Lamount)最低贷款金额
FROM LoanT
WHERE Bno = 'Z0102'
```

查询结果如图 5-26 所示。

	总贷款额	贷款笔数	平均贷款额
1	6900.00	6	1150.000000

图 5-25 例 5-35 查询结果

	最高贷款金额	最低贷款金额
1	1500.00	15.00

图 5-26 例 5-36 查询结果

思考：下列查询语句的执行结果是什么？

```
SELECT COUNT(*), COUNT(Ccaptical), SUM(Ccaptical), AVG(Ccaptical),
        MAX(Ccaptical), MIN(Ccaptical)
FROM CustomerT
WHERE Cnature = '集体'
```

注意：聚合函数不能出现在 WHERE 子句中。

例如，要查询贷款时间最长的贷款信息，如下语句写法是错误的：

```
SELECT * FROM LoanT  WHERE Lterm = MAX(Lterm)
```

2. GROUP BY 分组查询与计算

有时需要对数据进行分组，然后再针对每个组进行统计计算，而不是针对全表进行计算。例如，统计每家公司的总贷款金额、贷款次数时就需要将数据分组。这种查询就需要用到分组子句 GROUP BY。GROUP BY 可将计算控制在组一级。分组的目的是细化聚合函数的作用对象。在一个查询语句中，可以使用多个列进行分组。需要注意的是，若使用了分组子句，则查询列表中的每个列必须要么是分组依据列（在 GROUP BY 后边的列），要么是聚合函数。

在使用 GROUP BY 子句时，如果在 SELECT 的查询列表中包含聚合函数，那么就针对每个组计算出一个汇总值，从而实现对查询结果的分组统计。

分组子句 GROUP BY 跟在 WHERE 子句的后边，它的一般语法格式如下。

```
SELECT <分组依据列>[,…n][,聚合函数[,…n]]
FROM <数据源>
[WHERE <检索条件表达式>]
[GROUP BY <分组依据列>[,…n]
[HAVING <分组提取条件>]]
```

上述语法格式及参数说明如下。

◇ SELECT 子句和 GROUP BY 子句中的 <分组依据列> [, …n] 是相对应的，它们说明按什么进行分组。分组依据列可以只有一列，也可以有多列。分组依据列不能是 text、ntext、imge 和 bit 类型的列。

◇ WHERE 子句中的 <检索条件表达式> 是与分组无关的，用来筛选 FROM 子句中指定的数据源所产生的行。在执行查询时，先从数据源中筛选出满足 <检索条件表达式> 的元组，然后再对满足条件的元组进行分组。

◇ GROUP BY 子句用来对 WHERE 子句的输出进行分组。

◇ HAVING 子句用来从分组的结果中筛选行，即对分组进行筛选，所以该子句中的 <分组提取条件> 是分组后的元组应该满足的条件。通常，HAVING 与 GROUP BY 子句一起使用。

◇ 分组时，查询列表中的列（SELECT 后面的列）只能为分组依据列和聚合函数。

例 5－37 统计每家银行的贷款客户总数。

```
SELECT Bno,COUNT(DISTINCT Cno)  C_Cno FROM LoanT GROUP BY Bno
```

查询结果如图 5－27 所示。

	Bno	C_Cno
1	G0101	2
2	G0104	1
3	J0101	1
4	J0102	3
5	N0101	2
6	N0102	2
7	N0103	2
8	Z0101	3
9	Z0102	4

图 5－27 例 5－37 查询结果

如果在查询语句中没有 GROUP BY 子句，那么聚合函数对整个数据源中所有元组进行统计计算；而如果在查询语句中包含了 GROUP BY 子句，那么聚合函数对分组之后的每一组进行统计计算。

为了帮助理解，下面分析系统执行这个查询语句的步骤。

（1）通过 FROM 子句获得要查询的数据源，如图 5－28 所示。

（2）根据 GROUP BY 子句中的分组依据列进行分组，即按照 Bno 对数据源进行分组，如图 5－29 所示。为了便于理解，组和组之间用矩形框隔开。

（3）对分组后的每一组，依据 SELECT 子句的聚合函数 COUNT（DISTINCT Cno）对客户代码进行统计计算，得到最终结果，如图 5－30 所示。

如果需要对分组汇总后的信息进行进一步筛选，如筛选出贷款客户数量超过 2 的银行代码，那么需要用到 HAVING 子句。

例 5－38 统计贷款客户总数超过 2 的银行代码和贷款客户总数。

```
SELECT Bno 银行代码,COUNT (DISTINCT Cno) C_Cno
FROM LoanT
GROUP BY Bno
HAVING COUNT(DISTINCT Cno) >2
```

	Cno	Bno	Ldate	Lamount	Lterm
1	C001	J0102	2018-03-02 00:00:00	8.00	5
2	C001	J0102	2019-08-20 00:00:00	10.00	15
3	C001	Z0102	2019-04-01 00:00:00	15.00	20
4	C002	G0101	2018-10-12 00:00:00	600.00	20
5	C002	J0102	2019-04-16 00:00:00	1000.00	5
6	C002	N0102	2018-03-09 00:00:00	1000.00	5
7	C002	N0103	2018-05-09 00:00:00	800.00	15
8	C002	Z0101	2019-08-06 00:00:00	2000.00	10
9	C002	Z0102	2018-07-03 00:00:00	1500.00	10
10	C003	G0104	2019-08-20 00:00:00	400.00	20
11	C003	J0101	2019-05-14 00:00:00	30.00	5
12	C006	J0102	2019-08-09 00:00:00	350.00	NULL
13	C006	Z0101	2018-04-07 00:00:00	50.00	5
14	C006	Z0102	2019-06-03 00:00:00	100.00	20
15	C007	G0101	2019-07-04 00:00:00	390.00	15
16	C007	N0101	2019-07-12 00:00:00	120.00	10
17	C007	N0102	2014-05-18 00:00:00	640.00	15
18	C007	N0103	2019-06-08 00:00:00	680.00	10
19	C009	Z0101	2019-08-19 00:00:00	210.00	10
20	C009	Z0102	2018-12-20 00:00:00	140.00	25
21	C010	N0101	2018-03-21 00:00:00	890.00	10

图 5－28　获得要查询的数据源

	Cno	Bno	Ldate	Lamount	Lterm	组号
1	C002	G0101	2018-10-12 00:00:00	600.00	20	组1
2	C007	G0101	2019-07-04 00:00:00	390.00	15	
3	C003	G0104	2019-08-20 00:00:00	400.00	20	组2
4	C003	J0101	2019-05-14 00:00:00	30.00	5	组3
5	C006	J0102	2019-08-09 00:00:00	350.00	NULL	组4
6	C002	J0102	2019-04-16 00:00:00	1000.00	5	
7	C001	J0102	2018-03-02 00:00:00	8.00	5	
8	C001	J0102	2019-08-20 00:00:00	10.00	15	
9	C010	N0101	2018-03-21 00:00:00	890.00	10	组5
10	C007	N0101	2019-07-12 00:00:00	120.00	10	
11	C007	N0102	2014-05-18 00:00:00	640.00	15	组6
12	C002	N0102	2018-03-09 00:00:00	1000.00	5	
13	C002	N0103	2018-05-09 00:00:00	800.00	15	组7
14	C007	N0103	2019-06-08 00:00:00	680.00	10	
15	C009	Z0101	2019-08-19 00:00:00	210.00	10	组8
16	C002	Z0101	2019-08-06 00:00:00	2000.00	10	
17	C006	Z0101	2018-04-07 00:00:00	50.00	5	
18	C006	Z0102	2019-06-03 00:00:00	100.00	20	组9
19	C002	Z0102	2018-07-03 00:00:00	1500.00	10	
20	C009	Z0102	2018-12-20 00:00:00	140.00	25	
21	C001	Z0102	2019-04-01 00:00:00	15.00	20	

图 5－29　根据 GROUP BY 子句中的分组依据列进行分组

	Cno	Bno	Ldate	Lamount	Lterm	组号	计数
1	C002	G0101	2018-10-12 00:00:00	600.00	20	组1	2
2	C007	G0101	2019-07-04 00:00:00	390.00	15		
3	C003	G0104	2019-08-20 00:00:00	400.00	20	组2	1
4	C003	J0101	2019-05-14 00:00:00	30.00	5	组3	1
5	C006	J0102	2019-08-09 00:00:00	350.00	NULL	组4	3
6	C002	J0102	2019-04-16 00:00:00	1000.00	5		
7	C001	J0102	2018-03-02 00:00:00	8.00	5		
8	C001	J0102	2019-08-20 00:00:00	10.00	15		
9	C010	N0101	2018-03-21 00:00:00	890.00	10	组5	2
10	C007	N0101	2019-07-12 00:00:00	120.00	10		
11	C007	N0102	2014-05-18 00:00:00	640.00	15	组6	2
12	C002	N0102	2018-03-09 00:00:00	1000.00	5		
13	C002	N0103	2018-05-09 00:00:00	800.00	15	组7	2
14	C007	N0103	2019-06-08 00:00:00	680.00	10		
15	C009	Z0101	2019-08-19 00:00:00	210.00	10	组8	3
16	C002	Z0101	2019-08-06 00:00:00	2000.00	10		
17	C006	Z0101	2018-04-07 00:00:00	50.00	5		
18	C006	Z0102	2019-06-03 00:00:00	100.00	20	组9	4
19	C002	Z0102	2018-07-03 00:00:00	1500.00	10		
20	C009	Z0102	2018-12-20 00:00:00	140.00	25		
21	C001	Z0102	2019-04-01 00:00:00	15.00	20		

图 5－30　依据聚合函数对客户代码进行统计计算

查询结果如图 5－31 所示。

注意：GROUP BY 子句中的分组依据列的列名必须是表中存在的列名，不能使用 AS 子句指派的列别名。例如，上述语句中，不能将 GROUP BY Bno 写成 GROUP BY 银行代码。

	银行代码	C_Cno
1	J0102	3
2	Z0101	3
3	Z0102	4

图 5－31　例 5－38 查询结果

需要说明一下，在上述例子中，查询的执行顺序是：先从 LoanT 表中获取源数据；然后按 Bno 列对源数据进行分组；再利用 COUNT（DISTINCT Cno）对每组数据进行统计，以得到每家银行的贷款客户总数；接着，从每组的统计结果中筛选出统计结果大于 2 的组，即贷款客户总数超过 2 的银行代码；最后，显示筛选结果。

如果分组列包含一个空值，那么该行将成为结果中的一个组。如果分组列包含多个空值，那么这些空值将放入一个组中。

例 5－39　统计 2019 年贷款总额超过 300 万元的银行代码、贷款总额与贷款笔数。

```
SELECT Bno,SUM(Lamount) S_SUM, COUNT(DISTINCT Cno) C_Cno
FROM LoanT
WHERE Year(Ldate) =2019
GROUP BY Bno
HAVING SUM(Lamount) >300
```

3. WHERE 与 HAVING

WHERE 子句与 HAVING 子句的区别在于作用对象不同。WHERE 子句作用于基本表或视图的行，从中选择满足条件的组。HAVING 子句作用于组，从中选择满足条件的组。WHERE 子句的检索条件在进行分组操作之前应用，而 HAVING 子句的检索条件在进行分组操作之后应用。HAVING 的语法与 WHERE 的语法类似，但 HAVING 可以包含聚合函数，也可以引用选择列表中出现的任意项。

因此，对于那些在分组操作之前应用的检索条件，应当在 WHERE 子句中指定它们；对于既可以在分组操作之前应用也可以在分组操作之后应用的检索条件，在 WHERE 子句中指定它们更有效，这样可以减少必须分组的行数。对于那些必须在执行分组操作之后应用的搜索条件，应当在 HAVING 子句中指定它们。

例 5 -40 统计银行代码分别为“Z0101”和“Z0102”的银行的贷款客户数，并列出银行代码和贷款客户数。

方法 1：

```
SELECT Bno 银行代码,COUNT(DISTINCT Cno) 客户数
FROM LoanT
WHERE Bno in ('Z0101','Z0102')
GROUP BY Bno
```

方法 2：

```
SELECT Bno 银行代码,COUNT(DISTINCT Cno) 客户数
FROM LoanT
GROUP BY Bno
HAVING Bno in ('Z0101','Z0102')
```

查询结果如图 5 -32 所示。

	银行代码	客户数
1	Z0101	3
2	Z0102	4

图 5 -32 例 5 -40 查询结果

需要说明一下，从例 5 -40 中可以看出，方法 1 的执行效率要高于方法 2 的执行效率。方法 1 是先通过 WHERE 子句从 LoanT 表中筛选出符合条件的记录（共 7 条记录）；然后，再对这些记录进行分组统计。方法 2 是先对全表进行分组统计（共 7 组 21 条记录），然后再通过 HAVING 子句筛选出满足条件的信息。显然方法 1 处理的记录数要小于方法 2 处理的记录数。

例 5 -41 统计 2018 年 1 月 1 日后（包括 2018 年 1 月 1 日）贷款客户总数超过 3 的银行代码和贷款客户总数。

```
SELECT Bno 银行代码,COUNT(DISTINCT Cno)贷款客户总数
FROM LoanT
WHERE Ldate > = '2018 -1 -1'
GROUP BY Bno
HAVING COUNT(DISTINCT Cno) >3
```

查询结果如图 5－33 所示。

在该例中，同时使用了 WHERE 子句和 HAVING 子句，检索条件“Ldate >＝'2018－1－1'”是在分组之前应用的，所以要用 WHERE 来解决；而检索条件“COUNT(DISTINCT Cno)>3”是在分组汇总后应用的，所以要用 HAVING 来解决。

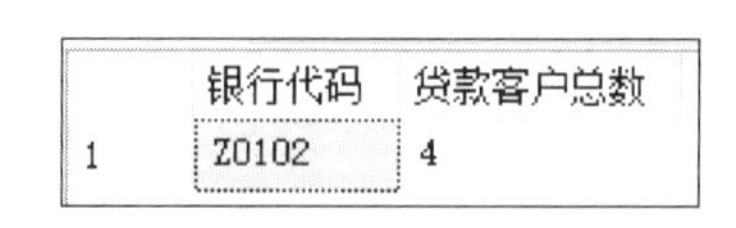

	银行代码	贷款客户总数
1	Z0102	4

图 5－33　例 5－41 查询结果

5.2.6　保存查询结果到新表

当使用 SELECT 语句查询数据时，产生的结果是保存在内存中的。如果希望将查询结果保存起来（如保存在一个表中），那么可以通过在 SELECT 语句中使用 INTO 子句来实现。如果执行带 INTO 子句的 SELECT 语句，则必须在目标数据库中具有 CREATE TABLE 权限。

使用 INTO 子句的 SELECT 语句的语法格式如下：

```
SELECT 子句
INTO <新表名>
FROM 数据源
…
```

对该语句的语法格式做如下说明。

◇ 新表的格式通过对选择列表中的表达式进行取值来确定。新表中的列按 SELECT 列表指定的顺序创建。新表中的每一列与 SELECT 列表中的相应表达式具有相同的名称、数据类型和值。

◇ 当 SELECT 列表中包括计算的列时，新表中的相应列不是计算的列。新列中的值是在执行 SELECT…INTO 时计算出的。

◇ 此语句包含两个功能：一个是根据查询语句创建一个新表；另一个是执行查询语句并将查询的结果保存到该新表中。

◇ 用 INTO 子句创建的新表可以是永久表，也可以是临时表。

例 5－42　统计每家银行的贷款客户总数，并将查询结果保存到永久表 C_Cno_T 中。

```
SELECT Bno,COUNT(DISTINCT Cno) C_Cno
INTO C_Cno_T
FROM LoanT
GROUP BY Bno
```

需要注意的是，这里必须要为 SELECT 子句中的函数列指定列名，否则会因为没有为表的第二列指定列名而导致创建表失败。执行上面的代码后，就可以对新建表 C_Cno_T 进行查询了。例如：

```
SELECT * FROM C_Cno_T
```

查询结果如图 5-34 所示。

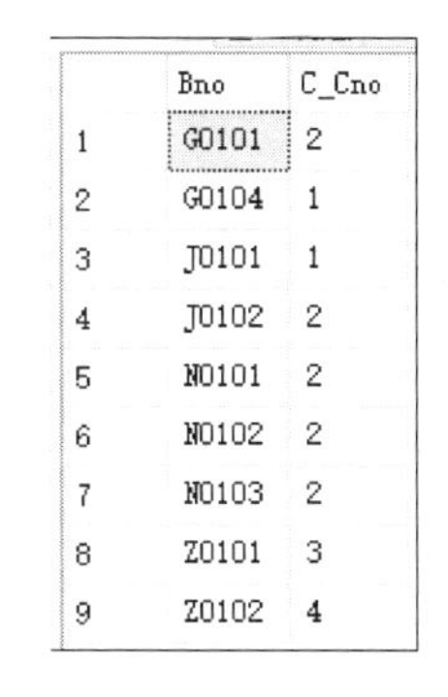

	Bno	C_Cno
1	G0101	2
2	G0104	1
3	J0101	1
4	J0102	2
5	N0101	2
6	N0102	2
7	N0103	2
8	Z0101	3
9	Z0102	4

图 5-34　C_Cno_T 表信息

5.2.7　合并查询

合并查询是将两个或更多的查询结果组合为单个结果集，该结果集包含合并查询中的所有查询的全部行。UNION 运算不同于使用连接运算合并两个表中的列的运算。使用 UNION 运算符合并的结果集都必须具有相同的结构，而且它们的列数必须相同，相对应的结果集列的数据类型也必须完全兼容。

使用 UNION 运算符的语法格式如下：

```
SELECT 语句1
UNION [ALL]
SELECT 语句2
UNION [ALL]
…
SELECT 语句n
```

其中，ALL 表示在结果集中包含所有查询语句产生的全部记录，包括重复的记录。若没有指定 ALL，则系统自动删除结果集中的重复记录。

使用 UNION 运算符的两个基本规则：

（1）所有查询语句中列的个数必须相同；

（2）所有查询语句中对应列的数据类型必须兼容。

例 5-43　查询在“Z0102”银行或“J0102”银行贷过款的客户代码。

分析：本例查询在“Z0102”银行贷过款的客户代码集合与在“J0102”银行贷过款的客户代码集合的并集。

```
SELECT Cno FROM LoanT WHERE Bno = 'Z0102'
UNION
SELECT Cno FROM LoanT WHERE Bno = 'J0102'
```

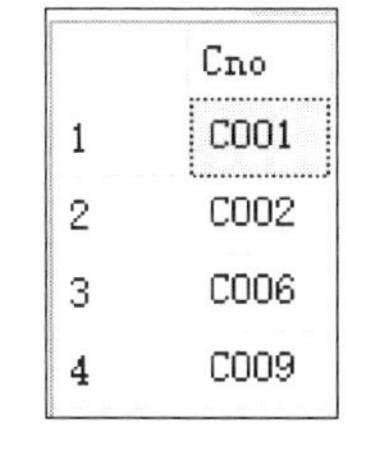

	Cno
1	C001
2	C002
3	C006
4	C009

图 5-35　例 5-43 执行结果

查询结果如图 5-35 所示。

使用 UNION 运算符将多个查询结果合并起来，系统会自动去掉重复元组。本例查询结果也可以用前面学过的知识来实现：

```
SELECT DISTINCT Cno FROM LoanT WHERE Bno IN ('Z0102','J0102')
```

但是，在这种实现方法中，SELECT 后面必须跟 DISTINCT 以取消重复元组。

合并结果集后，结果集中的列别名采用第一个查询语句的列别名。例如：

```
SELECT Cno 客户代码 FROM LoanT WHERE Bno = 'Z0102'
UNION
SELECT Cno FROM LoanT WHERE Bno = 'J0102'
```

可以使用 ORDER BY 子句对合并后的结果集排序，由于只有当查询结果集生成后才能对结果集进行排序，所以 ORDER BY 子句要放在最后一个查询语句的后面。

例 5－44 查询在“Z0102”银行或“J0102”银行贷过款的客户代码，查询结果按客户代码降序排列。

```
SELECT Cno FROM LoanT WHERE Bno = 'Z0102'
UNION
SELECT Cno FROM LoanT WHERE Bno = 'J0102'
ORDER BY Cno DESC
```

查询结果如图 5－36 所示。

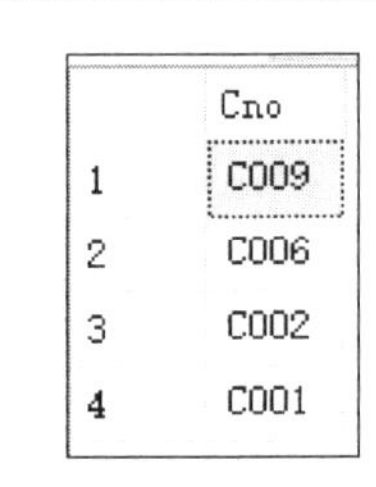

	Cno
1	C009
2	C006
3	C002
4	C001

图 5－36 例 5－44 查询结果

5.3 多表连接查询

前一节介绍的查询都是针对一个表进行的，但在实际查询中很多时候都需要从多个表中获取信息，这时，查询就会涉及多张表。若一个查询同时涉及两个或两个以上的表，则称为多表连接查询，简称连接查询。连接查询是关系数据库中最主要的查询，主要包括内连接和外连接等。

5.3.1 表别名

Transact－SQL 允许在 FROM 子句命名中为表定义表别名。就像列别名（列标题）是给列命名的另一个名字一样，表别名是给表命名的另一个名字。表别名的作用主要体现在以下两个方面：

（1）可以简化表名书写，特别是当表名比较长或表名是中文时；

（2）在自连接中要求必须为数据表指定表别名。

定义表别名的语法格式如下：

```
<表名>[AS]<表别名>
```

说明：

◇ 表别名最多可以有 30 个字符，但短一些更好；

◇ 如果在 FROM 子句中表别名被用于指定某表，那么在整个 SELECT 语句中引用该表时都要使用表别名；

◇ 表别名应该是有意义的；

◇ 表别名只对当前的 SELECT 语句有效。

5.3.2 内连接

内连接是一种最常用的连接类型。使用内连接时，如果两个表的相关字段满足连接条件，那么从这两个表中提取数据并组合成新的元组，即内连接指定返回所有匹配的行对，且丢弃两张表中不匹配的元组。

常用的内连接语法格式如下：

FROM 表名1 [INNER] JOIN 表名2 ON <连接条件>

连接查询中用来连接两张表的条件称为连接条件，它指明了两个表按什么条件进行连接，连接条件中的比较运算符称为连接谓词。连接条件可在 FROM 或 WHERE 子句中指定，但一般指定在 FROM 子句中。连接条件的一般语法格式如下：

[<表名1>.]<列名1><比较运算符>[<表名2>.]<列名2>

当比较运算符为等号（=）时，称为等值连接；使用其他运算符的连接称为非等值连接。连接条件中的列名称为连接字段。连接条件中的各连接字段类型必须是可以比较的，但不必是相同的。

从概念上讲，DBMS 执行连接操作的过程如下。

（1）首先取表1中的第1个元组，然后从头开始扫描表2，逐一查找满足连接条件的元组，找到后就将表1中的第1个元组与该元组拼接起来，形成结果表中的一个元组。

（2）表2全部查找完毕后，再取表1中的第2个元组，然后再从头开始扫描表2，逐一查找满足连接条件的元组，找到后就将表1中的第2个元组与该元组拼接起来，形成结果表中的另一个元组。

（3）重复这个过程，直到表1中的全部元组都处理完毕为止。

DBMS 执行连接操作的过程如图5-37所示。

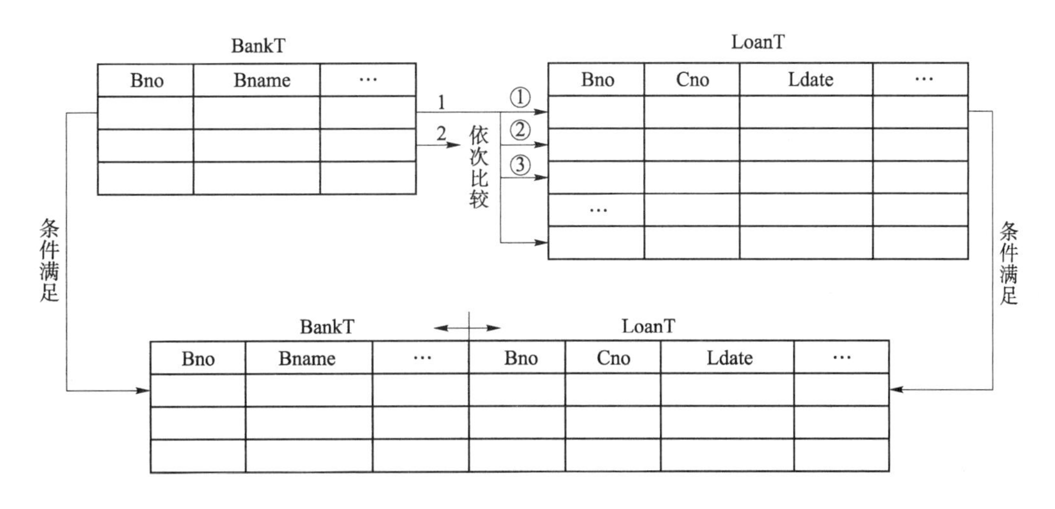

图5-37 连接操作过程描述

内连接包括一般内连接和自连接。当内连接语法格式中的表1和表2不相同时，即连接不相同的两张表时，称为表的一般内连接。当表1和表2相同时，即一张表与其自己进行连接，称为表的自连接。

1. 一般内连接

例 5－45 两张表连接查询。查询各客户的贷款情况，列出客户信息及贷款信息。

分析：客户信息存放在表 CustomerT 中，贷款信息存放在表 LoanT 中，所以，本查询实际上涉及 CustomerT 和 LoanT 两张表，这两张表之间的联系是通过公共属性 Cno 实现的。

```
SELECT * FROM CustomerT JOIN LoanT ON CustomerT. Cno = LoanT. Cno
```

查询结果如图 5－38 所示。

	Cno	Cname	Cnature	Ccaptical	Crep	Cno	Bno	Ldate	Lamount	Lterm
1	C001	三盛科技公司	私营	30	张雨	C001	J0102	2018-03-02 00:00:00	8.00	5
2	C001	三盛科技公司	私营	30	张雨	C001	J0102	2019-08-20 00:00:00	10.00	15
3	C001	三盛科技公司	私营	30	张雨	C001	Z0102	2019-04-01 00:00:00	15.00	20
4	C002	华森装饰公司	私营	500	王海洋	C002	G0101	2018-10-12 00:00:00	600.00	20
5	C002	华森装饰公司	私营	500	王海洋	C002	J0102	2019-04-16 00:00:00	1000.00	5
6	C002	华森装饰公司	私营	500	王海洋	C002	N0102	2018-03-09 00:00:00	1000.00	5
7	C002	华森装饰公司	私营	500	王海洋	C002	N0103	2018-05-09 00:00:00	800.00	15
8	C002	华森装饰公司	私营	500	王海洋	C002	Z0101	2019-08-06 00:00:00	2000.00	10
9	C002	华森装饰公司	私营	500	王海洋	C002	Z0102	2018-07-03 00:00:00	1500.00	10
10	C003	万科儿童教育中心	集体	1000	刘家强	C003	G0104	2019-08-20 00:00:00	400.00	20
11	C003	万科儿童教育中心	集体	1000	刘家强	C003	J0101	2019-05-14 00:00:00	30.00	5
12	C006	飘美广告有限公司	三资	15000	汪菲	C006	J0102	2019-08-09 00:00:00	350.00	NULL
13	C006	飘美广告有限公司	三资	15000	汪菲	C006	Z0101	2018-04-07 00:00:00	50.00	5
14	C006	飘美广告有限公司	三资	15000	汪菲	C006	Z0102	2019-06-03 00:00:00	100.00	20
15	C007	稻香园食品有...	国营	1300	刘易凡	C007	G0101	2019-07-04 00:00:00	390.00	15
16	C007	稻香园食品有...	国营	1300	刘易凡	C007	N0101	2019-07-12 00:00:00	120.00	10
17	C007	稻香园食品有...	国营	1300	刘易凡	C007	N0102	2014-05-18 00:00:00	640.00	15
18	C007	稻香园食品有...	国营	1300	刘易凡	C007	N0103	2019-06-08 00:00:00	680.00	10
19	C009	莱英投资有限公司	私营	800	赵一蒙	C009	Z0101	2019-08-19 00:00:00	210.00	10
20	C009	莱英投资有限公司	私营	800	赵一蒙	C009	Z0102	2018-12-20 00:00:00	140.00	25
21	C010	健康药业集团	国营	600	安中豪	C010	N0101	2018-03-21 00:00:00	890.00	10

图 5－38 例 5－45 查询结果

从图 5－38 可以看到，连接结果中包含了两个表的全部列。Cno 列有两个，一个来自表 CustomerT，另一个来自表 LoanT（不同表中的列可以重名），这两个列的值是完全相同的（因为这里的连接条件是 CustomerT. Cno = LoanT. Cno）。

为了能够确定需要的是哪个列，可以在列名前添加表名前缀限制，在列名前添加表名前缀的格式如下：

```
表名. 列名
```

如在例 5－45 中，在 ON 子句中对 Cno 列就加上了表名前缀限制。

为了去掉重复列，查询语句可以改写如下：

```
SELECT CustomerT. Cno, Cname, Cnature, Ccaptical, Crep, Bno, Ldate, Lamount, Lterm
FROM CustomerT JOIN LoanT ON CustomerT. Cno = LoanT. Cno
```

在 SELECT 子句中给出的列来自两个表的连接结果中的列，而且在 WHERE 子句中所涉及的列也是在连接结果中的列。因此，根据要查询的列及数据的选择条件所涉及的列就可以决定要对哪些表进行连接操作。

根据上一小节介绍的表别名规则，可以利用表别名简化书写。但一定注意：一旦为表指定了别名，在查询语句中的其他所有用到表名的地方，都要使用表别名，而不再使用原表名。例如，上例可以修改为：

```
SELECT C.Cno, Cname,Cnature,Ccaptical,Crep,Bno,Ldate,Lamount,Lterm
FROM CustomerT C JOIN LoanT L ON C.Cno = L.Cno
```

例5-46 非等值连接查询。在第3章建立的数据库test中创建职工表Employee和工资级别表Job_Grade，表中数据如图5-39和图5-40所示。已知表Employee中的工资Salary必须在表Job_Grade中的最低工资（Lowest_Salary）和最高工资（Highest_Salary）之间。查询所有雇员的姓名（Ename）、工资（Salary）和其工资等级（Grade）。

	Eno	Ename	Salary	Wno	Manager
1	E01	张立	24000.00	w01	NULL
2	E02	何舜	17000.00	w04	E07
3	E03	王玉	2000.00	w01	E01
4	E04	刘春	9000.00	NULL	NULL
5	E05	何一蒙	6000.00	w01	E01
6	E06	李晓强	4200.00	w02	NULL
7	E07	孙洁	3000.00	w04	NULL
8	E08	李露	50000.00	w01	E03

图5-39　Employee表

	Grade	Lowest_Salary	Highest_Salary
1	A	1000.00	2999.00
2	B	3000.00	5999.00
3	C	6000.00	9999.00
4	D	10000.00	14999.00
5	E	15000.00	24999.00
6	F	25000.00	40000.00

图5-40　Job_Grade表

```
SELECT Ename,Salary,Grade
FROM Employee JOIN Job_Grade ON Salary Between Lowest_Salary AND Highest_Salary
```

等价于：

```
SELECT Ename,Salary,Grade
FROM Employee JOIN Job_Grade ON (Salary > =Lowest_Salary)
        AND (Salary < =Highest_Salary)
```

查询结果如图5-41所示。

本例通过创建一个非等值连接来求每个雇员的工资等级。工资必须在任何一对最低工资和最高工资范围内。

	Ename	Salary	Grade
1	王玉	2000.00	A
2	李晓强	4200.00	B
3	孙洁	3000.00	B
4	刘春	9000.00	C
5	何一蒙	6000.00	C
6	张立	24000.00	E
7	何舜	17000.00	E

图5-41　例5-46查询结果

例5-47 三张表连接查询。在数据库LoanDB中，查询“建行济南新华支行”的贷款情况，要求列出客户名称、贷款日期及贷款金额。

分析：由于属性Cname只出现在表CustomerT中，属性Bname只出现在表BankT中，而属性Ldate和Lamount只出现在表LoanT中，即本例所涉及的属性分别在三张表中，所以此查询涉及三张表。又由于表BankT与表LoanT通过属性Bno相关联，表CustomerT与表LoanT通过属性Cno相关联，所以此查询需要将这三张表按照它们的关联关系进行连接，即三表连接。

```
SELECT Cname,Ldate,Lamount
FROM BankT B JOIN LoanT L ON B.Bno = L.Bno JOIN CustomerT C ON C.Cno = L.Cno
WHERE Bname ='建行济南新华支行'
```

查询结果如图 5 – 42 所示。

需要注意三个表连接的先后顺序，本例中也可以用以下语句连接：

```
FROM CustomerT C JOIN LoanT L ON C. Cno = L. Cno JOIN BankT B ON B. Bno = L. Bno
```

但是前两个表不可以是 CustomerT 和 BankT，因为它们两个没有可以连接的列。

例 5 – 48 统计 2018 年 1 月 1 日后（包括 2018 年 1 月 1 日）每种经济性质的客户的贷款总额。

```
SELECT Cnature,SUM(Lamount) Sum_Lamount
FROM LoanT L JOIN CustomerT C on L. Cno = C. Cno
WHERE Ldate > = '2018 - 1 - 1'
GROUP BY Cnature
```

查询结果如图 5 – 43 所示。

	Cname	Ldate	Lamount
1	三盛科技公司	2018-03-02 00:00:00	8.00
2	三盛科技公司	2019-08-20 00:00:00	10.00
3	华森装饰公司	2019-04-16 00:00:00	1000.00
4	飘美广告有限公司	2019-08-09 00:00:00	350.00

图 5 – 42 例 5 – 47 查询结果

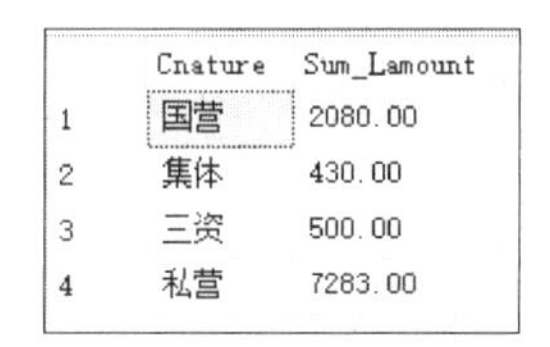

	Cnature	Sum_Lamount
1	国营	2080.00
2	集体	430.00
3	三资	500.00
4	私营	7283.00

图 5 – 43 例 5 – 48 查询结果

2. 自连接

自连接是一种特殊的内连接，它是指相互连接的表在物理上为同一张表，但可以通过为表取别名的方法将其在逻辑上看作两张表。使用自连接时必须为表取不同的别名，使之在逻辑上成为两张表。

例 5 – 49 查询与客户“博科生物集团”经济性质相同的客户名称和经济性质。

```
SELECT C2. Cname,C2. Cnature
FROM CustomerT C1 JOIN CustomerT C2 ON C1. Cnature = C2. Cnature
WHERE C1. Cname = '博科生物集团' AND C2. Cname! = '博科生物集团'
```

查询结果如图 5 – 44 所示。

例 5 – 50 在例 5 – 46 建立的职工表 Employee 中，职工编号（Eno）和经理（Manager）两个属性出自同一个值域，同一元组的这两个属性值是“上下级”关系。一个职工只能对应一个经理，一个经理可以对应多个职工。请根据职级关系查询上一级经理及其领导的职工的清单。

```
SELECT E1. Ename,'的领导是',E2. Ename
FROM Employee E1 JOIN Employee E2 ON E1. Manager = E2. Eno
```

查询结果如图 5 – 45 所示。

例 5 – 51 查询同时在银行代码为“Z0101”和“N0103”的银行贷过款的客户的客户代码。

```
SELECT L1. Cno
FROM LoanT L1 JOIN LoanT L2 ON L1. Cno = L2. Cno
WHERE L1. Bno = 'Z0101' AND L2. Bno = 'N0103'
```

查询结果如图 5-46 所示。

	Cname	Cnature
1	万科儿童教育中心	集体
2	中纬科技公司	集体

图 5-44　例 5-49 查询结果

	Ename	(无列名)	Ename
1	何舜	的领导是	孙洁
2	王玉	的领导是	张立
3	何一蒙	的领导是	张立
4	李露	的领导是	王玉

图 5-45　例 5-50 查询结果

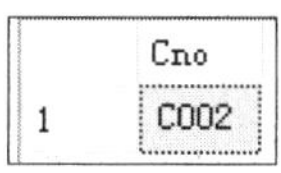

	Cno
1	C002

图 5-46　例 5-51 查询结果

注意，上述代码绝对不可以写成如下形式：

```
SELECT Cno   FROM LoanT   WHERE Bno = 'Z0101' AND Bno = 'N0103'
```

如果这样的话，那么查询结果一定是 NULL。它所实现的功能是查询银行代码既是“Z0101”又是“N0103”的贷款信息，显然这是不可能存在的，因为一笔贷款只可能有一个银行代码。

5.3.3　外连接

在内连接操作中，只有满足连接条件的元组信息才能作为结果输出，但有时也希望输出那些不满足连接条件的元组信息，如查看全部客户的贷款信息，包括有贷款的客户和没有贷款的客户。如果用内连接实现（通过表 CustomerT 和表 LoanT 的内连接），那么只能找到有贷款的客户，因为内连接的结果首先是要满足连接条件 CustomerT. Cno = LoanT. Cno。对于在表 CustomerT 中有，但在表 LoanT 中没有的客户（没有贷款），由于不满足 CustomerT. Cno = LoanT. Cno 条件，因此是查找不出来的。这种情况就需要使用外连接来实现。

外连接只限制一张表中的数据必须满足连接条件，而另一张表中的数据可以不满足连接条件。外连接的语法格式如下：

```
FROM 表 1 LEFT|RIGHT|FULL [OUTER] JOIN 表 2 ON <连接条件>
```

从语法格式可以看出，外连接又分为左外连接（LEFT [OUTER] JOIN）、右外连接（RIGHT [OUTER] JOIN）及全连接（FULL [OUTER] JOIN），这里的 OUTER 可以省略。

（1）左外连接的含义是限制表 2 中的数据必须满足连接条件，而无论表 1 中的数据是否满足连接条件，均输出表 1 中的数据。

（2）右外连接的含义是限制表 1 中的数据必须满足连接条件，而无论表 2 中的数据是否满足连接条件，均输出表 2 中的数据。

（3）全连接的含义是无论表 1 和表 2 的元组是否满足连接条件，均输出表 1 和表 2 的内容；若是在连接条件上匹配的元组，则另一个表返回相应的值；否则另一个表返回空值。

（4）外连接操作一般只在两张表上进行。

从以上分析可知，内连接只有满足连接条件，相应的结果才会出现在结果表中；而外连接可以使不满足连接条件的元组也出现在结果表中。

例 5-52　左连接或右连接实现。查询客户信息及其贷款情况，包括有贷款的客户和没有贷款的客户，列出客户代码、客户名称、经济性质、银行代码、贷款日期和贷款金额。

```
SELECT C.Cno,Cname,Cnature,Bno,Ldate,Lamount
FROM CustomerT C LEFT JOIN LoanT L ON C.Cno = L.Cno
```

查询结果如图 5-47 所示。

	Cno	Cname	Cnature	Bno	Ldate	Lamount
1	C001	三盛科技公司	私营	J0102	2018-03-02 00:00:00	8.00
2	C001	三盛科技公司	私营	J0102	2019-08-20 00:00:00	10.00
3	C001	三盛科技公司	私营	Z0102	2019-04-01 00:00:00	15.00
4	C002	华森装饰公司	私营	G0101	2018-10-12 00:00:00	600.00
5	C002	华森装饰公司	私营	J0102	2019-04-16 00:00:00	1000.00
6	C002	华森装饰公司	私营	N0102	2018-03-09 00:00:00	1000.00
7	C002	华森装饰公司	私营	N0103	2018-05-09 00:00:00	800.00
8	C002	华森装饰公司	私营	Z0101	2019-08-06 00:00:00	2000.00
9	C002	华森装饰公司	私营	Z0102	2018-07-03 00:00:00	1500.00
10	C003	万科儿童教育中心	集体	G0104	2019-08-20 00:00:00	400.00
11	C003	万科儿童教育中心	集体	J0101	2019-05-14 00:00:00	30.00
12	C004	博科生物集团	集体	NULL	NULL	NULL
13	C005	英冠文具有限公司	三资	NULL	NULL	NULL
14	C006	飘美广告有限公司	三资	J0102	2019-08-09 00:00:00	350.00
15	C006	飘美广告有限公司	三资	Z0101	2018-04-07 00:00:00	50.00
16	C006	飘美广告有限公司	三资	Z0102	2019-06-03 00:00:00	100.00
17	C007	稻香园食品有...	国营	G0101	2019-07-04 00:00:00	390.00
18	C007	稻香园食品有...	国营	N0101	2019-07-12 00:00:00	120.00
19	C007	稻香园食品有...	国营	N0102	2014-05-18 00:00:00	640.00
20	C007	稻香园食品有...	国营	N0103	2019-06-08 00:00:00	680.00
21	C008	新都美百货公司	国营	NULL	NULL	NULL
22	C009	莱英投资有限公司	私营	Z0101	2019-08-19 00:00:00	210.00
23	C009	莱英投资有限公司	私营	Z0102	2018-12-20 00:00:00	140.00
24	C010	健康药业集团	国营	N0101	2018-03-21 00:00:00	890.00
25	C011	中纬科技公司	集体	NULL	NULL	NULL

图 5－47　例 5－52 查询结果

该查询是用左连接实现的。请注意查看结果，在客户代码为“C004”“C005”及“C008”等的行中，右侧的 Bno、Ldate、Lamount 列的值均为空值 NULL，表明这些客户没有贷款，即它们不满足表连接的条件，因此在相应列上用空值替代。

该查询也可以用右连接实现，代码如下：

```
SELECT C.Cno,Cname,Cnature,Bno,Ldate,Lamount
FROM LoanT L RIGHT JOIN CustomerT C ON C.Cno = L.Cno
```

注意：左连接和右连接实现时，JOIN 关键字两边表的位置是不能随意交换的。而内连接是可以互相交换的，其结果不变。

例 5－53　左连接或右连接实现。查询没有贷款的客户代码、客户名称及经济性质。

```
SELECT C.Cno,Cname,Cnature
FROM CustomerT C LEFT JOIN LoanT L ON C.Cno = L.Cno
WHERE Bno IS NULL
```

查询结果如图 5－48 所示。例 5－52 的查询结果给出了所有客户的贷款情况，结果集中没有贷款的客户对应的 Bno、Ldate、Lamount 列的值均为空值 NULL，这三个列来自表 LoanT。因此，例 5－53 在查询时只要在连接后的结果中选出来自表 LoanT 中的某个主属性，或者定义为非空的属性为空时，就能筛选出没有贷过款的

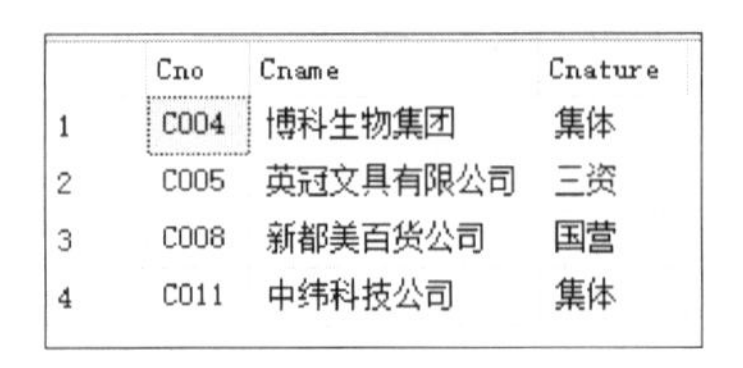

	Cno	Cname	Cnature
1	C004	博科生物集团	集体
2	C005	英冠文具有限公司	三资
3	C008	新都美百货公司	国营
4	C011	中纬科技公司	集体

图 5－48　例 5－53 查询结果

客户所在的元组。由于表 LoanT 中 Bno、Cno、Ldate 都是主属性，所以该例的查询语句也可以写成以下形式：

```
SELECT C.Cno,Cname,Cnature
FROM CustomerT C LEFT JOIN LoanT L ON C.Cno = L.Cno
WHERE L.Cno IS NULL
```

或者：

```
SELECT C.Cno,Cname,Cnature
FROM CustomerT C LEFT JOIN LoanT L ON C.Cno = L.Cno
WHERE Ldate IS NULL
```

例 5 – 54 统计经济性质为“国营”的每名客户的贷款总额，包括没有贷过款的客户。列出客户代码、客户名称及贷款总额，并按照贷款总额降序排列。

```
SELECT C.Cno,Cname,ISNULL(SUM(Lamount),0) SUM_Lamount
FROM CustomerT C LEFT JOIN LoanT L on C.Cno = L.Cno
WHERE Cnature = '国营'
GROUP BY C.Cno,Cname
ORDER BY ISNULL(SUM(Lamount),0) DESC
```

查询结果如图 5 – 49 所示。

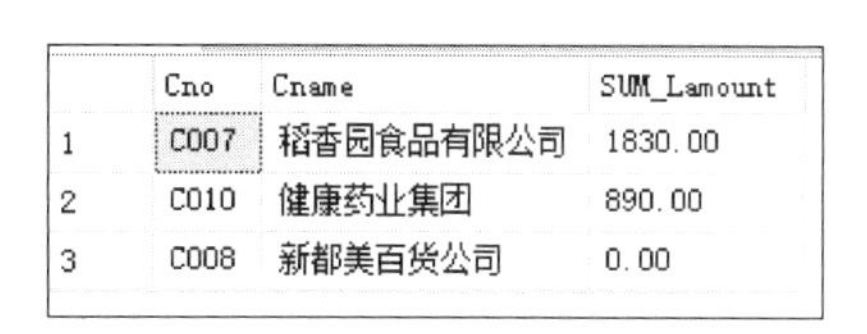

	Cno	Cname	SUM_Lamount
1	C007	稻香园食品有限公司	1830.00
2	C010	健康药业集团	890.00
3	C008	新都美百货公司	0.00

图 5 – 49 例 5 – 54 查询结果

这个语句的逻辑执行顺序：首先，进行连接操作；然后对连接的结果执行 WHERE 子句进行元组（行）筛选；之后，再对筛选后的结果执行 GROUP BY 子句进行分组；最后，对每个分组进行统计。由于客户“C008”没有贷过款，因此，进行 SUM 运算时会出现 NULL，为避免这种情况出现，使用了 ISNULL（Check_Expression，Replacement_Value）函数，该函数在 Check_Expression 不为空时返回该表达式的值；否则返回 Replacement_Value。其中，Check_Expression 是被检查是否为 NULL 的表达式，可以是任意类型。

例 5 – 55 全连接实现。在数据库 LoanDB 中，银行与客户之间是多对多的关系，但是某些客户可能还没有贷款，同样某些银行可能也没有向客户发放过贷款。查询银行、客户的贷款关系，要求包含所有银行和客户的信息，无论是否有贷款行为。

分析：由于银行和客户之间通过贷款联系，因此实现该功能需要将 CustomerT、BankT 和 LoanT 三个表连接起来，而要求包含“所有”银行和客户的信息，因此无论是否符合连接条件，银行和客户信息均为查询内容，需要用全连接将三个表联系起来，因此代码如下：

```
SELECT CustomerT.*, BankT.*
FROM CustomerT FULL JOIN  LoanT ON CustomerT.Cno = LoanT.Cno
        FULL JOIN BankT ON LoanT.Bno = BankT.Bno
```

查询结果如图 5 – 50 所示。

从查询结果可以看出，客户“博科生物集团”“英冠文具有限公司”“新都美百货公司”“中纬科技公司”没有向银行贷款的信息，“工行高新支行”“工行历山北路支行”这两家银行还没有向客户发放过贷款。

	Cno	Cname	Cnature	Ccaptical	Crep	Bno	Bname	Bloc	Btel
1	C001	三盛科技公司	私营	30	张雨	J0102	建行济南新华支行	市中区	0531-82070519
2	C001	三盛科技公司	私营	30	张雨	J0102	建行济南新华支行	市中区	0531-82070519
3	C001	三盛科技公司	私营	30	张雨	Z0102	招行洪楼支行	历城区	0531-88119699
4	C002	华森装饰公司	私营	500	王海洋	G0101	工行甸柳分理处	历下区	0531-88541524
5	C002	华森装饰公司	私营	500	王海洋	J0102	建行济南新华支行	市中区	0531-82070519
6	C002	华森装饰公司	私营	500	王海洋	N0102	农行和平支行	历下区	0531-86567718
7	C002	华森装饰公司	私营	500	王海洋	N0103	农行燕山支行	历下区	0531-88581512
8	C002	华森装饰公司	私营	500	王海洋	Z0101	招行舜耕支行	市中区	0531-82091077
9	C002	华森装饰公司	私营	500	王海洋	Z0102	招行洪楼支行	历城区	0531-88119699
10	C003	万科儿童教育中心	集体	1000	刘家强	G0104	工行东城支行	高新区	0531-25416325
11	C003	万科儿童教育中心	集体	1000	刘家强	J0101	建行济钢分理处	历城区	0531-88866691
12	C004	博科生物集团	集体	800	刘爽	NULL	NULL	NULL	NULL
13	C005	英冠文具有限公司	三资	6000	李倩	NULL	NULL	NULL	NULL
14	C006	飘美广告有限公司	三资	15000	汪菲	J0102	建行济南新华支行	市中区	0531-82070519
15	C006	飘美广告有限公司	三资	15000	汪菲	Z0101	招行舜耕支行	市中区	0531-82091077
16	C006	飘美广告有限公司	三资	15000	汪菲	Z0102	招行洪楼支行	历城区	0531-88119699
17	C007	稻香园食品有限公司	国营	1300	刘易凡	G0101	工行甸柳分理处	历下区	0531-88541524
18	C007	稻香园食品有限公司	国营	1300	刘易凡	N0101	农业银行山东省分行	槐荫区	0531-85858216
19	C007	稻香园食品有限公司	国营	1300	刘易凡	N0102	农行和平支行	历下区	0531-86567718
20	C007	稻香园食品有限公司	国营	1300	刘易凡	N0103	农行燕山支行	历下区	0531-88581512
21	C008	新都美百货公司	国营	800	吴晓伟	NULL	NULL	NULL	NULL
22	C009	莱英投资有限公司	私营	800	赵一蒙	Z0101	招行舜耕支行	市中区	0531-82091077
23	C009	莱英投资有限公司	私营	800	赵一蒙	Z0102	招行洪楼支行	历城区	0531-88119699
24	C010	健康药业集团	国营	600	安中豪	N0101	农业银行山东省分行	槐荫区	0531-85858216
25	C011	中纬科技公司	集体	100	马哲文	NULL	NULL	NULL	NULL
26	NULL	NULL	NULL	NULL	NULL	G0103	工行高新支行	高新区	0531-87954745
27	NULL	NULL	NULL	NULL	NULL	G0102	工行历山北路支行	历城区	NULL

图 5－50　例 5－55 查询结果

5.4　子查询

在 Transact－SQL 语言中，一个 SELECT…FROM…WHERE 语句称为一个查询块。若一个 SELECT 语句嵌套在一个 SELECT、INSERT、UPDATE 或 DELETE 语句中，则称为子查询或内层查询；而包含子查询的语句称为主查询或外层查询。一个子查询也可以嵌套在另外一个子查询中。为了与外层查询有所区别，总是把子查询写在圆括号中。与外层查询类似，子查询语句中也必须至少包含 SELECT 子句和 FROM 子句，并根据需要选择使用 WHERE 子句、GROUP BY 子句和 HAVING 子句。

子查询语句可以出现在任何能够使用表达式的地方，但通常情况下，子查询语句用在外层查询的 WHERE 子句或 HAVING 子句中，与比较运算符或逻辑运算符等一起构成查询条件。

1. 使用 IN 运算符的子查询

使用 IN 运算符可以进行基于集合的测试操作，通过运算符 IN 或 NOT IN，将一个表达式的值与子查询返回的结果集进行比较。其形式为：

```
WHERE 表达式 [NOT] IN (子查询)
```

这与前面介绍的 WHERE 子句中使用的 IN 作用完全相同。使用 IN 运算符时，若该表达式的值与集合中的某个值相等，则返回 True；若该表达式与集合中所有的值均不相等，则返回 False。

子查询一定要在 IN 运算符后面，带这种子查询形式的 SELECT 语句是分步骤实现的，即先执行子查询，然后在子查询的结果基础上再执行外层查询。

需要注意的是，子查询返回的结果是仅包含一个列的集合，外层查询在这个集合上使用 IN 运算符进行比较，所以，子查询中的 SELECT 子句里只能有一个目标列表达式，并且在外层查询中使用 IN 运算符的列要与该目标列表达式的数据类型、语义相同。

例 5 -56 查询与客户“博科生物集团”经济性质相同的客户名称和经济性质。

分析：先分步骤来完成此查询，然后再构造子查询。

（1）查询客户“博科生物集团”的经济性质。

```
SELECT Cnature FROM CustomerT  WHERE Cname ='博科生物集团'
```

（2）查询经济性质为第（1）步查询结果的客户名称和经济性质，并去掉“博科生物集团”。

```
SELECT Cname,Cnature FROM CustomerT
WHERE Cnature IN (1)  AND Cname! ='博科生物集团'
```

将第（1）步查询嵌入到第（2）步查询的条件中，构造子查询，语句如下：

```
SELECT Cname,Cnature  FROM CustomerT
WHERE Cnature IN (SELECT Cnature FROM CustomerT WHERE Cname ='博科生物集团')
      AND Cname! ='博科生物集团'
```

查询结果如图 5 -51 所示。

本例中的查询也可以用自连接实现，具体方法可以参照例 5 -49。

例 5 -57 查询在“建行济南新华支行”贷过款的客户的客户名称。

```
SELECT Cname   --(3)查询客户代码为第(2)步查询结果的客户名称
FROM CustomerT
WHERE Cno IN
  (SELECT Cno --(2)查询银行代码为第(1)步查询结果的贷款记录中的客户代码
  FROM LoanT
  WHERE Bno IN
    (SELECT Bno --(1)查询“建行济南新华支行”的银行代码
     FROM BankT
     WHERE Bname ='建行济南新华支行')
  )
```

查询结果如图 5 -52 所示。

本例中的查询也可以用一般内连接实现，具体方法可以参照例 5 -47。

例 5 -58 查询没有贷过款的客户的客户代码、客户名称及其经济性质。

```
SELECT Cno,Cname,Cnature
FROM CustomerT
WHERE Cno NOT IN  (SELECT Cno FROM LoanT)
```

查询结果如图 5－53 所示。

	Cname	Cnature
1	万科儿童教育中心	集体
2	中纬科技公司	集体

图 5－51　例 5－56 查询结果

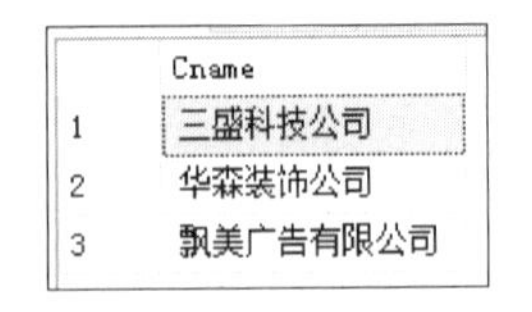

	Cname
1	三盛科技公司
2	华森装饰公司
3	飘美广告有限公司

图 5－52　例 5－57 查询结果

	Cno	Cname	Cnature
1	C004	博科生物集团	集体
2	C005	英冠文具有限公司	三资
3	C008	新都美百货公司	国营
4	C011	中纬科技公司	集体

图 5－53　例 5－58 查询结果

此查询也可以用外连接来实现。具体方法可以参照例 5－53。

例 5－59　查询没有在银行代码为“Z0102”的银行贷过款的客户代码、客户名称及其经济性质。

```
SELECT Cno,Cname,Cnature
FROM CustomerT
WHERE Cno NOT IN  (SELECT Cno  FROM LoanT  WHERE Bno = 'Z0102')
```

查询结果如图 5－54 所示。

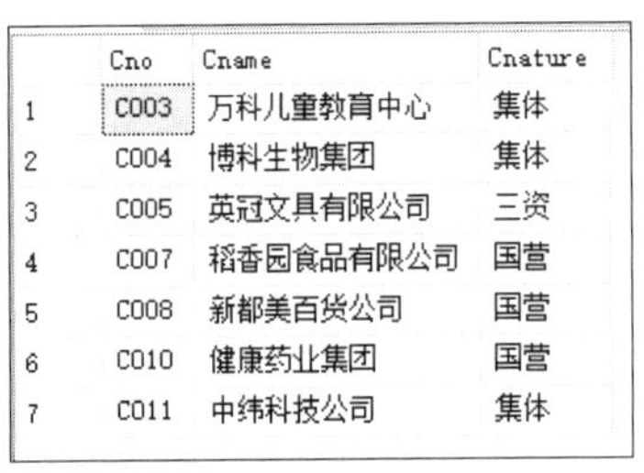

	Cno	Cname	Cnature
1	C003	万科儿童教育中心	集体
2	C004	博科生物集团	集体
3	C005	英冠文具有限公司	三资
4	C007	稻香园食品有限公司	国营
5	C008	新都美百货公司	国营
6	C010	健康药业集团	国营
7	C011	中纬科技公司	集体

图 5－54　例 5－59 查询结果

注意，本例中没有在银行代码为“Z0102”的银行贷过款的客户包括没有在任何一家银行贷过款的客户，这些客户信息不能遗漏。当然，本例也可以用外连接实现，代码如下：

```
SELECT C.Cno,Cname,Cnature
FROM CustomerT C LEFT JOIN LoanT L ON C.Cno = L.Cno AND Bno = 'Z0102'
WHERE Bno IS NULL
```

2. 使用比较运算符的子查询

使用子查询进行比较运算时，通过比较运算符（=，<，>，<=等）将一个表达式的值与子查询返回的值进行比较。若比较运算的结果为 True，则比较测试也返回 True。使用子查询进行比较测试的形式为：

```
WHERE 表达式 比较运算符（子查询）
```

同基于集合的子查询一样，使用比较运算符的子查询的执行顺序是：先执行子查询，然后再基于子查询的结果执行外层查询。与使用 IN 运算符的子查询不同的是：使用比较运算符的子查询必须返回的是单个列的单个值而不是集合，若这样的子查询返回多个值，则属于错误的查询。使用 = 运算符的子查询也可以使用 IN 运算符的子查询实现；若能够确定使用 IN 运算符的子查询结果为一个值，则该子查询也可以使用 = 运算符的子查询实现。

例 5－60　使用等号的子查询。查询与客户“博科生物集团”经济性质相同的客户的客户名称和经济性质。

```sql
SELECT Cname,Cnature
FROM CustomerT
WHERE Cnature =
    (SELECT Cnature  FROM CustomerT  WHERE Cname = '博科生物集团')
  AND Cname! = '博科生物集团'
```

查询结果如图 5-55 所示。由于客户“博科生物集团”的经济性质是唯一的，所以该查询既可以使用 = 运算符的子查询实现，也可以使用 IN 运算符的子查询实现。

由于聚合函数不能出现在 WHERE 子句中，因此对于要与聚合函数进行比较的查询，就要通过与完成汇总计算的子查询结果进行比较来实现。

例 5-61 使用等号的子查询。查询在银行代码为“Z0102”的银行贷款金额最高的客户的客户名称、经济性质和注册资金。

```sql
SELECT Cname,Cnature,Ccaptical
            --(2)查询在银行代码为“Z0102”的银行贷款金额等于(1)结果的客户信息
FROM CustomerT C JOIN LoanT L ON L.Cno = C.Cno
WHERE Bno = 'Z0102' AND Lamount =
    (SELECT MAX(Lamount)   --(1)查询银行代码为“Z0102”的银行的最高贷款金额
     FROM LoanT
     WHERE Bno = 'Z0102')
```

查询结果如图 5-56 所示。

	Cname	Cnature
1	万科儿童教育中心	集体
2	中纬科技公司	集体

图 5-55 例 5-60 查询结果

	Cname	Cnature	Ccaptical
1	华森装饰公司	私营	500

图 5-56 例 5-61 查询结果

该查询等价于使用 IN 运算符的子查询，语句如下：

```sql
SELECT Cname,Cnature,Ccaptical
FROM CustomerT C JOIN LoanT L ON L.Cno = C.Cno
WHERE Bno = 'Z0102' AND Lamount IN
    (SELECT MAX(Lamount)  FROM LoanT  WHERE Bno = 'Z0102')
```

例 5-62 使用不等号的子查询。查询在银行代码为“Z0102”的银行贷款且贷款金额高于此银行的平均贷款金额的客户的客户代码、贷款日期和贷款金额。

```sql
SELECT Cno,Ldate,Lamount
FROM LoanT
WHERE Bno = 'Z0102' AND Lamount >
  (SELECT AVG(Lamount) FROM LoanT WHERE Bno = 'Z0102')
```

查询结果如图 5-57 所示。

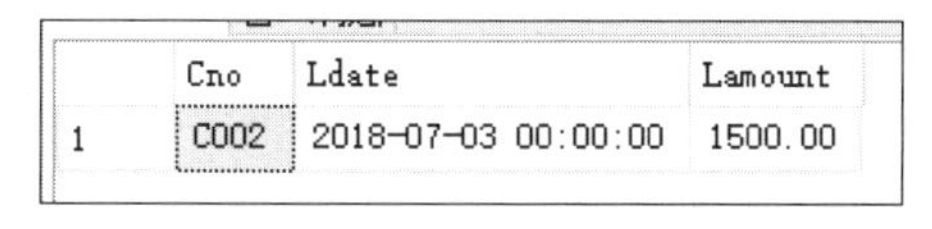

	Cno	Ldate	Lamount
1	C002	2018-07-03 00:00:00	1500.00

图 5-57 例 5-62 查询结果

例 5-63 统计在“招行洪楼支行”贷过款的客户中，每个客户的贷款笔数和贷款总金额。

（1）找出在“招行洪楼支行”贷过款的客户，这一步可以通过如下两种方法实现：

```
SELECT Cno
FROM BankT B JOIN LoanT L ON B. Bno = L. Bno
WHERE Bname = '招行洪楼支行'
```

或者：

```
SELECT Cno   FROM LoanT
WHERE Bno IN  (SELECT Bno   FROM BankT   WHERE Bname = '招行洪楼支行')
```

（2）统计这些客户的贷款笔数和贷款总金额，这个查询与步骤（1）之间只能通过子查询形式关联。具体代码如下：

```
SELECT Cno 客户代码,COUNT( * ) 贷款笔数,SUM(Lamount)贷款总额
FROM LoanT
WHERE Cno IN
  (SELECT Cno
   FROM BankT B JOIN LoanT L ON B. Bno = L. Bno
   WHERE Bname = '招行洪楼支行')
GROUP BY Cno
```

查询结果如图 5-58 所示。

注意，这个查询不能纯粹用连接形式的查询实现，因为这个查询的语义是要先找出在“招行洪楼支行”贷过款的客户，然后再计算这些客户在所有银行的贷款笔数与贷款总额。如果本例查询用如下代码通过连接查询实现，那么将出现如图 5-59 所示的查询结果。

```
SELECT Cno 客户代码,COUNT( * ) 贷款笔数,SUM(Lamount)贷款总额
FROM LoanT L JOIN BankT B ON L. Bno = B. Bno
WHERE Bname = '招行洪楼支行'
GROUP BY Cno
```

	客户代码	贷款笔数	贷款总额
1	C001	3	33.00
2	C002	6	6900.00
3	C006	3	500.00
4	C009	2	350.00

图 5-58 例 5-63 查询结果

	客户代码	贷款笔数	贷款总额
1	C001	1	15.00
2	C002	1	1500.00
3	C006	1	100.00
4	C009	1	140.00

图 5-59 例 5-63 代码修改后的查询结果

从这个结果可以看出，每个客户的贷款笔数均为 1，实际上这个 1 指的是在“招行洪楼支行”这一家银行的贷款笔数，其贷款总额是在该银行的贷款总额。之所以产生这个结果，是因为在执行连接操作的查询时，系统首先将所有被连接的表连接成一张大表（逻辑上的）。这个大表中的行数据为全部满足连接条件的数据，列为全部参加连接操作的表所包含的列。之后，再在这个连接后的大表上执行 WHERE 子句，然后执行 GROUP BY 子句。显然执行“WHERE Bname = '招行洪楼支行'”子句后，连接后的大表中的数据就只剩下从“招行洪楼支行”这一家银行贷款的情况了。这种处理模式显然不符合该查询要求。

从上述例子可以看出子查询和连接查询并不是总能相互替换的，基于集合的子查询的特点是分步骤实现，先内（子查询）后外（外层查询）；而多表连接查询是对称的，它先执行连接操作，其他的 WHERE、GROUP BY 等子句均是在连接的结果上执行的。

3. 内外层关联的子查询

子查询还可以作为动态表达式，随着外层查询的每一行的变化而变化，即查询设计器为外部查询的每一行计算子查询的值，每次计算一行，而该子查询每次都会作为该行的一个表达式取值并返回到外层查询。这样做使得动态执行的子查询与外部查询有一个非常有效的连接，从而将复杂的查询分解为多个简单而相互关联的查询。

创建内外关联的子查询后，外部查询多少行，子查询就执行多少遍。

例 5-64 查询贷款金额比该笔贷款所属银行的平均贷款金额高的银行代码、客户代码、贷款日期和贷款金额信息。

```
SELECT Bno 银行代码,Cno 客户代码, Ldate 贷款日期, Lamount 贷款金额
FROM LoanT L1
WHERE Lamount > = ( SELECT AVG( Lamount) FROM LoanT L2 WHERE L2. Bno =
L1. Bno)
```

本例中，基本表 LoanT 采用别名形式，将该表从逻辑上设置为两个表，子查询执行时 L1. Bno 就相当于一个常量，在别名 L2 的表中计算该 L1. Bno 代表银行的平均贷款金额，然后与外层查询的值进行比较。

这种类型子查询的缺点是非常浪费时间。

4. 作为查询数据源的子查询

利用子查询还可以生成一个派生表，作为 FROM 子句中的数据源。派生表可以定义一个别名，即子查询结果集可以作为外层查询的源表，就是在 FROM 子句中使用子查询。

例 5-65 查询企业需在 2030 年（不包含）之前还款，且贷款金额高于或等于 500 万元的客户代码、还款日期和贷款金额。

```
SELECT  Cno 客户代码, Dateadd( YEAR,Lterm,Ldate) 还款日期, Lamount 贷款金额
FROM  (SELECT *  FROM  LoanT  WHERE  Lamount > =500)  AS Loan
WHERE YEAR( Ldate) + Lterm < 2030
```

本例中，子查询“SELECT * FROM LoanT WHERE Lamount > =500”筛选出金额高于 500 万元的贷款信息，其结果集生成派生表 Loan，作为外层循环的数据源，完成还款日期在 2030 年以前的贷款信息的查询。

5.5 数据操作

前面主要讨论如何检索数据库中的数据，通过 SELECT 语句将返回由行和列组成的结果，但查询操作不会使数据库中的数据发生任何变化。如果要对数据进行各种更改操作，包括添加新数据、修改数据和删除数据，那么需要使用 INSERT、DELETE 和 UPDATE 语句来完成，这些语句能够修改数据库中的数据，但不返回结果集。插入操作

（INSERT）是指向表中插入一个或多个元组的操作；删除操作（DELETE）是指从表中删除一个或多个元组的操作；更新操作（UPDATE）是指更改表中某些元组的某些属性的操作。

5.5.1 插入数据

SQL 的插入语句是 INSERT，一般有两种格式：第一种格式是直接向表中插入一个元组，即单行记录的插入；第二种格式是向表中插入一个查询结果，即多行记录的插入。

1. 向表中插入一个元组

在数据表创建完成后，就可以使用 INSERT 语句在表中添加新数据，INSERT 语句的语法格式如下：

```
INSERT [INTO] <表名>[(<列名>[,…n])]
VALUES (<表达式>[,…n])
```

其中，列名表中的列名必须是表定义中实际存在的列名，值列表中的值可以是常量也可以是 NULL，各值之间用逗号分隔。当插入一个完整的元组时通常可以不指定“列名”，但表达式的顺序必须与该表定义时属性列的顺序完全一致，且表达式的个数必须与该表定义时属性列的个数完全相同；如果插入时只指定了部分属性的值，其他值取空值或默认值，那么必须指定“列名”，并且“表达式”和“列名”要一一对应。在定义表时，如果某列声明了 NOT NULL，那么该属性列不能赋空值。

例 5－66 将一个银行记录（银行代码：J0103；银行名称：建行文东支行；所属区域：历下区；电话：0531－82597845）插入表 BankT 中。

```
INSERT INTO BankT(Bno,Bname,Bloc,Btel)
VALUES('J0103','建行文东支行','历下区','0531-82597845')
```

需要说明的是，VALUES 中的表达式要与 BankT 后面的列的含义和类型一一对应，即将“J0103”作为新记录属性列 Bno 的值，将“建行文东支行”作为新记录属性列 Bname 的值，将“历下区”作为新记录属性列 Bloc 的值，将“0531－82597845”作为新记录属性列 Btel 的值。不可以写成如下形式：

```
INSERT INTO BankT(Bno, Btel, Bloc, Bname)
VALUES('J0103','建行文东支行','历下区','0531-82597845')    --错误语句
```

该语句中“建行文东支行”与 Bname 不对应，“0531－82597845”与 Btel 不对应，因此无法将数据插入。

如果列名的顺序调整了，那么 VALUES 中表达式的顺序也要随之调整，即可以写成以下形式：

```
INSERT INTO BankT(Bno, Bloc, Btel, Bname) VALUES('J0103','0531-82597845',
'历下区','建行文东支行')
```

由于本例的插入操作对表中的新记录的每个属性列都赋了值，所以列名可以省略，实现语句可以写成以下形式：

```
INSERT INTO BankT VALUES('J0103','建行文东支行','历下区','0531-82597845')
```

例 5-67 将一个贷款记录（客户代码：C007；银行代码：J0102；贷款日期：2019-07-12；贷款金额：150）插入表 LoanT 中。

```
INSERT INTO LoanT(Cno,Bno,Ldate,Lamount)  VALUES('C007','J0102','2019-07-12',
150)
```

执行后，表 LoanT 中就会增加一条记录（客户代码：C007；银行代码：J0102；贷款日期：2019-07-12；贷款金额：150；贷款年限：NULL）。如果希望在插入语句中省略全部列名，那么需要给每一列赋值，即对应贷款期限的 NULL 值也要写到 VALUES 的表达式列表中，语句如下：

```
INSERT INTO LoanT VALUES('C007','J0102','2019-07-12',150,NULL)
```

例 5-68 将一个贷款记录（客户代码：C008；银行代码：J0101；贷款日期：取默认值；贷款金额：100）插入表 LoanT 中。

```
INSERT INTO LoanT(Cno,Bno,Lamount) VALUES('C008','J0101',100)
```

这个例子中，因 Ldate 为主属性，不允许为空，因此需要为列 Ldate 设置默认值。如果没有默认值的话，那么插入语句会出错。

2. 向表中插入一个查询结果

在 SQL 中还允许从一个关系表中选择一些元组插入另外一个已经创建好的关系表中（当然相应属性要出自同一个值域）。插入一个查询结果的 INSERT 语句的语法格式如下：

```
INSERT [INTO] <表名>[(<列名>[,…n])]
<SELECT 查询>
```

例 5-69 查询每个银行的总贷款金额，并把结果存入数据库表中。

首先在数据库中建立一个新表，其中一列存放银行代码，另一列存放相应的总贷款金额。

```
CREATE TABLE BankLoanAmount(
  Bno CHAR(5),
  S_amount INT
)
```

然后，对表 LoanT 按照银行代码分组求贷款总金额，再把银行代码和贷款总金额存入新表中。

```
INSERT INTO BankLoanAmount
  SELECT Bno,SUM(Lamount)  FROM LoanT  GROUP BY Bno
```

当然，本例也可用前面讲过的 SELECT…INTO 语句实现。唯一的区别是：INSERT INTO…SELECT 语句需要把查询数据插入一个已经创建好的表中；而 SELECT…INTO 语句则是将查询数据存入一个新表，它本身就具有创建表的功能。使用 SELECT…INTO 语句实现本例操作的代码如下：

```
SELECT Bno,SUM(Lamount) S_amount
INTO NewBankLoanAmount
FROM LoanT
GROUP BY Bno
```

5.5.2 删除数据

当确定不再需要某些记录时，可以使用删除语句（DELETE 语句）将这些记录删掉。DELETE 语句的语法格式如下：

```
DELETE [FROM] <表名>
[[FROM <表名>] WHERE <删除条件>]
```

以上语法格式及参数说明如下。

◇ <表名>说明要删除哪个表中的数据。

◇ WHERE 子句说明只删除表中满足 WHERE 子句条件的记录。如果省略 WHERE 子句，那么表示要删除表中的全部记录。DELETE 语句中的 WHERE 子句的作用和语法与 SELECT 语句中的 WHERE 子句的作用和语法一样。

◇ 删除的条件可以与其他的表相关（使用可选的 FROM <表名>指定）。

◇ DELETE 命令只删除元组，不删除表或表结构。

数据删除可以分为无条件删除、基于本表条件的删除和基于其他表条件的删除。

1. 无条件删除

无条件删除指没有指定删除条件的删除，即删除表中全部数据，但保留表的结构。

例 5-70 删除所有客户的临时贷款信息（LoanT_temp）。

为了做测试，预先生成临时贷款信息表 LoanT_temp，语句如下：

```
SELECT * INTO LoanT_temp FROM LoanT
```

删除语句如下：

```
DELETE FROM LoanT_temp
```

2. 基于本表条件的删除

基于本表条件的删除是指删除条件涉及属性列所在的表与要删除的表为同一张表。

例 5-71 删除电话号码为“0531-82597845”的银行记录。

```
DELETE FROM BankT  WHERE Btel = '0531-82597845'
```

例 5-72 删除客户代码为“C009”的客户的所有贷款信息。

```
DELETE FROM LoanT  WHERE Cno = 'C009'
```

3. 基于其他表条件的删除

基于其他表条件的删除是指删除条件涉及的部分属性列所在的表与要删除的表不为同一张表。在编写删除语句时一定要明确删除的是哪张表的记录，执行一条删除语句依次只能删除一张表中的一条或多条记录。另外，基于其他表条件的删除可以使用多表连接实现，也可以使用子查询实现。

例 5-73 删除电话号码为“0531-82597845”的银行的贷款信息。

方法一：用多表连接。

```
DELETE FROM LoanT
FROM LoanT L JOIN BankT B ON L. Bno = B. Bno
WHERE Btel = '0531 - 82597845'
```

说明：第一个“FROM”后指定的是要删除的记录所在的表，第二个“FROM”是为了完成多表连接。

方法二：用子查询。

```
DELETE FROM LoanT
WHERE Bno IN （SELECT Bno  FROM  BankT  WHERE Btel = '0531 - 82597845'）
```

例 5 - 74 删除客户“华森装饰公司”在“建行济南新华支行”的所有贷款记录。

方法一：用多表连接。

```
DELETE FROM LoanT
FROM LoanT L JOIN BankT B ON L. Bno = B. Bno JOIN CustomerT C ON C. Cno = L. Cno
WHERE（Cname = '华森装饰公司'）AND（Bname = '建行济南新华支行'）
```

方法二：用子查询。

```
DELETE FROM LoanT
WHERE Cno IN（SELECT Cno FROM CustomerT WHERE Cname = '华森装饰公司'）
AND Bno IN（SELECT Bno  FROM BankT  WHERE Bname = '建行济南新华支行'）
```

5.5.3 更新数据

当用 INSERT 语句向表中添加数据之后，如果某些数据发生变化，那么就需要对表中已有的数据进行修改。可以使用 UPDATE 语句对数据表中的数据进行修改。

UPDATE 语句的语法格式如下：

```
UPDATE <表名> SET <列名> = 表达式[,…n]
[[FROM <表名>] WHERE <更新条件>]
```

以上语法格式及参数说明如下。

◇ <表名>给出了需要修改数据的表的名称。

◇ SET 子句指定要修改的列，表达式指定要修改后的新值。

◇ 更新的条件可以与其他的表相关（使用可选的［FROM <表名>］指定）。

◇ WHERE 子句用于指定只修改表中满足 WHERE 子句条件的记录的相应列值。如果省略 WHERE 子句，那么就无条件更新表中的全部记录的相应列值。UPDATE 语句中 WHERE 子句的作用和语法同 SELECT 语句中的 WHERE 子句的作用和语法一样。

数据更新可以分为无条件更新、基于本表条件的更新和基于其他表条件的更新。

1. 无条件更新

无条件更新指没有指定更新条件的更新，即更新表中所有记录的指定列。

例 5 - 75 将所有客户的注册资金增加 10 万元。

```
UPDATE CustomerT  SET Ccaptical = Ccaptical + 10
```

2. 基于本表条件的更新

基于本表条件的更新是指更新条件涉及的列所在的表与要更新的表为同一张表。

例5-76 将客户“华森装饰公司”的注册资金增加100万元。

```
UPDATE CustomerT  SET Ccaptical = Ccaptical + 100  WHERE Cname = '华森装饰公司'
```

3. 基于其他表条件的更新

基于其他表条件的更新是指更新条件涉及的部分属性列所在的表与要更新的表不为同一张表。在写更新语句时一定要明确更新的是哪张表的记录，执行一条更新语句一次只能更新一张表中的一条或多条记录。基于其他表条件的更新可以使用多表连接实现，也可以使用子查询。

例5-77 将客户“华森装饰公司”在“建行济南新华支行”的所有贷款的贷款金额增加10万元。

（1）方法一：用多表连接。

```
UPDATE LoanT SET Lamount = Lamount + 10
FROM LoanT L JOIN BankT B ON L. Bno = B. Bno
   JOIN CustomerT C ON C. Cno = L. Cno
WHERE (Cname = '华森装饰公司') AND (Bname = '建行济南新华支行')
```

方法二：用子查询。

```
UPDATE LoanT SET Lamount = Lamount + 10
WHERE Cno IN (SELECT Cno  FROM CustomerT WHERE Cname = '华森装饰公司')
    AND Bno IN (SELECT Bno FROM BankT WHERE Bname = '建行济南新华支行')
```

对表执行插入操作、删除操作和更新操作之前，系统首先检查这些操作是否符合数据的完整性约束条件，若符合，则进行操作；否则拒绝操作。对表进行插入操作和更新操作时，需要对实体完整性约束、参照完整性约束和用户定义完整性约束进行检查；对表进行删除操作时，只需要对参照完整性约束进行检查。

第 6 章

视图与索引

本章介绍数据库中的两个重要对象：视图和索引。视图满足了不同用户对数据的不同需求；索引的作用则是加快数据的查询速度。视图从基本表中抽取满足用户所需的数据，这些数据可以来自一张表，也可以来自多张表；索引通过对数据建立方便查询的搜索结构来达到加快数据查询效率的目的。

重点和难点

▶视图的概念

▶视图的创建

▶索引的概念

▶索引的创建

6.1 视图

视图（View）是数据库中的一个对象，它是数据库管理系统提供给用户的以多种角度观察数据库中数据的一种重要机制。本节主要介绍视图的概念、创建及管理。

6.1.1 视图概述

在数据库的三级模式中，模式是数据库中全体数据的逻辑结构，对应到 SQL Server 数据库中的概念就是基本表结构，数据库的数据存储在基本表中。当不同的用户需要基本表中不同的数据时，可以为每一类这样的用户建立外模式。外模式中的内容来自模式，这些内容可以是某个模式的部分数据或多个模式的组合数据，外模式对应 SQL Server 数据库中的概念就是视图。

视图是查询语句产生的结果，但它有自己的视图名，视图中的每一列也有自己的列名。视图是由数据库的一个或几个基本表（或视图）中选取出来的数据组成的逻辑窗口，是基本表的部分行和列数据的组合。它与基本表不同的是，视图是一个“虚表”，数据库中只存储视图的定义，而不存储视图所包含的数据，这些数据仍存放在原来的基本表中。当基本表中的数据发生变化时，从视图中查询出的数据也随之变化，视图数据始终与基本表中的数据保持一致。视图可以从一个或多个基本表或视图中提取数据，从而避免了数据的重复存储，节省了存储空间。视图与基本表之间的关系如图 6-1 所示。

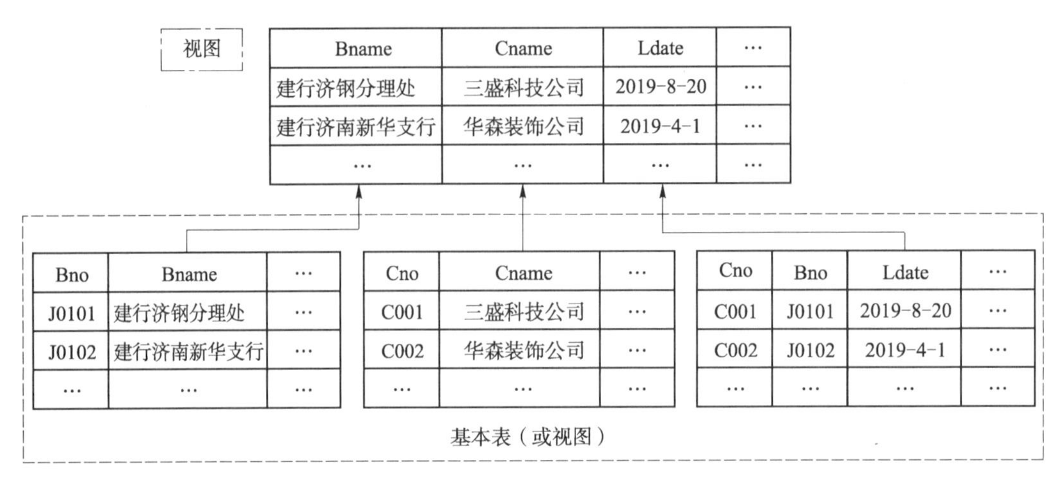

图 6－1　视图与基本表之间的关系

1. 视图的内容

一般来说，视图可以包括以下内容：

（1）基本表的行和列的子集，即视图可以是基本表的一部分；

（2）两个或多个基本表的联合，即视图可以是多个基本表 SELECT 检索的纵向联合；

（3）两个或多个基本表的连接，即对多个基本表进行横向连接；

（4）基本表的统计汇总，即视图可以是基本表经过各种复杂运算的结果集；

（5）另外一个视图的子集，即视图可以是另外一个视图的一部分；

（6）视图和基本表的混合。

视图还可以在不同数据库的不同表上建立，一个视图最多可以引用 1024 个字段。通过视图检索数据时，SQL Server 将进行检查，以确保语句在任何地方所引用的所有数据对象都存在，视图的名字放在 Sysobjects 系统表中。

2. 视图的分类

在 SQL Server 中，视图的类型分为标准视图、索引视图和分区视图三类。

（1）标准视图也就是普通视图，存储的是 SELECT 查询语句。这类视图主要是组合一个或多个表中的数据，重点是简化数据操作。

（2）索引视图是一种特殊的视图，即建立聚集索引的视图。在第一次使用索引视图时，SQL Server 将会把索引视图的结果存储在数据库中。索引视图可以显著地提高某些查询的性能。通常，索引视图适用于查询，不太适用于经常变更的基本表。

（3）分区视图也是一种特殊的视图。所谓分区视图，就是利用分区的概念，将分布在服务器间的分布数据进行连接而组成的视图。在分区视图中，数据看起来好像来自同一张表。当然，如果这些分区数据都在一个服务器上，那么分区视图就退化为一个本地分区视图。

6.1.2　创建视图

在 SQL Server 中，用户可以通过三种方式创建视图：第一种是使用 Transact－SQL 语句创建视图；第二种是使用 SQL Server Management Studio 创建视图；第三种是使用模板创建视图。本节只介绍前两种创建视图的方法。

1. 使用 Transact - SQL 语句创建视图

定义视图的 Transact - SQL 语句为 CREATE VIEW，其一般语法格式如下：

```
CREATE VIEW <视图名>[(列名[,…n])]
[WITH ENCRYPTION]
AS
<子查询>
[WITH CHECK OPTION]
```

以上语法格式及参考说明如下。

（1）子查询可以是任意 SELECT 语句。但要注意，AS 后面只能有一条 SELECT 语句。子查询通常不包含 ORDER BY（除非在子查询的选择列表中有 TOP 子句）子句、DISTINCT 子句及 INTO 关键字，不能引用临时表或表变量。

（2）WITH ENCRYPTION：对 sys. syscommments 表中包含 CREATE VIEW 文本的条目进行加密。使用 WITH ENCRYPTION 可防止在 SQL Server 复制过程中发布视图。

（3）WITH CHECK OPTION：针对视图执行的所有数据修改语句都必须符合在子查询中设置的条件。通过视图修改行时，WITH CHECK OPTION 可确保提交修改后，仍可通过视图看到数据。如果在子查询中的任何位置使用了 TOP，那么不能指定 WITH CHECK OPTION。

（4）在定义视图时要么指定视图的全部列名，要么全部省略不写，不能只写视图的部分列名。如果省略了“列名”部分，那么视图的列名与查询语句中查询结果显示的列名相同。但在以下三种情况下必须明确指定组成视图的所有列名：

①某个查询列不是简单的列名，而是函数或表达式，并且没有为这样的列起别名；

②多表连接时选出了几个同名列作为视图的列；

③需要在视图中为某一列选用新的更合适的列名。

例 6 - 1 创建基于单张表的视图。要求创建经济性质为“国营”的客户信息视图。

```
CREATE VIEW V_C
AS
SELECT Cno,Cname,Ccaptical,Crep   FROM CustomerT   WHERE Cnature ='国营'
```

本例中的视图 V_C 省略了列名，隐含为由 SELECT 语句中的四个列名组成。

DBMS 执行 CREATE VIEW 语句的结果只是保存了视图的定义，并没有执行其中的 SELECT 语句。只有在对视图进行查询时，才按视图的定义从基本表中将数据查出。因此，可以将视图看作一张“虚表”，视图创建后，用户就可以像对基本表一样对视图进行查询了。例如，利用视图 V_C 查询经济性质为“国营”且注册资金大于等于 1000 万元的客户信息，代码如下：

```
SELECT * FROM V_C   WHERE Ccaptical > =1000
```

查询结果如图 6 - 2 所示。

例 6 - 2 创建使用 WITH CHECK OPTION 选项的视图。要求创建“招商银行”（银行名称以“招行”开头）的视图，且在通过视图进行修改和插入操作时仍须保证该视图只有“招商银行”的信息。

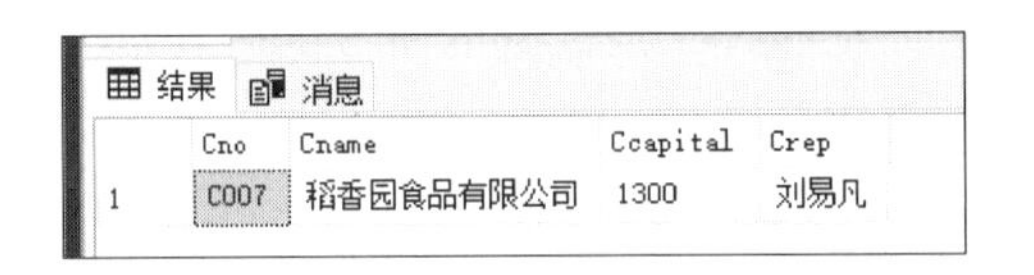

	Cno	Cname	Ccapital	Crep
1	C007	稻香园食品有限公司	1300	刘易凡

图 6-2　利用视图 V_C 的查询结果

```
CREATE VIEW V_Bank
AS
SELECT *  FROM BankT  WHERE Bname LIKE '招行%'  WITH CHECK OPTION
```

利用视图 V_Bank 查询“招商银行”信息的代码如下：

```
SELECT * FROM V_Bank
```

视图查询结果如图 6-3 所示。

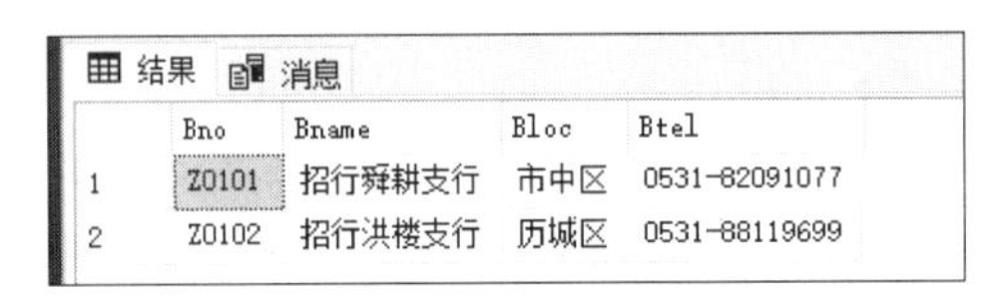

	Bno	Bname	Bloc	Btel
1	Z0101	招行舜耕支行	市中区	0531-82091077
2	Z0102	招行洪楼支行	历城区	0531-88119699

图 6-3　例 6-2 的视图查询结果

由于在定义视图 V_Bank 时加上了 WITH CHECK OPTION 子句，因此以后对该视图进行插入、更新和删除操作时，DBMS 会自动加上“Bname LIKE '招行%'”的条件。例如，通过此视图将银行“J0102”的银行名称更新为“建行济南新华分行”，执行语句如下：

```
UPDATE V_Bank
SET Bname = '建行济南新华分行'
WHERE Bno = 'J0102'                --更新失败
```

由于通过此视图将银行名称修改为“建行济南新华分行”，不符合定义视图时的 SELECT 语句中的条件，所以更新失败。

例 6-3　创建基于多张基本表的视图。要求创建查询客户名称、银行名称、贷款日期和贷款金额的视图。

```
CREATE VIEW V_Loan(客户名称,银行名称,贷款日期,贷款金额)
AS
SELECT Cname,Bname,Ldate,Lamount
FROM BankT B JOIN LoanT L ON B. Bno = L. Bno
    JOIN CustomerT C ON C. Cno = L. Cno
```

当希望为视图指定新的列名时，可以在创建视图时指定视图自己的列名，也可以在 SELECT 子句的列名后面加上列别名，效果是等价的。上面创建视图的代码也可以写成以下形式：

```
CREATE VIEW V_Loan2
AS
SELECT Cname 客户名称,Bname 银行名称,Ldate 贷款日期,Lamount 贷款金额
FROM BankT B JOIN LoanT L ON B. Bno = L. Bno
    JOIN CustomerT C ON C. Cno = L. Cno
```

利用视图 V_Loan 查询客户“三盛科技公司”在“建行济南新华支行”的贷款情况，

代码如下：

```
SELECT * FROM V_Loan
WHERE 客户名称 ='三盛科技公司' AND 银行名称 ='建行济南新华支行'
```

查询结果如图 6 -4 所示。

	客户名称	银行名称	贷款日期	贷款金额
1	三盛科技公司	建行济南新华支行	2018-03-02 00:00:00	8.00
2	三盛科技公司	建行济南新华支行	2019-08-20 00:00:00	10.00

图 6 -4　例 6 -3 的视图查询结果

例 6 -4　创建基于视图的视图。要求基于视图 V_Loan（见例 6 -3）创建在“招行洪楼支行”贷款的客户名称、贷款日期和贷款金额的视图。

```
CREATE VIEW V_BankLoan
AS
SELECT 客户名称,贷款日期,贷款金额 FROM V_Loan  WHERE 银行名称 ='招行洪楼
支行'
```

如果要利用视图 V_BankLoan 查询客户“三盛科技公司”在“招行洪楼支行”的贷款情况，代码如下：

```
SELECT *  FROM V_BankLoan  WHERE 客户名称 ='三盛科技公司'
```

查询结果如图 6 -5 所示。

	客户名称	贷款日期	贷款金额
1	三盛科技公司	2019-04-01 00:00:00	15.00

图 6 -5　例 6 -4 的视图查询结果

例 6 -5　创建带虚拟列的视图。创建查询客户代码、银行代码和贷款年份的视图。

```
CREATE VIEW V_LoanYear(Cno,Bno,Lyear)
AS
SELECT Cno,Bno, YEAR(Ldate)  FROM LoanT
```

等价于：

```
CREATE VIEW V_LoanYear
AS
SELECT Cno,Bno, YEAR(Ldate) Lyear  FROM LoanT
```

定义基本表时，为了减少数据库中的冗余数据，表中只存放了基本数据，由基本数据经过各种计算派生出的数据一般是不存储的。但由于视图中的数据并不实际存储，所以在定义视图时可以根据需要设置一些派生属性列，在这些派生属性列中保存经过计算的值。这些派生属性列由于在基本表中并不实际存在，因此，也称它们为虚拟列。包含虚拟列的视图也称为带表达式的视图。

例 6 -6　创建分组视图。要求创建每家银行的平均贷款金额的视图。

```
CREATE VIEW V_AVG_Loan(Bno, AVG_Lamount)
AS
SELECT Bno,AVG(Lamount)  FROM LoanT  GROUP BY Bno
```

等价于：

```
CREATE VIEW V_AVG_Loan
AS
SELECT Bno,AVG(Lamount) AVG_Lamount  FROM LoanT  GROUP BY Bno
```

由于 SELECT 语句中含有聚合函数，所以要么给出该视图的所有属性列，要么给出 SELECT 子句中的聚合函数对应列的别名。

下面利用视图 V_AVG_Loan 查询平均贷款金额超过 500 万元的银行名称，代码如下：

```
SELECT Bname
FROM V_AVG_Loan V JOIN BankT B ON B. Bno = V. Bno
WHERE AVG_Lamount > 500
```

查询结果如图 6－6 所示

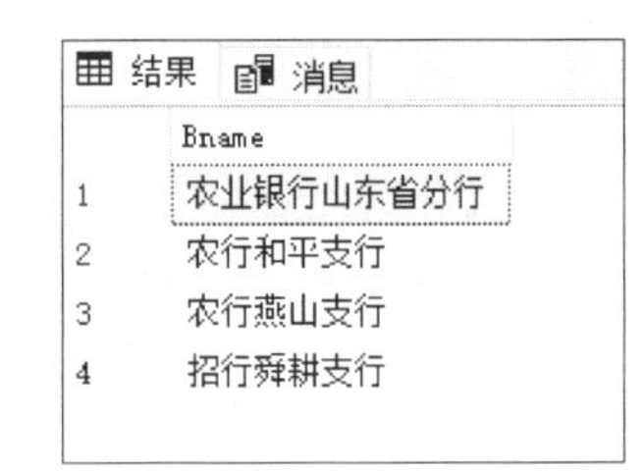

	Bname
1	农业银行山东省分行
2	农行和平支行
3	农行燕山支行
4	招行舜耕支行

图 6－6 视图 V_AVG_Loan 查询结果

需要注意的是，尽管本视图的子查询语句是分类汇总语句，但此时视图 V_AVG_Loan 实际上是一个二维表（虚表），对其行进行筛选需要用关键字 WHERE，不能用 HAVING，一定要和前面讲的分组汇总中对分组结果的筛选区分开来。

要查询"平均贷款金额超过 500 万元的银行名称"，也可以直接基于基本表进行查询，代码如下：

```
SELECT Bname  FROM BankT
WHERE Bno IN(SELECT Bno FROM LoanT GROUP BY Bno HAVING AVG(Lamount) >500)
```

但如果经常需要查询这方面的统计信息，显然基于视图 V_AVG_Loan 的查询可以大大简化查询人员的工作量，并可以提高编程效率。

例 6－7 创建使用 WITH ENCRYPTION 选项的视图。要求创建查询每家银行的贷款情况的视图，显示银行代码、贷款客户数和贷款情况。当贷款客户数大于 3 时，贷款情况为"多"；当贷款客户数为 2 或 3 时，贷款情况为"一般"；当贷款客户数为 1 时，贷款情况为"少"；当贷款客户数为 0 时，贷款情况为"无客户贷款"。

```
CREATE VIEW V_LE_Loan(银行代码,贷款客户数,贷款情况)
WITH ENCRYPTION
AS
SELECT B. Bno,COUNT(DISTINCT Cno),
CASE
  WHEN COUNT(DISTINCT Cno) >3 Then '多'
  WHEN COUNT(DISTINCT Cno) BETWEEN 2 AND 3 Then '一般'
  WHEN COUNT(DISTINCT Cno) =1 Then '少'
  WHEN COUNT(DISTINCT Cno) =0 Then '无客户贷款'
END
FROM BankT B LEFT JOIN LoanT L ON B. Bno = L. Bno
GROUP BY B. Bno
```

此例中，视图在定义时通过使用 WITH ENCRYPTION 来加密定义语句。通过下面的操作可以体会 WITH ENCRYPTION 的作用。

在对象资源管理器中展开数据库 LoanDB，然后展开“视图”节点，会看到与其他视图不同的是，视图 V_LE_Loan 的图标左下角加了一把锁，如图 6－7 所示。右击视图 V_LE_Loan，弹出的快捷菜单中的“设计”命令显示为不可操作。在该快捷键菜单中选择“编写视图脚本为”→“CREATE 到”命令，或者选择“编写视图脚本为”→“Alter 到”命令，或者选择“编写视图脚本为”→“DROP 和 CREATE 到”命令，系统都将显示无访问权限，也就是说，经过加密后的视图，用户无法查看和修改其原始定义。

图 6－7　加密后的视图 V_LE_Loan

2. 使用 SQL Server Management Studio 创建视图

使用 SQL Server Management Studio 创建视图其实就是使用视图设计器创建视图。下面以创建视图 V_LoanDate 为例介绍如何使用视图设计器设计视图。视图 V_LoanDate 的功能是查询 2019 年 1 月 1 日后（包括 2019 年 1 月 1 日）的贷款信息，具体创建步骤如下。

（1）在对象资源管理器中展开数据库 LoanDB 节点，右击“视图”节点，在弹出的快捷菜单中选择“新建视图”命令，打开如图 6－8 所示的“添加表”对话框。

图 6－8　“添加表”对话框

（2）从“添加表”对话框中选择定义视图所需的三张表 BankT、CustomerT 和 LoanT。之后，单击“添加”按钮，视图设计器的“关系图”窗格就出现了所选的三张表及其联系，在“SQL”窗格中也自动出现了相应的三张表连接的查询语句。单击“添加表”对话框中的“关闭”按钮关闭此对话框，返回视图设计器，如图 6－9 所示。

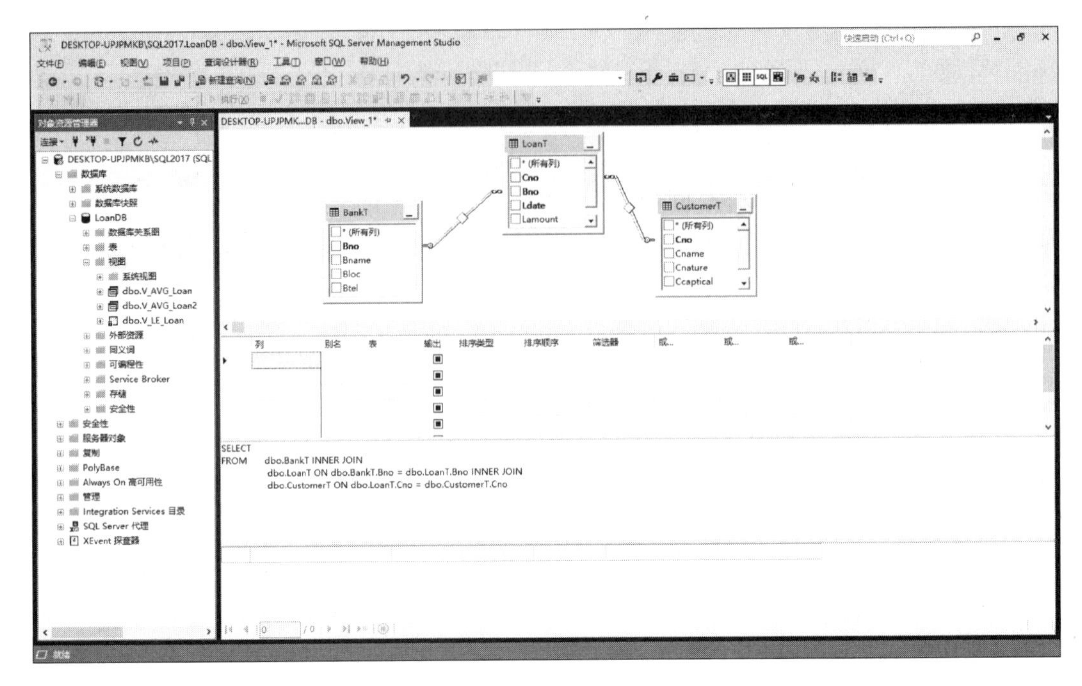

图 6－9　添加视图引用表后的视图设计器

（3）如图 6－10 所示，在视图设计器的“关系图”窗格中选择定义视图所需的列。选择完毕后在“条件”窗格会出现所选择的列，接着，在“条件”窗格的对应 Ldate 列的筛选器中填写筛选条件：Ldate > = '2019－1－1'。此时，“SQL”窗格中已经自动生成了定义视图的查询语句。

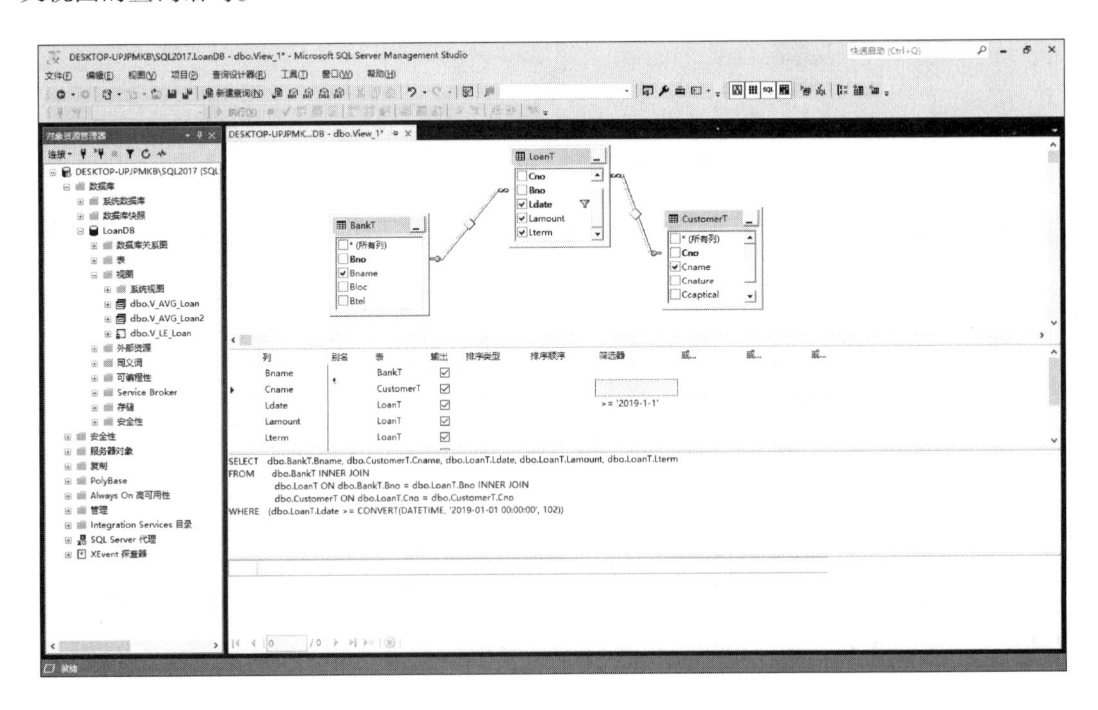

图 6－10　设计定义视图的查询语句

(4) 单击 SQL Server Management Studio 工具栏中的“执行”按钮，在视图设计器的“结果”窗格中就会出现视图的执行结果，如图 6-11 所示。

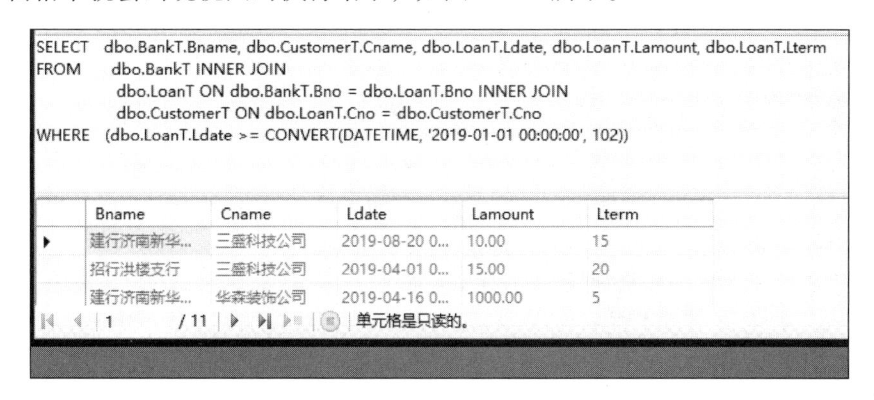

图 6-11　执行结果

(5) 单击 SQL Server Management Studio 工具栏中的“保存”按钮，在弹出的如图 6-12 所示的对话框中输入视图的名称，单击“确认”按钮，完成视图 V_LoanDate 的创建。

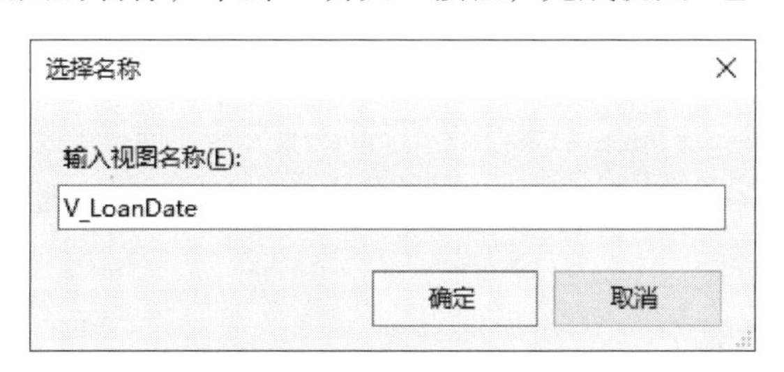

图 6-12　保存定义的视图

6.1.3 管理视图

管理视图的操作主要包括修改视图、删除视图和重命名视图等。

1. 修改视图

定义视图后，如果其结构不能满足用户的要求，那么可以对其进行修改。这里介绍在 SQL Server 中修改视图的两种方法：第一种方法是使用 ALTER VIEW 语句修改视图；第二种方法是使用 SQL Server Management Studio 修改视图。

使用 ALTER VIEW 语句修改视图的语法格式如下：

```
ALTER VIEW <视图名>[(列名[,…n])]
AS
  <子查询>
```

从语法格式中可以看出，修改视图的语句与定义视图的语句基本是一样的，只是将 CREATE VIEW 改成了 ALTER VIEW。该语句实际上相当于先删除旧视图，然后再创建一个新视图。

例 6-8　修改例 6-6 定义的视图 V_AVG_Loan，修改后的视图为查询在“历下区”的每家银行的平均贷款金额的视图。

```
ALTER VIEW V_AVG_Loan(Bno,AVG_Lamount)
AS
SELECT B. Bno,AVG(Lamount)
FROM LoanT L JOIN BankT B ON L. Bno = B. Bno
WHERE Bloc = '历下区'
GROUP BY B. Bno
```

下面以修改例6－6定义的视图V_AVG_Loan为例介绍使用SQL Server Management Studio修改视图的方法。

（1）利用视图设计器修改视图。在对象资源管理器中展开数据库LoanDB，然后选择“视图”节点。右击该节点下的视图V_AVG_Loan，在弹出的快捷菜单中选择“设计”命令，弹出“视图设计器”窗口，在该窗口的操作同创建视图的操作，修改完成后单击工具栏的“保存”按钮对该视图进行保存即可。

（2）利用脚本修改视图。在要修改的视图上单击鼠标右键，从弹出的快捷菜单中选择“编写视图脚本为”→“Alter到”→“新查询编辑器窗口”命令，打开如图6－13所示的代码编辑器；在代码编辑器中对视图修改语句进行编辑，编辑完成后，单击工具栏上的“执行”按钮，即可完成对该视图的修改。

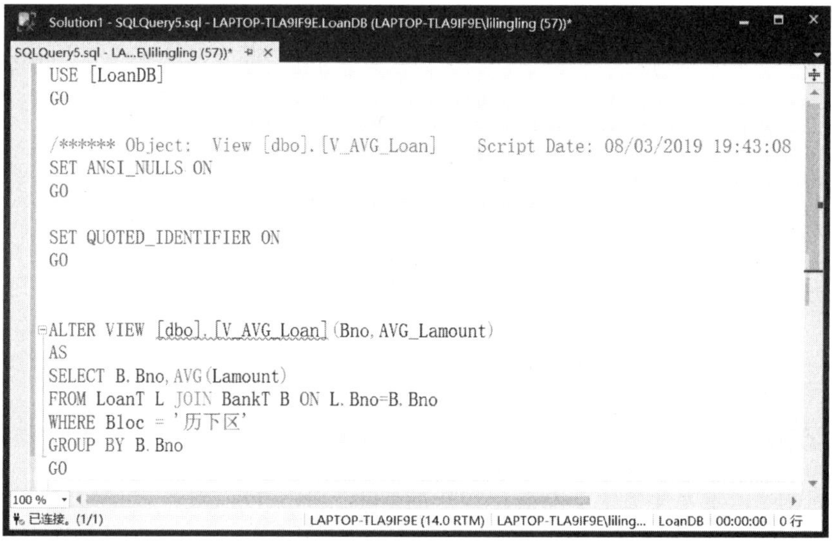

```
USE [LoanDB]
GO

/****** Object:  View [dbo].[V_AVG_Loan]    Script Date: 08/03/2019 19:43:08
SET ANSI_NULLS ON
GO

SET QUOTED_IDENTIFIER ON
GO


ALTER VIEW [dbo].[V_AVG_Loan](Bno,AVG_Lamount)
AS
SELECT B.Bno,AVG(Lamount)
FROM LoanT L JOIN BankT B ON L.Bno=B.Bno
WHERE Bloc = '历下区'
GROUP BY B.Bno
GO
```

图6－13　利用脚本修改视图

2. 删除视图

删除视图通常使用Transact－SQL语句和SQL Server Management Studio两种方式完成。删除视图的Transact－SQL语句的语法格式如下：

```
DROP VIEW <视图名>
```

例6－9　删除例6－1定义的V_C视图。

```
DROP VIEW V_C
```

使用 SQL Server Management Studio 删除视图的步骤如下：

（1）展开给定数据库下的“视图”节点，在要删除的视图上单击鼠标右键；

（2）在弹出的快捷菜单中选择“删除”命令，在弹出的“删除对象”对话框中，单击“删除”按钮即可删除视图。

注意：如果被删除的视图是其他视图的数据源，如前面的视图 V_BankLoan 就是定义在视图 V_Loan 之上的，那么删除视图 V_Loan，其导出视图 V_BankLoan 不会被删除，但是将无法再使用；同样，如果视图引用的基本表被删除了，视图也将无法使用但不会被删除。若被删除的视图或表重新被建立，那么其导出视图也可以使用了。因此，在删除基本表和视图时一定要注意是否存在引用被删除对象的视图，如果有的话，那么请根据情况谨慎处理。

3. 重命名视图

这里介绍两种在 SQL Server 中重命名视图的方法：第一种是使用系统存储过程 sp_rename 重命名视图；第二种是使用 SQL Server Management Studio 重命名视图。

例 6－10 使用系统存储过程 sp_rename 将视图 'V_C' 重命名为 'V_Customer'。

```
EXEC sp_rename 'V_C','V_Customer'
```

使用 SQL Server Management Studio 重命名视图的步骤如下：

（1）在对象资源管理器中展开要重命名的视图所在的数据库，然后展开“视图”节点；

（2）右击该节点下要重命名的视图；

（3）在弹出的快捷菜单中选择“重命名”命令；

（4）直接在光标所在的位置修改视图名。

6.2 索引

索引包含从表或视图中的一个或多个列生成的键，以及映射到指定数据的存储位置的指针。通过创建设计良好的索引以支持查询，可以显著提高数据库查询效率和应用程序的性能。索引还可以强制表中的行具有唯一性，从而确保表数据的数据完整性。本节将介绍索引的概念、分类以及索引的创建与删除。

6.2.1 索引概述

1. 索引的基本概念

索引是对数据库表中一列或多列的值进行排序的一种结构，在数据库中建立索引的目的是加快数据的查询速度。

可以为表中的单个列建立索引，也可以为一组列建立索引。例如，假设在表 CustomerT 的 Cname 列上建立了一个索引（索引项为 Cname），则在索引部分就有指向每个客户所对应的存储位置信息，如图 6－14 所示。

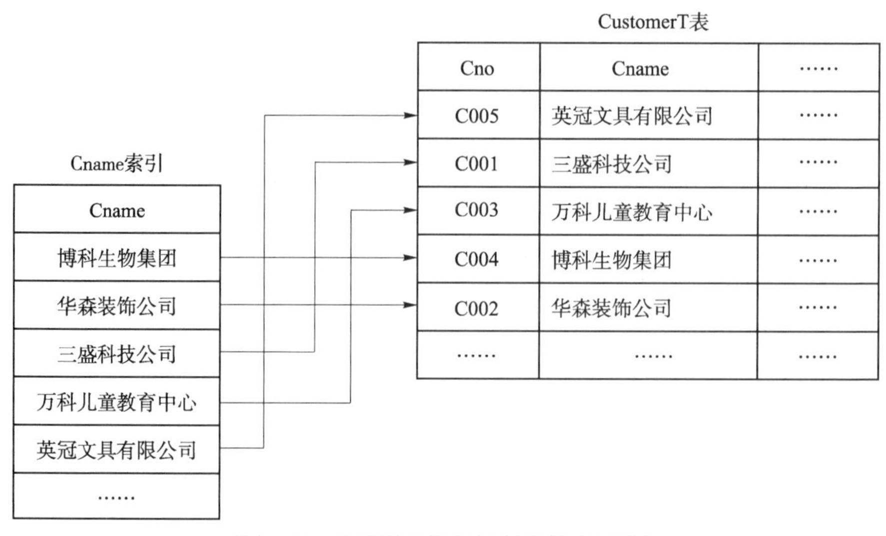

图 6-14　索引及数据间的对应关系示意图

当数据库管理系统执行一个在表 CustomerT 上，根据指定的客户名称查找该客户信息的查询时，它能够识别 Cname 列为索引列，并首先在索引部分（按客户名称有序存储）查找该客户名称；然后，根据找到的客户名称指向的数据的存储位置，直接检索出需要的信息。如果没有索引，那么数据库管理系统需要从 CustomerT 表的第一行开始，逐行检索指定的 Cname 值。从数据结构的算法知识我们知道，有序数据的查找比无序数据的查找效率要高很多。

但索引为查找所带来的性能好处是有代价的。首先，索引在数据库中会占用一定的存储空间。其次，在对数据进行插入、更改和删除操作时，为了使索引与数据保持一致，还需要对索引进行相应维护，对索引的维护是需要花费时间的。因此，利用索引提高查询效率是以空间和数据更改时间的增加为代价的。在设计和创建索引时，应确保对性能的提高程度大于在存储空间和处理资源方面的代价。

2. 索引的分类

索引分为两大类，一类是聚集索引（Clustered Index，也称为聚簇索引），另一类是非聚集索引（Non-Clustered Index，也称为非聚簇索引）。聚集索引对数据按索引关键字进行物理排序，非聚集索引不对数据进行物理排序，图 6-14 所示的索引即为非聚集索引。聚集索引和非聚集索引一般都采用 B 树结构来存储索引项，而且都包含数据页和索引页，其中索引页存放索引项和指向下一层的指针，数据页用来存放数据。

1）聚集索引

聚集索引顺序与表中数据行的物理存储顺序完全相同。索引定义中包含聚集索引列；每个表只能有一个聚集索引，因为数据行本身只能按一个顺序排序。聚集索引一般创建在表中经常搜索的列上或按顺序访问的列上。在默认情况下，SQL Server 为主关键字约束自动创建聚集索引。

2）非聚集索引

非聚集索引具有独立于数据行的结构。非聚集索引包含非聚集索引键值，并且每个键值项都包含一个指向该键值对应数据行的指针。非聚集索引与图书后边的术语表类似，图书中使用术语的内容在书中处于一个位置（某页、某行、某列），术语表位于另一个地方。内容并不按术语表的顺序出现，但术语表中的每个词在书中都有确切的位置。非聚集索引就类似于术语表，而数据就类似于一本书的内容。

6.2.2 创建索引

用户可以使用 Transact - SQL 语句创建和删除索引，也可以在 SQL Server Management Studio 中用图形化的方法创建和删除索引。

1. 用 Transact - SQL 语句创建索引

确定索引列之后，用户即可在数据库的表上创建索引。创建索引使用 CREATE INDEX 语句，其一般语法格式如下：

```
CREATE [UNIQUE][CLUSTERED|NONCLUSTERED]
INDEX 索引名 ON 表名(列名[ASC|DESC][,…n])
```

以上语法格式及参数说明如下。

◇ UNIQUE 表示要创建的索引是唯一索引，若省略该项，则创建非唯一索引。

◇ CLUSTERED 表示要创建的索引是聚集索引；NONCLUSTERED 表示要创建的索引是非聚集索引，默认为非聚集索引。

◇ ASC | DESC 指定索引列的升序或降序排序方式，默认值为 ASC。

◇ 若没有指定索引类型，则默认创建非唯一非聚集索引。

例 6 - 11 在表 BankT 的 Bname 列上创建一个非聚集索引。

```
CREATE INDEX Bname_Index
ON BankT (Bname)
```

例 6 - 12 在数据库 test 的表 Employee（例 5 - 46 建立）的 Eno 列上创建一个唯一聚集索引。

```
USE test
CREATE UNIQUE CLUSTERED INDEX Eno_Index
ON Employee (Eno)
```

2. 用 SQL Server Management Studio 创建索引

可以使用 SQL Server Management Studio 对象资源管理器中的“新建索引”对话框创建独立于约束的索引。在该对话框中必须指定索引的名称、表及应用该索引的列，还可以指定索引选项和索引的位置、文件组或分区方案。在默认情况下，如果未指定聚集和唯一选项，那么将创建非聚集的非唯一索引。

例 6 - 13 在 SQL Server Management Studio 中，创建表 BankT 的 Bname 列上的非聚集索引，步骤如下。

（1）在对象资源管理器中展开要创建索引的表 BankT，右击“索引”命令，在弹出的快捷菜单中选择“新建索引”命令，如图 6 - 15 所示。因为该表建立时已为其建立主键，系统会自动为该表创建聚集索引，因此目前“聚集索引”命令不可用。选择“非聚集索引”命令，打开“新建索引”对话框，如图 6 - 16 所示。

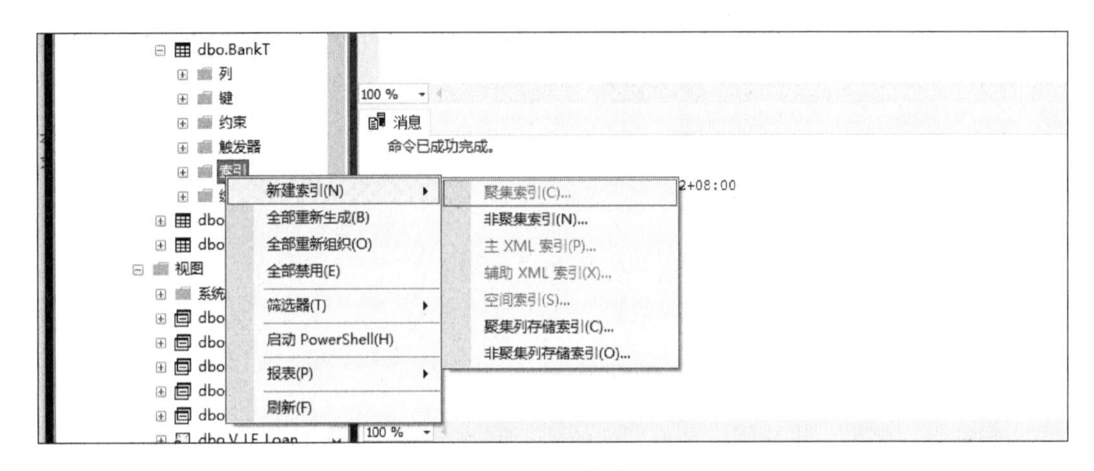

图 6－15　新建索引

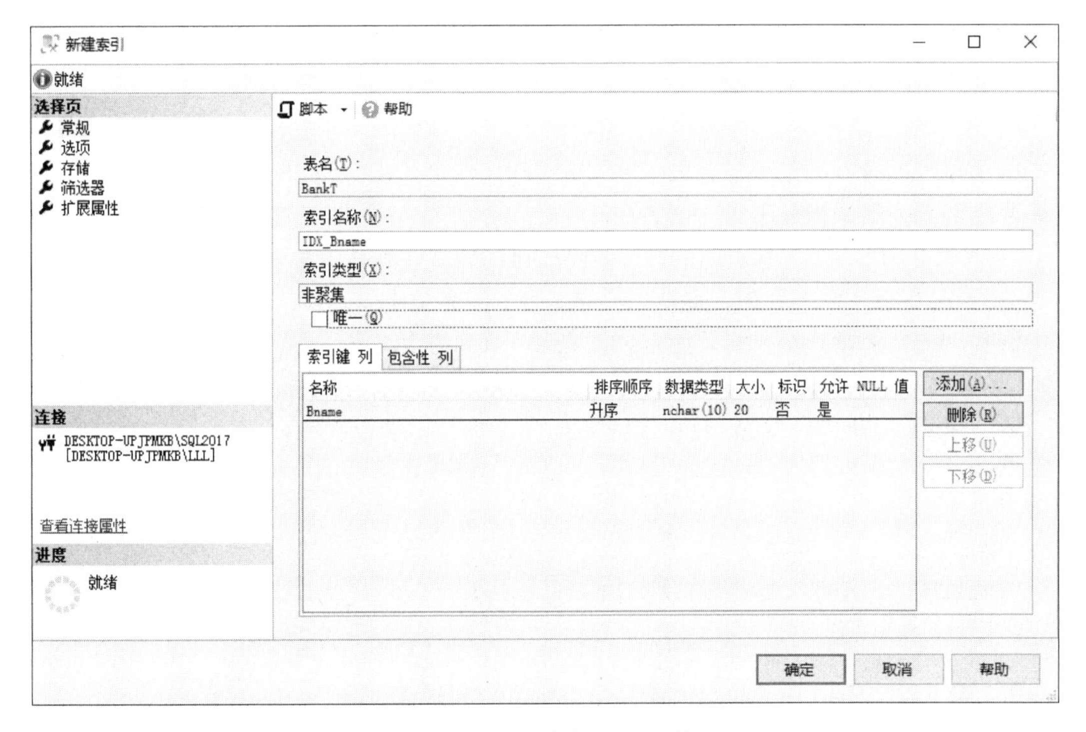

图 6－16　“新建索引”对话框

（2）在“索引名称”字段中，输入索引的名称 IDX_Bname。

（3）在“索引类型”下拉列表中，选择“非聚集”选项；且允许重名，不选择“唯一”复选框。

（4）指定为其创建索引的列，单击“添加”按钮，弹出“从 'dbo. BankT' 选择列”对话框（若为其他表创建索引，'dbo. BankT' 会换成创建索引的表的名字）。

（5）在“从 'dbo. BankT' 选择列”对话框中，单击对应的复选框选择要建立索引的列，在此选择 Bname 列。完成后，单击“确定”按钮，回到“新建索引”对话框。

（6）这时可以在“索引键　列”网格中看到刚才选择的列。可以修改“排列顺序”为“升序”或“降序”，默认为“升序”，如图 6－16 所示。

（7）单击“确定”按钮，完成该索引的创建。

6.2.3 删除索引

索引一经建立，就由数据库管理系统自动使用和维护，不需要用户干预。建立索引是为了加快数据的查询效率，但如果需要频繁地对数据进行增、删、改操作，那么系统会花费很多时间来维护索引，这会降低数据的修改效率；另外，存储索引需要占用额外的空间，这也增加了数据库的空间开销。因此，当不再需要某个索引时，应将其删除。

删除索引的 Transact - SQL 语句是 DROP INDEX 语句。其一般语法格式如下：

```
DROP INDEX <索引名> ON <表名>
```

其中，<表名>为要删除索引的表的名字。

例 6 - 14 删除 BankT 表中的 Bname_Index 索引。

```
DROP INDEX Bname_Index
ON BankT
```

在 SQL Server Management Studio 删除索引的方法如下。

（1）在对象资源管理器中，展开包含具有指定索引的表的数据库，再展开“表”，然后展开该表的“索引”项。

（2）右击要删除的索引，在弹出的快捷菜单中选择“删除”命令，如图 6 - 17 所示。

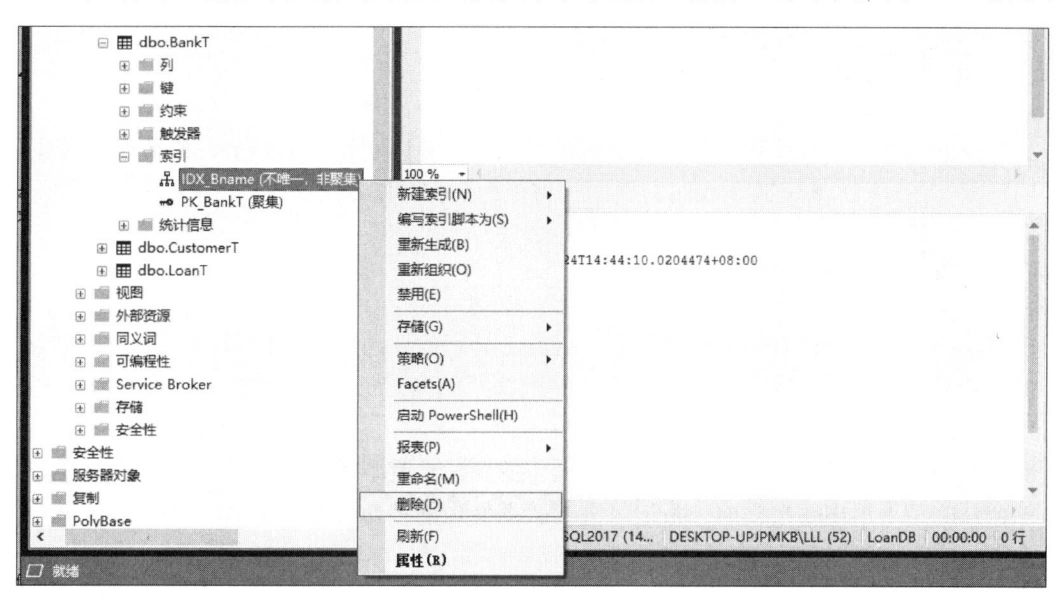

图 6 - 17 删除索引

（3）在弹出的“删除索引”对话框中，确认选择的是要删除的索引，然后单击“确定”按钮，即可将该索引删除。

需要注意的是，不应该在一个表上建立过多的索引（一般不超过 3 个），索引能改善查询效率，但也耗费了磁盘空间，降低了更新操作的性能，因为系统必须花时间来维护这些索引。除为数据的完整性而建立的唯一索引外，建议在表较大时再建立普通索引，表中的数据越多，索引的优越性才越明显。

第 7 章

游标

游标作为数据库中的重要对象，是一种可以定位到结果集中的某一行进行按行处理的重要机制。利用游标，可以对数据进行读/写，也可以移动游标定位到所需要的行中进行数据操作。

重点和难点

▶游标的概念

▶游标的分类

▶游标的使用

7.1 游标概述

在数据库操作中，常常需要从某一结果集中逐一地读取每一条记录，那么如何解决这种问题呢？游标（Cursor）为我们提供了一种极为优秀的解决方案。

7.1.1 游标的基本概念

使用游标可以完成对结果集中的每一行或部分行的单独处理。使用游标时，系统为用户专门开设一个数据缓冲区，存放 SQL 语句的执行结果。每个游标区都有一个名字，用户可以用 SQL 语句逐一从游标中获取记录，并赋给主变量，进而交给主语言做进一步处理。游标提供的这种对表中检索出的数据进行操作的手段，就本质而言，是一种能从包括多条数据记录的结果集中每次提取一条记录进行数据处理的重要机制。

游标的组成如图 7－1 所示。

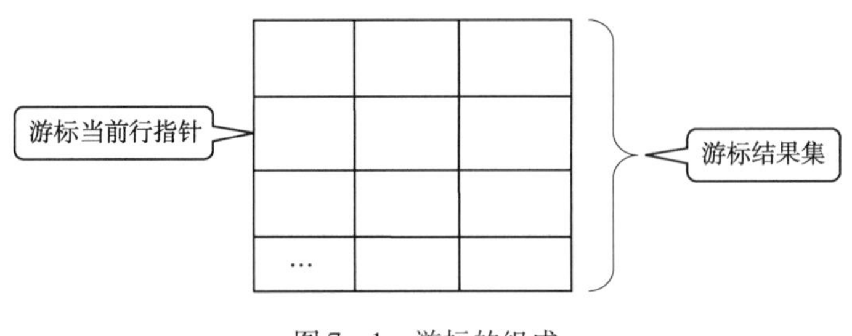

图 7－1　游标的组成

游标总是与一条 Transact - SQL 查询语句相关联，包括如下两部分内容。

（1）游标结果集：由定义游标的 SELECT 语句返回的结果集合（可以是零条、一条或多条记录）。

（2）游标当前行指针：指向该结果集中的某一行的指针。

总体来看，游标具有如下特点。

（1）允许定位结果集中的特定行。

（2）允许从结果集中的当前位置检索一行或多行。

（3）支持对结果集中的当前行的数据进行修改。

（4）为由其他用户对显示在结果集中的数据所做的更改提供不同级别的可见性支持。

事实上，如果没有游标，Transact - SQL 语句也可以完成从后台数据库查询多条记录的复杂操作，但是游标所具有的占用系统资源少、操作灵活、可根据需要定义变量类型和访问类型（私有或公共）等功能和特点，为数据库的开发带来了很大的便利。

7.1.2 游标的类型

SQL Server 支持三种类型的游标：Transact - SQL 游标、API 游标和客户游标。

由于 Transact - SQL 游标和 API 游标使用在服务器，所以被称为服务器游标，也称为后台游标，而客户游标被称为前台游标。在本章中我们主要讲述服务器游标。

1. Transact - SQL 游标

Transact - SQL 游标是由 DECLARE CURSOR 语法定义的，主要用于 Transact - SQL 脚本、存储过程和触发器。Transact - SQL 游标在服务器上实现，并由从客户端发送给服务器的 Transact - SQL 语句管理。

2. API 游标

API 游标支持在 OLE DB、ODBC 及 DB_Library 中使用。API 游标在服务器上实现。每次客户端应用程序调用 API 游标时，MS SQL Server OLE DB 提供程序、ODBC 驱动程序或 DB_Library 的动态链接库（DLL）都会将这些客户请求传送给服务器，以便对 API 游标进行操作。

3. 客户游标

客户游标主要用于在客户机上缓存结果集。在客户游标中，有一个默认的结果集被用来在客户机上缓存整个结果集。由于服务器游标并不支持所有的 Transact - SQL 语句或批处理，所以客户游标常常仅被用作服务器游标的辅助。

7.2 游标使用

7.2.1 使用游标的基本操作步骤

使用游标包含五个基本步骤：声明游标、打开游标、提取数据、关闭游标和释放游标。使用游标的一般过程如图 7-2 所示。在使用游标之前，还需要声明一些变量，用来存储通过游标提取到的结果集。

1. 声明游标

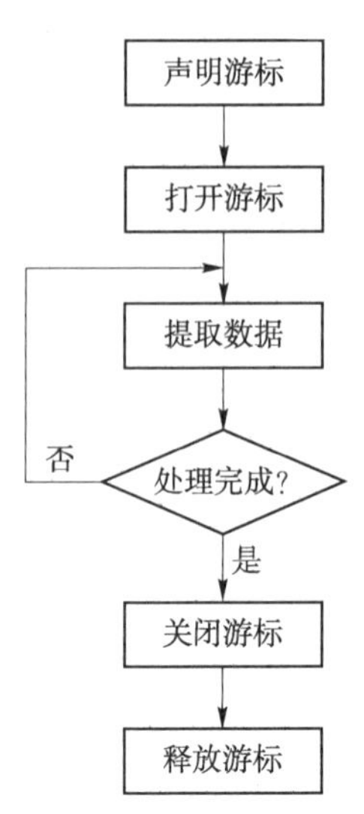

图 7-2 使用游标的一般过程

就像使用其他类型的变量一样，在使用一个游标之前，应当先声明它。游标的声明包括两部分：游标名称和整个游标所用到的 Transact-SQL 语句。声明游标的语句是 DECLARE CURSOR，语法格式如下：

```
DECLARE cursor_name [INSENSITIVE][SCROLL] CURSOR
   FOR <SELECT-查询块>
   [FOR READ ONLY|UPDATE [OF column_name [,…n]]]
```

以上语法格式及参数说明如下。

（1）cursor_name：游标名称，即为声明的游标所取的名字。

（2）INSENSITIVE：使用 INSENSITIVE 定义的游标，把它提取出来的数据存入一个在 tempdb 数据库中创建的临时表。任何通过这个游标进行的操作，都在这个临时表里进行。所有对基本表的改动都不会在用游标进行的操作中体现出来。若不用 INSENSITIVE 关键字，则用户对基本表所进行的任何操作都将在游标中得到体现。

（3）SCROLL：指定所有的提取选项（FIRST、LAST、PRIOR、NEXT、RELATIVE、ABSOLUTE）均可用，允许删除和更新（假定没有使用 INSENSITIVE 选项）。

（4）FOR READ ONLY：游标为只读，不允许通过只读游标进行数据的更新。

（5）FOR UPDATE [OF column_name [，…n]]：游标是可修改的。

该语句用 <SELECT-查询块> 定义一个游标，它的内容是 <SELECT-查询块> 的查询结果（多个记录组成的临时表）。

例 7-1 声明一个游标，其结果集为银行表的信息。

```
DECLARE BankT_CUR SCROLL CURSOR FOR
SELECT Bno,Bname,Btel
FROM BankT
```

2. 打开游标

声明了游标后，在正式操作前，必须打开它。打开游标的语句是 OPEN，其语法格式如下：

```
OPEN cursor_name
```

其中，cursor_name 为游标名称。

执行该语句意味着执行在 DECLARE CURSOR 语句中定义的 SELECT 查询，并使游标指针指向查询结果的第一条记录。注意：只能打开已声明但还没有打开的游标。

打开游标是对数据库进行 SELECT 操作，将耗费一段时间，时间长短主要取决于使用的系统性能和这条语句的复杂程度。

例 7-2 打开在例 7-1 中声明的游标。

```
OPEN BankT_CUR
```

3. 提取数据

游标被声明和打开之后，并不能立即使用查询结果集中的数据，必须用 FETCH 语句来提取数据。FETCH 语句是游标使用的核心。一条 FETCH 语句一次可以将一条记录放入指定的变量中。具体语法格式如下：

```
FETCH [[NEXT|PRIOR|FIRST|LAST|ABSOLUTE n|RELATIVE n] FROM]
Cursor_name
[INTO @变量名[,…n]]
```

以上语法格式及参数说明如下。

（1）NEXT：如果 FETCH NEXT 是对游标的第一次提取操作，那么返回结果集中的第一行；否则使游标的指针指向结果集的下一行。NEXT 为默认的游标提取选项，也是最常用的一种方法。

（2）PRIOR：返回紧临当前行前面的数据行，并且当前行递减为结果行。如果 FETCH PRIOR 为对游标的第一次提取操作，那么没有行返回并且将游标当前行置于第一行之前。

（3）FIRST：返回游标中的第一行并将其作为当前行。

（4）LAST：返回游标中的最后一行并将其作为当前行。

（5）ABSOLUTE n：n 为一整型常量。若 n 为正数，则返回从游标第一行开始的第 n 行并将返回的行变成新的当前行；若 n 为负数，则返回从游标最后一行开始之前的第 n 行并将返回的行变成新的当前行；若 n 为 0，则没有行返回。

（6）RELATIVE n：n 为一整型常量。若 n 为正数，则返回当前行之后的第 n 行并将返回的行变成新的当前行；若 n 为负数，则返回当前行之前的第 n 行并将返回的行变成新的当前行；若 n 为 0，则返回当前行。在对游标进行第一次提取操作时，若将 n 设定为负数或 0，则没有行返回。

（7）Cursor_name：要从中提取数据的游标名称。

（8）INTO @变量名［，…n］：将提取的列数据存放到局部变量中。列表中的各个变量从左到右与游标结果集中的列对应。各变量的数据类型必须与相应结果列的数据类型匹配。变量的数目必须与游标选择列表中列的数目一致。

在默认情况下，“FETCH FROM 游标名”表示取下一条记录，即相当于：

```
FETCH NEXT FROM 游标名
```

从语法上讲，上面所述的就是一条合法的提取数据的语句，但是在使用游标时通常会把提取的结果存入相应的变量。游标一次只能从后台数据库中提取一条记录。在多数情况下，是从结果集中的第一条记录开始提取，一直到结果集末尾，所以一般要将使用游标提取数据的语句放在一个循环体（一般是 WHILE 循环）内，直到将结果集中的全部数据提取完后，跳出循环体。通过检测全局变量@@FETCH_STATUS 的值，可以得知 FETCH 语句是否提取到最后一条记录。@@FETCH_STATUS 返回 FETCH 语句执行后的游标最终状态。@@FETCH_STATUS 的取值和含义如表 7-1 所示。

表 7-1 @@FETCH_STATUS 的取值和含义

返回值	含义
0	FETCH 语句成功
-1	失败或此行不在结果集中
-2	被提取的行不存在

需要注意：@@FETCH_STATUS 返回的数据类型是 INT。

由于@@FETCH_STATUS 对于在一个连接上的所有游标是全局性的，不管是对哪个游标，只要执行一次 FETCH 语句，系统都会对@@FETCH_STATUS 全局变量赋一次值，以表明该@@FETCH_STATUS 语句的执行情况。因此，在每次执行完一条 FETCH 语句后，都应该测试一下@@FETCH_STATUS 全局变量的值，以观测当前提取游标语句的执行情况。

注意：在对游标进行提取操作前，@@FETCH_STATUS 的值没有定义。

4. 关闭游标

在打开游标后，SQL Server 服务器会专门开辟一定的内存空间存放游标操作的数据结果集；同时，使用游标时也会根据具体情况对某些数据进行封锁。所以，在不使用游标的时候，一定要关闭游标，以通知服务器释放游标所占的资源。关闭游标将完成以下的工作：

（1）释放当前的结果集；

（2）释放定位游标行的游标锁定。

关闭游标使用 CLOSE 语句，其语法格式如下：

```
CLOSE cursor_name
```

在使用 CLOSE 语句关闭游标后，系统并没有完全释放游标的资源，并且也没有改变游标的定义，当再次使用 OPEN 语句时可以重新打开此游标。

5. 释放游标

游标结构本身也会占用一定的计算资源，所以在使用完游标后，为了回收被游标占用的资源，应该将游标释放。释放游标使用 DEALLOCATE 语句，其语法格式如下：

```
DEALLOCATE cursor_name
```

该命令的功能是删除由 DECLARE 说明的游标。该命令不同于 CLOSE 命令，CLOSE 命令只是关闭游标，需要时还可以重新打开；而 DEALLOCATE 命令则是释放和删除与游标有关的数据结构和定义。释放游标后，若需要重新使用游标，则必须重新执行声明游标的语句。

例 7-3 创建一个 SCROLL 游标，演示 LAST、PRIOR、RELATIVE 和 ABSOLUTE 选项的使用。

```
/* 声明存储从游标中提取数据的变量,变量为@Bno、@Bname、@Btel,依次存放当前
游标所指记录的Bno、Bname、Btel */
    DECLARE @Bno CHAR(5),@Bname NCHAR(10),@Btel CHAR(16)
    DECLARE Bank_Scr_Cursor SCROLL CURSOR FOR    --声明游标
    SELECT Bno,Bname,Btel FROM BankT
    --①打开游标
    OPEN Bank_Scr_Cursor
    --②提取游标中的最后一行
    FETCH LAST FROM Bank_Scr_Cursor INTO @Bno,@Bname,@Btel
    PRINT '银行代码:'+@Bno+'   银行名称:'+@Bname+'   电话:'+@Btel
    --③提取游标现有行的前一行
    FETCH PRIOR FROM Bank_Scr_Cursor INTO @Bno,@Bname,@Btel
    PRINT '银行代码:'+@Bno+'   银行名称:'+@Bname+'   电话:'+@Btel
    --④提取游标数据的第二行
    FETCH ABSOLUTE 2 FROM Bank_Scr_Cursor INTO @Bno,@Bname,@Btel
    PRINT '银行代码:'+@Bno+'   银行名称:'+@Bname+'   电话:'+@Btel
    --⑤提取游标中当前行的后面第二行
    FETCH RELATIVE 2 FROM Bank_Scr_Cursor INTO @Bno,@Bname,@Btel
    PRINT '银行代码:'+@Bno+'   银行名称:'+@Bname+'   电话:'+@Btel
    --⑥提取游标中当前行的前面第二行
    FETCH RELATIVE -2 FROM Bank_Scr_Cursor INTO @Bno,@Bname,@Btel
    PRINT '银行代码:'+@Bno+'   银行名称:'+@Bname+'   电话:'+@Btel
    --关闭游标
    CLOSE Bank_Scr_Cursor
    --释放游标
    DEALLOCATE Bank_Scr_Cursor
```

执行结果如图7-3所示。

```
消息
银行代码: Z0102   银行名称: 招行洪楼支行        电话: 0531-88119699
银行代码: Z0101   银行名称: 招行舜耕支行        电话: 0531-82091077
银行代码: G0102   银行名称: 工行历山北路支行     电话: 0531-88901747
银行代码: G0104   银行名称: 工行东城支行        电话: 0531-25416325
银行代码: G0102   银行名称: 工行历山北路支行     电话: 0531-88901747
```

图7-3　例7-3执行结果

例7-3中游标的移动过程是这样的：当执行①“打开游标”命令时，游标指向SELECT结果集的第一条记录；当执行②③④⑤⑥时，依次指向如图7-4所示的记录行。

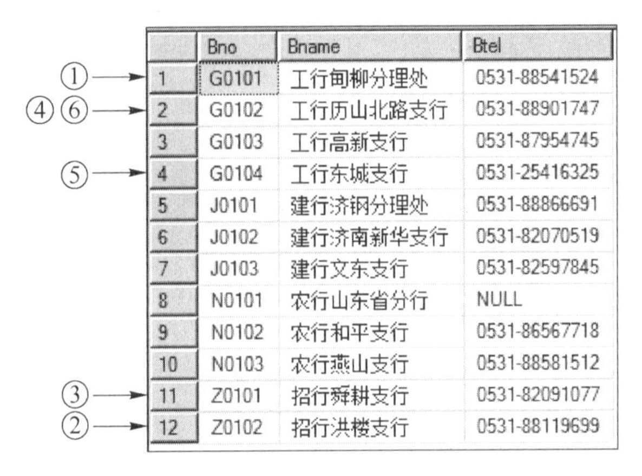

	Bno	Bname	Btel
1	G0101	工行甸柳分理处	0531-88541524
2	G0102	工行历山北路支行	0531-88901747
3	G0103	工行高新支行	0531-87954745
4	G0104	工行东城支行	0531-25416325
5	J0101	建行济钢分理处	0531-88866691
6	J0102	建行济南新华支行	0531-82070519
7	J0103	建行文东支行	0531-82597845
8	N0101	农行山东省分行	NULL
9	N0102	农行和平支行	0531-86567718
10	N0103	农行燕山支行	0531-88581512
11	Z0101	招行舜耕支行	0531-82091077
12	Z0102	招行洪楼支行	0531-88119699

图 7-4　SCROLL 游标的移动

7.2.2　游标使用实例

例 7-4　定义一个查询“工商银行”（银行名称以“工行”开头）和“建设银行”（银行名称以“建行”开头）的游标，使用 FETCH NEXT 逐个提取每行数据，并按下列形式输出：“银行代码：J0101　银行名称：建行济钢分理处 电话：0531-88866691”。

```
--声明存储从游标中提取数据的变量,变量为@Bno、@Bname、@Btel
--依次存放当前游标所指记录的Bno、Bname、Btel
DECLARE @Bno CHAR(5),@Bname NCHAR(10),@Btel VARCHAR(16)
--声明游标
DECLARE Bank_GJ_Cursor SCROLL CURSOR FOR
SELECT Bno,Bname,Btel
FROM BankT
WHERE (Bname LIKE '工行%') OR (Bname LIKE '建行%')
--打开游标
OPEN Bank_GJ_Cursor
--第1次提取游标中的数据
FETCH NEXT FROM Bank_GJ_Cursor INTO @Bno,@Bname,@Btel
--通过循环提取数据,本例中循环体将执行7次
WHILE @@FETCH_STATUS=0
  BEGIN
    PRINT '银行代码:'+@Bno+'   银行名称:'+@Bname+'   电话:'+@Btel
    FETCH NEXT FROM Bank_GJ_Cursor INTO @Bno,@Bname,@Btel
  END
--关闭游标
CLOSE Bank_GJ_Cursor
--释放游标
DEALLOCATE Bank_GJ_Cursor
```

执行结果如图 7 -5 所示。

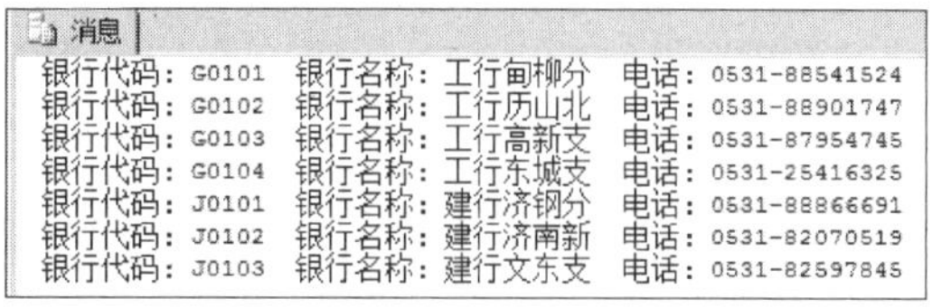

```
消息
银行代码: G0101  银行名称: 工行甸柳分  电话: 0531-88541524
银行代码: G0102  银行名称: 工行历山北  电话: 0531-88901747
银行代码: G0103  银行名称: 工行高新支  电话: 0531-87954745
银行代码: G0104  银行名称: 工行东城支  电话: 0531-25416325
银行代码: J0101  银行名称: 建行济钢分  电话: 0531-88866691
银行代码: J0102  银行名称: 建行济南新  电话: 0531-82070519
银行代码: J0103  银行名称: 建行文东支  电话: 0531-82597845
```

图 7 -5　例 7 -4 执行结果

例 7 -5　定义一个查询“农业银行”（银行名称以“农行”开头）的游标，使用 FETCH NEXT 逐个提取每行数据，并按下列形式输出：“银行代码：N0102　银行名称：农行和平支行 电话：0531 -86567718”。

```
--声明存储从游标中提取数据的变量,变量为@Bno、@Bname、@Btel,依次存放当前游标所指记录的Bno、Bname、Btel
DECLARE @Bno CHAR(5),@Bname NCHAR(10),@Btel CHAR(16)
--声明游标
DECLARE Bank_NY_Cursor SCROLL CURSOR FOR
SELECT Bno,Bname,Btel
FROM BankT
WHERE (Bname LIKE '农行%')
ORDER BY Bname
--打开游标
OPEN Bank_NY_Cursor
--第1次提取游标中的数据
FETCH NEXT FROM Bank_NY_Cursor INTO @Bno,@Bname,@Btel
--通过循环提取数据,本例中循环体将执行3次
WHILE @@FETCH_STATUS =0
  BEGIN
    PRINT '银行代码:'+@Bno+'   银行名称:'+@Bname+'   电话:'+@Btel
    FETCH NEXT FROM Bank_NY_Cursor INTO @Bno,@Bname,@Btel
  END
--关闭游标
CLOSE Bank_NY_Cursor
--释放游标
DEALOCATE Bank_NY_Cursor
```

执行结果如图 7 -6 所示。

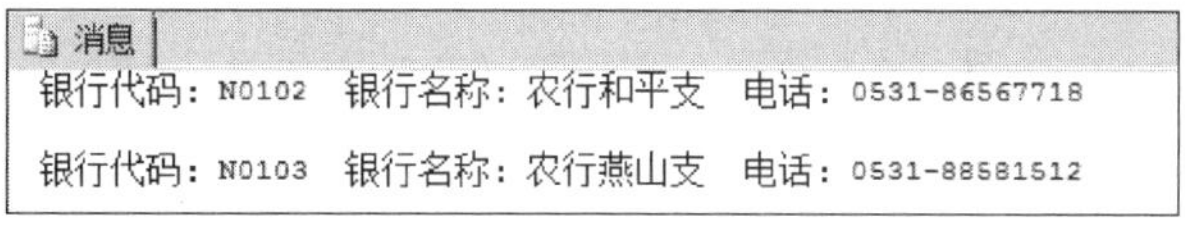

```
消息
银行代码: N0102  银行名称: 农行和平支  电话: 0531-86567718

银行代码: N0103  银行名称: 农行燕山支  电话: 0531-88581512
```

图 7 -6　例 7 -5 执行结果（一）

需要说明的是，例 7 -4 和例 7 -5 很类似，唯一的区别是例 7 -4 查询的是“工商银行”和“建设银行”，而例 7 -5 查询的是“农业银行”。但是在例 7 -5 的执行结果中出现了 1 行空行，原因是“N0101”银行的电话号码没有登记，为空值。由于空值与任何数值运算都为空值，所以表达式“'银行代码：'+@Bno+'　银行名称：'+@Bname+'　电话：'+@Btel”的运算结果就是空值，即在屏幕上显示了空行。为了避免空行的出现，可以将例 7 -5 的代码做如下修改：

```
--声明存储从游标中提取数据的变量,变量为@Bno、@Bname、@Btel,依次存放当前游标所指记录的Bno、Bname、Btel
DECLARE @Bno CHAR(5),@Bname NCHAR(10),@Btel CHAR(16)
--声明游标
DECLARE Bank_NY_Cursor SCROLL CURSOR FOR
SELECT Bno,Bname,Btel
FROM BankT
WHERE (Bname LIKE '农行%')
ORDER BY Bname
--打开游标
OPEN Bank_NY_Cursor
--第1次提取游标中的数据
FETCH NEXT FROM Bank_NY_Cursor INTO @Bno,@Bname,@Btel
--通过循环提取数据
WHILE @@FETCH_STATUS=0
  BEGIN
 IF @Btel IS NULL
    PRINT '银行代码:'+@Bno+'  银行名称:'+@Bname+'  电话:未填'
 ELSE
    PRINT '银行代码:'+@Bno+'  银行名称:'+@Bname+'  电话:'+@Btel
 FETCH NEXT FROM Bank_NY_Cursor INTO @Bno,@Bname,@Btel
  END
--关闭游标
CLOSE Bank_NY_Cursor
--释放游标
DEALLOCATE Bank_NY_Cursor
```

代码中加了方框的地方即为修改的地方。执行结果如图 7 -7 所示。

```
消息
银行代码: N0102  银行名称: 农行和平支  电话: 0531-86567718
银行代码: N0101  银行名称: 农行山东省  电话: 未填
银行代码: N0103  银行名称: 农行燕山支  电话: 0531-88581512
```

图 7 -7　例 7 -5 执行结果（二）

例 7 -6　用游标实现如图 7 -8 所示的报表形式。该报表统计每个客户的贷款情况，只考虑有贷款记录的客户，每个客户的贷款记录需要先按照银行名称的升序排列，再按贷款日期的升序排列。

```
消息
三盛科技公司的贷款情况如下：
银行名称            贷款日期        贷款金额（万元）      贷款期限（年）
建行济南新华支行    03  2 2018          8                    5
建行济南新华支行    08 20 2019          10                   15
招行洪楼支行        04  1 2019          15                   20

华森装饰公司的贷款情况如下：
银行名称          贷款日期        贷款金额（万元）        贷款期限（年）
工行甸柳分理处    10 12 2018        600                    20
建行济南新华支行  04 16 2019        1000                   5
农行和平支行      03  9 2018        1000                   5
农行燕山支行      05  9 2018        800                    15
招行舜耕支行      08  6 2019        2000                   10
招行洪楼支行      07  3 2018        1500                   10

万科儿童教育中心的贷款情况如下：
银行名称          贷款日期      贷款金额（万元）      贷款期限（年）
工行东城支行      08 20 2019      400                   20
建行济钢分理处    05 14 2019      30                    5
```

图 7-8　例 7-6 报表形式

```
1 DECLARE @Cno CHAR(5), @Cname NVARCHAR(20)
2 DECLARE @Bname NCHAR(10), @Ldate SMALLDATETIME, @Lamount numeric(8,
2),@Lterm INT
 --声明游标 C_Cursor
3 DECLARE C_Cursor CURSOR FOR
4 SELECT DISTINCT C.Cno,Cname
5 FROM CustomerT C JOIN LoanT L ON C.Cno = L.Cno
 --打开游标 C_Cursor
6 OPEN C_Cursor
 --提取数据
7 FETCH NEXT FROM C_Cursor INTO @Cno,@Cname
8 WHILE @@FETCH_STATUS = 0
9  BEGIN
10     PRINT @Cname + '的贷款情况如下:'
11     PRINT '银行名称  贷款日期  贷款金额(万元)  贷款期限(年)'
    --游标 C_Loan_Cursor
    --声明游标 C_Loan_Cursor
12   DECLARE C_Loan_Cursor CURSOR FOR
13   SELECT Bname,Ldate,Lamount,Lterm
14   FROM BankT B JOIN LoanT L ON B.Bno = L.Bno
15   WHERE Cno = @Cno
16   ORDER BY Bname,Ldate
    --打开游标 C_Loan_Cursor
```

```
17  OPEN C_Loan_Cursor
    --提取数据
18  FETCH NEXT FROM C_Loan_Cursor INTO @Bname, @Ldate, @Lamount,@Lterm
19  WHILE @@FETCH_STATUS =0
20   BEGIN
21      PRINT @Bname + '    ' + CAST(@Ldate AS CHAR(10)) + '    ' + CAST(@Lamount AS CHAR(6)) +CAST(@Lterm AS CHAR(3))
22      FETCH NEXT FROM C_Loan_Cursor INTO @Bname, @Ldate, @Lamount, @Lterm
23  END
24  CLOSE C_Loan_Cursor    --关闭游标 C_Loan_Cursor
25  DEALLOCATE C_Loan_Cursor    --释放游标 C_Loan_Cursor
    —**************************************************
26  PRINT ''    --空行
27  FETCH NEXT FROM C_Cursor INTO @Cno,@Cname
28 END
29 CLOSE C_Cursor    --关闭游标 C_Cursor
30 DEALLOCATE C_Cursor    --释放游标 C_Cursor
```

此例需要注意以下几个问题。

（1）第3行至第5行代码说明：由于题目中要求只考虑有贷款记录的客户，所以在声明的游标 C_Cursor 的 SELECT 语句中需要通过多表连接或子查询确定有贷款记录的客户，本例使用的是多表连接，注意 SELECT 后面的 DISTINCT 关键字不能省略。这三行代码也可以写成：

```
SELECT Cno,Cname   FROM CustomerT WHERE Cno IN   (SELECT Cno   FROM LoanT)
```

（2）同一个执行单元里，可以使用多个游标，本例就是使用了两个游标 C_Cursor 和 C_Loan_Cursor。请注意每个游标的作用区域。其中，游标 C_Cursor 的作用区域是从第3行到第30行代码，游标 C_Loan_Cursor 的作用区域是从第12行到第25行代码。

（3）在第21行代码中要注意通过函数 CAST 进行相应的类型转换。由于在 Transact-SQL 中，系统不会自动将数值型数据、日期时间型数据转换成字符串型数据，所以需要通过使用函数 CAST 来进行强制类型转换。

例7-7　查询每家银行总贷款金额最多的前两名（包括并列的情况）客户的贷款信息。列出银行名称、客户名称和总贷款金额，报表形式如图7-9所示。

```
消息
工行甸柳分理处        总贷款金额最多的前两名客户贷款信息
客户名称                总贷款金额（万元）
华森装饰公司              600
稻香园食品有限公司        390

建行济南新华支行      总贷款金额最多的前两名客户贷款信息
客户名称                总贷款金额（万元）
华森装饰公司              1000
飘美广告有限公司          350

农行山东省分行        总贷款金额最多的前两名客户贷款信息
客户名称                总贷款金额（万元）
健康药业集团              890
稻香园食品有限公司        120

农行和平支行          总贷款金额最多的前两名客户贷款信息
客户名称                总贷款金额（万元）
华森装饰公司              1000
稻香园食品有限公司        640
```

图 7-9　例 7-7 报表形式

```
--声明存储从游标中提取的数据的变量
DECLARE @Cno CHAR(5), @Cname NCHAR(20),@Sum_Lamount numeric(8,2)
DECLARE @Bno Char(5),@Bname NCHAR(12)
--声明游标 Bank_Cursor
DECLARE Bank_Cursor CURSOR FOR
SELECT Bno,Bname
FROM BankT
WHERE Bno IN  (SELECT BNO FROM LoanT)
OPEN Bank_Cursor  --打开游标 Bank_Cursor
--提取数据
FETCH NEXT FROM Bank_Cursor INTO @Bno,@Bname
WHILE @@FETCH_STATUS =0
  BEGIN
    PRINT @Bname +'总贷款金额最多的前两名客户贷款信息'
    PRINT '客户名称                    总贷款金额(万元)'
    -- ************************************************
    ---声明游标 Bank_TOP_Cursor
    DECLARE Bank_TOP_Cursor CURSOR FOR
    SELECT TOP 2 WITH TIES Cno,Sum(Lamount)
    FROM LoanT
    WHERE Bno =@Bno
    GROUP BY Cno
    ORDER BY Sum(Lamount) DESC
    --打开游标 Bank_TOP_Cursor
    OPEN Bank_TOP_Cursor
    --提取数据
    FETCH NEXT FROM Bank_TOP_Cursor INTO @Cno,@Sum_Lamount
    WHILE @@FETCH_STATUS =0
      BEGIN
```

```
        --获取对应的客户名称
        SELECT @ Cname = Cname FROM CustomerT WHERE Cno = @ Cno
        PRINT @ Cname + '    ' + CAST( @ Sum_Lamount AS CHAR(10) )
        FETCH NEXT FROM Bank_TOP_Cursor INTO @ Cno,@ Sum_Lamount
      END
    CLOSE Bank_TOP_Cursor                    --关闭游标 Bank_TOP_Cursor
    DEALLOCATE Bank_TOP_Cursor               --释放游标 Bank_TOP_Cursor
    --  ******************************************************
    PRINT ''                                 --输出空行
    FETCH NEXT FROM Bank_Cursor INTO @ Bno,@ Bname
  END
CLOSE Bank_Cursor                            --关闭游标 Bank_Cursor
DEALLOCATE Bank_Cursor                       --释放游标 Bank_Cursor
```

7.3 使用游标进行更新和删除操作

在 Transact - SQL 中，游标不仅可以用来浏览查询结果，还可以用 UPDATE 语句更新游标对应的当前行或用 DELETE 语句删除对应的当前行。要使用游标进行数据的修改，前提条件是该游标必须被声明为可修改的游标。在声明游标时，没有带 READ ONLY 关键字的游标都是可修改的游标。

7.3.1 更新操作

使用游标进行更新操作的语法格式如下：

```
UPDATE <表名> SET 列名 = <表达式> [ ,…n]
WHERE CURRENT OF <游标名>
```

例 7－8 使用游标修改表 BankT 中银行代码为“N0102”的银行记录，将其电话修改为“0531 －82786543”。

```
--声明游标
DECLARE Upd_Cursor CURSOR FOR
SELECT * FROM BankT WHERE Bno = 'N0102'
OPEN Upd_Cursor                              --打开游标
FETCH NEXT FROM Upd_Cursor                   --提取数据
--修改当前游标指向的记录
UPDATE BankT SET Btel = '0531 - 82786543'  WHERE CURRENT OF Upd_Cursor
CLOSE Upd_Cursor                             --关闭游标
DEALLOCATE Upd_Cursor                        --释放游标
```

执行此代码后，在 SQL Server Management Studio 中查询表 BankT，会发现“N0102”

银行的电话确实被修改为“0531 - 82786543”。

7.3.2 删除操作

使用游标进行删除操作的语法格式如下：

```
DELETE FROM <表名>
WHERE CURRENT OF <游标名>
```

利用 WHERE CURRENT OF <游标名>进行的修改或删除操作只影响表的当前行。

例 7-9 使用游标删除表 BankT 中银行代码为“G0102”的银行记录。

```
--声明游标
DECLARE Delete_Cursor CURSOR FOR
SELECT * FROM BankT WHERE Bno = 'G0102'
OPEN Delete_Cursor                                  --打开游标
FETCH NEXT FROM Delete_Cursor                       --提取数据
DELETE BankT WHERE CURRENT OF Delete_Cursor         --修改当前游标指向的记录
CLOSE Delete_Cursor                                 --关闭游标
DEALLOCATE Delete_Cursor                            --释放游标
```

执行此代码后，在 SQL Server Management Studio 中查询表 BankT，会发现银行代码为“G0102”的银行记录已经被删除。

第 8 章

存储过程和触发器

在 SQL Server 数据库中，存储过程和触发器都是 SQL 语句和流程控制语句的集合。存储过程由 SQL Server 服务器执行，应用程序只需要调用它就可以实现某个特定的功能任务，可以通过用户、其他存储过程和触发器调用执行。触发器是一类特殊的存储过程，通常定义在表上，当该表的相应事件发生时自动执行，用于实现强制业务规则和数据完整性控制。

本章将介绍存储过程和触发器的基本概念，以及它们的创建、执行和管理等基本操作。

重点和难点

▶ 存储过程的创建和使用

▶ 触发器的创建和使用

8.1 存储过程

存储过程通常用来执行管理任务或者应用复杂的业务规则，由 SQL 语句和过程控制语句组成。存储过程存储在数据库服务器上，是独立于数据表之外的数据库对象。存储过程通常在第一次执行时进行编译，编译好的代码保存在高速缓存中以供用户调用，只需编译一次，可多次执行。

8.1.1 存储过程概述

存储过程（Stored Procedure）是存储在 SQL Server 数据库中的一种编译对象。它是一组为了完成特定功能的 SQL 语句集。这些 SQL 语句经编译后存储在数据库中，可以被客户机管理工具、应用程序、其他存储过程调用，可以实现参数传递。用户通过指定存储过程的名称并给出参数（如果该存储过程有参数）来执行它。

1. 存储过程的分类

按照存储过程的定义主体，存储过程可以分为以下几类。

1）系统存储过程

系统存储过程由 SQL Server 系统定义，主要用于从系统表中获取信息，如列出服务器上的所有数据库、查看某个表的所有信息、添加或修改登录账户的密码等，为系统管理员管理 SQL Server 提供支持。从物理意义上讲，系统存储过程一般存储在 master 数据库中，并且带有“sp_”前缀。从逻辑上讲，系统存储过程出现在每一个系统数据库和用户数据库的 sys 构架中。

创建一个新数据库时，系统会在新数据库中自动创建一些系统存储过程。在使用系统存储过程时，SQL Server 首先在当前数据库中寻找，如果没有找到，那么再到 master 数据库中查找并执行。

2）用户自定义存储过程

用户自定义存储过程是由用户自己创建并完成某一特定功能的存储过程，可以接收输入参数、向客户端返回表格或者标量结果和消息、调用 DDL 语句和 DML 语句、返回输出参数等。

3）扩展存储过程

扩展存储过程是指 SQL Server 实例动态加载和运行的动态链接库 DLL，通常由外部程序语言编写，以“xp_”为前缀命名。其主要用于获取系统信息，如查看系统上可用的磁盘空间、查看某个子目录下所有子目录的结构、获取某个文件的属性等。

4）临时存储过程

临时存储过程名称以“#”和“##”为前缀，“#”表示本地临时存储过程，“##”表示全局临时存储过程。临时存储过程存储在 tempdb 数据库中。当 SQL Server 关闭后，所有临时存储过程被自动删除。

5）远程存储过程

远程存储过程是在远程数据库服务器中创建和存储的存储过程。这些存储过程可被各种服务器访问，向具有相应许可权的用户提供服务，远程存储过程不参与事务处理。

2. 常用的系统存储过程

SQL Server 的系统存储过程主要包括用于数据库引擎常规维护的数据库引擎存储过程、用于设置数据库性能的系统维护存储过程等，下面介绍几种常用的系统存储过程。

（1）sp_helpdb 用于查看有关指定数据库或所有数据库的信息。其语法格式如下：

```
[EXEC] sp_helpdb [[@dbname =] 'name']
```

该存储过程查看由 name 指定的数据库的信息；若省略参数，则查看所有数据库的信息。

例 8-1 查看数据库 LoanDB 的相关信息。

```
EXEC sp_helpdb LoanDB
```

查询结果包括了数据库名字、大小、所有者、创建时间、文件等相关信息，代码中的 EXEC 也可以省略。

（2）sp_helptext 用于显示规则、默认值、未加密的存储过程、用户定义函数、触发器或视图的文本。其语法格式如下：

```
[EXEC]sp_helptext [@objname =] 'name'
```

例 8-2　查看例 6-3 在数据库 LoanDB 中创建的视图 V_Loan 的文本。

```
EXEC sp_helptext V_Loan
```

（3）sp_renamedb 更改数据库的名称。其语法格式如下：

```
[EXEC] sp_renamedb  [@dbname = ] ' old_name ' , [@newname = ] ' new_name '
```

例 8-3　将数据库 test 改名为 saling。

```
sp_renamedb 'test', 'saling'
```

（4）sp_rename 更改当前数据库中用户创建的对象（如表、列或用户自定义数据类型）的名称。其语法格式如下：

```
[EXEC]sp_rename [@objname = ] 'object_name' , [@newname = ] 'new_name'
```

例 8-4　考察 saling 数据库，将其中的表 customer 改名为 cust，然后再将该表中的列 Ctel 改名为 phone，代码如下：

```
sp_rename 'customer','cust'
GO
sp_rename 'cust. Ctel','phone'
GO
```

8.1.2　创建和执行存储过程

创建存储过程可以通过以下两种方法来进行。

1. 使用 SQL Server Management Studio 创建存储过程

利用 SQL Server Management Studio 创建存储过程就是创建一个模板，通过改写模板创建存储过程。具体参考步骤如下。

（1）启动 SQL Server Management Studio，在对象资源管理器中展开“数据库”→“LoanDB”→“可编程性”节点。

（2）如图 8-1 所示，右击“存储过程”节点，在弹出的快捷菜单中选择“新建”→“存储过程”命令。

图 8-1　选择“新建”→“存储过程”命令

（3）系统弹出新建存储过程模板，如图 8－2 所示，用户可以参照模板在其中输入合适的 Transact－SQL 语句。

```
QLQuery6.sql -...UPJPMKB\LLL (55))    SQLQuery5.sql -...UPJPMKB\LLL (53))
-- ================================================
-- Template generated from Template Explorer using:
-- Create Procedure (New Menu).SQL
--
-- Use the Specify Values for Template Parameters
-- command (Ctrl-Shift-M) to fill in the parameter
-- values below.
--
-- This block of comments will not be included in
-- the definition of the procedure.
-- ================================================
SET ANSI_NULLS ON
GO
SET QUOTED_IDENTIFIER ON
GO
-- =============================================
-- Author:      <Author,,Name>
-- Create date: <Create Date,,>
-- Description: <Description,,>
-- =============================================
CREATE PROCEDURE <Procedure_Name, sysname, ProcedureName>
    -- Add the parameters for the stored procedure here
    <@Param1, sysname, @p1> <Datatype_For_Param1, , int> = <Default_Value_For_Param1, , 0>,
    <@Param2, sysname, @p2> <Datatype_For_Param2, , int> = <Default_Value_For_Param2, , 0>
AS
BEGIN
    -- SET NOCOUNT ON added to prevent extra result sets from
    -- interfering with SELECT statements.
    SET NOCOUNT ON;

    -- Insert statements for procedure here
    SELECT <@Param1, sysname, @p1>, <@Param2, sysname, @p2>
END
GO
```

图 8－2　新建存储过程模板

（4）单击工具栏中的“执行”按钮，即可将存储过程保存在数据库中。

（5）刷新“存储过程”子目录，可以观察到下方出现了新建的存储过程。

2. 使用 CREATE PROCEDURE 语句创建存储过程

数据库的所有者可以创建存储过程，也可以授权其他用户创建存储过程。但需要注意，CREATE PROCEDURE 语句不能与其他 SQL 语句组合到单个批处理中。通常创建存储过程时，应指定所有输入参数和向调用过程或批处理返回的输出参数、执行数据库操作的编程语句，以及返回至调用过程或批处理以表明成功或失败的状态值。

1）无参数的存储过程

使用 CREATE PROCEDURE 语句创建不带参数的存储过程，语法格式如下：

```
CREATE  PROCEDURE  <存储过程名>
        [WITH  {RECOMPILE|ENCRYPTION|RECOMPILE, ENCRYPTION  }]
AS
        sql_statement [...n]
```

以上语法格式及参数说明如下。

◇ 存储过程的名称必须符合标识符规则，且对于数据库及其所有者必须唯一。

◇ RECOMPILE 选项用于指定 SQL Server 不保存该过程的执行计划，该存储过程将在每次运行时重新编译。

◇ ENCRYPTION 选项用于指定 SQL Server 将 CREATE PROCEDURE 语句的原始文本转换为加密格式，用户无法通过 sp_helptext 系统存储过程查看加密的存储过程定义。

◇ sql_statement […n] 是指构成过程主体的一个或多个 SQL 语句，可以使用可选的 BEGIN 和 END 关键字将这些语句括起来。

例 8-5 在银行贷款数据库 LoanDB 中，创建一个存储过程 up_TopLoans，要求查询贷款总金额排名前 5 笔和后 5 笔的贷款金额和对应的客户名称。

```
CREATE PROCEDURE up_TopLoans
AS
  BEGIN
      SELECT TOP 5   Lamount, Cname
      FROM   CustomerT, LoanT
      WHERE CustomerT. Cno = LoanT. Cno
      ORDER BY Lamount DESC;
      SELECT TOP 5   Lamount, Cname
      FROM   CustomerT, LoanT
      WHERE CustomerT. Cno = LoanT. Cno
      ORDER BY Lamount ASC;
  END
```

执行上述语句以后，存储过程 up_TopLoans 即可在数据库中创建，并存储在服务器中。对存储在服务器上的存储过程，可以使用 EXECUTE 命令执行它，其语法格式如下：

```
EXEC[ UTE]   <存储过程名>
```

其中，关键字 EXECUTE 可简写为 EXEC。

例 8-6 在 SQL Server Management Studio 中执行存储过程 up_TopLoans。

```
USE LoanDB
GO
EXECUTE   up_TopLoans --或者:EXEC   up_TopLoans
GO
```

2）有参数的存储过程

使用 CREATE PROCEDURE 语句创建带参数的存储过程，语法格式如下：

```
CREATE   PROCEDURE   <存储过程名>
    [ { <参数名称>   <数据类型> }   [ =default] [ OUTPUT] ] [ ,…n] ]
    [ WITH {RECOMPILE|ENCRYPTION|RECOMPILE , ENCRYPTION} ]
AS
    sql_statement [ …n]
```

以上语法格式及参数说明如下。

◇ 可以声明一个或多个参数。必须使用“@”符号作为第一个字符来指定参数名称，参数名称必须符合标识符的规则。

◇ 默认情况下，参数只能代替常量，而不能用于代替表名、列名或其他数据库对象的名称。

◇ default 为参数的默认值。如果为参数定义了默认值，那么无须指定此参数的值即可执行存储过程。默认值必须是常量或 NULL。如果存储过程中对该参数使用 LIKE 关键字，那么默认值中可以包含通配符（% 、_）。

◇ OUTPUT 选项用于指定参数是输出参数。该参数的值可以返回给存储过程的调用方。通常 text、ntext 和 image 类型不能用作 OUTPUT 参数。

◇ 除了使用 OUTPUT 参数，也可以使用 return 语句返回值。

例 8－7 在银行贷款数据库 LoanDB 中，创建一个存储过程 up_SearchLoan，要求该存储过程有一个输入参数，用于接收客户名称。执行该存储过程时，将根据输入的客户名称列出该客户所有的贷款信息。

```
CREATE PROCEDURE up_SearchLoan   @custName   varchar(20)
AS
    SELECT  CustomerT.Cname, LoanT.*
    FROM  CustomerT, LoanT
    WHERE CustomerT.Cno = LoanT.Cno
          and CustomerT.Cname = @custName
```

对于带参数的存储过程，执行时应该提供参数值。可以采用以下两种方式。

（1）按位置传递参数。在调用存储过程时，直接给出参数值。如果多于一个参数，给出的参数值要与定义的参数顺序一致，但是此种形式必须提供所有的参数值。

（2）使用参数名称传递参数。在调用存储过程时，可以使用@parameter = value 的形式传递参数值。

采用此方式，参数多于一个时，给出的参数顺序可以与定义的参数顺序不一致，还可以省略那些已提供默认值的参数。

例 8－8 在 SQL Server Management Studio 中执行存储过程 up_SearchLoan。

```
USE LoanDB
GO
EXECUTE   up_SearchLoan   '华森装饰公司'
GO
```

或：

```
USE LoanDB
GO
EXECUTE   up_SearchLoan @custName = '华森装饰公司'
GO
```

例 8－9 在银行贷款数据库 LoanDB 中，创建一个存储过程 up_SearchLoanOutput，要求该存储过程有一个输入参数，用于接收客户名称；有一个输出参数，用于返回该客户的贷款总额。执行该存储过程时，将根据输入的客户名称列出该客户所有的贷款信息，并返回该客户的贷款总额。

```
CREATE PROCEDURE up_SearchLoanOutput  @custName  varchar(20),
@avgLamount  numeric(10,2)  OUTPUT
AS
  BEGIN
          SELECT  CustomerT.Cname,LoanT.*
          FROM  CustomerT, LoanT
          WHERE CustomerT.Cno = LoanT.Cno
          and CustomerT.Cname = @custName
          SELECT@avgLamount = SUM(Lamount)
          FROM  CustomerT, LoanT
          WHERE CustomerT.Cno = LoanT.Cno
          and CustomerT.Cname = @custName
  END
```

例8－10 执行存储过程 up_SearchLoanOutput，并打印其输出参数。

```
USE LoanDB
GO
DECLARE  @avg  numeric(10,2)
EXECUTE  up_SearchLoanOutput '华森装饰公司',@avg OUTPUT
PRINT '该客户的贷款总额为:' + STR(@avg)
GO
```

输出存储过程处理结果，除可以使用 output 输出参数外，还可以像其他程序设计语言一样使用 return 语句。

例8－11 在银行贷款数据库 LoanDB 中，创建一个存储过程 up_SearchLoanReturn，要求该存储过程带一个输入参数，用于接收客户名称。执行该存储过程时，将根据输入的客户名称列出该客户的所有贷款信息，并使用 return 语句返回该客户的贷款总额。

```
CREATE PROCEDURE up_SearchLoanReturn  @custName  varchar(20)
AS
  DECLARE  @avgLamount  numeric(10,2)
  BEGIN
          SELECT  CustomerT.Cname,LoanT.*
          FROM  CustomerT, LoanT
          WHERE CustomerT.Cno = LoanT.Cno
          and CustomerT.Cname = @custName
          SELECT@avgLamount = SUM(Lamount)
          FROM  CustomerT, LoanT
          WHERE CustomerT.Cno = LoanT.Cno
          and CustomerT.Cname = @custName
          RETURN @avgLamount
  END
```

例 8－12 在 SQL Server Management Studio 中执行存储过程 up_SearchLoanReturn。

```
USE LoanDB
GO
DECLARE @avg numeric(10,2)
EXECUTE @avg = up_SearchLoanReturn '华森装饰公司'
PRINT '该客户的贷款总额为:' + STR(@avg)
GO
```

8.1.3 存储过程的修改和删除

1. 修改存储过程

存储过程的修改可以使用 SQL Server Management Studio。在 SQL Server Management Studio 的对象资源管理器中右击要修改的存储过程，在弹出的快捷菜单中选择“修改”命令，即可打开对应的窗口进行修改。存储过程也可以使用 ALTER PROCEDURE 语句修改，其语法格式如下：

```
ALTER PROCEDURE <存储过程名>
    [{<参数名称> <数据类型>} [=default][OUTPUT]][,…n]
    [WITH {RECOMPILE|ENCRYPTION|RECOMPILE, ENCRYPTION}]
AS
    sql_statement [...n]
```

该语句中各参数的要求和用法与 CREATE PROCEDURE 语句中各参数的要求和用法相同。

例 8－13 修改例 8－7 创建的存储过程 up_SearchLoan，要求该存储过程的输入参数用于接收客户名称。执行该存储过程时，列出该客户的所有贷款的贷款日期和贷款金额。

```
ALTER PROCEDURE up_SearchLoan @custName varchar(20)
AS
    SELECT Ldate,Lamount
    FROM CustomerT, LoanT
    WHERE CustomerT.Cno = LoanT.Cno
            and CustomerT.Cname = @custName
```

2. 删除存储过程

存储过程的删除可以使用 SQL Server Management Studio。在 SQL Server Management Studio 的对象资源管理器中右击要删除的存储过程，在弹出的快捷菜单中选择“删除”命令即可。存储过程也可以使用 DROP 语句删除，其语法格式如下：

```
    DROP PROCEDURE <存储过程名>
```

例 8 - 14　删除例 8 - 7 中创建的存储过程 up_SearchLoan。

```
USE LoanDB
GO
DROP  PROCEDURE  up_SearchLoan;
GO
```

存储过程被创建后，可以使用 SQL Server 提供的系统存储过程查看其信息，如使用 sp_help 查看存储过程的名称、拥有者、类型和创建时间；使用 sp_helptext 查看存储过程的定义信息；使用 sp_depends 查看存储过程的相关性。

8.2　触发器

8.2.1　触发器概述

1. 触发器的概念

触发器（Trigger）是用户定义在关系表上的一类由事件自动触发执行的特殊存储过程。触发器不能被 EXECUTE 命令显式调用执行，不带参数，在满足一定条件下由相应事件自动激活。触发器可以包含复杂的 Transact - SQL 语句，其控制能力比第 3 章介绍的完整性约束更灵活，可以实施更为复杂的检查和操作，具有更精细和更强大的数据控制能力。

触发器技术是保证数据完整性的高级技术，还可以用于实现复杂的业务逻辑规则，用于对系统的高级监测，确保系统正常运行。

2. 触发器的种类

SQL Server 提供了三种类型的触发器：DML 触发器、DDL 触发器和登录触发器。本书重点介绍第一类触发器。

1）DML 触发器

DML 触发器是在执行 DML 事件时被激活而自动执行的触发器，即当数据库服务器对数据表中的数据进行插入、更新或删除（INSERT、UPDATE 或 DELETE）操作时自动运行的触发器。该类触发器与表紧密相连，可以看作表定义的一部分。该类触发器按触发被激活的时机可以分为两种类型：AFTER 触发器和 INSTEAD OF 触发器。

AFTER 触发器，又称为后触发器，该类触发器是在引起触发器执行的修改语句（INSERT、UPDATE 或 DELETE）成功完成之后执行，即在数据记录已经改变之后（AFTER）才被激活执行。如果修改语句因语法错误或违反约束而失败，那么触发器将不会执行。因此，这些触发器不能用于违反约束的处理。此类触发器只能定义在表上，不能创建在视图上，主要用于记录数据变更后的处理或检查。可以为每个触发操作（INSERT、UPDATE 或 DELETE）创建多个 AFTER 触发器。

INSTEAD OF 触发器，又称为替代触发器，当引起触发器执行的修改语句停止执行时，该类触发器代替触发操作执行，即在数据记录更改前，不去执行原 SQL 语句的 INSERT、UPDATE 或 DELETE 操作，而是执行触发器中定义的代码。该类触发器既可定义在表上，也可定义在视图上。对于每个触发操作只能定义一个 INSTEAD OF 触发器。INSTEAD OF 触发器可用于对一个或多个列执行错误检查或值检查，然后在插入、更新或删除行之前执行其他操作。

2）DDL 触发器

DDL 触发器是在响应各种数据定义语言 DDL 事件时被激活执行的触发器，这些事件主要与以关键字 CREATE、ALTER、DROP 开头的语句对应。DDL 触发器一般用于执行数据库中的管理任务，如更改数据库架构、审核和规范数据库操作、防止数据库表结构被修改等。

3）登录触发器

登录触发器是由 LOGIN 登录事件激活的触发器，与 SQL Server 实例建立用户会话时将引发此事件。登录触发器将在登录的身份验证阶段完成之后且用户会话事件建立之前激发。

8.2.2 创建触发器

一个触发器由三部分组成：触发事件、触发条件和动作。触发事件是指对数据库的插入、更新、删除等操作，在这些操作进行时触发器被激活。触发条件用于确定 INSERT、UPDATE、DELETE 语句是否导致触发器动作。条件成立，则由数据库管理系统执行触发器动作。这些动作可以是一系列对数据库的操作，如撤销触发事件所做的操作等。

触发器可以通过 SSMS 和 CREATE TRIGGER 语句两种方法创建，创建触发器时需要指定触发器名称、定义触发器的表、确定何时激发和激活语句等选项。在创建触发器时，需要注意以下问题。

（1）必须指明在哪一个表上定义触发器，以及触发器的名称、激发时机、激活触发器的修改语句（INSERT、UPDATE 或 DELETE）。

（2）只能在当前数据库中创建触发器，表的所有者具有创建触发器的默认权限，不能将该权限转给其他用户。

（3）触发器可以引用当前数据库以外的对象。

（4）不能在临时表或系统表上创建触发器，但是触发器可以引用临时表。

1. 在 SQL Server Management Studio 中创建触发器

（1）启动 SQL Server Management Studio，在对象资源管理器中展开“数据库”→“LoanDB”→“表”节点。

（2）展开要创建触发器的表 CustomerT 的子目录。右击“触发器”节点，在弹出的快捷菜单中选择“新建触发器”命令。

（3）此时弹出如图 8 - 3 所示的新建触发器窗口，其中包含触发器模板，用户可以参照模板在其中输入触发器的 Transact - SQL 语句。

（4）单击工具栏中的“执行”按钮，将触发器保存到数据库中。

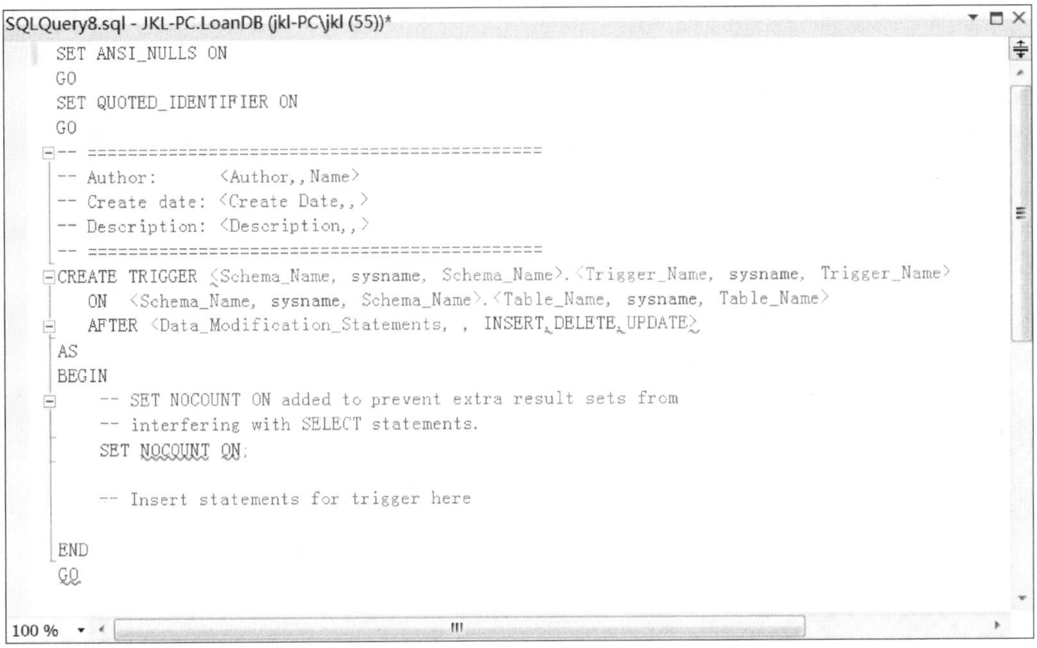

```
SQLQuery8.sql - JKL-PC.LoanDB (jkl-PC\jkl (55))*
SET ANSI_NULLS ON
GO
SET QUOTED_IDENTIFIER ON
GO
-- =============================================
-- Author:      <Author,,Name>
-- Create date: <Create Date,,>
-- Description: <Description,,>
-- =============================================
CREATE TRIGGER <Schema_Name, sysname, Schema_Name>.<Trigger_Name, sysname, Trigger_Name>
   ON  <Schema_Name, sysname, Schema_Name>.<Table_Name, sysname, Table_Name>
   AFTER <Data_Modification_Statements, , INSERT,DELETE,UPDATE>
AS
BEGIN
    -- SET NOCOUNT ON added to prevent extra result sets from
    -- interfering with SELECT statements.
    SET NOCOUNT ON;

    -- Insert statements for trigger here

END
GO
100 %
```

图8-3　新建触发器窗口

2. CREATE TRIGGER 语句定义触发器

使用 CREATE TRIGGER 语句定义触发器，其一般语法格式如下：

```
CREATE TRIGGER <trigger_name>
ON {table|view}
[WITH ENCRYPTION]
{FOR|AFTER|INSTEAD OF} {[INSERT][,UPDATE][,DELETE]}
AS sql_statament [,…n]
```

以上语法格式及参数说明如下。

◇ <trigger_name>是要建立的触发器名。触发器名必须符合标识符规则，但不能以#或##开头。

◇ <table| view>指触发器的目标表或目标视图，当这个表的数据发生变化时，将激活定义在该表上的相应触发事件的触发器。视图只能被 INSTEAD OF 触发器引用。

◇ [WITH ENCRYPTION] 表示加密 CREATE TRIGGER 语句文本。

◇ AFTER 选项用于指定触发器仅在激发该触发器的 SQL 语句中指定的所有操作都已成功执行时才被触发。所有的引用级联操作和约束检查也必须在激发此触发器之前成功完成。如果仅指定 FOR 关键字，那么 AFTER 为默认值。此类型触发器不能在视图上定义。

◇ INSTEAD OF 选项用于指定触发器的优先级高于触发语句的操作。INSTEAD OF 触发器不可以用于使用 WITH CHECK OPTION 的可更新视图。如果将 INSTEAD OF 触发器用于使用 WITH CHECK OPTION 的可更新视图，那么 SQL Server 将引发错误。

◇ 触发事件可以是 INSERT、UPDATE 或 DELETE，也可以是这几个事件的组合。组合时用逗号连接多个触发事件。定义触发器时，必须至少指定一个触发事件。

◇ 触发动作体可以是一组 Transact - SQL 语句，也可以是对已创建存储过程的调用。

◇ CREATE TRIGGER 语句必须是批处理中的第一个语句，且只能用于一个表或视图。

例 8 - 15 为 CustomerT 表创建一个触发器，用来禁止更新“客户代码”字段的值。

```
CREATE TRIGGER Tri_CustomerT
ON CustomerT
AFTER   UPDATE
AS
  IF UPDATE(Cno)
  BEGIN
      RAISERROR('不能修改客户代码',16,2)
      ROLLBACK
  END
GO
```

此时，若有如下更新语句，则提示“不能修改客户代码”，更新语句得不到执行。

```
UPDATE CustomerT SET Cno = ' V001 '   WHERE Cno = ' C001 '
```

例 8 - 16 为 LoanT 表创建一个触发器，用来防止用户对 LoanT 表中的数据进行任何修改。

```
CREATE TRIGGER Tri_LoanT   ON LoanT
  INSTEAD OF   UPDATE
AS
  RAISERROR('不能修改 LoanT 表中的数据',16,2)
GO
```

此时，若有如下更新语句，则提示“不能修改 LoanT 表中的数据”，更新语句得不到执行。

```
UPDATE LoanT   SET Lamount =60
```

8.2.3 禁止和启用触发器

针对某个表创建的触发器，可以根据需要，禁止或启用其执行。禁止或启用触发器执行，可以使用 ALTER TABLE 语句完成，语法格式如下：

```
ALTER TABLE   <表名>
   {ENABLE|DISABLE} TRIGGER
   {ALL| <触发器名>[,…n]}
```

其中，ENABLE 选项为启用触发器，DISABLE 选项为禁用触发器。

例 8 - 17 禁用 LoanT 表中的触发器 Tri_LoanT，语句如下：

```
ALTER TABLE LoanT   DISABLE TRIGGER Tri_LoanT
```

例 8 - 18 启用 CustomerT 表中的触发器 Tri_CustomerT，语句如下：

```
ALTER TABLE CustomerT   ENABLE TRIGGER Tri_CustomerT
```

8.2.4 修改和删除触发器

1. 修改触发器

修改触发器的定义可以使用 ALTER TRIGGER 语句，语法与 CREATE TRIGGER 语句的语法相似：

```
ALTER  TRIGGER  <触发器名>  ON  <表名|视图名>
   {FOR|AFTER|INSTEAD OF}  <触发事件>
AS
   <触发器动作体>
```

2. 删除触发器

只有触发器的所有者才有权删除触发器。可以使用 DROP TRIGGER 语句删除一个或多个触发器，语法格式如下：

```
DROP  TRIGGER  <触发器名>[,…n]
```

例 8-19 删除 LoanT 表中的触发器 Tri_LoanT、CustomerT 表中的触发器 Tri_CustomerT，语句如下：

```
DROP  TRIGGER Tri_LoanT, Tri_CustomerT
```

当某个表被删除后，该表上的所有触发器将同时被删除，但只是删除触发器不会对表中数据有影响。

第 9 章

数据库的安全、并发与恢复

数据库的数据保护包括安全性、完整性、并发控制和数据恢复四个方面，数据完整性已在第 3 章中介绍，本章介绍数据库的安全控制、并发控制和数据恢复三种机制。

数据库的安全控制是指保护数据库，防止非法使用造成的数据泄密、更改或破坏；并发控制保证多个用户或程序共享数据库时数据的一致性和正确性；而数据库恢复机制则是在发生故障时将数据库恢复到某一已知的正确状态的功能。

重点和难点

▶数据库安全机制

▶数据库并发控制

▶数据库备份与恢复策略

9.1 数据库安全性

安全性问题不是数据库系统所独有的，是所有计算机系统都存在的问题。只是数据库中数据大量集中存放，而且被很多用户共享，导致安全性问题更为突出。因此，要求数据库系统必须提供数据保护功能，数据库安全性是数据保护的重要方面。

9.1.1 数据库安全性概述

1. 数据库安全性的含义

数据共享是数据库系统的重要特点，但同样也会带来一些安全问题。对数据库中数据安全造成威胁或破坏的有以下两种情况：一种是正常访问数据时，授权用户无法得到数据库的正常数据服务；另一种则是非授权访问数据库内的数据。这两种情况都会侵犯数据库合法用户的权益。

数据库安全性是指采取某种保护措施，保护数据库避免非法使用，以防数据库数据遭泄露、更改或破坏。数据库的完整性是为了消除数据库中不符合语义的数据、防止输入错误信息和输出错误数据，而数据库的安全性是为了防止对数据库的恶意破坏和非法存取。数据库的安全保护还与政策、法律、伦理等社会环境，人员的管理，操作系统安全，硬件安全控制等有关，本节仅在技术层面讨论数据库系统的安全措施。

2. 数据库系统安全标准

1985 年，美国国防部（DoD）正式颁布《可信计算机系统评估准则》，简称 TCSEC，是非常重要的评估信息产品安全性的标准。后来，将 TCSEC 标准扩展到数据库系统，颁布了 TDI 标准。根据计算机系统对安全性各项指标的支持情况，TDI/TCSEC 标准将系统划分为四组七个等级，由 D 至 A，系统可靠或可信程度逐渐增高，如表 9－1 所示。这些安全级别之间具有一种偏序向下兼容的关系，即较高安全级别提供的安全保护包含较低级别的所有保护要求，同时提供更多或更完善的保护能力。

表 9－1 TDI/TCSEC 标准

安全级别	定义
A1	验证设计（Verified Design）
B3	安全域（Security Domains）
B2	结构化保护（Structural Protection）
B1	标记安全保护（Labeled Security Protection）
C2	受控的存取保护（Controlled Access Protection）
C1	自主安全保护（Discretionary Security Protection）
D	最小保护（Minimal Protection）

3. 安全控制机制

数据库系统安全控制机制的核心目的就是保证数据库数据的安全性，即向授权用户提供对数据安全存取的服务，既要保证合法的授权用户得到安全可靠的数据服务，又要保证非授权用户无法存取数据，保证数据库管理下的数据的可用性、完整性和一致性，保护数据库所有者和使用者对数据库的合法权益不受侵犯。

数据库系统的安全保护措施是否有效是数据库系统主要的性能指标之一，其安全机制如图 9－1 所示。数据库系统的安全保护措施是一级一级层层设置的，具体包括用户标识与鉴别、存取控制、视图机制、审计、数据加密等。

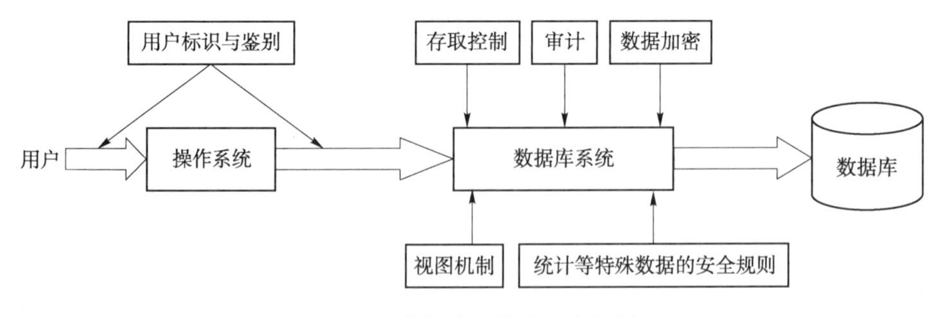

图 9－1 数据库系统的安全机制

9.1.2 用户标识与鉴别

用户身份标识与鉴别是数据库系统提供的最外层安全保护措施，是一种根据已知事物验证身份的方法。系统使用用户标识（由用户名和用户标识号组成）来表明用户身份，系统内部记录着合法用户的标识，用户进入系统时，由系统进行核对、检验用户身份的合法性，通过鉴别后才提供使用数据库系统的权限。

目前，用户身份鉴别的方法有通行字认证、数字证书认证、智能卡认证和生物特征识别等。为了获得更强的安全性，一个系统往往同时采取多种标识与鉴别技术。

1. 通行字认证

通行字也称“口令”或“密码”，是一种广泛研究和使用的身份验证法。这种认证方式实现简单，但容易被攻击，安全性较低。因此在数据库系统中往往对通行字采取一些控制措施，常见的有最小长度限制、次数限制、多种字符限制、有效期限制、双通行字限制和封锁用户系统等。一般还需要考虑通行字的分配和管理，以及在计算机中的安全存储。为了提高安全性，通常以加密形式存储通行字，也可以存储通行字的单项 Hash 值。有些系统事先约定好一个过程或函数，鉴别用户身份时，系统会提供一个随机数，用户则根据事先约定的计算过程或函数进行计算，系统根据用户计算结果是否正确进一步鉴别用户身份的合法性。

2. 数字证书认证

数字证书又称为数字标识，是认证中心颁发并进行数字签名的数字凭证，基于公开密钥（公钥）PKI 基本架构实现实体身份的鉴别与认证、信息完整性验证、机密性和不可否认性等安全服务。数字证书可以用来证明实体所宣称的身份与其持有公钥的匹配关系，正确使用数字证书，适当授权，使得实体的身份与证书中的公钥相互绑定，完成系统用户认证，才能切实保护身份授权管理系统的安全性。

3. 智能卡认证

智能卡是一种内置集成电路芯片的不可复制的硬件，作为个人所有物，可以用来验证个人身份，典型的智能卡主要由微处理器、存储器、输入/输出接口、安全逻辑及运算处理器等组成，芯片中存有与用户身份相关的数据，具有硬件加密功能，用户登录时必须将智能卡插入专用的读卡器中，通过智能卡和应用终端间的认证过程来确认用户身份合法性，以防止伪造应用终端及相应的智能卡。实际应用中一般采用个人身份识别码（PIN）和智能卡相结合的方式，综合进行身份认证，保证用户身份和数据的安全性。

4. 生物特征识别

生物特征识别技术是采用图像处理和模式识别技术，用计算机将人体所固有的生物或行为特征收集起来并进行处理，由此进行个人身份鉴定的技术。目前，研究和使用的生物特征包括脸部、虹膜、视网膜、指纹、掌纹、手形、DNA 等与生俱来的生物特征，以及语音、签名、步态等行为特征。这种识别方式应用了生物统计学的研究成果，即用个人具有唯一性的生物特征来实现。个人生物及行为特征都具有因人而异和随身携带的特点，不会丢失且难以伪造，非常适合个人身份认证。因此，根据被授权用户的个人生物和行为特征来进行身份确认是一种可信度更高的验证方法。

个人生物特征一般需要应用多媒体数据压缩、存储和检索等多媒体数据处理技术来建立特征档案库。目前已经有很多基于个人生物特征识别的身份认证系统成功投入应用。

9.1.3 存取控制

数据库安全最重要的一点就是确保只授权给有资格的用户访问数据库的权限，同时令所有未授权的人员无法接近数据，这主要通过数据库系统存取控制机制实现。存取控制机制主要包括定义用户权限，并将用户权限登记到数据字典中，以及进行合法权限检查。两个机制一起组成数据库系统的存取控制子系统。

1）定义用户权限，并将用户权限登记到数据字典中

权限是不同用户对某一数据对象的允许操作的权力。在数据库系统中，预先对每个用户定义存取权限的目的是保证用户只能访问他有权存取的数据。

某个用户具有何种权限是根据实际应用确定的，是个管理问题和政策问题，而不是技术问题。数据库系统的职责是保证这些权限的执行。因此，数据库系统提供适当的定义和分配用户权限的方式和语言，用户及权限定义经过编译后存放在数据字典中，被称为安全规则或授权规则。

2）合法权限检查

数据字典是检查用户合法权限的依据，每当用户发出存取数据的操作请求后，数据库系统查找数据字典，根据其中的授权规则进行合法性权限检查，若用户的操作请求超出了定义的权限，则系统将拒绝执行此操作；若用户拥有该操作请求的权限，则系统执行此操作。

常用的存取控制方法有自主存取控制（Discretionary Access Control，DAC）方法、强制存取控制（Mandatory Access Control，MAC）方法、基于角色的存取控制（Role - Based Access Control，RBAC）方法等。目前，大型的数据库系统一般都支持 C2 级（见表 9 - 1）中的自主存取控制方法，有些数据库系统同时还支持 B1 级（见表 9 - 1）中的强制存取控制方法。

9.1.4 其他安全控制方法

1. 视图机制

几乎所有的数据库系统都提供视图机制。视图机制把要保密的数据对无权限存取这些数据的用户隐藏起来，对数据提供了一定程度的安全保护作用。

视图机制应用于安全保护时，通常与授权机制配合使用。视图机制可以为不同用户定义不同视图，把要访问的数据对象限定在一定范围内。首先用视图机制屏蔽一部分保密数据，再对视图定义存取权限。在授予用户对特定视图的访问权限时，该权限只用于在该视图中定义的数据项，而未涉及完整基本表。因此，通过视图机制可以防止用户无意删除数据或者向基本表中添加有害的数据，并且可以限制用户只能使用指定部分的数据，增加了

数据的保密性和安全性。

2. 审计

审计功能在审计日志中记录用户对数据库的所有操作，数据库管理员可以利用审计日志追踪信息，重现导致数据库现有状况的一系列事件，找出非法存取数据的人、时间、内容等。按照 TDI/TCSEC 标准中的安全策略要求，审计功能是 C2 以上级别的数据库系统的必备指标。

审计日志一般包括下列内容：

（1）操作类型（如修改、查询等）；

（2）操作终端标识与操作人员标识；

（3）操作日期和时间；

（4）操作的数据对象（如表、视图、记录、属性等）；

（5）数据修改前后的值。

审计一般可以分为用户级审计和系统级审计。用户级审计是由用户自主设置的审计，主要针对用户自己创建的数据表或视图进行审计，记录所有用户对这些表或视图的一切成功和（或）不成功的访问要求，以及各种类型的 SQL 操作。系统级审计只能由 DBA 设置，用以监测成功或失败的登录要求，监测 GRANT 操作和 REVOKE 操作以及其他数据库级权限下的操作。

审计通常比较耗费时间和空间，所以数据库系统往往都将其作为可选特征，允许数据库管理员根据安全性的要求，灵活地打开或者关闭审计功能。审计功能一般用于安全性要求较高的部门。审计设置及审计内容一般都存放在数据字典中，在 SQL Server 数据库中，审计功能使用 AUDIT 和 NOAUDIT 语句打开和关闭，打开后可以在系统表 SYS_AUDIT-TRAIL 中查看审计信息。

3. 数据加密

数据加密是防止数据库中数据在存储和传输中失密的有效手段，其基本思想是根据一定的算法将原始数据（明文，Plain Text）变换为不可直接识别的格式（密文，Cipher Text），使不知道解密算法的入侵者无法获知数据的内容。

基本的加密方法有置换方法和替换方法两类，前者将明文的字符按不同的顺序重新排列，后者使用密钥（Encryption Key）将明文中的每个字符转换为密文中的字符。单独使用这两种方法的任意一种都不够安全，但是将这两种方法结合起来就能提供相当高的安全保障。因此，实际的加密算法经常将两种算法混合使用。

按照加密部件在数据库系统中所处的层次和位置，数据库加密可分为库内加密和库外加密两种实现机制。库内加密在数据库系统内层实现，库外加密方式一般是在客户端实现，或者由专门的加密服务器或硬件完成，数据库系统管理的是密文。

数据库加密的最小单位称为数据库加密粒度。一般来说，数据库加密粒度有五个层次，即文件级、表级、记录级、属性级和数据项级。不同数据库加密粒度的特点不同，一般来说，加密粒度越小，灵活性越好且安全性越高，但实现技术也更为复杂且对系统运行效率的影响也越大。

目前，一些商业数据库系统包含加密模块，还有一些提供数据加密例行程序或接口，可以按照用户的要求对存储和传输的数据进行加密处理，有些系统也支持用户自己设计加密、解密程序。

9.1.5 SQL Server 中的安全控制机制

1. SQL Server 的安全模型

SQL Server 的安全模型采用四个层次的安全验证机制，分别是操作系统安全验证、SQL Server 安全验证、SQL Server 数据库安全验证和 SQL Server 数据库对象安全验证，如图 9－2 所示。

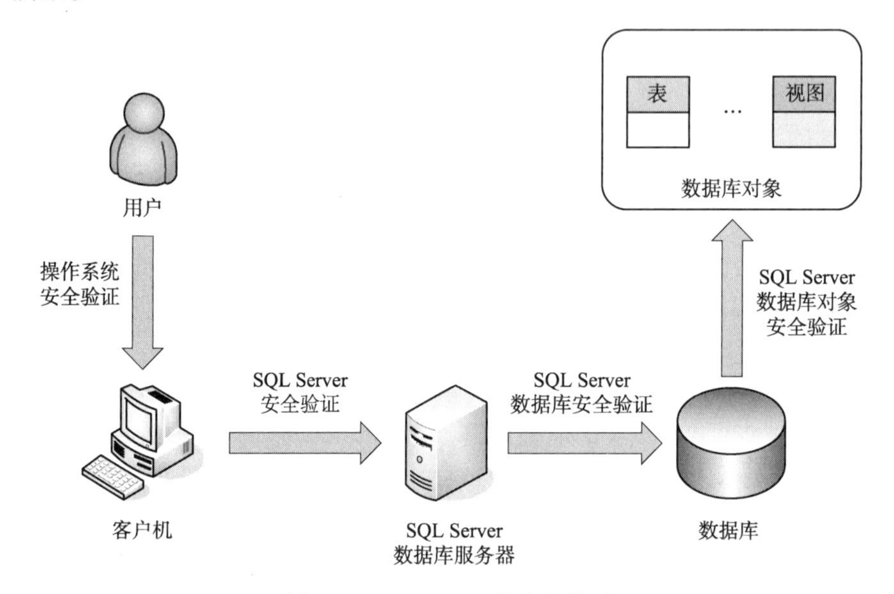

图 9－2　SQL Server 的安全模型

1）操作系统安全验证

在用户使用客户机通过网络对 SQL Server 服务器进行访问时，用户首先要获得客户机的操作系统使用权，即首先要能登录到客户机上。

2）SQL Server 安全验证

SQL Server 安全验证是 SQL Server 安全性的第二层，即 SQL Server 服务器安全验证，用数据库服务器账号登录 SQL Server 服务器进行安全验证。

SQL Server 登录安全机制建立在控制数据库服务器登录账号和密码的基础上。采用了标准的 SQL Server 登录和集成 Windows 登录两种方式。无论使用哪种方式，用户在登录时提供登录账号和密码，决定了用户是否能获得 SQL Server 服务器的访问权，这种验证是通过 SQL Server 服务器登录名管理来实现的。

3）SQL Server 数据库安全验证

SQL Server 数据库安全验证是 SQL Server 安全性的第三层。在用户通过 SQL Server 服务器安全验证之后，必须在想要访问的数据库里有一个分配好的用户名。这一层没有口令，取而代之的是登录名被系统管理员映射为用户名，如果用户未被映射到任何数据库，那么就几乎什么也做不了。这种安全验证是通过 SQL Server 数据库用户管理来实现的。在默认情况下，数据库拥有者（db_owner）可以访问数据库，可以分配访问权给其他用户，以便授权其他用户对该数据库进行访问。

4）SQL Server 数据库对象安全验证

SQL Server 安全性的最后一层是处理权限，SQL Server 检测访问服务器的用户名是否获准访问服务器中的特定对象，这种安全验证是通过数据存取控制来实现的。在创建数据库对象时，SQL Server 自动把该数据库对象的拥有权授予该对象的创建者。对象的创建者可以实现对该对象的完全控制。若一个非数据库创建者想访问数据库中的对象，则必须由数据库的创建者对该用户授予对指定对象的操作权限。

2. SQL Server 的安全认证模式

用户必须经过系统认证才能使用 SQL Server 数据库，认证是指当用户访问数据库系统时，系统对该用户账号和口令的确认过程，包括确认用户账号是否有效，以及能否访问系统中的数据等。

SQL Server 的安全认证模式有两种方式：Windows 身份验证模式和混合身份验证模式。

1）Windows 身份验证模式

Windows 身份验证模式适合 Windows 平台用户，不需要提供密码，和 Windows 集成验证。在该验证模式下，SQL Server 使用 Windows 操作系统来对登录的账号进行身份验证，支持 Windows 操作系统的密码策略和锁写策略，账号和密码保存在 Windows 操作系统的账户数据库中。

Windows 身份验证模式主要有以下优点：

◇ 数据库管理员的工作可以集中在管理数据库方面，而不是管理用户账户。

◇ Windows 有着更强的用户账户管理工具，可以设置账户锁定、密码期限等。

◇ Windows 的组策略支持多个用户同时被授权访问 SQL Server。

如果网络中有多个 SQL Server 服务器，就可以选择通过 Windows 身份验证机制来完成。

2）混合身份验证模式

混合身份验证模式允许以 SQL Server 身份验证模式或者 Windows 身份验证模式来进行验证，使用哪种身份验证取决于最初通信时使用的网络库，如图 9－3 所示。

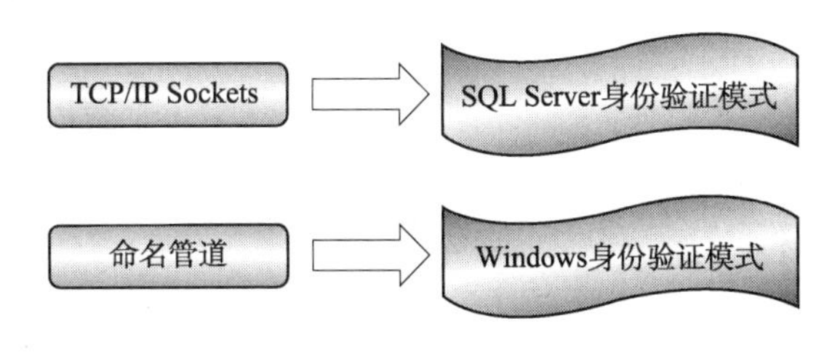

图 9－3　通信连接与混合验证模式

在混合身份验证模式下，当客户机使用用户账号和密码连接数据库服务器时，SQL Server 首先在数据库中查询验证账号和密码是否正确，若正确则接受连接。若数据库中不存在相应的账号和密码，SQL Server 会向操作系统请求验证用户账号和密码。若 SQL Server和操作系统都没有通过用户身份验证请求，则拒绝连接。

在 SQL Server 身份验证模式下，账号和密码保存在 master 数据库的 syslogins 表中，

SQL Server 将到该表中查询验证用户登录使用的账号和密码。

混合身份验证模式的优点如下。

◇ 如果用户是具有 Windows 登录名和密码的 Windows 域用户，那么还必须提供另一个用于连接 SQL Server 的登录名和密码，因此，该验证模式创建了 Windows 之上的另外一个安全层次。

◇ 允许 SQL Server 支持具有混合操作系统的环境，在这种混合操作系统的环境中并不是所有用户均由 Windows 域进行验证，支持更大范围的用户。

◇ 允许用户从未知的或不可信的域进行连接。

◇ 允许 SQL Server 支持基于 Web 的应用程序，在这些应用程序中用户可创建自己的标识。

3）设置身份验证模式

安装 SQL Server 时，安装程序会提示用户选择服务器身份验证模式，然后根据用户的选择将服务器设置为“Windows 身份验证模式”或“SQL Server + Windows 身份验证模式”。在使用过程中，也可以根据需要来重新设置服务器的身份验证模式，设置步骤如下。

（1）在 SQL Server Management Studio 的对象资源管理器中，在服务器名称上单击鼠标右键，在弹出的快捷菜单中选择“属性”命令，如图 9 - 4 所示，打开“服务器属性”对话框。

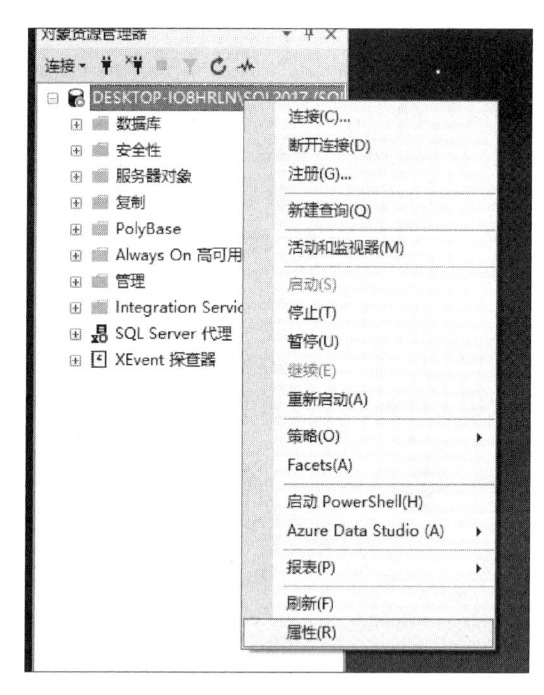

图 9 - 4　服务器快捷菜单

（2）在“服务器属性”对话框中，在“选择页”列表中选择“安全性”选项，在该对话框右侧“服务器身份验证”栏中，可以选择新的身份验证模式，如图 9 - 5 所示。单击“确定”按钮，回到主窗口。

（3）重启 SQL Server 后，新的服务器身份验证模式生效。

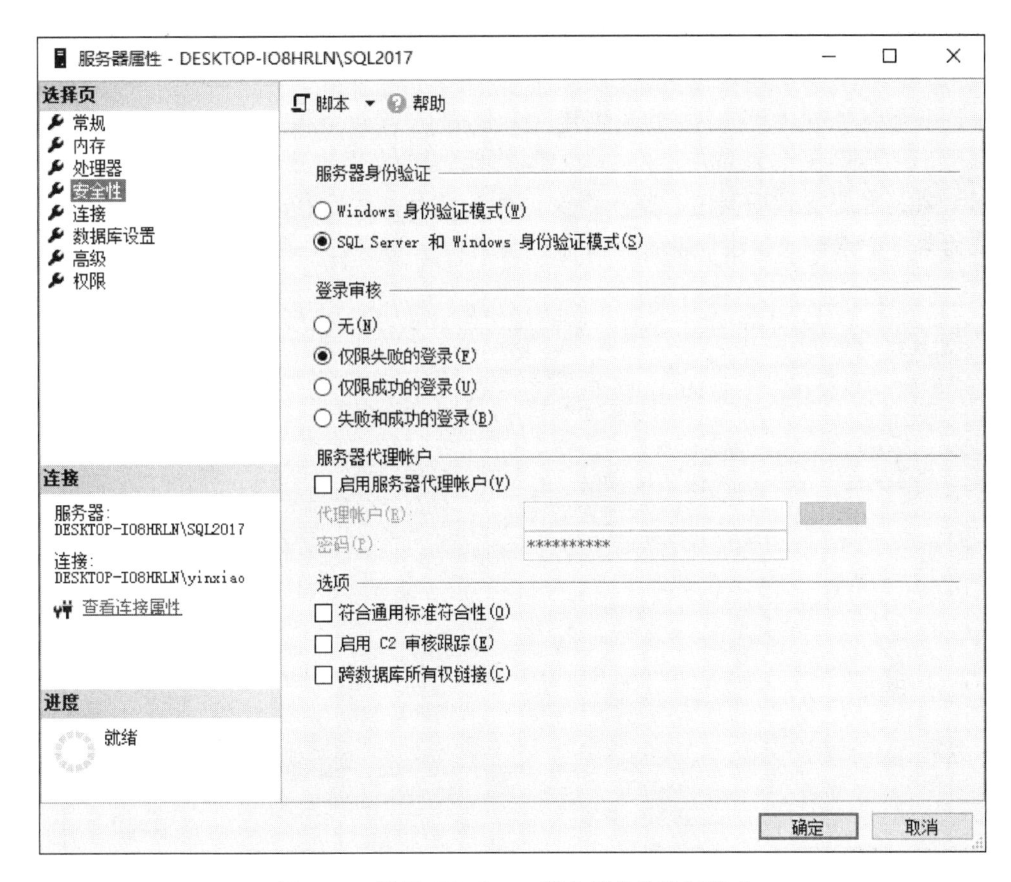

图 9－5　设置 SQL Server 服务器身份验证模式

3. SQL Server 的自主存取控制

如前所述，自主存取控制即拥有授权权限的用户控制其他用户对数据库数据的存取，主要通过授权和收回权限来实现。要对其他用户授权，首先要为其创建一个账号，然后再进行权限分配。

在 SQL Server 中，账号有两种：一种是登录服务器的登录账号（login name），另外一种是使用数据库的用户账号（user name）。登录账号是指登录到 SQL Server 数据库服务器的账号，属于服务器的层面，本身并不能让用户访问服务器中的数据库，而登录者要使用服务器中的数据库时，必须要有用户账号才能存取数据库。就如同在公司门口先刷卡进入（登录服务器），然后再拿钥匙打开自己办公室的门一样（进入数据库）。

一个登录账号可以与服务器上的所有数据库进行关联，而数据库用户是一个登录账号在某数据库中的映射，也就是一个登录账号可以映射到不同的数据库，产生多个数据库用户（但一个登录账号在一个数据库中至多映射一个数据库用户），一个数据库用户只能映射到一个登录账号。允许数据库为每个用户对象分配不同的权限，这一特性为在组内分配权限提供了最大的自由度与可控性。

1）创建登录账号

用户需要使用登录名连接到 SQL Server。登录名是连接 SQL Server 实例的个人或进程的标识，是一个可由安全系统进行身份验证的安全主体。登录名的作用域是整个数据库引擎。SQL Server 服务器内置的系统登录名有系统管理员组、本地管理员组、sa、Network Service 和 SYSTEM 等，用户也可以创建自己的登录名。可基于 Windows 主体（如域用户或 Windows 域组）创建登录名，也可创建一个非基于 Windows 主体的 SQL Server 登录名。

利用 SQL Server Management Studio 创建登录账号的基本步骤如下。

（1）在对象资源管理器中，展开“安全性”节点，然后右击“登录名”选项，在弹出的快捷菜单中选择“新建登录名”命令，会出现“登录名 - 新建”对话框，如图 9 - 6 所示。

图 9 - 6　“登录名 - 新建”对话框

（2）在“登录名 - 新建”对话框中，在“选择页”列表中选择“常规”选项。

（3）在“登录名”文本框中输入要创建的登录账号的名称，单击“SQL Server 身份验证”单选钮，并输入密码，之后取消勾选“强制实施密码策略”复选框。

（4）在“选择页”列表中选择“服务器角色”选项。这里可以选择将该登录账号添加到某个服务器角色中成为其成员，并自动具有该服务器角色的权限。其中，public 角色自动选中，并且不能删除。在此选择 sysadmin 角色，使该登录账号具有服务器层面的任何权限。

（5）设置完所有需要设置的选项之后，单击“确定”按钮即可创建登录账号，并且显示在登录名列表中。

在 SQL Server 中还可以使用 CREATE LOGIN 语句创建一个新的 SQL Server 登录账号。CREATE LOGIN 语句的一般语法格式如下：

```
CREATE LOGIN   <登录名>
    WITH PASSWORD = {'password'}
    [,DEFAULT_DATABASE = database]
```

以上语法格式及参数说明如下。

◇ <登录名>用于指定创建的 SQL Server 登录名，SQL Server 身份验证登录名的类型为 sysname，必须符合标识符的规则，且不能包含“\”。

◇ PASSWORD = {'password'}子句指定正在创建登录名的密码。密码是区分大小写的，并且不能超过 128 个字符。密码可以包含 a ~ z、A ~ Z、0 ~ 9 和大多数非字母数字字符，不能包含单引号或登录名。

◇ DEFAULT_DATABASE = database 子句用于指定指派给登录名的默认数据库。如果未包括此选项，那么默认数据库将设置为 master。

例 9 - 1 创建一个登录名 login_test，登录默认数据库为 LoanDB，密码为 123456。

```
CREATE LOGIN login_test
    WITH PASSWORD = '123456',
    DEFAULT_DATABASE = LoanDB
```

CREATE LOGIN 命令也可以创建基于 Windows 的登录名，前提是该登录名已建立，一般语法格式如下：

```
CREATE LOGIN   <登录名>
FROM WINDOWS
        [,DEFAULT_DATABASE = database]
```

其中，登录名采用“计算机名\用户名”的格式来进行命名。

删除登录名可以使用 DROP LOGIN 命令，一般语法格式如下：

```
DROP LOGIN <登录名>
```

2）创建用户

在 SQL Server 中，可以使用 SQL Server Management Studio 创建用户，也可以使用 CREATE USER 语句实现向当前数据库添加用户的功能。

在 SQL Server Management Studio 中创建用户，步骤如下。

（1）在对象资源管理器中，选择要创建用户的数据库，如 LoanDB，找到“安全性”→“用户”节点并展开，如图 9 - 7 所示。

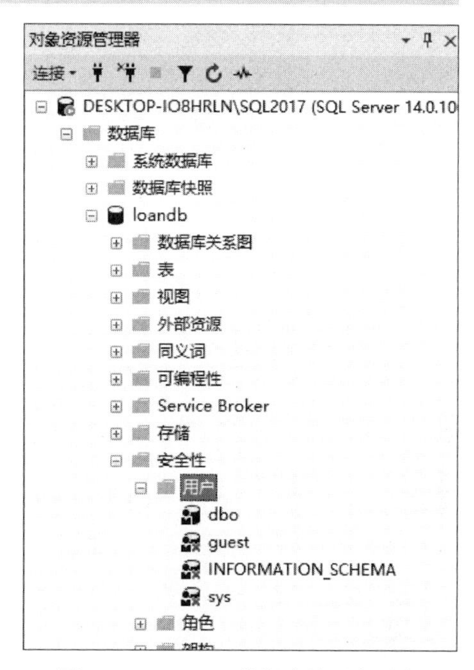

图 9 - 7 LoanDB 数据库的用户列表

（2）在“用户”节点上单击鼠标右键，在弹出的快捷菜单中选择“新建用户”命令，打开“数据库用户 - 新建”对话框，如图 9 - 8 所示。

（3）在该对话框的“常规”选项卡上，在“用户名”文本框中输入要创建的数据库用户名；在“登录名”文本框中输入或选择与该数据库用户对应的登录账号，可以单击后面的按钮，弹出

“选择登录名”对话框，在该对话框中单击“浏览”按钮，从弹出的“查找对象”对话框中选择服务器已建立的登录账号，如例 9-1 所建立的 login_test，单击“确定”按钮，返回“数据库用户-新建”对话框。

图 9-8　“数据库用户-新建”对话框

（4）在“默认架构”文本框中输入或选择该数据库用户所属的架构，默认为 dbo。

（5）在“拥有的架构”选项卡中可以查看和设置该用户拥有的架构。

（6）在“成员身份”选项卡中，可以为该用户选择数据库角色。

（7）还可以选择“安全对象”和“扩展属性”选项卡进行相应的设置。

数据库用户创建后，可在“用户”列表中进行查看。

对已经建立的用户，可在其用户名上面单击鼠标右键，在弹出的快捷菜单中选择“属性”命令对该用户进行修改；选择“删除”命令可将该用户删除；选择“重命名”命令可为该用户修改名字。

利用 Transact-SQL 创建数据库用户，可用 CREATE USER 语句，一般语法格式如下：

```
CREATE USER  <用户名>
        [{FOR|FROM} LOGIN <登录名>
        |WITHOUT LOGIN]
```

以上语法格式及参数说明如下。

◇ <用户名>指定在此数据库中用于识别该用户的名称，其数据类型为 sysname，长度最多为 128 个字符。

◇ <登录名>指定要创建数据库用户的登录名，必须是服务器中的有效登录名，可以是基于 Windows 用户或组的登录名，也可以是使用 SQL Server 身份验证的登录名。当以这个登录名进入数据库时，该登录名将获取正在创建的这个数据库用户的名称和 ID。

◇ WITHOUT LOGIN 子句指定不将用户映射到现有登录名。

例 9-2 创建数据库 LoanDB 的用户 user1，映射到登录名 login_test。

```
USE LoanDB
GO
CREATE USER user1
    FOR LOGIN login_test
GO
```

删除已建立用户的语句是 DROP USER，一般语法格式如下：

```
DROP USER <用户名>
```

3）授予权限

权限是执行操作、访问数据的通行证。只有拥有了针对某种数据对象的指定权限，才能对该对象执行相应的操作。

在 SQL Server 系统中，根据不同的角度可以把权限分成不同的类型。若根据权限是否预先定义，可将权限分为预先定义的权限和预先未定义的权限。预先定义的权限是指系统安装后不必通过授权即可拥有的权限；预先未定义的权限是指需要经过授权或继承才能得到的权限。如果按照权限是否与特定的对象有关，可把权限分为系统权限和对象权限。系统权限可以针对 SQL Server 中所有的对象，即为创建数据库或者创建数据库中的其他内容所需要的权限，针对所有对象的权限包括 CONTROL、ALTER、ALTER ANY、TAKE OWNERSHIP、INPERSONATE、CREATE、VIEW DEFINITION 等。对象权限是指某些只能在指定对象上起作用的权限，如 INSERT 可以是表的权限，但不能是存储过程的权限等。常用的对象权限如表 9-2 所示。

表 9-2 常用的对象权限

安全对象	常用权限
数据库	CREATE DATABASE、CREATE DEFAULT、CREATE FUNCTION、CREATE PROCEDURE、CREATE VIEW、CREATE TABLE、CREATE RULE、BACKUP DATABASE、BACKUP LOG
表	SELECT、DELETE、INSERT、UPDATE、REFERENCES
表值函数	SELECT、DELETE、INSERT、UPDATE、REFERENCES
视图	SELECT、DELETE、INSERT、UPDATE、REFERENCES
存储过程	EXECUTE、SYNONYM
标量函数	EXECUTE、REFERENCES

权限分为授予、拒绝、撤销三种状态，分别用授予权限（GRANT）、撤销或收回权限（REVOKE）、拒绝权限（DENY）语句来修改权限的状态。

向用户授权可以使用 GRANT 语句，一般语法格式如下：

```
GRANT <权限>[,…n]
    [ON  <对象名>]
     TO <用户>[,…n]
     [WITH GRANT OPTION]
```

其语义为：将对指定操作对象的指定操作权限授予指定的用户。发出该语句的可以是DBA，还可以是该数据对象的建立者，也可以是已经拥有该权限的用户。接受该权限的用户可以是一个或多个用户，也可以是 PUBLIC，即全体用户。

如果指定了 WITH GRANT OPTION 子句，那么获得该权限的用户还可以把这种权限再授予其他用户。如果没有指定 WITH GRANT OPTION 子句，则获得该权限的用户只能使用该权限，不能传播该权限。

虽然数据库对象的权限采用分散控制方式，允许被指定 WITH GRANT OPTION 的用户把相应的权限或其子集传递授予其他用户，但不允许循环授权，即被授权者不能把权限再授回给授权者。

例 9-3 把对表 CustomerT（客户信息）的查询权限授给用户 USER1。

```
GRANT  SELECT
ON  CustomerT
TO  USER1
```

例 9-4 把对表 CustomerT（客户信息）的全部操作权限授予用户 USER2 和 USER3。

```
GRANT  ALL  PRIVILEGES
ON  CustomerT
TO  USER2, USER3
```

例 9-5 把查询表 CustomerT（客户信息）和修改该表中 Cnature 列的权限授给用户USER4。

```
GRANT  UPDATE(Cnature), SELECT
ON  CustomerT
TO  USER4
```

例 9-6 把对表 CustomerT（客户信息）的 INSERT 权限授予 USER1 用户，并允许他再将此权限授予其他用户。

```
GRANT  INSERT
ON  CustomerT
TO  USER1
WITH  GRANT  OPTION
```

例 9-7 把对表 LoanT（贷款）的全部操作权限授予全部用户。

```
GRANT  ALL  PRIVILEGES
ON LoanT
TO  PUBLIC
```

4）撤销或收回权限

撤销或收回权限使用 REVOKE 语句，一般语法格式如下：

```
REVOKE <权限>[,<权限>]…
  ON  <对象名>[,<对象名>]…
  FROM <用户>[,<用户>]…
  [CASCADE]
```

其语义为：收回指定用户对指定操作对象上的指定操作权限。发出该语句的可以是授权者，也可以是 DBA。

如果指定了 CASCADE 子句，系统将收回所有直接或间接从指定用户处获得的权限，即用户转授出去的权限将一并收回。

例 9-8 收回用户 USER1 对表 CustomerT（客户信息）的查询权限。

```
REVOKE  SELECT
ON  CustomerT
FROM  USER1
```

例 9-9 收回全部用户对表 LoanT（贷款）的插入权限。

```
REVOKE  INSERT
ON  LoanT
FROM  PUBLIC
```

5）拒绝权限

拒绝权限就是在安全系统中拒绝给当前数据库内的某安全账户授予权限，并防止该安全账户通过其组或角色成员资格继承权限。

拒绝权限使用 DENY 语句，一般语法格式如下：

```
DENY <权限>[,<权限>]…
   ON   <对象名>[,<对象名>]…
   TO <用户>[,<用户>]…
   [CASCADE]
```

该语句中参数的意义与 REVOKE 语句中参数的意义相同。

例 9-10 在数据库 LoanDB 中，将数据表 CustomerT 的 INSERT 操作的权限授予 public，然后拒绝用户 guest 拥有该项权限。

```
USE LoanDB
GRANT INSERT
ON BankT
TO public
GO
DENY INSERT
ON BankT
TO guest
GO
```

6）在 SQL Server Management Studio 中管理权限

在 SQL Server Management Studio 中可以管理数据库对象的权限，打开“数据库属性”对话框，在“权限”选项卡中设置即可。下面以数据库权限设置为例，说明设置权限的步骤。

（1）在对象资源管理器中，找到要设置权限的数据库，如 LoanDB，在数据库名字上单击鼠标右键，在弹出的快捷菜单中选择“属性”命令，打开“数据库属性”对话框。

（2）在“数据库属性”对话框中选择“权限”选项卡，如图 9-9 所示。

图 9－9　“数据库属性”对话框

（3）如果要对所有用户分配默认的权限，就为 public 角色分配权限；若要添加角色或用户，可单击“搜索”按钮，然后打开“选择用户或角色”对话框，如图 9－10 所示。在该对话框中单击“浏览”按钮，打开“查找对象”对话框，如图 9－11 所示。从该对话框中选择要分配权限的角色或用户，依次单击“确定”按钮，返回“数据库属性”对话框。

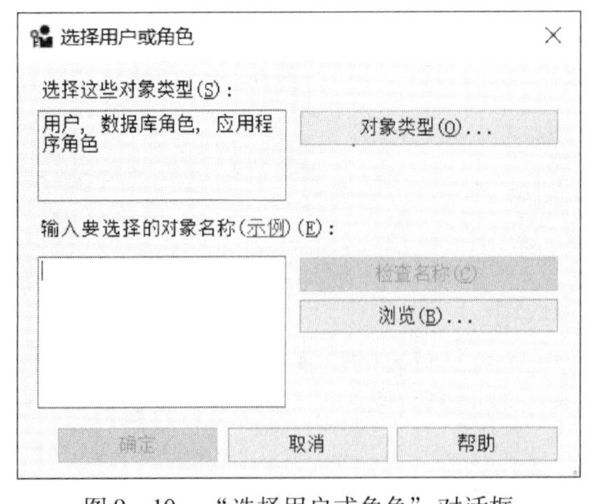

图 9－10　“选择用户或角色”对话框

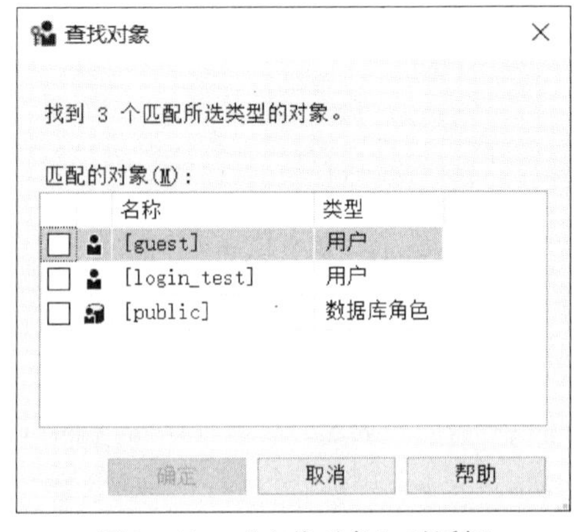

图 9－11　“查找对象”对话框

（4）在“用户或角色”列表中选中要设置权限的用户或角色，下方列表中则显示出该用户或角色可以设置的权限，在该列表中选中要授予或拒绝的权限，或取消已经设置的权限，还可以选中“授予并允许转授”列中相应的复选框，表示授予选中的用户该权限，并赋予此用户“转授”该项权限的权限。

（5）设置完成后，单击“确定”按钮。

4. SQL Server 的角色控制

1）SQL Server 的角色

在 SQL Server 中，可以为一组具有相同权限的用户创建角色，使用角色来管理数据库权限。对角色授权和收回授权时，将对其中的所有成员生效。角色可以嵌套，嵌套的深度没有限制，但不允许循环嵌套。数据库用户可以同时是多个角色的成员。角色（Role）是对权限集中管理的一种机制，将不同的权限组合在一起就形成了一种角色。服务器角色是执行服务器级管理操作的用户权限的集合，SQL Server 的固定服务器角色如图 9－12 所示。

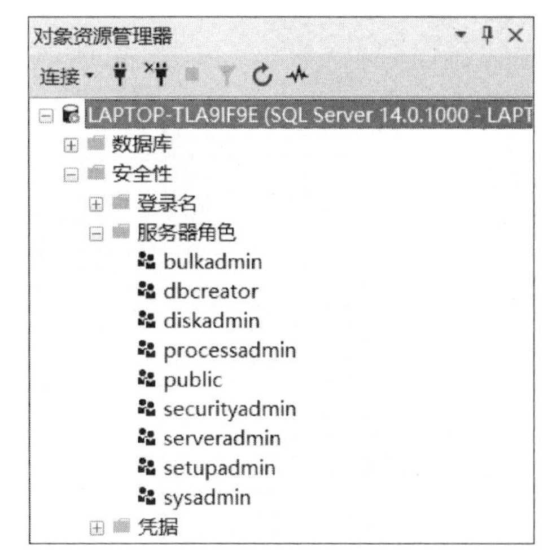

图 9－12　SQL Server 的固定服务器角色

SQL Server 在每个数据库中都提供了 10 个固定的数据库角色。数据库角色权限的作用域仅限在特定的数据库内。在对象资源管理器中展开相应数据库下的“安全性”节点，然后单击“数据库角色”选项，即可看到这 10 个数据库角色。表 9－3 列出了固定数据库角色及权限描述。

表 9－3　固定数据库角色及权限描述

数据库角色	权 限 描 述
db_accessadmin	访问权限管理员，能够添加或删除数据库用户和角色
db_backupoperator	数据库备份管理员，能够备份和还原数据库
db_datareader	数据库检索操作员，能够读取数据库中所有用户表中的所有数据
db_datawriter	数据维护操作员，能够对数据库中的所有用户表添加、删除或修改数据
db_ddladmin	数据库对象管理员，能够添加、删除和修改数据库对象，如表、视图等
public	每个数据库用户都属于 public 数据库角色，具有默认的权限
db_denydatareader	拒绝执行检索操作员，不能读取数据库内用户表中的任何数据
db_denydatawriter	拒绝执行数据维护操作员，不能添加、修改或删除数据库内用户表中的任何数据
db_owner	数据库所有者，可以执行数据库的所有活动，在数据库中拥有全部权限
db_securityadmin	安全管理员，可以修改角色成员身份和管理权限

2）利用 SQL Server Management Studio 管理角色

启动 SQL Server Management Studio，可以在对象资源管理器中选择要管理角色的数据库，展开该数据库的“安全性”→“角色”→“数据库角色”节点，“数据库角色”节点列出了该数据库拥有的所有角色。要修改某角色，右击后从弹出菜单中选择相应的功能即可。如右击角色 db_datareader，在弹出的快捷菜单中选择“属性”命令，即可打开“数据库角色属性”对话框，在其中可以修改该角色的拥有者、拥有的架构、角色成员等信息，如图9-13所示。

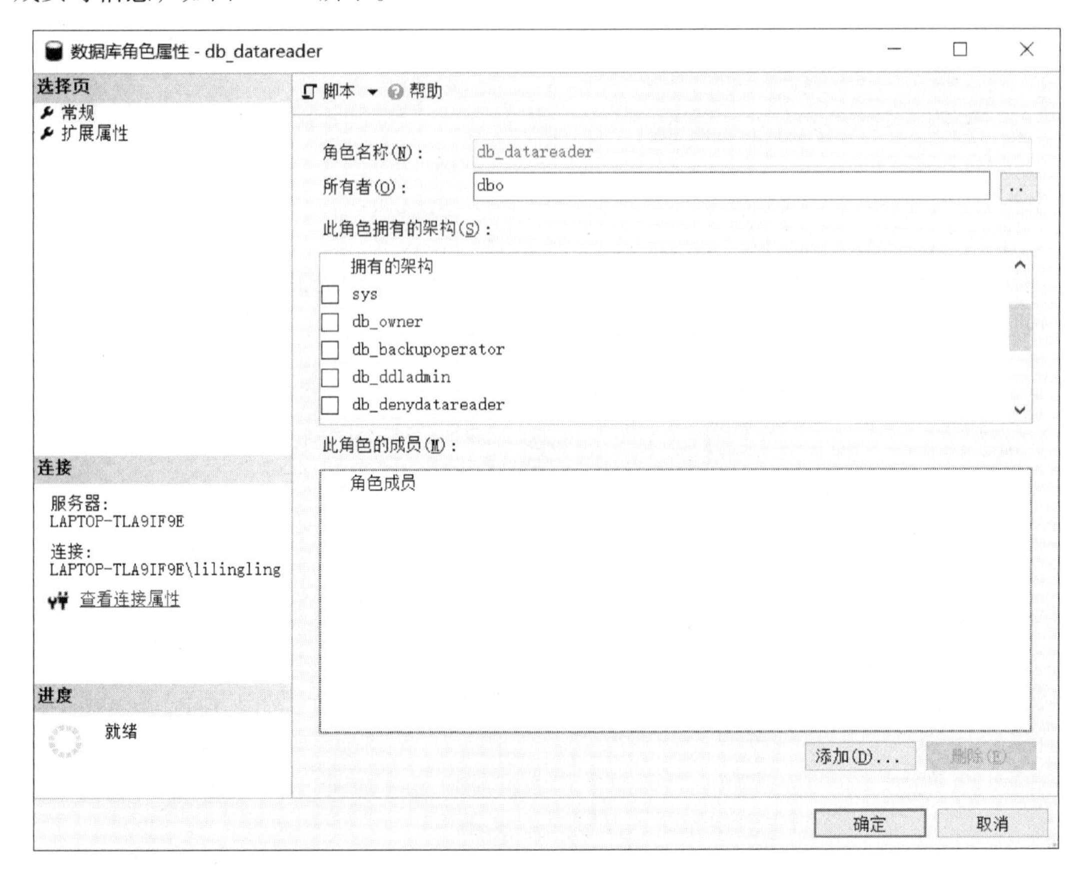

图9-13 “数据库角色属性”对话框

在对象资源管理器中，右击“数据库角色”节点，在弹出的快捷菜单中选择“新建数据库角色”命令，打开“数据库角色-新建”对话框，如图9-14所示。在该对话框中设置角色名称、所有者、架构、成员、对象等内容，单击“确定”按钮，完成数据库角色的建立。

3）利用命令方式管理角色

在SQL Server中，可使用CREATE ROLE语句在当前数据库中创建新的数据库角色。CREATE ROLE语句的语法格式如下：

```
CREATE ROLE <角色名>
    [AUTHORIZATION owner_name]
```

以上语法格式及参数说明如下。

◇ <角色名>是待创建角色的名称。

◇ AUTHORIZATION owner_name子句指定将拥有新角色的数据库用户或角色。若未指定用户，则执行该CREATE ROLE语句的用户将拥有该角色。

角色是数据库级别的安全对象。角色创建后，可以使用GRANT、DENY和REVOKE语句来配置角色的数据库级权限。若要向数据库角色添加成员，则可以使用ALTER ROLE语句。

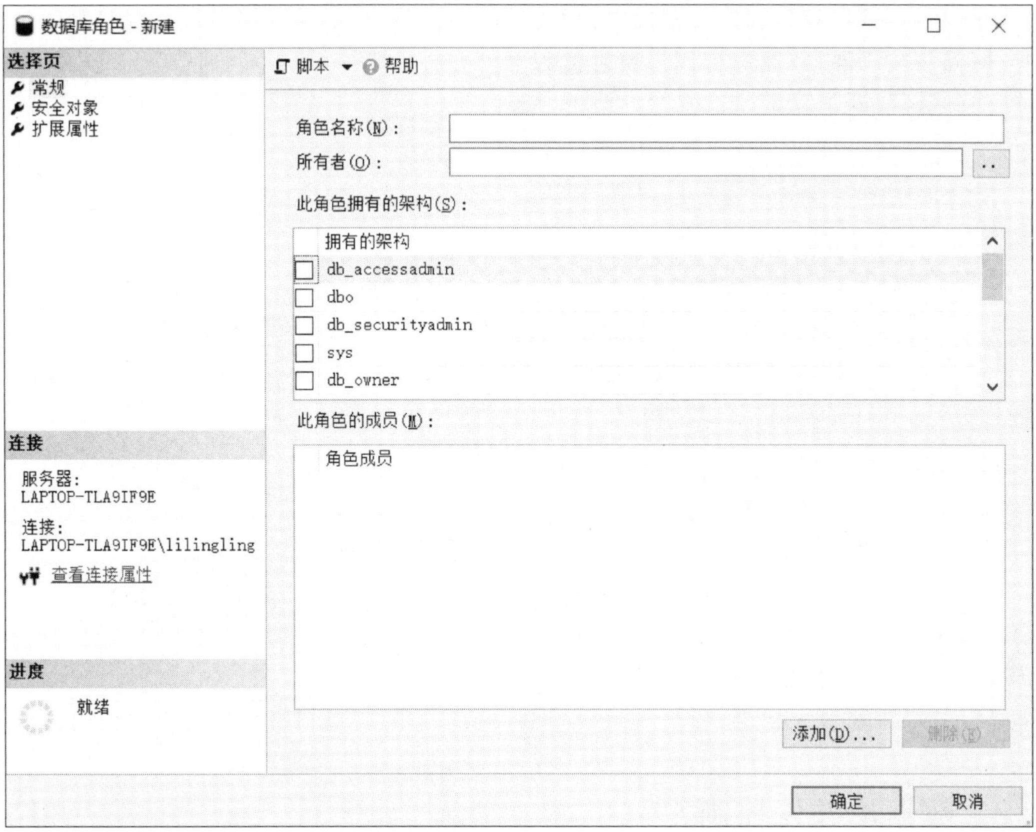

图 9－14　“数据库角色－新建”对话框

ALTER ROLE 语句用于向数据库角色中添加成员或更改用户定义的数据库角色的名称，其语法格式如下：

```
ALTER ROLE <role_name>
{
    [ADD MEMBER database_principal]
    |[DROP MEMBER database_principal]
    |WITH NAME = new_name
}
```

以上语法格式及参数说明如下。

◇ ADD MEMBER database_principal 子句用于将指定的数据库主体添加到数据库角色中，可以是用户或用户定义的数据库角色，不能是固定服务器角色或服务器主体。

◇ DROP MEMBER database_principal 子句用于从数据库角色中删除指定的数据库主体。

◇ WITH NAME = new_name 子句指定用户定义角色的新名称。

例 9－11　创建 SQL Server 数据库用户和角色，并利用角色授权。

① 创建登录账户，名为“login_test”，用于连接 SQL Server 服务器，登录密码为 123456，默认连接到的数据库为“LoanDB”。

```
CREATE LOGIN login_test
    WITH PASSWORD = '123456',
    DEFAULT_DATABASE = LoanDB
```

② 建立一个数据库用户，名为“USER8”，用于访问数据库中的对象，并且把登录账户“login_test”和这个数据库用户映射起来。

```
CREATE USER USER8
    FOR LOGIN login_test
```

③ 创建角色，名为“role_test”。

```
CREATE ROLE  role_test
```

④ 授予角色 role_test 对表 CustomerT 的 SELECT 权限。

```
GRANT SELECT
    ON CustomerT
    TO role_test
```

⑤ 添加 USER8 为角色 role_test 的成员。

```
ALTER ROLE  role_test
    ADD MEMBER USER8
```

⑥ 收回对表 CustomerT 的 SELECT 权限。

```
REVOKE SELECT
    ON CustomerT
    FROM role_test
```

9.2 数据库并发控制

9.2.1 事务概述

事务是数据库恢复和并发控制的基本单位，因此在讨论数据库恢复技术和并发技术之前，首先介绍事务的基本概念和特性。

1. 事务的概念

事务是数据库应用程序的基本逻辑单元，是用户定义的一个数据库操作序列，这些操作要么全做，要么全不做，是一个不可分割的工作单位。例如，在关系数据库中，一个事务可以是一条 SQL 语句、一组 SQL 语句或整个程序。

事务和程序是两个概念。一般来说，一个程序中包含多个事务。

事务开始与结束可以由用户显式控制。若没有显式定义事务，则由数据库系统按默认规定自动划分事务。在 SQL 语言中，定义事务的语句有三条：BEGIN TRANSACTION、COMMIT（提交）、ROLLBACK（回滚）。

事务通常以 BEGIN TRANSACTION 开始，以 COMMIT 或 ROLLBACK 结束。COMMIT 表示提交，即提交事务的所有操作，具体来说，就是将事务中所有对数据库的更新写回到磁盘上的物理数据库中，正常结束事务。ROLLBACK 表示回滚，即在事务运行的过程中发生了某种故障，事务不能继续执行，系统将事务中对数据库的所有已完成的操作全部撤销，回滚到事务开始的状态。这里的操作指对数据库的更新操作。

从用户角度看，数据库的某些操作具有逻辑上的内在关联性，不能分割，这些操作必须作为一个整体来执行。例如，银行转账操作，从 A 账户过户 1000 元到 B 账户：

```
read(A);
A = A - 1000;
write(A);
read(B);
B = B + 1000;
write(B);
```

其中，read（X）表示从数据库传送数据项 X 到事务的工作区中；write（X）表示从事务的工作区中将数据项 X 写回数据库。

因此，银行转账事务可以这样定义：

```
BEGIN TRANSACTION                              /* 定义转账事务开始 */
  SELECT @totalDeposit = total FROM AccountTable WHERE accountNum = @outAccount;
  IF @totalDeposit IS NULL              /*账户不存在 */
     ROLLBACK;
  IF @totalDeposit < 1000                       /*账户存款不足 */
          ROLLBACK;
  UPDATE AccountTable SET total = total - 1000 WHERE AccountNUM = @outAccount;
                                               /* 修改转出账户,减去转出额 */
  UPDATE AccountTable SET total = total + 1000 WHERE accountNum = @inAccount;
                                               /* 修改转入账户,增加转出额 */
COMMIT;                                        /* 提交转账事务 */
```

2. 事务的特性

事务具有四个特性，分别是原子性（Atomicity）、一致性（Consistency）、隔离性（Isolation）、可持续性（Durability），这四个特性也简称为 ACID 特性。

1）原子性

事务是数据库的逻辑工作单位，事务中包含的所有操作要么全做，要么全不做，即不允许完成部分事务。即使因为故障而使事务未能完成，那么它执行过的部分也要被取消。事务的原子性由数据库恢复机制实现。如上述的银行转账任务，要么转出、转入全部执行，要么全部不执行。

2）一致性

事务执行的结果，必须是使数据库从一个一致性状态变到另一个一致性状态，即事务开始前数据库处于一致性的状态，事务结束后数据库必须仍处于一致性状态。因此当数据库只包含成功事务提交的结果时，就说数据库处于一致性状态。若数据库系统运行中发生故障，有些事务尚未完成，就被迫中断，这些未完成的事务对数据库所做的修改有一部分已写入物理数据库，这时数据库就处于一种不正确的状态，或者说是不一致的状态。

3）隔离性

系统必须保证事务不受其他并发执行事务的影响，即一个事务内部的操作及使用的数据对其他并发事务是隔离的，并发执行的各个事务之间不能相互干扰。并发控制就是为了保证事务间的隔离性。

4）持续性

持续性也称永久性，是指一个事务一旦提交之后，它对数据库中数据的改变就应该是永久性的。接下来的其他操作不应该对其执行结果有任何影响，即使系统发生故障，也不能改变事务的持久性。

事务是数据库恢复和并发控制的基本单位，所以下面的讨论均以事务为对象。保证事务的 ACID 特性是事务处理的重要任务。事务的 ACID 特性可能遭到破坏的因素有以下两个：

（1）多个事务并发运行时，不同事务的操作交叉执行；

（2）事务在运行过程中被强行停止。

在第一种情况下，数据库系统必须保证多个事务的交叉运行不影响这些事务的原子性。在第二种情况下，数据库系统必须保证被强行终止的事务对数据库和其他事务没有任何影响。这些就是数据库系统中的恢复机制和并发控制机制。

9.2.2 并发控制

1. 并发控制的含义

数据库是一个共享资源，可以供多个用户使用。允许多个用户同时使用的数据库系统称为多用户数据库系统，如飞机订票数据库系统、酒店房间预订系统、银行数据库系统等，都是多用户数据库系统。在这些系统中，在同一时刻并行运行的事务数量可达数百个。

事务可以一个一个地串行执行，即每个时刻只有一个事务运行，其他事务必须等这个事务结束以后方能运行。事务在执行过程中需要不同的资源，有时需要 CPU，有时需要存取数据库，有时需要 I/O，有时需要通信。如果事务串行执行，那么许多系统资源将处于空闲状态。因此，为了充分利用系统资源，发挥数据库共享资源的特点，应该允许多个事务并行执行。

在单机处理系统中，事务的并行执行实际上是这些并行事务的并行操作轮流交叉运行，这种并行执行方式称为交叉并发方式。虽然单机处理系统中的并行事务并没有真正地并行运行，但是减少了处理机的空闲时间，提高了系统的效率。

在多处理机系统中每个处理机可以运行一个事务，多个处理机可以同时运行多个事务，实现多个事务真正的并行运行，这种并行执行方式称为同时并发方式。本节讨论数据库系统并发控制技术是以单机处理系统为基础的，这些理论可以推广到多机处理的情况。

当多个用户并发存取数据库时就会产生多个事务同时存取同一数据的情况。若对并发操作不加以控制，则可能存取不正确的数据，破坏数据库的一致性，所以数据库系统必须提供并发控制机制。并发控制机制是衡量一个数据库系统性能的重要标志之一。

2. 并发操作带来的问题

事务是并发控制的基本单位，保证事务 ACID 特性是事务处理的重要任务，而事务 ACID 特性可能遭到破坏的原因之一是多个事务对数据库的并发操作。为了保证事务的隔离性，进而保证数据库的一致性，数据库系统需要对并发操作进行正确调度，这些就是数据库系统中并发控制机制的责任。

下面先来看一个例子，说明并发操作带来的数据库不一致性问题。

考虑某公司财务并发取款操作，假设存款余额1000万元，事务T1取走存款100万元，事务T2取走200万元，如果正常操作，最终存款余额应该是700万元。但是若按如下顺序操作，则产生不同结果。

事务T1读取公司存款余额R，R=1000万元；

事务T2读取公司存款余额R，R=1000万元；

事务T1取走存款100万元，修改存款余额R=R-100=900（万元），把R=900万元写回数据库；

事务T2取走存款200万元，修改存款余额R=R-200=800（万元），把R=800万元写回数据库。

这种情况称为数据库的不一致性，这种不一致性是由并发操作引起的。在并发操作情况之下，对两个事务操作序列的调度是随机的，若按上面的调度序列执行，则事务T1的修改就被丢失了，这是由于第四步中事务T2修改R并写回，覆盖了事务T1的修改。

仔细分析并发操作带来的数据不一致性，包括三类：丢失修改、不可重复读和读脏数据，如表9-4所示。

表9-4　数据不一致性

时间	（a）丢失修改		（b）不可重复读		（c）读脏数据	
	T1	T2	T1	T2	T1	T2
t0	读取R=1000		读取R=1000			读取R=1000
t1		读取R=1000		读取R=1000		R=R-200
t2	R=R-100			R=R-200		Update R
t3		R=R-200		Update R	读取R=800	
t4	Update R		读取R=800			Rollback
t5		Update R				

1）丢失修改

丢失修改又称丢失数据更新，事务T1和事务T2读取同一数据并修改，事务T2提交的结果破坏了事务T1提交的结果，导致事务T1的修改被丢失。表9-4（a）栏的例子就属于此类，也称为“写-写冲突”。

2）不可重复读

不可重复读是指事务T1读取数据后，事务T2执行更新操作，使事务T1无法再现前一次读取结果，具体来说不可重复读包括以下三种情况：

◇ 事务T1读取某一数据后，事务T2对其做了修改，当事务T1再次读该数据时，得到与前一次不同的值。表9-4（b）栏的例子就属于此类。

◇ 事务T1按一定条件从数据库中读取了某些数据记录后，事务T2删除了其中的部分记录，当事务T1再次按相同条件读取数据时，发现某些记录神秘地消失了。

◇ 事务T1按一定条件从数据库中读取了某些数据库记录，事务T2插入了一些记录，当事务T1再次按相同条件读取数据时，发现多了一些记录。

后两种不可重复读有时也称为幻影现象。

3）读脏数据

读脏数据又称为污读，是指事务 T1 修改某一数据，并将其写回磁盘，事务 T2 读取同一数据后，事务 T1 由于某种原因被撤销，这时事务 T1 修改过的数据恢复原值，事务 T2 读到的数据就与数据库中的数据不一致，则事务 T2 的数据就成为脏数据，即不正确的数据。表 9-4（c）栏的例子就属于此类。

产生上述三种数据不一致性的主要原因是并发操作破坏了事务的隔离性。并发控制就是要用正确的方式调度并发操作，使每一个用户事务的执行不受其他事务的干扰，从而避免造成数据的不一致性。

9.2.3 封锁与封锁协议

并发控制的主要技术是封锁。例如，在银行取款例子中，事务 T1 要修改 R，若在读取 R 前先锁住 R，其他事务就不能再读取和修改 R 了，直到事务 T1 修改并写回 R 后，解除对 R 的封锁为止，这样就不会丢失事务 T1 的修改。

1. 封锁

封锁是实现并发控制的一个非常重要的技术，所谓封锁就是事务 T 在对某个数据对象（如列、表、记录等）操作之前，先向系统发出请求对其加锁，加锁后，事务 T 就对该数据对象有了一定的控制，在事务 T 释放它的锁之前，其他事务不能更新此数据对象。

基本的封锁类型有两种：排他锁和共享锁。

排他锁（Exclusive lock，简记为 X 锁）又称为写锁、独占锁。若事务 T 对数据对象 A 加上 X 锁，则只允许 T 读取和修改 A，其他任何事务都不能再对 A 加任何类型的锁，直到 T 释放 A 上的锁，这样就保证了其他事务在 T 释放 A 上的锁之前不能再读取和修改 A。

共享锁（Share lock，简记为 S 锁）又称为读锁。若事务 T 对数据对象 A 加上 S 锁，则事务 T 可以读 A 但不能修改 A，其他事务只能再对 A 加 S 锁，而不能加 X 锁，直到 T 释放 A 上的 S 锁，这样就保证了其他事务可以读 A，但是在 T 释放 A 上的 S 锁之前，不能再对 A 做任何修改。

2. 封锁协议

在运用 X 锁和 S 锁这两种基本封锁对数据对象加锁时还需要约定一些规则，如何时申请 X 锁或 S 锁、持锁时间、何时释放等，这些规则称为封锁协议。对封锁方式规定不同的规则，就形成了各种不同的封锁协议，下面介绍三级封锁协议。对并发操作的不正确调度，可能会带来丢失修改、不可重复读和读脏数据等不一致的问题，三级封锁协议分别在不同程度上解决了这一问题，为并发操作的正确调度提供一定的保证，不同级别的封锁协议达到的系统一致性级别是不同的。

1）一级封锁协议

一级封锁协议是事务 T 在修改数据之前，必须先对其加 X 锁，直到事务结束才释放。事务结束，包括正常结束（COMMIT）和非正常结束（ROLLBACK）。

一级封锁协议可防止丢失修改并保证事务 T 是可恢复的，使用一级封锁协议能够解决丢失修改问题。

如表 9 – 5 所示，事务 T1 在对 A 进行修改之前，先对 A 加 X 锁，当事务 T2 请求对 A 加 X 锁时会被拒绝，事务 T2 只能等待事务 T1 释放 A 上的锁后，才能对 A 加 X 锁，这时事务 T2 读到的 A，已经是事务 T1 更新过的值 5，事务 T2 按新的 A 值进行运算，并将结果值 A 等于 2 写回到磁盘，这样就避免了丢失事务 T1 对数据的更新。

表 9 –5　一级封锁协议解决“丢失修改”问题

T1	T2
申请 Xlock（A）	
获得 Xlock（A）	
R（A）=10	申请 Xlock（A）
…	等待
A←10 –5	等待
W（A）=5	等待
COMMIT	等待
释放 Xlock（A）	等待
	获得 Xlock（A）
	R（A）=5
	A←5 –3
	W（A）=2

在一级封锁协议中，如果仅仅是读数据不对其修改，是不需要加锁的，所以它不能保证可重复读和不读脏数据。

2）二级封锁协议

二级封锁协议是在一级封锁协议的基础上，事务 T 在读数据 R 之前必须先对其加 S 锁，读完后即可释放 S 锁。二级封锁协议不仅能够防止丢失修改，还可以进一步防止读脏数据。使用二级封锁协议，解决了读脏数据问题。

如表 9 –6 所示，事务 T1 在对 A 进行修改之前，先对 A 加 X 锁，修改其值后写回磁盘。这时事务 T2 请求在 A 上加 S 锁。因为事务 T1 已经在 A 上加了 X 锁，所以事务 T2 只能等待。事务 T1 因某种原因被撤销，A 恢复为原值 10。事务 T1 释放了 A 上的 X 锁后，事务 T2 对 A 加 S 锁，读取 A 值是 10。这样就避免了 T2 读脏数据。在二级封锁协议中，由于读完数据后即可释放 S 锁，所以不能保证可重复读。

表 9 –6　二级封锁协议解决“读脏数据”问题

T1	T2
申请 Xlock（A）	
获得 Xlock（A）	
R（A）=10	
A←10 –5	
W（A）=5	
…	申请 Slock（A）

续表

T1	T2
ROLLBACK	等待
A 恢复为 10	等待
释放 Xlock（A）	等待
	获得 Slock（A）
	R（A）=10
	释放 Slock（A）

3）三级封锁协议

三级封锁协议是在一级封锁协议的基础上，事务 T 在读数据 R 之前必须先对其加 S 锁，直到事务结束时释放 S 锁。三级封锁协议除防止了丢失修改和读脏数据外，还进一步防止了不可重复读。

如表 9－7 所示，事务 T1 在读 A 之前，先对 A 加 S 锁。这样其他事务只能再对 A 加 S 锁，不能加 X 锁，即其他事务只能读 A，而不能修改 A。所以当事务 T2 为修改 A 而申请对 A 加 X 锁时会被拒绝，只能等待事务 T1 释放 A 上的锁。事务 T1 为演算再读取 A，这时读出的 A 仍是 10，即可重复读。当事务 T1 结束释放 A 上的 S 锁时，事务 T2 才能对 A 加 X 锁。

表 9－7　三级封锁协议解决“不可重复读”问题

T1	T2
申请 Slock（A）	
获得 Slock（A）	
R（A）=10	
…	申请 Xlock（A）
R（A）=10	等待
（同一数据前后一致）	等待
COMMIT	等待
释放 Slock（A）	等待
	获得 Xlock（A）
	R（A）=10
	A←10－3
	W（A）=7
	COMMIT
	释放 Xlock（A）

上述三级协议的主要区别在于什么操作需要申请封锁及何时释放锁。一般来说，封锁协议级别越高，一致性程度越高，如表 9－8 所示。

表 9-8 不同级别的封锁协议与一致性保证

封锁协议级别	X 锁		S 锁		一致性保证		
	操作结束释放	事务结束释放	操作结束释放	事务结束释放	不丢失修改	不读脏数据	可重复读
一级封锁协议		√			√		
二级封锁协议		√	√		√	√	
三级封锁协议		√		√	√	√	√

9.2.4 活锁和死锁

封锁技术可有效解决并行操作带来的数据库不一致性问题，但也会产生新的问题，即活锁和死锁问题。

1. 活锁

活锁指某个事务由于请求封锁但总也得不到锁而处于长时间的等待状态。如果事务 T1 封锁了数据 R，事务 T2 又请求封锁 R，那么事务 T2 等待。事务 T3 也请求封锁 R，当事务 T1 释放了 R 上的封锁之后，系统首先批准了事务 T3 的请求，事务 T2 仍然等待，然后事务 T4 又请求封锁 R，当事务 T3 释放了 R 上的封锁以后，系统又批准了事务 T4 的请求。事务 T2 有可能永远等待，这就是活锁的情况，如表 9-9 所示。

表 9-9 活锁的情况

T1	T2	T3	T4
获得 Lock R			
	Lock R		
	wait	Lock R	
Unlock R	wait		Lock R
	wait	获得 Lock R	wait
	wait		
	wait	Unlock R	…
	wait		获得 Lock R

避免活锁的简单方法是采用先来先服务的策略，当多个事务请求封锁同一数据对象时，封锁子系统按请求封锁的先后次序对事务排队，一旦数据对象上的锁被释放就批准申请队列中第一个事务获得锁。

2. 死锁

死锁是指在同时处于等待状态的两个或多个事务中，每个事务封锁一部分数据资源，同时等待其他事务释放数据资源。如果事务 T1 封锁了 R1，事务 T2 封锁了 R2。然后事务 T1 又请求封锁 R2，因为事务 T2 封锁了 R2，于是事务 T1 等待事务 T2 释放 R2 上的锁。接着事务 T2 又申请封锁 R1，因事务 T1 封锁了 R1，事务 T2 只能等待事务 T1 释放 R1 上的锁，这样就出现了事务 T1 等待 T2、T2 又等待 T1 的局面，T1 和 T2 两个事务永远不能结束，形成死锁，如表 9－10 所示。

表 9－10　死锁的情形

T1	T2
获得 Xlock（R1）	…
…	…
…	获得 Xlock（R2）
…	…
申请 Xlock（R2）	…
等待	申请 Xlock（R1）
等待	等待
等待	等待

死锁问题在操作系统和一般并行处理中已做了深入研究，目前在数据库中解决死锁问题主要有两类方法：一类方法是采取一定措施来预防死锁的发生；另一类方法是允许发生死锁，采用一定手段定期诊断系统中有无死锁，若有则解除之。

3. 死锁的预防

在数据库中产生死锁的原因是两个或多个事务都已封锁了一些数据对象，然后又都请求对已被其他事务封锁的数据对象加锁，从而出现死等待。预防死锁的发生就是要破坏产生死锁的条件，主要有两种方法：一次封锁法和顺序封锁法。

1）一次封锁法

一次封锁法是要求每个事务必须一次将所有要使用的数据全部加锁，如果加锁不成功，就不能继续执行，只能释放已经加锁的数据对象。如上面的例子中，如果事务 T1 将 R1 和 R2 一次加锁，事务 T1 就可以执行下去，而事务 T2 等待。事务 T1 执行完后释放 R1 和 R2 上的锁，事务 T2 才能继续执行，这样就不会发生死锁。

一次封锁法虽然可以有效地预防死锁的发生，但也存在问题。第一，需要一次性将以后要用到的全部数据对象加锁，这势必会扩大封锁的范围，从而降低了系统的并发度。第二，由于数据库中数据是不断变化的，原来不要求封锁的数据，在执行过程中可能会变成封锁对象，所以很难事先精确地确定每个事务所要封锁的数据对象，为此只能扩大封锁范围，将事务在执行过程中可能要封锁的数据对象全部加锁，进一步降低了并发度。

2）顺序封锁法

顺序封锁法是预先对数据对象规定一个封锁顺序，所有事务都按这个顺序实行封锁，在释放时按逆序进行。例如，在 B 树结构的索引中，可以规定封锁的顺序必须是从根节点开始，然后是下一级的子节点，逐级封锁。

顺序封锁法可以有效地防止死锁，但也同样存在问题。第一，数据库系统中可封锁的数据对象极多，并且随数据的插入、删除等操作而动态变化，要维护这些资源的封锁顺序非常困难，系统维护成本很高。第二，事务的封锁请求可以随着事务的执行而动态地决定，难以事先确定每一个事务要封锁哪些数据对象，因此也就很难按规定的顺序去施加封锁。可见，在操作系统中广为采用的预防死锁的策略并不很适合数据库的特点。因此，数据库系统在解决死锁问题上一般采用的是自动诊断并解除死锁的方法。

4. 死锁的诊断与解除

在数据库系统中诊断死锁的方法与操作系统诊断死锁的方法类似，一般使用超时法和等待图法。

1）超时法

超时法是指若一个事务的等待时间超过了规定的时限，则认为发生了死锁。超时法实现简单，但其不足也很明显。一是可能误判死锁，事务因其他原因等待时间超过时限，系统会误认为发生死锁；二是时限设置，若时限设置得太长，则死锁发生后不能及时发现，若时限设置得太短，则容易发生误判死锁。

2）等待图法

等待图法使用“事务等待图”来判断是否存在死锁。事务等待图是一个有向图 $G=(T, U)$，如图 9－15 所示。T 为节点的集合，每个节点表示正在运行的事务。U 为边的集合，每条有向边表示事务等待的情况。若事务 T1 等待事务 T2，则事务 T1、事务 T2 之间画一条有向边，从事务 T1 指向事务 T2。事务等待图动态地反映了所有事务的等待情况。并发控制子系统周期性地检测事务等待图，若发现图中存在回路，则表示系统中出现了死锁。

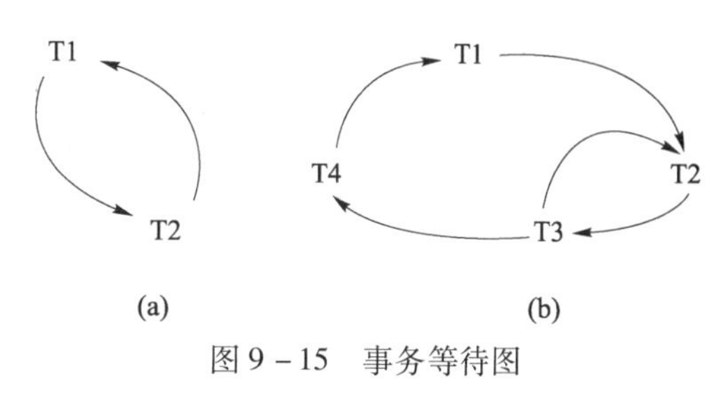

图 9－15　事务等待图

数据库系统并发控制子系统一旦检测到系统中存在死锁，就要设法解除。通常采用的方法是选择一个代价最小的事务，将其撤销，释放此事务持有的所有锁，使其他事务可以继续运行下去。当然，对撤销事务要进行回滚操作，即所执行的数据修改操作必须加以恢复。

9.2.5　可串行化调度与两段锁协议

1. 可串行化调度

数据库系统对并发事务中并发操作的调度是随机的，不同的调度可能产生不同的结果。如何判断调度的结果是否正确？

如果一个事务运行过程中没有其他事务同时运行，也就是说它是单独运行的，没有其他事务的干扰，那么就可以认为该事务的运行结果是正常的或者预想的。因此，将所有事务一个个串行执行的调度策略，一定是正确的调度策略。虽然以不同的顺序串行调度执行的事务可能会产生不同的结果，但由于不会将数据库置于不一致状态，所以都是正确调度的。

多个事务的并发执行是正确的，当且仅当其结果与按某一次序串行地执行这些事务时的结果相同，称这种调度策略为可串行化（Serializable）的调度。

可串行性（Serializability）是并发事务正确调度的准则。一个给定的并发调度，当且仅当它是可串行化的，才认为是正确调度。

表 9－11 是两种不同的串行调度策略，虽然执行结果不同，但它们都是正确的调度。

表 9－11　串行调度

串行调度（a）		串行调度（b）	
T1	T2	T1	T2
申请并获得 Slock（B）			申请并获得 Slock（A）
Y←R（B）=3			Y←R（A）=2
申请并获得 Xlock（A）			申请并获得 Xlock（B）
A←Y * 2 =6			B←Y * 2 =4
W（A）=6			W（B）=4
COMMIT			COMMIT
释放 Slock（B）			释放 Slock（A）
释放 Xlock（A）			释放 Xlock（B）
	申请并获得 Slock（A）	申请并获得 Slock（B）	
	Y←R（A）=6	Y←R（B）=4	
	申请并获得 Xlock（B）	申请并获得 Xlock（A）	
	B←Y * 2 =12	A←Y * 2 =8	
	W（B）=12	W（A）=8	
	COMMIT	COMMIT	
	释放 Slock（A）	释放 Slock（B）	
	释放 Xlock（B）	释放 Xlock（A）	

表 9－12 中左侧两个事务是交错执行的，由于其执行结果与表 9－11 中（a）（b）栏的执行结果都不同，所以是错误的调度；表 9－12 中右侧两个事务也是交错执行的，其执行结果与表 9－11（a）栏的执行结果相同，所以是正确的调度。

表 9－12　不可串行化的调度和可串行化的调度

（a）不可串行化的调度		（b）可串行化的调度	
T1	T2	T1	T2
申请并获得 Slock（B）		申请并获得 Slock（B）	
Y←R（B）=3		Y←R（B）=3	
	申请并获得 Slock（A）	释放 Slock（B）	
	X←R（A）=2	申请并获得 Xlock（A）	
释放 Slock（B）		A←Y * 2 =6	申请 Slock（A）
	释放 Slock（A）	W（A）=6	等待
申请并获得 Xlock（A）		COMMIT	等待
A←Y * 2 =6		释放 Xlock（A）	等待
W（A）=6			获得 Slock（A）
	申请并获得 Xlock（B）		Y←R（A）=6
	B←Y * 2 =4		申请并获得 Xlock（B）
	W（B）=4		B←Y * 2 =12
COMMIT			W（B）=12
释放 Xlock（A）			COMMIT
	COMMIT		释放 Slock（A）
	释放 Xlock（B）		释放 Xlock（B）

为了保证并发操作的正确性，数据库系统的并发控制机制必须提供一定的手段来保证调度的可串行化。从理论上讲，在某一事务执行时，禁止其他事务执行的调度策略，一定是可串行化调度，这也是最简单的调度策略，但这种方法降低了数据库操作的并发度，使用户不能充分共享数据库资源，实际上是不可取的。目前，数据库系统普遍采用封锁技术实现并发操作调度的可串行性，从而保证调度的正确性。

两段锁协议就是保证并发调度可串行性的封锁协议。

2. 两段锁协议

所谓两段锁协议是指所有事务必须分两个阶段对数据项加锁和解锁。

（1）在对任何数据对象进行读、写操作之前，事务首先要获得对该数据对象的封锁。

（2）在释放一个封锁之后，事务不再申请和获得任何其他数据对象的封锁。

所谓“两段”锁，是指事务分为两个阶段：第一阶段是获得封锁，也称为扩展阶段，在这个阶段事务可以申请获得任何数据项上的任何类型的锁，但是不能释放任何锁；第二阶段是释放封锁，也称为收缩阶段，在这个阶段事务可以释放任何数据项上的任何类型的锁，但是不能再申请任何锁。

事务 1 的封锁序列：

Slock(A)→Slock(B)→Xlock(C)→Unlock(A) →Unlock(C)→Unlock(B)

事务 2 的封锁序列：

Slock(A)→Unlock(A)→Slock(B)→Xlock(C) →Unlock(C)→Unlock(B)

事务 1 遵守两段锁协议，而事务 2 不遵守两段锁协议。

所有遵守两段锁协议的事务，其并行执行的结果一定是正确的。

需要说明的是，事务遵守两段锁协议是可串行化调度的充分条件，而不是必要条件。也就是说，若并发执行的事务都遵守两段锁协议，则对这些事务的任何并行调度策略都是可串行化的；反之，在可串行化的调度中，不一定所有事务都必须符合两段锁协议。

两段锁协议与防止死锁的一次封锁法的异同之处：一次封锁法要求每个事务必须一次将所有要使用的数据全部加锁，否则就不能继续执行，因此一次封锁法遵守两段锁协议；但是两段锁协议并不要求事务必须一次将所有要使用的数据全部加锁，因此遵守两段锁协议的事务可能发生死锁。

9.2.6 封锁粒度与多粒度封锁

1. 封锁粒度

X 锁和 S 锁都是加在某一个数据对象上的，封锁对象的大小称为封锁粒度。封锁对象可以是逻辑单元，也可以是物理单元。以关系数据库为例，封锁对象可以是属性值、属性值集合、元组、关系、索引项、整个索引、整个数据库等逻辑单元；也可以是页（数据页或索引页）、物理记录等物理单元。

封锁粒度与系统的并发度和并发控制的开销密切相关。直观上看，封锁粒度越大，数据库所能够封锁的数据单元就越少，并发度就越低，系统开销也越小；反之，封锁粒度越小，并发度越高，系统开销也就越大。

例如，若封锁粒度是数据页，事务 T1 需要修改元组 L1，则事务 T1 必须对包含元组

L1 的整个数据页 A 加锁。若事务 T1 对数据页 A 加锁后事务 T2 要修改数据页 A 中的元组 L2，则事务 T2 被迫等待，直到事务 T1 释放数据页 A。若封锁粒度是元组，则事务 T1 和事务 T2 可以同时对元组 L1 和元组 L2 加锁，不需要相互等待，提高了系统的并发度。又如，事务 T 需要读取整个表，若封锁粒度是元组，则事务 T 必须对表中的每一个元组加锁，显然系统开销极大。因此要在封锁粒度、并发度和管理锁的系统开销之间进行平衡。

2. 多粒度封锁

如果在一个数据库系统中同时支持多种封锁粒度用于不同的事务，这种封锁方法称为多粒度封锁。应同时考虑并发度和封锁开销两个因素，适当选择封锁粒度，以求得最优的效果。一般来说，需要处理多个关系的大量元组的事务可以数据库为封锁单位；需要处理大量元组的事务可以关系为封锁单位；只处理少量元组的事务可以元组为封锁单位。

要讨论多粒度封锁，需要首先定义多粒度树。多粒度树以树形结构来表示多级封锁粒度，根节点是整个数据库，表示最大的数据粒度；叶节点表示最小的数据粒度。例如，四级粒度树，根节点为数据库，数据库的子节点为关系，关系的子节点为元组，元组的子节点为分量，分量是叶子节点，如图 9－16 所示。

多粒度封锁协议允许多粒度树中的每个节点被独立加锁。对一个节点加锁意味着这个节点的所有后裔节点也被加以同样类型的锁。在多粒度封锁中，一个数据对象可能被两种方式封锁：显式封锁和隐式封锁。

显式封锁是应事务的要求直接加到数据对象上的锁。

隐式封锁是该数据对象没有被独立加锁，由于其上级节点被加锁而使该数据对象也被加上了锁。

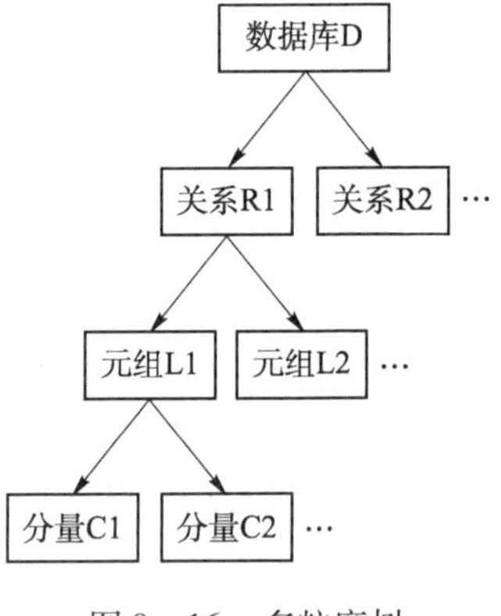

图 9－16　多粒度树

在多粒度封锁方法中，显式封锁和隐式封锁的效果是一样的，因此系统检查封锁冲突时，不仅要检查显式封锁，还要检查隐式封锁。例如，事务 T 要对关系 R1 加 X 锁，系统必须搜索其上级节点的数据库、关系 R1 及 R1 中每一个元组，若其中某一个数据对象被加上了不相容的锁（X 锁或 S 锁），则事务 T 必须等待。

一般地，对某个数据对象加锁，系统要检查该数据对象有无显式封锁与之冲突；还要检查其所有上级节点，检查本事务的显式封锁是否与该数据对象上的隐式封锁冲突（由上级节点封锁造成）；还要检查所有下级节点，看上面的显式封锁是否与本事务的隐式封锁（将加到下级节点的锁）冲突。显然，这样的检查方法效率很低，因此人们引进了一种新型锁——意向锁。

3. 意向锁

引进意向锁（Intention Lock）目的是提高对某个数据对象加锁时系统的检查效率，对任一节点加基本锁，必须先对它的上层节点加意向锁，若对一个节点加意向锁，则说明该节点的下层节点正在被加锁。例如，若元组 r 是关系 R 的任一元组，则对元组 r 加锁，先对关系 R 加意向锁。

事务 T 要对关系 R 加 X 锁，系统只要检查根节点数据库和关系 R 是否已加了不相容的锁，不需要搜索和检查关系 R 中的每一个元组是否加了 X 锁。

下面介绍三种常用的意向锁：意向共享锁（Intent Share Lock，简称 IS 锁）、意向排他锁（Intent Exclusive Lock，简称 IX 锁）、共享意向排他锁（Share Intent Exclusive Lock，简称 SIX 锁）。

1）意向共享锁

如果对一个数据对象加 IS 锁，那么表示它的后裔节点拟（意向）加 S 锁；反之，如果要对某个数据对象加 S 锁，那么必须先对该节点的各上级节点加 IS 锁。例如，要对某个元组加 S 锁，那么首先要对该元组所属的关系和数据库加 IS 锁。

2）意向排他锁

如果对一个数据对象加 IX 锁，那么表示它的后裔节点拟（意向）加 X 锁；反之，如果要对某个数据对象加 X 锁，那么必须先对该节点的各上级节点加 IX 锁。例如，要对某个元组加 X 锁，那么首先要对该元组所属的关系和数据库加 IX 锁。

3）共享意向排他锁

如果对一个数据对象加 SIX 锁，那么表示对它加 S 锁，再加 IX 锁，即 SIX = S + IX。例如，对某个表 R 加 SIX 锁，表示该事务要读整个表（所以要对该表加 S 锁），同时会更新个别元组（所以要对该表加 IX 锁）。

锁的相容性控制是指多个事务能否同时获取同一数据对象上的锁：如果数据对象已被另一事务锁定，那么仅当请求锁的模式与现有锁的模式相容时，才会授予新的锁请求；如果请求锁的模式与现有锁的模式不兼容，那么请求新锁的事务将等待释放现有锁或等待现有锁超出时限。例如，没有与排他锁兼容的锁模式。如果一个数据对象已被加排他锁（X 锁），那么在释放它的 X 锁之前，其他事务均无法为该数据对象加任何类型的锁。另一种情况是，如果共享锁（S 锁）已应用到某数据对象，那么即使锁定它的事务尚未完成，其他事务也可以获取该项的共享锁。但是，在释放共享锁之前，其他事务无法获取它的排他锁。包括意向锁在内的各种锁之间的相容规则如表 9－13 所示。需要注意的是，IX 锁与 IX 锁模式兼容，因为 IX 锁表示打算只更新部分行而不是所有行，还允许其他事务尝试读取或更新部分行，只要这些行不是其他事务当前更新的行即可。

表 9－13　数据锁的相容矩阵

T1 保持的锁 / T2 想获取的锁	S	X	IS	IX	SIX
S	Y	N	Y	N	N
X	N	N	N	N	N
IS	Y	N	Y	Y	Y
IX	N	N	Y	Y	N
SIX	N	N	Y	N	N

根据表 9－13 中各个锁之间的相容性，可以推导出这些锁的强弱关系，如图 9－17 所示。若事务 T1 对数据对象加了 X 锁，则在 T1 释放该锁之前其他申请对该对象加锁的事务均需等待，因此 X 锁具有最强的强度；若事务 T1 对数据对象加了 IS 锁，其他事务还可以在 T1 未释放该锁时为该数据对象添加 S 锁、IS 锁、IX 锁和 SIX 锁，因此，IS 锁具有最低的强度。

锁的强度是指一个锁对其他锁的排斥程度，一个事务在申请封锁时以强锁代替弱锁是安全的，反之则不然。

在具有意向锁的多粒度封锁方法中任意事务 T 要对一个数据对象加锁，必须先对它的上层节点加意向锁。申请封锁时应该按自上而下的次序进行；释放封锁时应该按自下而上的次序进行。

具有意向锁的多粒度封锁方法提高了系统的并发度，减少了加锁和解锁的开销，已在实际的数据库系统中得到广泛应用。

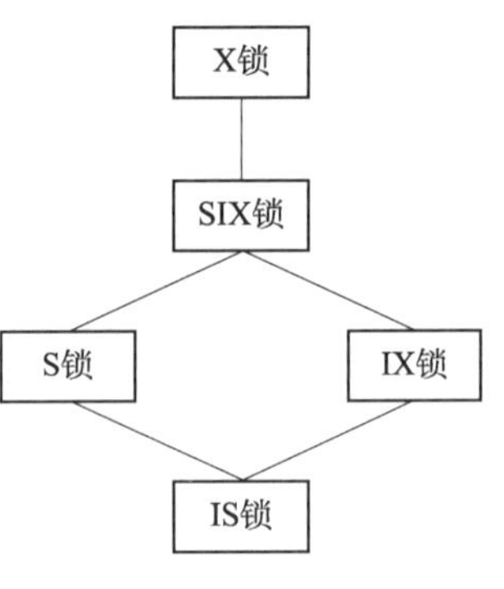

图 9 – 17　锁的强弱关系

9. 2. 7　SQL Server 的并发控制机制

SQL Server 通过支持事务机制来管理多个事务，保证数据的一致性，并使用事务日志保证修改的完整性和可恢复性。SQL Server 遵从三级封锁协议，从而有效地控制并发操作可能产生的丢失修改、不可重复读、读脏数据等错误。SQL Server 具有多种不同粒度的锁，允许事务锁定不同的资源，并能自动使用与任务相对应的等级锁来锁定资源对象，以使锁的成本最小化。

1. SQL Server 的事务

SQL Server 的事务分两种类型：系统提供的事务和用户定义的事务。系统提供的事务是指在执行某些语句时，一条语句就是一个事务，它的数据对象可能是一个或多个表（视图），也可能是表（或视图）中的一行或多行数据。用户定义的事务以 BEGIN TRANSACTION 语句开始，以 COMMIT 或 ROLLBACK 语句结束，如 9. 2. 1 节所述。

2. SQL Server 的封锁方式

SQL Server 的封锁控制由一个内部的锁管理器实现，锁管理器决定锁类型和锁粒度。

SQL Server 提供多粒度锁机制，包括行锁、页锁、簇锁、表锁和数据库锁。行锁是粒度最小的锁，用于封锁一个数据页或索引页中的一行数据；页锁用于封锁一个物理页，一个物理页有 8KB 的空间，所有的数据、日志和索引都放在物理页中，且一行数据必须在同一个页上；簇锁用于锁定一个簇，簇是页之上的管理单位，一个簇由 8 个连续的页组成；表锁用于封锁包含数据与索引的整个表，是 SQL Server 提供的主要的锁，当事务处理的数量比较大时，一般使用表锁；数据库锁锁定整个数据库，防止其他任何用户或事务对锁定数据库的访问，是一种非常特殊的锁，只用于数据的恢复操作。

SQL Server 提供的锁类型包括共享锁、排他锁、更新锁、意向锁和模式锁。更新锁是为修改操作提供的页级排他锁。模式锁分为静态模式锁和模式修改锁，当禁止修改模式时，使用静态模式锁；当修改表结构或索引时，使用模式修改锁。

一般情况下，SQL Server 能够自动提供加锁功能，用户只需要了解封锁机制的基本原理，使用中不涉及锁的操作。SQL Server 在事务执行过程中会自动选择合适的资源封锁模式和资源封锁粒度，并基于事务的类型自动选择封锁类型，自动提供加锁功能。也就是说，SQL Server 的封锁机制对用户是透明的。

9.3 数据库恢复技术

虽然数据库系统中采取了各种保护措施来防止破坏数据库的安全性和完整性，保证并发事务可以正确执行，但是计算机系统中的硬件故障、软件错误、操作失误及恶意破坏仍是无法避免的。这些故障轻则造成运行事务非正常中断，影响数据库中数据的一致性。重则破坏数据库，造成数据库中全部或部分数据丢失。因此，数据库系统必须具有把数据库从错误的状态恢复到某一已知的正确状态（一致性状态）的功能，这就是数据库的恢复。数据库系统提供了数据库恢复子系统，一般占整个系统代码的10%以上。数据库系统所采用的恢复技术是否可行，不仅影响系统的可靠性，而且影响系统的运行效率，是衡量数据库系统性能优劣的重要指标。

9.3.1 数据库故障种类

数据库系统在运行中发生故障后，有些事务尚未完成就被迫中断，这些未完成事务对数据库所做的修改有一部分已经写入数据库，导致数据库处于一种不正确或不一致的状态。导致事务被迫中断的故障一般包括以下几种。

1. 事务故障

事务故障是指某个事务在运行过程中由于种种原因未运行至正常终点就终止了。事务故障的常见原因包括输入数据有误、运算溢出、并发事务发生死锁、违反完整性限制、某些应用程序出错等，这些事务故障是非预期的，不能由应用程序处理。

事务故障发生时，事务没有全部完成，终止的事务可能已经部分完成了数据库的修改写回磁盘的操作。因此，数据库可能处于不一致的状态。数据库系统的恢复子系统要在不影响其他事务运行的情况下，强行回滚（ROLLBACK）该事务，即撤销该事务对数据库的所有修改，使得这个事务好像根本没有启动过一样，这类恢复操作称为事务撤销（UNDO）。

2. 系统故障

系统故障是指造成系统停止运行的任何事件。整个系统的正常运行突然被破坏，致使所有正在运行的事务都以非正常方式终止，要求系统重新启动，如操作系统和数据库系统代码错误、操作员操作失误、特定类型的硬件错误（如CPU故障）、系统突然断电等。

这类故障影响正在运行的所有事务，此时主存内容都被丢失，所有正在运行的事务都非正常终止，外部存储设备上的数据未受影响。系统发生故障时，一些尚未完成的事务的部分结果可能已经写入磁盘，从而造成数据库可能处于不正确的状态。同时，有些已经完成的事务，可能有一部分数据留在缓冲区上未来得及写入磁盘，这也会使数据库可能处于不一致的状态。

系统故障的恢复是由系统在重新启动时自动完成的，不需要用户干预。恢复子系统必须在系统重新启动时，让所有非正常终止的事务回滚，强行撤销（UNDO）所有未完成事务，清除尚未完成的事务对数据库的所有修改。已完成的事务可能有一部分甚至全部留在缓冲区，尚未写回到磁盘上的物理数据库中，恢复子系统应重做所有已经提交的事务，将这些已提交的结果重新写到数据库。

3. 介质故障

介质故障的常见原因有磁盘损坏、磁头碰撞、瞬时强磁场干扰、操作系统某种潜在错误等。介质故障使存储在外存中的数据库遭到破坏，并影响正在读取被破坏数据的所有事务，使存储在外存中的数据部分丢失或全部丢失。介质故障比前两类故障发生的可能性小得多，但破坏性很大。

介质故障的恢复可采用两种方式：

◇ 装入数据库发生介质故障前某个时刻的数据副本。

◇ 装入相应的日志文件副本，重做自此时始的所有成功事务，将这些事务已提交的结果重新记入数据库。

4. 计算机病毒和人为破坏

计算机病毒是一种人为故障或破坏。病毒的种类繁多，不同病毒有不同特征，已经成为计算机系统的主要危险，当然也是数据库系统的主要危险，因此计算机安全工作者已经研制了许多预防和查杀病毒的软件。但迄今为止，这些杀毒软件仍然不能完全防止病毒侵害计算机系统，因此数据库一旦被破坏，仍然需要使用恢复技术加以恢复。

另外，由于用户恶意或无意的操作也可能删除数据库中有用的数据或录入错误的数据，这同样会造成一些潜在的故障。

9.3.2 数据库恢复实现技术

总结各类故障，对数据库的影响有两类：一类是破坏数据库本身；另一类是数据库没有被破坏，但数据可能不正确，这是由于事务的运行被非正常终止造成的。恢复操作的基本原理可以用一个词来概括——冗余，即利用事先存储的冗余数据来重建数据库中已被破坏或不正确的那部分数据。

恢复机制涉及的关键问题有两个：第一，如何建立冗余数据；第二，如何利用这些冗余数据实施数据库恢复。建立冗余数据最常用的技术是数据转储和登记日志文件，在实际应用中，这两种方法常常会综合使用。

1. 数据转储

数据转储是数据库恢复中采用的基本技术。所谓转储即数据库管理员定期地将整个数据库复制到另一个存储设备上保存起来的过程。这些备用的数据称为后备副本或后援副本。若数据库遭到破坏，可以把后备副本重新装入数据库，并重新执行自转储以后的所有更新事务，就可以把数据库恢复到故障发生时的状态。

按照转储状态，数据转储可以分为静态转储和动态转储。

静态转储是在系统中无运行事务时进行的转储操作。即转储操作开始的时刻，数据库处于一致性状态，而在转储期间不允许（或不存在）对数据库进行任何存取操作，即从转储开始到结束不能有任何事务运行。静态转储的优点是实现简单，但由于转储必须等用户事务结束后进行，且等转储结束后才能开始新的事务，显然降低了数据库的并发性。

动态转储是指转储操作可以与用户事务并发执行，转储期间允许对数据库进行存取等事务操作。动态转储的优点是不用等待正在运行的事务结束，不会影响新事务的运行，提高了系统的并发性。但是，动态转储不能保证数据副本中的数据正确有效，必须把动态转储期间各项事务对数据库的修改活动登记下来，建立日志文件。利用动态转储得到的后备副本进行故障恢复时，需要后备副本加上日志文件，才能把数据库恢复到某一时刻的一致性状态。

按照转储方式，数据转储还可分为海量转储与增量转储。海量转储是指每次转储全部数据库，增量转储是指只转储上次转储后更新过的数据。从恢复角度看，使用海量转储得到的后备副本进行恢复往往更方便。但如果数据库很大、事务处理又十分频繁，那么增量转储的方式更实用、更有效。

因此，数据转储有两种方式，分别在两种状态下进行，于是数据转储方法可分为四类：动态海量转储、动态增量转储、静态海量转储、静态增量转储。

为了保护数据库中的数据，数据库管理员应定期进行数据转储以保存后备副本。但转储操作十分耗费时间和资源，不能频繁进行，数据库管理员应根据数据库实际使用情况确定适当的转储周期并选择合适转储方法。例如，每天进行一次动态增量转储，每周进行一次动态海量转储，每月进行一次静态海量转储等。

2. 登记日志文件

日志文件是用来记录事务对数据库更新操作的文件，每次对数据库的修改，被修改项目的新值和旧值都被保存在日志文件中。不同的数据库采用的日志文件格式并不完全相同，概括起来，日志文件主要有两种格式，以记录为单位的日志文件和以数据块为单位的日志文件。

对于以记录为单位的日志文件，需要登记的内容有各个事务的开始标记、各个事务的结束标记、各个事务的所有更新操作。每条日志记录的内容有事务标识、更新操作类型、操作对象（记录内部标识）、更新前数据的旧值、更新后数据的新值、事务处理中的各个关键时刻。

以数据块为单位的日志文件，每条日志记录的内容包括事务标识和被更新的数据块。由于将更新前的整个数据块和更新后的整个数据块都放入日志文件中，操作类型和操作对象等信息就不必放入日志文件中。

日志文件在数据库恢复中起着非常重要的作用，可以用来进行事务故障恢复和系统故障恢复，还可以协助后备副本进行介质故障恢复。

在动态转储方式中，必须建立日志文件，只有后备副本和日志文件结合起来才能有效地把数据库恢复到某一一致性状态。在静态转储方式中也可建立日志文件，当数据库毁坏后，可重新装入后备副本，把数据库恢复到转储结束时刻的正确状态，然后利用日志文件重做已经完成的事务，就可把数据库恢复到故障前某一时刻的正确状态。

为保证数据库是可恢复的，登记日志文件时必须遵循两条原则：一是登记的次序严格按并行事务执行的时间次序；二是必须先写日志文件，后写数据库。

9.3.3 数据库恢复的策略

当系统在运行过程中发生故障时，利用数据库后备副本和日志文件，就可以将数据库恢复到故障前的某一个一致性状态，不同故障的恢复策略不尽相同。

1. 事务故障的恢复

事务故障是事务在运行至正常终止点前被终止。这时由恢复子系统利用日志文件撤销此事务对数据库进行的修改，将数据库恢复到事务开始前的状态。事务故障的恢复由系统自动完成，不需要用户干预。

事务故障的恢复步骤如图 9-18 所示，具体介绍如下。

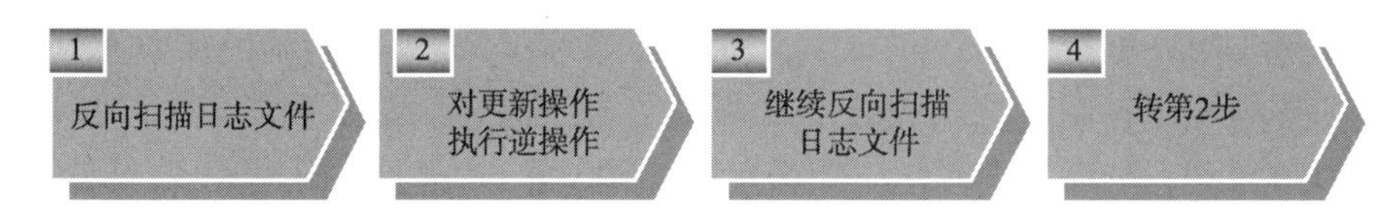

图 9-18 事务故障恢复步骤

（1）反向扫描日志文件，即从最后向前扫描日志文件，查找该事务的更新操作。

（2）对事务的更新操作执行逆操作，即把日志记录中“更新前的值”写回数据库。对于插入操作，由于“更新前的值”为空，则相当于做删除操作；对于删除操作，由于“更新后的值”为空，则相当于做插入操作；若是修改操作，则用“更新前的值”代替“更新后的值”。

（3）继续反向扫描日志文件，查找该事务的其他更新操作，并做同样处理。

（4）依此类推，直至读到此事务的开始标记，事务故障恢复就完成了。

2. 系统故障的恢复

系统故障造成数据库不一致状态有两种情况：一是一些未完成事务对数据库的更新已写入数据库；二是一些已提交事务对数据库的更新还留在缓冲区没来得及写入数据库。因此恢复操作就是撤销故障发生时未完成的事务，重做已完成的事务。系统故障的恢复由系统在重新启动时自动完成，同样不需要用户干预。

系统故障的恢复步骤如下。

（1）正向扫描日志文件，即从头扫描日志文件。

（2）找出故障发生前已经提交的事务，这些事务既有 BEGIN TRANSACTION 记录，又有 COMMIT 记录，将其事务标识记入 REDO 队列。同时找出故障发生时尚未完成的事务，这些事务只有 BEGIN TRANSACTION 记录，无相应的 COMMIT 记录，将其事务标识记入 UNDO 队列。

（3）反向扫描日志文件，对 UNDO 队列中各项事务进行撤销处理。对每个 UNDO 事务的更新操作执行逆操作，即将日志记录中“更新前的值”写入数据库。

（4）正向扫描日志文件，对 REDO 队列中各项事务进行重做处理。对每个 REDO 事务重新执行日志文件登记操作，即将日志记录中“更新后的值”写入数据库。

3. 介质故障的恢复

发生介质故障后，磁盘上的物理数据和日志文件均被破坏，其发生的可能性小，但破坏最严重。恢复的方法是重装数据库，使数据库恢复到一致性状态，然后利用日志文件重做已完成的事务。

介质故障的恢复步骤如下。

（1）装入最新的数据库后备副本，使数据库恢复到最近一次转储时的一致性状态。

对于静态转储的数据库后备副本，装入后数据库即处于一致性状态。

对于动态转储的数据库后备副本，还须同时装入转储时刻的日志文件副本，利用与恢复系统故障相同的方法（即 REDO + UNDO），将数据库恢复到一致性状态。

（2）装入最新日志文件副本，重做已完成的事务。

首先正向扫描日志文件，找出故障发生前已提交的事务标识，将其记入 REDO 队列。

然后正向扫描日志文件，对 REDO 队列中的所有事务进行重做处理，即将日志记录中数据“更新后的值”写入数据库。

这样就可以将数据库恢复到故障前某一时刻的一致性状态了。介质故障的恢复需要 DBA 的介入，但只需要重装最新转储的数据库后备副本和最新日志文件副本，然后执行系统提供的恢复命令即可，具体的恢复操作仍由数据库系统完成。

4. 具有检查点的恢复技术

具有检查点的恢复技术在日志文件中增加一类新的记录，称为检查点（Checkpoint）记录；增加一个重新开始文件，并让恢复子系统在登录日志文件期间动态地维护日志。数据库系统定时设置检查点，在检查点时刻才真正做到把对数据库的修改写到磁盘。当数据库需要恢复时，只有检查点后面的事务需要恢复。

检查点记录包括两个内容，一是建立检查点时刻所有正在执行的事务清单，二是每个事务最近一个日志记录的地址。重新开始文件记录各个检查点记录在日志文件中的地址，如图 9－19 所示。重新开始文件中记录了检查点 Ci 在日志文件中的地址，由此找到日志文件中检查点 Ci 的位置，并找到检查点记录 Ci 对应的每个事务在日志文件中的位置，如事务 T1 的日志记录位置 D1、事务 T2 的日志记录位置 D2……，然后根据日志记录判断哪些事务需要 REDO，哪些不需要。这样不需要检索整个日志文件，只需要按照检查点地址就可以快速找到相应的日志记录。动态维护日志文件的方法是周期性执行建立检查点、保存数据库状态操作。具体步骤如下。

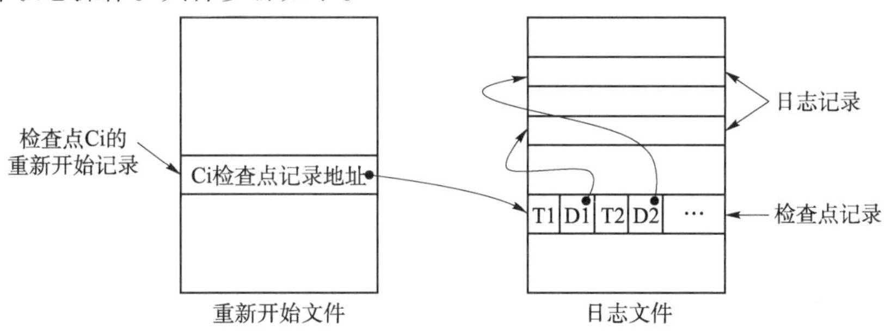

图 9－19　具有检查点的日志文件和重新开始文件

（1）将当前日志缓冲中的所有日志记录写入磁盘的日志文件上。

（2）在日志文件中写入一个检查点记录。

（3）将当前数据缓冲的所有数据记录写入磁盘的数据库中。

（4）把检查点记录在日志文件中的地址写入一个重新开始文件中。

恢复子系统可以定期或者不定期建立检查点保存数据库状态。检查点可以按照规定的一个时间间隔建立，如每隔一个小时建立一个检查点；也可以按照某种规则建立检查点，如日志文件写满一半时建立一个检查点。检查点也可以人为设置。无论是人为的还是自动的，当发出一个检查命令时所有缓冲区中的数据都被保存到磁盘上，实现对缓冲区和数据库文件的同步。

使用检查点可以改善恢复的效率。当事务 T 在一个检查点之前提交，事务 T 对数据库所做的修改一定已经写入了数据库，写入时间是在这个检查点建立之前或在这个检查点建立的时候。这样在恢复处理的时候，就没有必要对事务 T 进行 REDO 操作。只有在检查点之后，故障发生之前已经提交的事务才需要做 REDO。在检查点之前或之后开始，在故障发生时仍没有提交的事务需要 UNDO。系统出现故障时，恢复子系统将根据事务的不同状态采取不同的恢复策略。

系统利用检查点技术进行数据库恢复的步骤如下。

（1）从重新开始文件找到最后一个检查点记录在日志文件中的地址，由此找到日志文件中最后一个检查点记录。

（2）由该检查点记录得到所有在检查点建立时正在执行的事务清单，建立 UNDO 队列，将这些事务暂时放入 UNDO 队列，新建 REDO 队列并使其暂为空。

（3）从检查点开始正向扫描日志文件，若有新开始的事务 Ti，则把 Ti 暂时放入UNDO 队列；若有完成提交的事务 Tj，则把 Tj 从 UNDO 队列移到 REDO 队列，直到日志文件结束。

（4）对 UNDO 队列中的每个事务执行 UNDO 操作，对 REDO 队列中的每个事务执行 REDO 操作。

5. 数据库镜像技术

随着磁盘容量越来越大，价格越来越便宜，为避免磁盘介质故障影响数据库的可用性，许多数据库系统提供了数据库镜像（Mirror）功能用于数据库恢复。根据数据库管理员的要求，系统自动把整个数据库或其中关键的数据复制到另一个磁盘上，当主数据库更新时，数据库系统自动把更新后的数据复制过去，即数据库系统自动保证镜像数据和主数据的一致性。若出现介质故障，则可以由镜像数据库继续为用户提供服务，同时数据库系统自动利用镜像磁盘数据进行数据恢复，无须关闭系统和重装数据库备份，用户应用不必中断。

如果没有出现故障，那么数据库镜像还可以用于事务并发操作。例如，当一个用户对数据库加排他锁时，其他用户如果只是读取数据库中数据，则可以读镜像数据库上的数据，提高了数据库系统的并发性。

数据库镜像是通过数据复制实现的，频繁复制操作会降低系统运行效率。因此，在实际数据库系统应用中，一般只把关键数据和日志文件进行数据库镜像，而不是对整个数据库进行镜像。

9.3.4 SQL Server 中的数据库恢复技术

1. 备份和还原概述

转储操作在 SQL Server 中被称为备份。备份是对 SQL Server 数据库或事务日志进行复制，数据库备份记录了在进行备份这一操作时数据库中所有数据的状态，如果数据库因故障而损坏，可以用这些备份文件来还原数据库。“还原”就是把遭受破坏的、丢失或出现错误的数据库还原到原来的正常状态。数据备份和还原的工作主要由数据库管理员来完成，实际上，数据库管理员日常比较重要和频繁的工作就是对数据库进行备份和还原。

SQL Server 支持在线备份，所以通常情况下可以一边进行备份，一边进行其他操作，但是在备份过程中不允许执行以下操作：一是创建或删除数据库文件；二是创建索引；三是执行非日志操作；四是自动或手动缩小数据库或数据库文件大小。

如果正在进行以上各种操作时进行数据备份，那么备份处理将被终止；如果在备份过程中，执行以上任何操作，那么会操作失败而数据备份将继续进行；如果在备份和还原过程中发生中断，那么可以重新从中断点开始执行备份和还原，这在对一个大型数据库备份或还原时极有价值。

2. SQL Server 数据库备份类型

SQL Server 数据库备份的范围可以是完整的数据库、部分数据库、一组文件、一个文件组。SQL Server 提供四种备份方式，以满足不同数据库的备份需求。

1）数据库完整备份

数据库完整备份是指对数据库内的所有对象都进行备份，包括事务、日志。该备份类型需要比较大的存储空间来存储备份文件，备份时间也比较长，在还原数据库时也只要还原一个备份文件。

若数据库不大，且不是 24 小时持续运行的应用系统，则适合采用这种备份方式。若数据库很大，这种备份方式将很费时间，甚至造成系统访问缓慢，影响系统正常使用。虽然数据库完整备份比较费时间，但是对于数据库还原来说是必不可少的，还是需要定期做完整备份，如一周一次。

2）差异备份

为了减少数据备份时间，可以采用差异备份。数据库差异备份是对数据库完整备份的补充，在执行数据库完整备份之后，只备份从上次数据库完整备份后数据库变动的部分。相对于完整备份来说，差异备份的数据量小，备份速度快。因此，差异备份通常作为常用的备份方式。

在还原数据时，先还原最新的完整备份，然后再还原最新的差异备份就可以了，而不需要依次还原每一次的差异备份，这样就可以把数据库数据还原到最后一次差异备份时的状态。

3）事务日志备份

事务日志备份只备份数据库的事务日志内容，以事务日志作为备份对象，相当于将每一个数据库操作都记录下来了。

事务日志记录某一时段的数据库变动情况，因此在进行事务日志备份之前，必须要进行数据库完整备份。事务日志备份是备份从上次事务日志备份完成之后到当前事务日志结束时的事务日志。与差异备份类似，事务日志备份文件较小，时间短，但在还原数据时，首先要还原完整备份，然后要依次还原每个事务日志备份，而不是只还原最后一个事务日志备份，这是与差异备份的主要区别。

若数据库很大，每次数据库完整备份需要花费很长时间，并且系统可能需要 24 小时不间断运行，长时间执行备份操作会影响系统运行，这时可以采取事务日志备份方式。但是在数据库还原时，事务日志备份必须和一次数据库完整备份一起才可以还原数据库，而且利用事务日志备份还原数据库时，要按照事务日志文件备份的时间顺序进行还原，不能搞错。

4）文件及文件组备份

对于超大型数据库执行完整数据库备份是不可行的，文件及文件组备份可以针对单一的数据库文件或者文件组进行备份，它的好处是便利和具有弹性，而且在还原时可以针对受损的数据库文件做还原。

虽然文件和文件组备份具有方便性，但是这类备份必须与事务日志备份搭配使用，在还原部分数据库文件或文件组后，必须还原自此数据库文件或文件组备份后所做的所有的事务日志备份，否则会影响数据库的数据一致性，因此文件或文件组备份后，应立刻做一个事务日志备份。

如果在创建数据库时为数据库创建了多个数据库文件或文件组，可以使用该备份方式。文件或文件组备份可以只备份数据库中的某些文件，在数据库文件非常庞大时十分有效，由于每次只备份一个或几个文件或文件组，可以分多次完成数据库备份，避免大型数据库备份时间过长，影响系统使用。另外，由于文件和文件组备份只备份其中的一个或多个数据文件，当数据库中的某个或某些文件损坏时，可能只需要还原损坏的文件或文件组备份即可。

3. SQL Server 备份策略和还原模式

备份策略是用户根据数据库运行的业务特点制定的备份类型组合。SQL Server 常用的备份策略有仅进行完整数据库备份、在进行完整数据库备份的同时进行事务日志备份、使用完整数据库备份和差异数据库备份。

备份策略的制定会对备份和还原产生直接影响，也决定了数据库在遭到破坏前后的一致性水平。所以在制定备份策略时，需要认识到以下问题。

（1）若只进行完整数据库备份，自最近一次完整数据库备份以后数据库中发生的所有事务将无法还原。这种方案的优点是简单，而且在数据库还原时也操作方便。

（2）若在进行完整数据库备份时，也进行事务日志备份，那么可以将数据库还原到失败点。那些在失败点前未提交的事务将无法还原，但若在数据库失败后立即对当前处于活动状态的事务进行备份，则未提交的事务也可以还原。

从以上问题分析，对数据库一致性的要求成为备份策略选择的主要原因。但在某些情况下，对数据库备份有更为严格的要求，例如，在经常处理重要业务的应用系统环境中，常要求数据库服务器连续工作，在这种情况之下一旦出现故障，则要求数据库在最短时间内还原到正常状态，以避免丢失过多的重要数据。由此可见，备份或还原所需要时间也是选择何种备份策略的重要影响因素。

备份策略选择的主要影响因素包括所要求的还原能力（如将数据库还原到失败点）、备份文件的大小（如完整数据库备份、只进行事务日志的备份或差异数据库备份）及留给备份的时间等。

SQL Server 提供了几种方法来减少备份或还原操作的执行时间。

（1）使用多个备份设备同时进行备份处理。同理，可以从多个备份设备上同时进行数据库还原操作。

（2）综合使用数据库完整备份、差异备份或事务日志备份来减少每次需要备份的数据量。

（3）使用文件或文件组备份和事务日志备份，这样可以只备份或还原那些包含相关数据的文件，而不是整个数据库。

另外，需要注意的是，在备份时也要考虑应使用哪种备份设备，如磁盘或磁带，并且决定如何在备份设备上创建备份，如将备份数据添加到备份设备上或将原有数据覆盖。

在 SQL Server 中，有三种数据库还原模式，分别是简单还原、完全还原和批日志还原。

（1）简单还原，是指在进行数据库还原时，仅使用了完整数据库备份或差异备份，而不涉及事务日志备份。该模式可使数据库还原到上一次完整备份或差异备份的状态，无法将数据库还原到失败点的状态。该模式仅适用于正在测试和开发的数据库或包含的大部分数据为只读的数据库。当选择简单还原模式时，常使用的备份策略是，首先进行数据库完整备份，然后进行差异备份。

（2）完全还原，是指通过使用数据库完整备份和事务日志备份将数据库还原到发生故障的时刻点。在完全还原模式下，几乎不会造成任何数据丢失，是应对因存储介质故障而造成数据丢失的最佳方法。为了保证数据库的完全还原能力，必须把所有的批数据操作都写入日志文件，如 Select into、创建索引等。完全还原模式常使用的备份策略是，首先进行数据库完整备份，然后进行差异备份，最后进行事务日志备份。如果准备让数据库还原到失败时刻，必须对数据库失败时刻前正处在运行状态的事务进行备份。

（3）批日志还原，或称大容量日志还原，在性能上要优于简单还原和完全还原，能尽最大限度减少批操作所需要的存储空间。这些批操作主要有 Select into、批装载操作、创建索引和针对大文本或图像的操作。大容量日志还原模式所采用的备份策略与完全还原的备份策略基本相同。

在实际应用中备份策略和还原策略的选择不是孤立的，不能仅从数据库备份为数据库还原提供原材料出发，就根据某种数据库还原模式选择数据库备份策略，而应更多从把遭到损坏的数据库还原到所需要的一致性状态的角度考虑选择使用哪种备份策略。但有一点必须强调，即备份策略的选择和还原模式的确定都应服从于这样一个目标：尽最大可能以最快速度进行数据恢复，减少数据丢失。

4. SQL Server 备份设备

在备份一个数据库之前，需要先创建一个备份设备，即备份文件的存储位置，如磁带、硬盘等，然后再去复制要备份的数据库、事务日志、文件/文件组。

SQL Server 可以将本地主机或远端主机上的硬盘作为备份设备，数据库备份在硬盘上是以文件的方式被存储的，每个备份设备上可以存储多个不同类型的备份文件。

对数据库进行备份时，备份设备可以采用物理设备名称和逻辑设备名称两种方式。物理设备名称即操作系统文件名，直接采用备份文件在磁盘上以文件方式存储的完整路径名。逻辑设备名称是为物理备份设备指定的可选的逻辑别名，使用逻辑设备名称可以简化备份路径。逻辑设备名称永久性地存在 SQL Server 的系统表中。

使用对象资源管理器创建备份设备的过程如下。

（1）首先打开对象资源管理器，在“服务器对象”节点下找到备份设备，单击鼠标右键，弹出快捷菜单。

（2）在弹出的快捷菜单中选择“新建备份设备”命令，打开“新建备份设备”对话框。

（3）输入备份设备逻辑名称，并指定备份设备的完整路径，单击“确定”按钮即可。

5. SQL Server 备份操作

在 SQL Server 中完成备份操作，可以采用以下两种方式。

1）使用对象资源管理器备份数据库

在 SQL Server 中，无论是数据库完整备份还是差异备份、事务日志备份、文件和文件组备份都执行相似的步骤。

（1）连接到相应的 SQL Server 服务器实例之后，在对象资源管理器中单击服务器名称以展开服务器树，展开数据库节点，选择要备份的数据库，单击鼠标右键，在弹出的快捷菜单中选择“任务”→“备份”命令。

（2）单击“备份”命令后，出现“备份数据库”对话框，如图 9-20 所示。

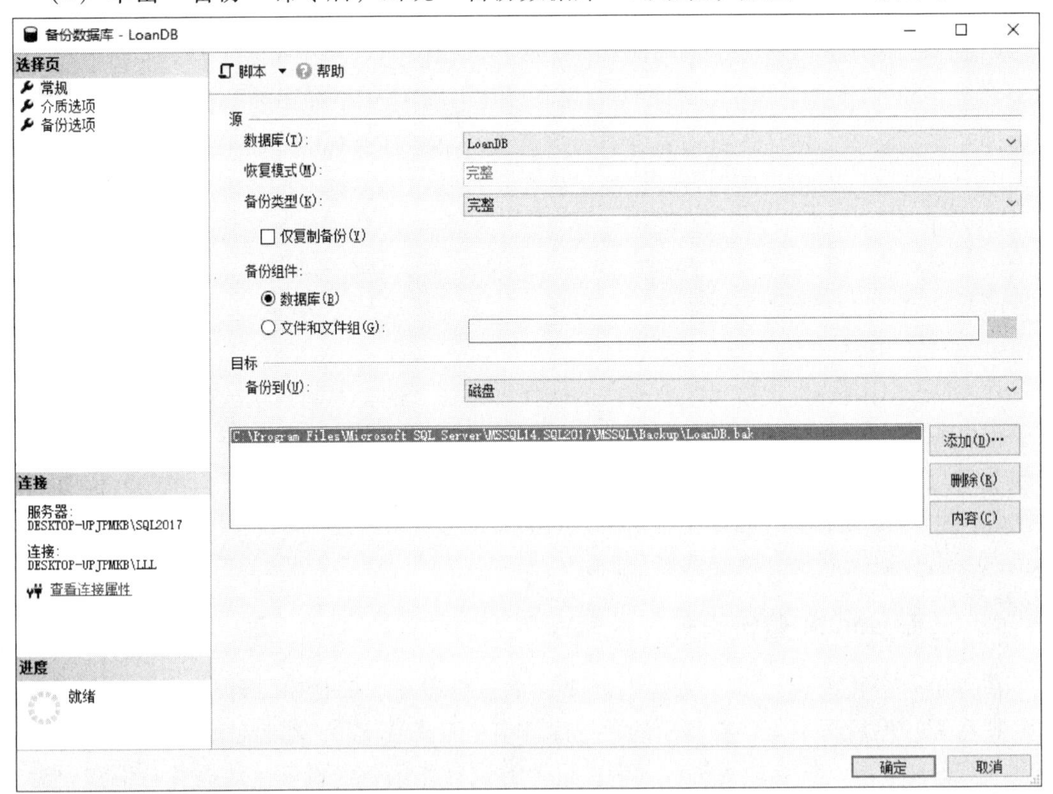

图 9-20　“备份数据库”对话框

（3）在“数据库”下拉列表中，会出现刚选择的数据库名，也可以从列表中选择其他数据库。

（4）在“恢复模式”文本框中显示当前数据库的恢复模式，恢复模式是在“数据库属性”对话框的“选项”选项卡中设置的，在此无法修改。

（5）在图 9－20 所示的“备份数据库”对话框中，在“备份类型”下拉列表中选择备份类型“完整、差异或事务日志”。根据数据库属性中设置的恢复模式，备份类型选项会稍有差别：若恢复模式选择的是“完整”或“大容量日志”，则备份类型选项为“完整”“差异”和“事务日志”；若恢复模式选择的是“简单”，则备份类型选项为“完整”和“差异”。

（6）在“备份组件”选项中选择“数据库”或“文件和文件组”，每种组件都支持三种备份类型。若选择“文件和文件组”，则出现“文件和文件组”对话框，从该对话框中选择要备份的文件或文件组即可。

（7）在“目标”项下选择备份到磁盘或 URL，若选择备份到磁盘，则将备份存储在指定的磁盘文件中；若选择备份到 URL，则将备份存储到远程设备或云服务器上。

（8）若选择将备份存储在磁盘文件中，可接受系统默认的备份集位置和名称，也可利用右侧按钮添加新名称或删除已经有的备份集位置和名称。

（9）选择“介质选项”选项卡，可以设置是以追加方式还是以覆盖方式进行备份，是否检查介质集名称及备份过期时间等选项，如图 9－21 所示。

图 9－21　备份介质选项

（10）在“备份选项”选项卡中，可设置备份集名称、过期时间等选项，如图 9－22 所示。

图 9－22　备份选项

以上的设置完成以后，单击“确定”按钮，系统将按照所选的设置对数据库进行备份，若没有发生错误，则将出现“备份成功”对话框。

2）使用 Transact－SQL 语句备份数据库

使用 BACKUP 语句可对指定数据库进行数据库完整备份、差异备份、事务日志备份、文件和文件组备份等。

（1）数据库完整备份与差异备份。

数据库完整备份与差异备份的 BACKUP 语句的语法格式如下：

```
BACKUP DATABASE {database_name|@database_name_var}
  TO <backup_device> [ ,…n]
  …[ WITH{ DIFFERENTIAL} | <general_with_options> { ,…n} ]
```

以上语法格式及参数说明如下。

◇ database_name 是要备份的数据库名称，@database_name_var 是存储要备份的数据库名称的变量，二者选其一。

◇ backup_device 指定用于备份操作的逻辑备份设备或物理备份设备。如果使用逻辑备份设备，那么应该使用格式{logical_device_name|@logical_device_name_var}指定逻辑备份的名称；如果使用物理备份设备，那么应使用格式{Disk|Tape} ={“logical_device_name”|@logical_device_name_var}指定磁盘文件或磁带。

◇ DIFFERENTIAL 指定只备份上次完整备份后更改的数据库部分，即差异备份。必须执行过一次完整备份之后才能做差异备份。

◇ general_with_options：备份操作的 with 选项包含备份选项、介质集选项、错误处理选项、数据传输选项等，这里只对几个常用的选项进行说明。Expiredate = {date | @ date_var} 指定备份集到期的时间，Retaindays = {days | @ days_var} 指定备份集经过多少天之后到期，如果同时使用这两个选项，后者优先级别更高。Password = {password | @ password_var} 为备份设置密码，如果为备份集设置了密码，那么必须提供该密码才能对该备份集执行任何还原操作。{Noinit | Init} 控制备份操作是追加还是覆盖备份介质中的现有备份集，默认为追加到介质中最新的备份集{Noinit}。{Noskip | Skip} 控制备份操作是否在覆盖介质中的备份集之前检查它们的过期日期和时间，{Noskip} 为默认设置，指示 BACKUP 语句可以在覆盖介质上的所有备份集之前检查它们的过期日期。

（2）事务日志备份。

事务日志备份 BACKUP 语句的语法格式如下：

```
BACKUP LOG {database_name | @ database_name_var}
  TO <backup_device> [ ,…n]
  …[ WITH{ DIFFERENTIAL} | <general_with_options> { ,…n} ]
```

其中参数含义与数据库完整备份和差异备份中的参数含义相同。

（3）文件和文件组备份。

文件和文件组备份 BACKUP 语句的语法格式如下：

```
BACKUP DATABASE {database_name | @ database_name_var}
   <file_or_filegroup> [ ,…n]
  TO <backup_device> [ ,…n]
  …[ WITH{ DIFFERENTIAL} | <general_with_options> { ,…n} ]
```

以上语法格式及参数说明如下。

◇ file_or_filegroup 指定要进行备份的文件或文件组名称。如果要对文件进行备份，那么可以使用格式 FILE = {logical_file_name | @ logical_file _name_var} 指定要备份的文件的逻辑名称；如果要对文件组进行备份，那么可以使用格式 FILEGROUP = {logical_filegroup_name | @ logical_filegroup_name_var} 指定要备份的文件组名称。

◇ 其他参数与数据库完整备份和差异备份中的参数含义相同。

6. SQL Server 还原操作

在 SQL Server 中完成还原操作可以采用以下两种方式。

1）使用 SQL Server Management Studio 还原数据库

使用 SQL Server Management Studio 可以很方便地实现对数据库的还原操作，具体步骤如下。

（1）连接到相应的服务器实例之后，在 SQL Server Management Studio 的对象资源管理器中单击服务器名称，以展开服务器节点。

（2）用鼠标右键单击“数据库”节点，在弹出的快捷菜单中选择“还原数据库”命令，打开“还原数据库”对话框，如图 9－23 所示。

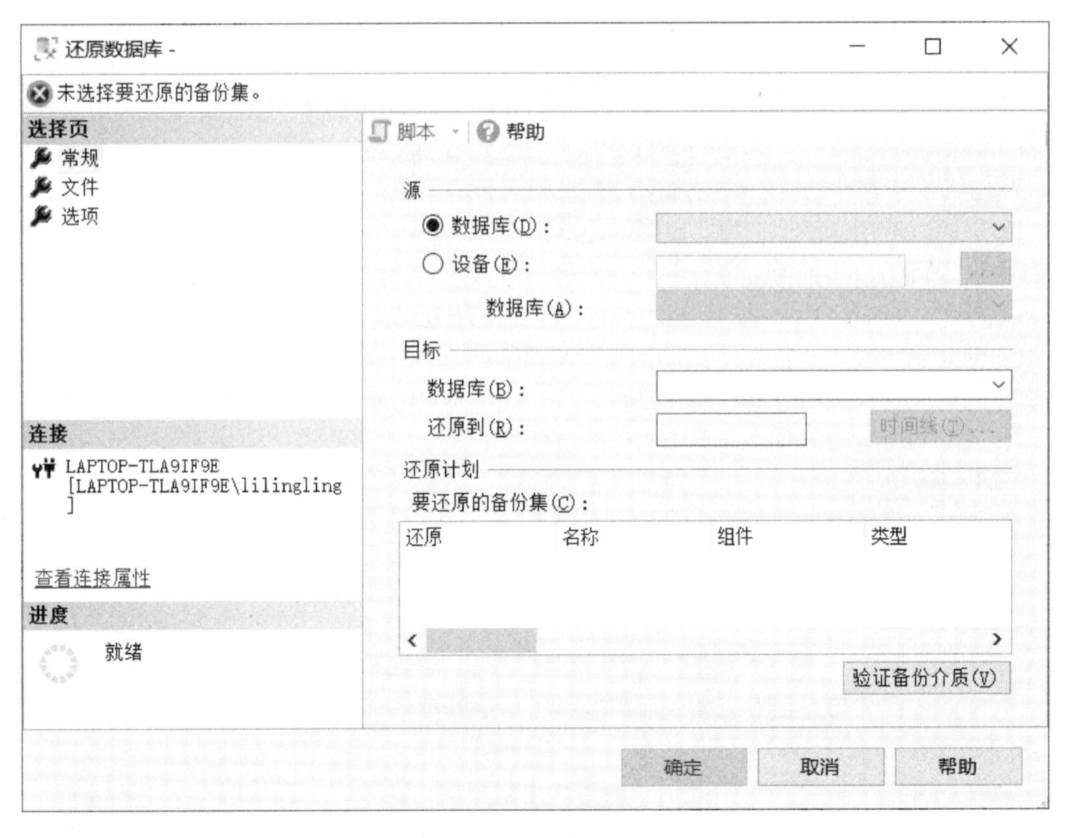

图 9-23 “还原数据库”对话框

（3）在“源”项下选择还原数据库需要的数据源，从数据库还原或从设备还原。若选择“数据库”，则表示将数据库还原到某次备份时的状态；若选择“设备”，单击文本框右侧的“…”按钮，打开“选择备份设备”对话框。在“备份介质”列表框中，从列出的设备类型中选择一种，如图 9-24 所示，然后单击“添加”按钮，可以将一个或多个备份设备添加到备份介质列表框中，单击“确定”按钮返回“还原数据库”对话框。

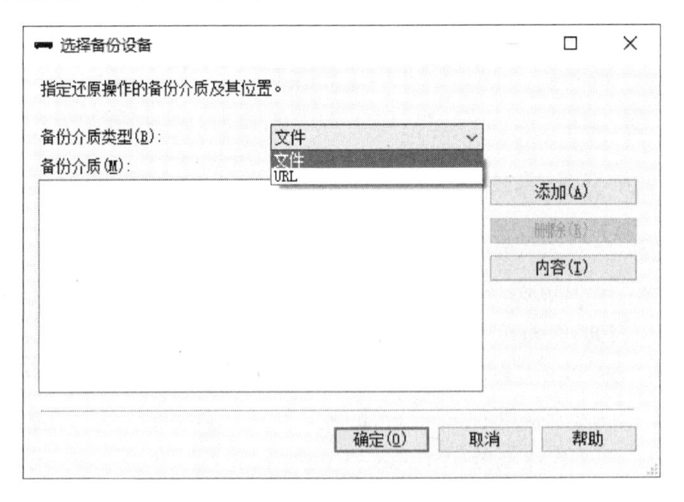

图 9-24 “选择备份设备”对话框

(4) 在“还原数据库”对话框中，在“目标”项下对应的“数据库”下拉列表中输入或选择目标数据库的名称。

(5) 如果要查看或选择高级选项，可以单击“选择页”栏中的“选项”或“文件”选项卡，然后进行有关设置。以上的设置完成后，单击“确定”按钮，系统将按照所选的设置对数据库进行还原，若没有发生错误，则将出现“还原成功”对话框。

2) 使用 Transact - SQL 语句实现数据库还原

使用 RESTORE 语句还原数据库的语法格式如下:

```
RESTORE  DATABASE {database_name|@database_name_var}
    [FROM  <backup_device>[,…n]]
    [WITH  REPLACE]
```

以上语法格式及参数说明如下。

◇ database_name 是要还原的数据库名称，@database_name_var 是存储要还原的数据库名称的变量，二者选其一。

◇ backup_device 指定用于还原操作的逻辑备份设备或物理备份设备。

◇ WITH REPLACE 表示还原覆盖原有数据库。

第 10 章

数据库设计

数据库设计是数据库应用系统设计与开发的关键性工作，是信息系统开发和建设的核心技术。本章主要讨论关系数据库管理系统的数据库设计方法和技术，主要学习数据库设计的任务、特点、设计方法和步骤。数据库设计过程分为需求分析、概念结构设计、逻辑结构设计、物理结构设计、数据库实施、数据库运行和维护六个阶段。本章以概念结构设计和逻辑结构设计为重点，介绍每一阶段的方法、技术及注意事项等内容。

重点和难点

▶数据库设计的六个阶段

▶概念结构设计和逻辑结构设计

10.1 数据库设计概述

数据库设计是建立数据库及其应用系统的技术，是信息系统开发和建设的核心技术。具体来说，数据库设计是指对于一个给定的应用环境，构造最优的数据库模式，建立数据库及其应用系统，使之能够有效地存储数据，满足各种用户的应用需求（信息要求和处理要求）。数据库设计是根据用户需求，在某一具体的数据库管理系统上设计数据库的结构和建立数据库的过程，数据库设计得好坏直接影响整个应用系统的质量和效率。

10.1.1 数据库设计的任务和特点

数据库设计，广义上是指建立数据库及其应用系统，包括选择合适的计算机平台和数据库管理系统、设计数据库及开发数据库应用系统等；狭义上是指设计数据库本身，即根据用户的信息需求、处理需求和相应的数据库支撑环境（操作系统、数据库管理系统等），设计出数据库的概念结构、逻辑结构和物理结构，其成果主要是数据库，一般不包括应用系统。本章考察的是狭义上的数据库设计，包括需求分析、概念结构设计、逻辑结构设计、物理结构设计、数据库实施、数据库运行和维护六个阶段。

与一般的软件系统的设计相比，数据库系统有以下特点。

（1）数据库设计应该与应用系统设计相结合，是一种“反复探寻，逐步求精”的过程。

数据库设计应该和应用系统设计相结合，也就是说，整个设计过程中要把结构（数据）设计和行为（处理）设计密切结合起来，这是数据库设计的特点之一。数据库是信息的核心和基础，它把信息系统中大量的数据按一定的模型组织起来，提供存储、维护、检索数据的功能，使信息系统可以方便、及时、准确地从数据库中获得所需的信息。也就是，在数据库设计过程中要把现实世界中的数据，根据各种应用处理的要求，加以合理组织，使之满足硬件和操作系统的特点，利用已有的 DBMS 来建立能够实现系统目标的数据库。一个信息系统的多个部分能否紧密地结合在一起以及如何结合，关键在数据库。因此只有对数据库进行合理的逻辑设计和有效的物理设计才能开发出完善而高效的信息系统。

（2）数据库设计兼具综合技术性和工程性。

数据库设计既是一项多学科的综合性技术，又是一项庞大的工程项目。“三分技术，七分管理，十二分基础数据”是数据库建设的基本规律。数据库的建设不仅涉及数据库的设计和开发等技术，也涉及管理问题。这里的管理不仅仅包括项目管理，也包括与该项目关联的企业的业务管理，数据库设计是硬件、软件和管理结合在一起的设计。

（3）对数据库设计人员要求高。

大型数据库的设计和开发周期长、耗资多，失败的风险也大。因此，需要把软件工程的原理和方法应用到数据库设计中。对于从事数据库设计的专业人员来讲，应该具备包括数据库设计、计算机科学、软件工程、信息管理与信息系统等多方面的技术和知识。最后，数据库设计人员必须深入实际，密切结合用户需求，对应用环境、专业业务有具体了解，才能设计出符合具体应用领域需求的数据库。

10.1.2 数据库设计的步骤

数据库的设计过程使用软件工程中生命周期的概念来说明，称为数据库的生存期，指的是数据库从研制到不再使用的整个时期。按照规范设计的方法，可将数据库设计分为以下六个阶段：需求分析、概念结构设计、逻辑结构设计、物理结构设计、数据库实施、数据库运行和维护，如图 10 -1 所示。在数据库设计中，前两个阶段是面向用户的应用需求和具体的问题；中间两个阶段是面向数据库管理系统；最后两个阶段是面向具体的实现方法。前四个阶段可统称为“分析和设计阶段”，后两个阶段可统称为“实现和运行阶段”。

数据库设计之前，首先必须选择参加设计的人员，包括系统分析人员、数据库设计人员、程序员、用户和数据库管理员。系统分析人员和数据库设计人员是数据库设计的核心人员，他们将自始至终参与数据库设计，他们的水平决定了数据库系统的质量。用户和数据库管理员在数据库设计中也是举足轻重的，他们主要参与需求分析和数据库的运行和维护，他们的积极参与不但能加速数据库设计，而且也是决定数据库设计质量的重要因素。程序员在系统实施阶段参与进来，负责编制程序和准备软/硬件环境。如果所设计的数据库比较复杂，还应该考虑是否需要使用数据库设计工具和 CASE 工具，以提高数据库设计质量并减少工作量，以及选用何种工具。

1. 需求分析阶段

需求分析（包括数据和处理）是整个数据库设计过程的基础，要收集数据库所有用户的信息内容和处理要求，并加以规范化和分析。这是最困难、最费时的一步，也是最重要的一步，它决定了以后各步设计的速度和质量。在分析用户需求时，要确保与用户目标的一致性。需求分析阶段的主要成果是需求分析说明书，这是系统设计、测试和验收的主要依据。

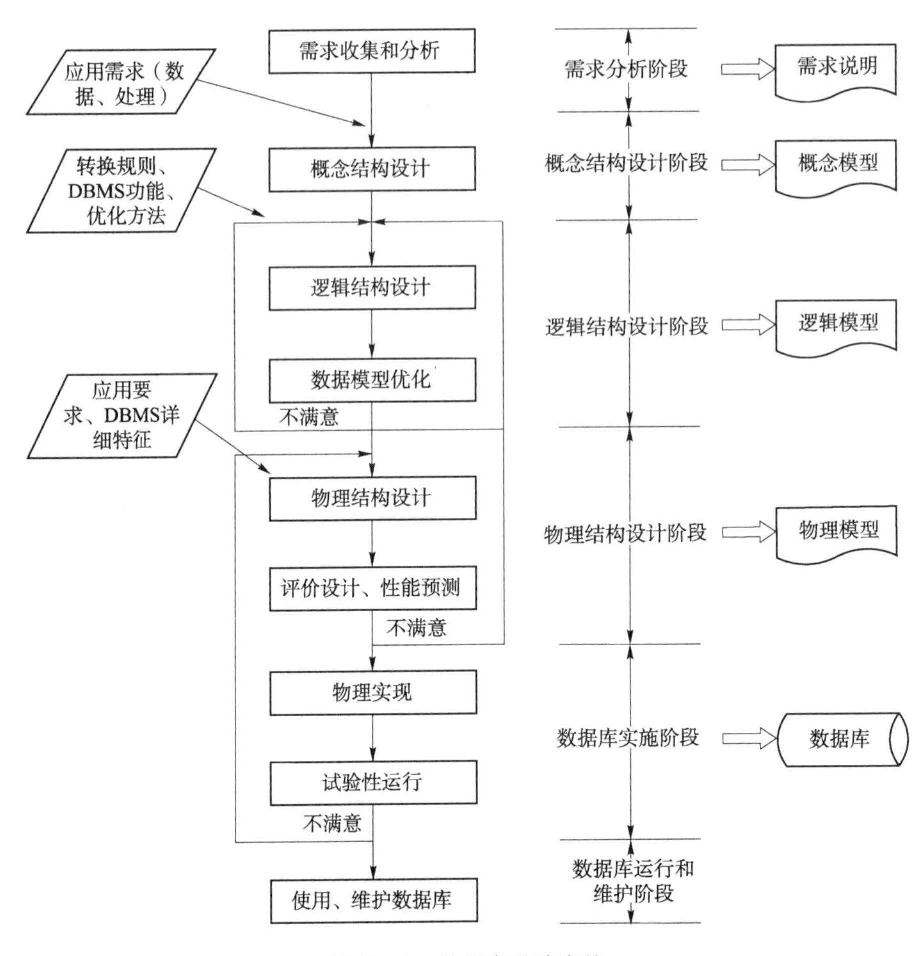

图 10－1　数据库设计步骤

2. 概念结构设计阶段

概念结构设计是整个数据库设计的关键，通过对用户需求进行综合、归纳与抽象，从而统一到一个整体逻辑结构中，是一个独立于任何 DBMS 软件和硬件的概念模型。

3. 逻辑结构设计阶段

逻辑结构设计是将上一步所得的概念模型转换为某个 DBMS 所支持的数据模型，并对其进行优化。逻辑结构设计阶段的主要成果是数据库的全局逻辑模型和用户子模式。

4. 物理结构设计阶段

物理结构设计是为逻辑模型选取一个最适合应用环境的物理结构，并且是一个完整的、能实现的数据库结构，包括存储结构和存取方法。本阶段得到数据库的物理模型。

5. 数据库实施阶段

在此阶段，设计人员运用 DBMS 提供的数据语言及其宿主语言，根据逻辑结构设计和物理结构设计的结果，建立一个具体的数据库并编写和调试相应的应用程序，组织数据入库，并进行试运行。应用程序的开发目标是开发一个可依赖的有效的数据库存取程序，来满足用户的处理要求。

6. 数据库运行和维护阶段

这一阶段主要是收集和记录数据库运行的数据。数据库运行的记录用来提供用户要求的有效信息，用来评价数据库的性能，并据此进一步调整和修改数据库。在数据库运行中，必须保持数据库的完整性，且能有效地处理数据库故障和进行数据库恢复。在运行和维护阶段，可能要对数据库结构进行修改或扩充。

数据库设计的每一阶段都要进行设计分析，评价一些重要的设计目标，把设计阶段产生的文档组织评审，与用户交流。若设计的数据库不符合要求则进行修改，这种分析和修改可能要重复若干次，以求最后实现的数据库能够比较精确地模拟现实世界，且能较准确地反映用户的需求。设计一个完善的数据库的过程往往是以上六个阶段不断反复的过程。

实际上，上述设计步骤既是数据库设计的过程，也包括了数据库应用系统的设计过程。在设计过程中将数据库的设计和对数据库中数据处理的设计紧密结合起来，并将这两个方面的需求分析、抽象、设计、实现在各个阶段同时进行，相互参照，相互补充，以完善两方面的设计。

10.1.3 数据库设计过程中的各级模式

按照以上设计过程，数据库设计的不同阶段形成数据库的各级模式，如图 10－2 所示。需求分析阶段，综合各个用户的应用需求；在概念结构设计阶段形成独立于机器特点、独立于各个 DBMS 产品的概念模式，在本书中就是 E－R 图；在逻辑结构设计阶段将 E－R 图转换成具体的数据库产品支持的数据模型，如关系模型，形成数据库逻辑模式，然后根据用户处理的要求、安全性的考虑，在基本表的基础上再建立必要的视图（View），形成数据库的外模式；在物理结构设计阶段，根据 DBMS 的特点和处理需要，进行物理存储安排，建立索引，形成数据库内模式。

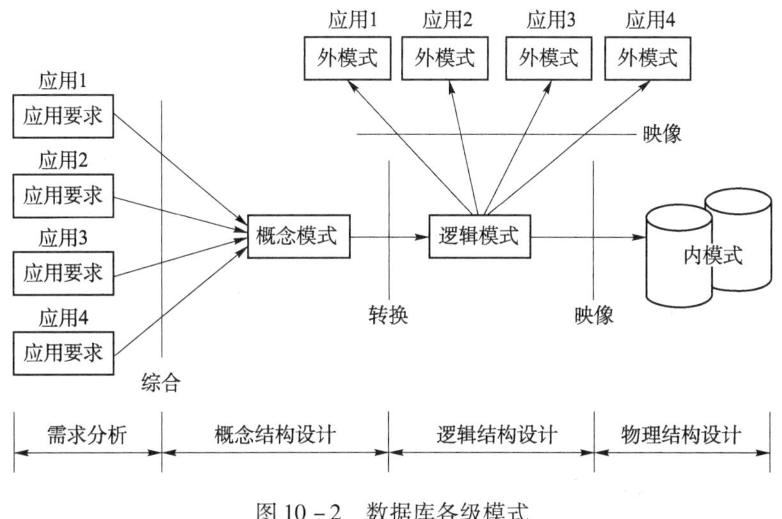

图 10－2　数据库各级模式

10.2 需求分析

需求分析就是确定所要开发应用系统的目标，收集和分析用户要求，了解用户需要什么样的数据库。需求分析的结果是产生用户和设计者都能接受的需求分析说明书。需求分析是设计数据库的起点，需求分析的结果是否准确地反映了用户的实际要求，将直接影响后面各个阶段的设计，并影响设计结果是否合理和实用。

10.2.1 需求分析的任务

从数据库设计的角度来看，需求分析的任务是，对现实世界要处理的对象（组织、部门、企业）等进行详细的调查，通过对原系统的了解，收集支持新系统的基础数据并进行处理，并在此基础上确定新系统的功能。新系统必须考虑今后可能的扩充和改变，不能仅仅按当前的应用需求来设计数据库。

用户需求调查的重点是“数据”和“处理”，通过调查、收集与分析，获得用户对数据库的如下需求。

（1）信息需求，指用户需要从数据库中获得信息的内容和性质。由信息要求可以导出数据要求，即在数据库中需要存储哪些数据。

（2）处理需求，指用户要完成什么处理功能，对处理的响应时间有什么要求，处理方式是批处理还是联机处理。

（3）安全性与完整性需求。

完成用户需求调查的具体步骤如下。

（1）调查组织机构情况，包括了解该组织的部门组成情况、各部门的职责等，为分析信息流程做准备。

（2）调查各部门的业务活动情况，包括了解各部门输入和使用什么数据，如何加工处理这些数据，输出什么信息，输出到什么部门，输出结果的格式是什么，这是调查重点。

（3）在熟悉业务活动的基础上，协助用户明确对新系统的各种需求，包括信息需求、处理需求、安全性与完整性需求，这是调查的又一重点。

（4）确定新系统的边界，对前面调查的结果进行分析，确定哪些功能由计算机完成或将来准备让计算机完成，哪些活动由人工完成。由计算机完成的功能就是新系统应该实现的功能。

确定用户的最终需求是一件困难的事，这是因为一方面用户缺少计算机知识，开始时无法确定计算机究竟能为自己做什么、不能做什么，因此往往不能准确地表达自己的需求，所提出的需求往往不断地变化。另一方面，设计人员缺少用户的专业知识，不易理解用户的真正需求，甚至误解用户的需求。因此设计人员必须不断地与用户交流，才能确定用户的实际需求。

10.2.2 需求分析的方法

在调查了解了用户的需求以后，还需要进一步分析和表达用户的需求。需求分析方法很多，主要方法有自顶向下和自底向上两种。其中，自顶向下的分析方法（又称为结构化分析方法，Structured Analysis，SA）是最简单实用的方法。SA 方法从最上层的系统组织机构入手，采用逐层分解的方式分析系统。在需求分析阶段，通常用系统逻辑模型描述系统必须具备的功能，构建系统逻辑模型常用的工具主要是数据流图和数据字典。数据流图（Data Flow Diagram，DFD）也叫数据流程图，表达了数据和处理过程的关系，系统的数据借助数据字典（Data Dictionary，DD）来描述。

对用户需求进行分析和表达后，必须提交给用户，征得用户的认可。图 10 - 3 描述了需求分析过程。

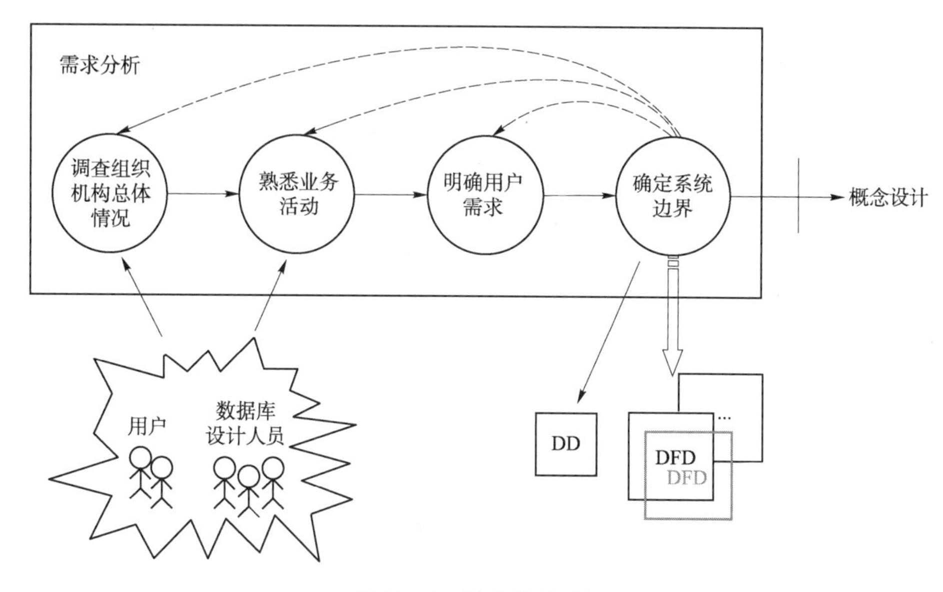

图 10 - 3　需求分析过程

1. 数据流图

数据流图是描述系统中数据流程的一种图形工具，它以图形的方式描绘数据在系统中流动和处理的过程，标识了一个系统的逻辑输入和逻辑输出，以及把逻辑输入转换成逻辑输出所需的加工处理。数据流图只反映系统必须完成的逻辑功能，是一种功能模型，从数据的角度来描述一个系统，是需求分析阶段产生的结果。

数据流图从数据传递和加工的角度，以图形的方式刻画数据流从输入到输出的移动变换过程。数据流图包括以下几方面内容。

（1）数据流，是数据在系统内传播的路径，因此由一组成分固定的数据组成。如订票单由旅客姓名、年龄、单位、身份证号、日期、目的地等数据项组成。由于数据流是流动中的数据，所以必须有流向，除与数据存储之间的数据流不用命名外，数据流应该用名词或名词短语命名。在数据流图中用带箭头的线→表示数据流。

（2）数据源或宿（“宿”表示数据的终点），代表系统之外的实体，可以是人、物或其他软件系统。在数据流图中用矩形□或立方体▯表示数据源。

（3）数据处理，是对数据进行处理的单元，它接收一定的数据输入，对其进行处理，并产生输出，在数据流图中用圆形◯或圆角矩形▢表示数据处理。

（4）数据存储，表示信息的静态存储，可以代表文件、文件的一部分、数据库的元素等。在数据流图中用两条横线═或开口矩形⊏表示数据存储。

系统可以抽象成如图 10－4 所示的形式。一个复杂系统的数据流图可用分层描述的方法来表示，一般第一层数据流图描述系统的全貌，第二层分别描述各个子系统的数据流；如果系统结构还比较复杂，那么可以继续细化，直到能表达清楚为止。处理功能逐步分解的同时，它们所用到的数据也逐级分解，形成若干层次的数据流图，数据流图表达了数据和处理过程的关系。处理过程可以借助判定表或判定树来表示，数据则可以借助数据字典来描述。

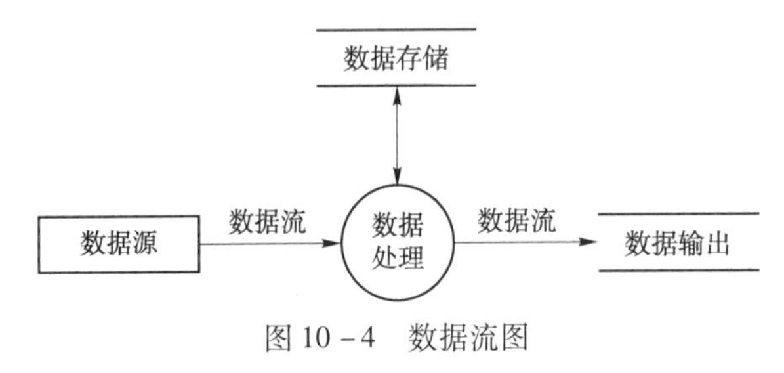

图 10－4　数据流图

2. 数据字典

数据字典是对系统中数据的详细描述，是各类数据结构和属性的清单。它与数据流图互为注释。数据字典贯穿于需求分析到数据库运行的全过程，在不同阶段其内容和用途各有区别。在需求分析阶段，它通常包含以下五部分内容。

1）数据项

数据项是数据的最小单位，其具体内容如下：

数据项描述 = {数据项名、含义说明、别名、数据类型、长度、取值范围、取值含义、与其他数据项的逻辑关系、数据项之间的联系}

其中，取值范围、与其他数据项的逻辑关系定义了完整性约束条件，是设计数据检验功能的依据。

2）数据结构

数据结构反映了数据之间的组合关系。一个数据结构可以由若干个数据项组成，也可以由若干个数据结构组成，或由若干个数据项和数据结构混合而成。其内容如下：

数据结构描述 = {数据结构名、含义说明、组成：{数据项或数据结构}}

3）数据流

数据流是数据结构在系统内传输的路径，对数据流的描述通常包含以下内容：

数据流描述 = {数据流名、说明、数据流来源、数据流去向、组成：{数据结构}、平均流量、高峰期流量}

其中“数据流来源”说明该数据来自哪个过程，“数据流去向”说明该数据流将到哪个过程去。“平均流量”是指在单位时间（每天、每周、每月等）内的传输次数。“高峰期流量”则是指在高峰时期的数据流量。

4）数据存储

处理过程中数据的存放场所即数据存储，也是数据流的来源和去向之一。数据存储可以是手工凭证、手工文档或计算机文件。对数据存储的描述包括以下内容：

数据存储描述 = {数据存储名、说明、输入数据流、输出数据流、组成：{数据结

构}、数据量、存取频度、存取方式}

其中，“存取频度”是指每天（或每小时、或每周）存取几次，每次存取多少数据等信息。“存取方式”指的是批处理还是联机处理，是检索还是更新，是顺序检索还是随机检索等。

5）处理过程

处理过程的处理逻辑通常用判断表或判断树来描述，数据字典只用来描述处理过程的说明性信息。对处理过程的描述通常包括以下内容：

处理过程描述 = {处理过程名、说明、输入：{数据流}、输出：{数据流}、处理：{简要说明}}

其中，{简要说明} 主要说明该处理过程的功能及处理要求。功能是指处理过程用来做什么（而不是怎么做），处理要求包括处理频度要求，如单位时间内处理多少事务、多少数据量、响应时间要求等。这些处理要求是后面物理结构设计的输入及性能评价的标准。

可见，数据字典是关于数据库中数据的描述，即元数据，而不是数据本身。数据字典是在需求分析阶段建立，在数据库设计过程中不断修改、充实、完善的。在需求分析阶段收集到的基础数据（用数据字典来表达）和数据流图是下一步进行概念结构设计的基础。

10.2.3 需求分析的结果

需求分析阶段的主要成果是系统分析报告，通常称为需求分析说明书。需求分析说明书为用户、分析人员、设计人员及测试人员之间相互理解和交流提供了方便，是系统设计、测试和验收的主要依据，同时需求说明也起着控制系统演化过程的作用，追加需求应结合需求说明一起考虑。

编写需求分析说明书是一个不断反复、逐步深入和逐步完善的过程，需求分析说明书应包括如下内容：

（1）系统概况——系统的目标、范围、背景、历史和现状；

（2）系统的原理和技术，对原系统的改善；

（3）系统总体结构与子系统结构说明；

（4）系统功能说明；

（5）数据处理概要；

（6）系统方案及技术、经济、功能和操作的可行性。

需求分析说明书还应提供以下附件：

（1）系统的硬件、软件支持环境的选择及规格要求；

（2）组织结构图、组织之间联系图、各机构功能业务一览图；

（3）数据流图、功能模块图和数据字典等图标。

需求分析说明书要得到用户的验证和确认。一旦确认，需求分析说明书就变成了开发合同，是今后各阶段设计和工作的依据，也是系统验收的主要依据。

10.3 概念结构设计

在需求分析阶段，数据库设计人员充分调查并描述了用户的需求，但这些需求只是现实世界的具体要求，应把这些需求抽象为信息世界的信息结构，才能更好地实现用户的需求。概念结构设计就是将需求分析得到的用户需求抽象为信息结构即概念模型的过程，是整个数据库设计的关键。概念模型作为概念结构设计的表达工具，为数据库提供一个说明性结构，是设计数据库逻辑结构的基础。

设计概念模型的过程称为概念结构设计，描述概念模型的有力工具是 E－R 模型（或称为 E－R 图）。E－R 图的表示方法我们在第 1 章已经进行了介绍，本章介绍用 E－R 图进行概念结构设计的方法和步骤。

10.3.1 概念结构设计的策略

利用 E－R 图进行概念结构设计通常有以下四种策略。

（1）自顶向下策略。首先定义全局概念结构 E－R 图框架，然后逐步细化，如图 10－5 所示。

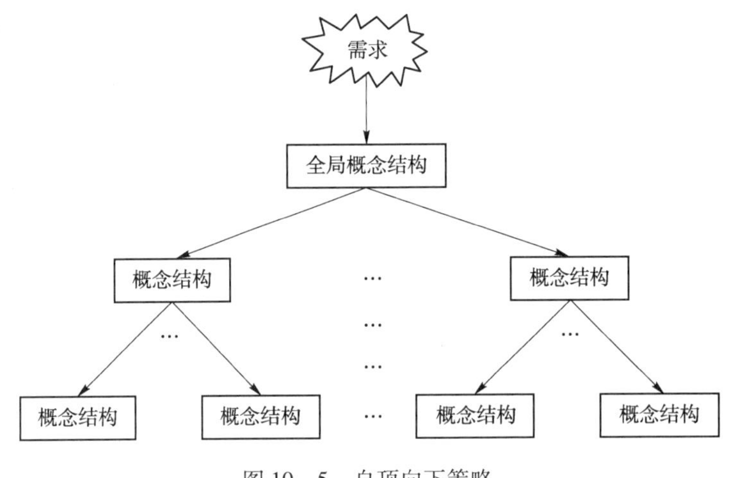

图 10－5 自顶向下策略

（2）自底向上策略。先定义各局部应用的概念结构 E－R 图，然后将它们集成，得到全局概念结构 E－R 图，如图 10－6 所示。

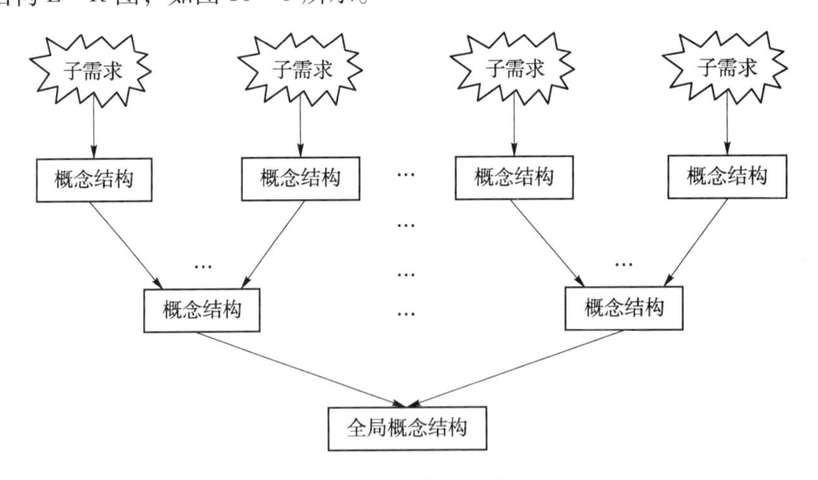

图 10－6 自底向上策略

（3）逐步扩张策略。首先定义最重要的核心概念结构 E－R 图，然后向外扩充，以滚雪球的方式逐步生成其他概念结构 E－R 图，直至形成全局概念结构 E－R 图，如图 10－7 所示。

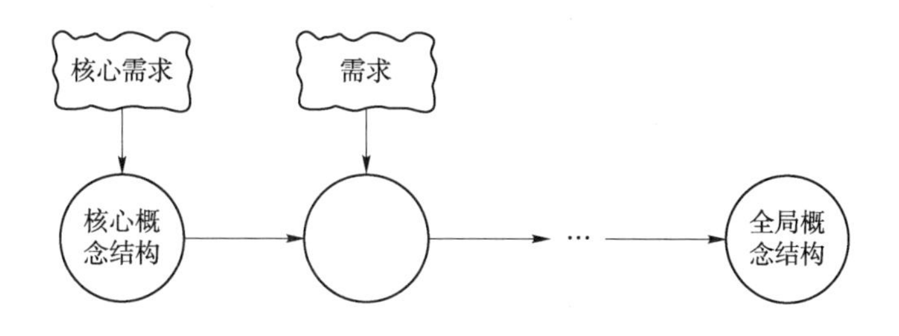

图 10－7　逐步扩张策略

（4）混合策略。即将自顶向下和自底向上相结合，先自顶向下定义全局框架，再以它为骨架集成在自底向上方法中设计的各个局部概念结构。

10.3.2　概念结构设计的步骤

概念结构设计实践中最经常采用的策略是自底向上策略，即由顶向下地进行需求分析，然后再自底向上地设计概念结构，如图 10－8 所示。自底向上设计概念结构的方法通常分为两步：第一步是抽象数据并设计局部 E－R 图，即设计用户视图；第二步是集成局部 E－R 图，得到全局的 E－R 图，即视图集成，如图 10－9 所示。

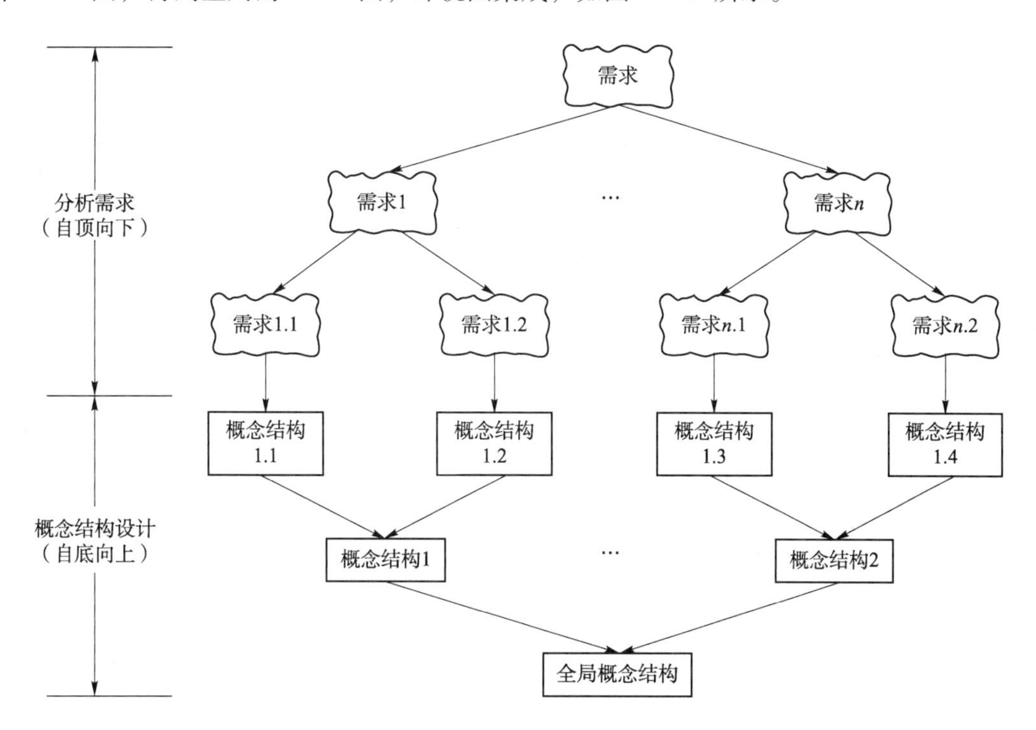

图 10－8　自顶向下分析需求与自底向上设计概念结构

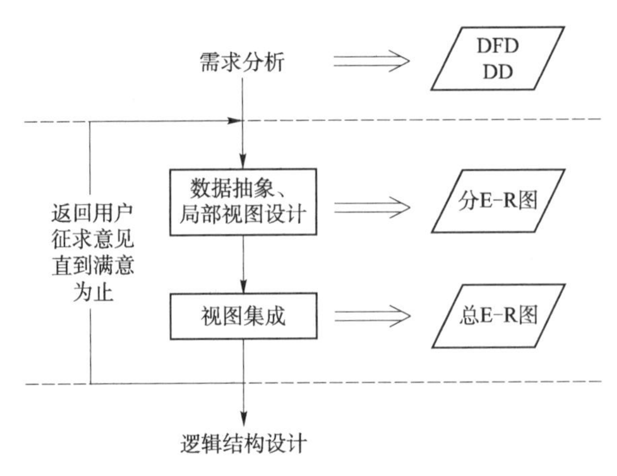

图 10－9　自底向上设计概念结构的步骤

1. 设计用户视图

在需求分析阶段得到了多层数据流图、数据字典和需求分析说明书。概念结构设计阶段，就是根据系统的具体情况，先选择某个局部应用，作为设计局部 E－R 图的出发点。一般从多层数据流图中选择一个中间层次的数据流图作为设计局部 E－R 图的出发点，因为中层的数据流图能够较好地反映系统中各局部应用的子系统，局部应用所涉及的数据存储在数据字典中。

然后，从数据字典中将这些数据抽取出来，参照数据流图对其分析，得到数据关系，进而标定局部应用中的实体、实体的属性、标识实体的码，确定实体之间的联系及联系的类型。

设计局部 E－R 图的关键是正确划分实体和属性。实体和属性在形式上并无可以明显区分的界限，通常按照现实世界中事物的自然划分来定义实体和属性，将现实世界的事物进行数据抽象，得到实体和属性。在划分实体和属性时，可参考以下两个原则：

（1）属性不再具有需要描述的性质，属性在含义上是不可再分的数据项；

（2）属性不能再与其他实体具有联系。

例如，“客户”由客户代码、客户名称、法人代表、经济性质等属性描述，因此“客户”是一个实体而不能作为属性。其中，“经济性质”如果没有需要进一步描述的性质，那么根据以上原则（1）可以作为一个属性。但如果不同经济性质的企业要求的最低注册资金、贷款限额、贷款期限等不同，那么把经济性质作为一个实体看待就更恰当一些。因此，将现实世界的事物是抽象为实体还是抽象为属性，与具体应用有密切联系，应当具体情况具体分析，灵活运用。

实体可以用多种方式连接起来，划分实体和联系的原则是当描述发生在实体之间的行为时，最好用联系，如客户和银行之间的贷款行为等。

有时联系也有自己的特征，即联系的属性，划分联系属性的原则有两个：一是只有在联系产生时才具有的属性应作为联系的属性；二是联系中的实体所共有的属性。例如，贷款联系的贷款时间、金额和期限，订单联系的时间和地址属性等。

确定好实体、属性、联系后，E－R 图也就确定了，然后再对 E－R 图进行必要的调整。在调整中要遵循一条原则，即为了简化 E－R 图，现实世界的事物能作为属性对待的，尽量作为属性对待。

2. 视图集成

局部 E－R 图设计完成后，下一步就是集成各局部 E－R 图，形成全局 E－R 图，即视图集成。一般说来，E－R 图的集成可以有两种方式：一次集成方式和逐步集成方式。一次集成方式将多个局部 E－R 图一次集成，实现起来难度较大。逐步集成方式一次集成两个局部 E－R 图，逐步累加，可降低复杂度，是比较常用的方法。

无论采用哪种方式，每次集成局部 E－R 图都需要分为两个步骤：E－R 图合并、优化，如图 10－10 所示。

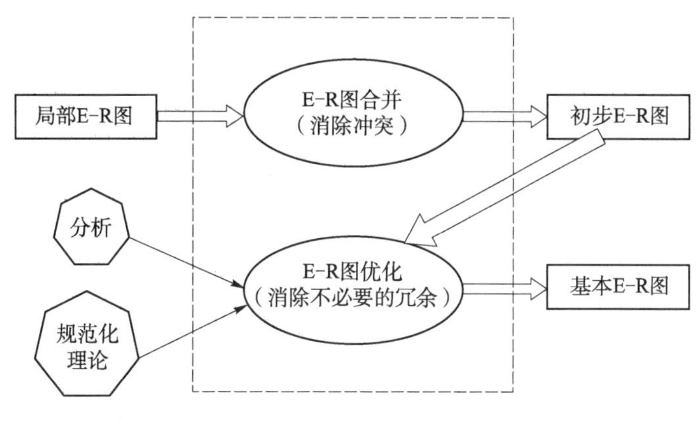

图 10－10　E－R 图集成步骤

1）E－R 图合并

将局部 E－R 图综合生成全局概念模型，全局概念模型不仅要支持所有的局部 E－R 图，而且必须合理地表达一个完整的、一致性的数据库概念模型。因此，E－R 图合并不仅仅是将各个局部 E－R 图画到一起，还必须消除各个局部 E－R 图中的不一致性，形成一个能够为全系统中用户所共同理解和接受的同一个概念模型。各个局部 E－R 图中不一致的地方称为冲突，因此合理消除各局部 E－R 图中的冲突是合并局部 E－R 图的主要工作和关键所在。各个局部 E－R 图中的冲突主要有以下三类。

（1）命名冲突。

命名冲突是指命名的不一致性，可能会发生在实体名、联系名或属性名之间，其中属性名的命名冲突更常见一些，包括两种情况：同名异义冲突和异名同义冲突。

同名异义冲突是指不同意义的对象在不同的局部应用中有相同的名字。例如，销售信息管理系统中的“单位”，在员工管理子系统中表达的意义为“部门”，而在销售子系统中则表示物品度量标准。

异名同义冲突是指同一意义的对象在不同的局部应用中具有不同的名字。例如，“订单”在销售子系统中称为“订单”，而在仓库管理子系统中称为“货单”等。

处理命名冲突可以通过讨论、协商等手段解决。

（2）属性冲突。

属性冲突是指属性的域或取值单位的不一致性，分为属性域冲突和属性取值单位冲突两种情况。属性域冲突是指属性值的类型、取值范围或取值集合的不一致性，如销售子系统中的“订单编号”属性，在有些应用中定义为整数型，在有些应用中定义为字符型。属性取值单位冲突是指在不同子系统中为属性取值的单位不同，如银行贷款系统中的贷款金额，在客户子系统中将贷款金额单位设置为元，在银行子系统中将贷款金额单位设置为万元。

（3）结构冲突。

结构冲突是指对象的抽象层级、组成结构、对象类型等方面在不同局部应用中的不一致性。

首先，同一对象在不同局部应用中可能会存在不同层次的抽象，在一个局部应用中某对象为实体，在另一个局部应用中它却作为属性或联系出现。如前面所述的经济性质，可作为客户的属性，同时在贷款限制子系统中则作为实体存在。这种冲突在解决时，要使同一对象拥有相同的抽象，将实体转化为属性或联系，或者将属性或联系转换为实体，转换时要遵循它们之间的转换原则。

其次，同一实体在不同局部应用中所包含的属性个数或排列不完全相同，原因是不同局部应用关心的是该实体的不同侧面。解决的方法是使该实体的属性取各个局部 E－R 图中该实体属性的并集，再适当调整属性的次序。

最后，同一联系在不同局部应用中有不同的类型。可能两个实体在一个应用中是一对多的联系，在另一个应用中则是多对多的联系。在某个应用中两个实体之间发生联系，而在另一个应用中三个实体之间发生联系。

解决这种冲突的办法是根据语义对实体和联系的类型进行综合或调整。

合并局部 E－R 图就是在消除这三种冲突的基础上，将各个局部 E－R 图综合在一起，形成整个系统的初步 E－R 图。

2）优化

对初步 E－R 图的优化就是对其进行修改和重构，消除不必要的冗余，生成基本E－R 图。在初步 E－R 图中，仅仅解决了三种冲突，可能会存在数据冗余和联系冗余。由规范化理论可知，冗余的存在会导致数据的不完整性和更新异常，给数据库的维护增加困难，应该消除不必要的冗余。冗余消除的方法主要是分析法，即以数据字典和数据流图为依据，根据数据字典中关于数据项之间逻辑关系的说明来消除冗余。消除冗余以后的初步 E－R图称为基本 E－R 图。

通过合并和优化过程最终所获得的基本 E－R 图是整个应用系统的概念模型，它代表了用户的数据要求，是沟通“要求”和“设计”的桥梁，决定了数据库的逻辑结构，是成功构建数据库的关键。因此，用户和数据库设计人员必须对这一模型进行反复讨论，在用户确认这一模型已正确无误地反映了他们的要求后，才能进行下一阶段的工作。

10.4 逻辑结构设计

概念结构设计阶段得到的 E－R 图是用户的模型，它独立于任何数据模型，独立于任何一个具体的 DBMS。为了建立用户所要求的数据库，需要把上述概念模型转换为某个具体的 DBMS 所支持的数据模型。逻辑结构设计的任务就是把概念结构设计阶段设计好的基本 E－R 图转换为与选用的 DBMS 所支持的数据模型相符合的逻辑结构。从理论上讲，设计逻辑结构应该选择最适于相应概念结构的数据模型，然后对支持这种数据模型的各种 DBMS 进行比较，从中选出最适合的 DBMS。但实际情况往往是给定了某种 DBMS，设计人员没有选择的余地。目前 DBMS 一般支持关系、网状、层次、文档、索引等多种模型中的某一种，对某一种数据模型，各个机器系统又有许多不同的限制，提供不同的环境与工具。

在设计逻辑结构时一般要分以下三个步骤进行。

（1）初始关系模式设计，将概念结构转换为一般的数据模型。

（2）将转换来的数据模型向特定 DBMS 支持下的数据模型转换。

（3）对数据模型进行优化。

某些早期设计的应用系统中还在使用网状或层次数据模型，面向半结构化、非结构化数据处理的数据库支持文档、索引等新兴的数据模型，但是目前主流的数据库大都采用支持关系模型的 RDBMS，所以这里只介绍 E－R 图向关系模型转换的原则与方法。

10.4.1 E－R 图向关系模型的转换

E－R 图向关系模型的转换要解决的问题是如何将实体及实体之间的联系转换为关系模式，如何确定这些关系模式的属性和码。

关系模型的逻辑结构是一组关系模式的集合。E－R 图是由实体、实体的属性和实体之间的联系三个要素组成的。所以将 E－R 图转换为关系模型实际上就是要将实体、实体的属性和实体之间的联系转换为关系模式，这种转换一般遵循如下原则。

（1）一个实体转换为一个关系模式。实体的属性就是关系的属性，实体的码就是关系的码。

（2）一个 1：1 联系可以转换为一个独立的关系模式，也可以与任意一端对应的关系模式合并。如果转换为一个独立的关系模式，那么与该联系相连的各实体的码以及联系本身的属性均转换为关系的属性，每个实体的码均是该关系的候选码；如果与某一端实体对应的关系模式合并，那么需要在该关系模式的属性中加入另一个关系模式的码和联系本身的属性。

（3）一个 1：n 联系可以转换为一个独立的关系模式，也可以与 n 端对应的关系模式合并。如果转换为一个独立的关系模式，那么与该联系相连的各实体的码以及联系本身的属性均转换为关系的属性，而关系的码为 n 端实体的码。

（4）一个 m：n 联系转换为一个关系模式。与该关系模式相连的各实体的码以及联系本身的属性均转换为关系的属性，而关系的码为各实体码的组合。

（5）三个或三个以上实体间的一个多元联系可以转换为一个关系模式。与该多元联系相连的各实体的码以及联系本身的属性均转换为关系的属性，而关系的码为各实体码的组合。

（6）具有相同码的关系模式可合并。

形成一般的数据模型后，下一步就是向特定的 RDBMS 的模型转换。设计人员必须熟悉所用的 RDBMS 的功能和限制。这一步是依赖于机器的，不能给出一个普遍的规则，但对于关系模型来说，这种转换通常比较简单。

例 10－1 银行和银行行长之间的联系如图 10－11 所示，将 E－R 图转换为关系模型。

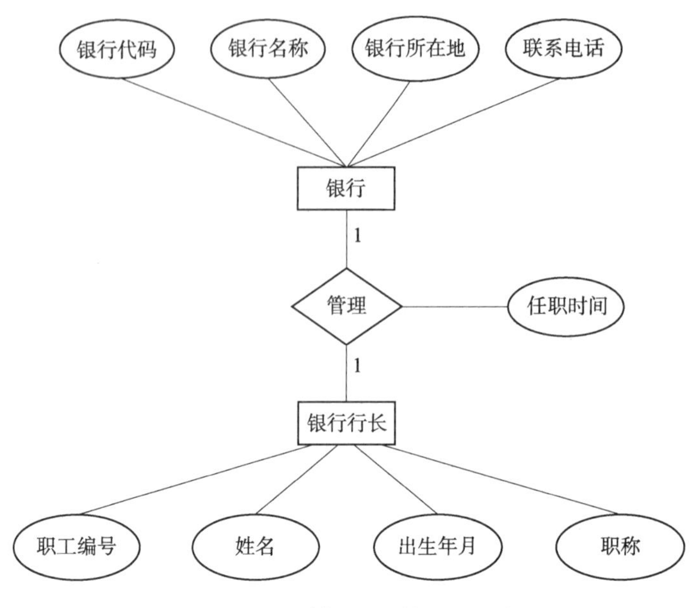

图 10－11　例 10－1 的 E－R 图

有以下三种转换方法。

方案 1：联系形成的关系模式独立存在。

银行（银行代码，银行名称，银行所在地，联系电话），码：银行代码。

银行行长（职工编号，姓名，出生年月，职称），码：职工编号。

管理（银行代码，职工编号，任职时间），码：银行代码或职工编号。

方案 2："管理"与"银行行长"两关系模式合并。

银行（银行代码，银行名称，银行所在地，联系电话），码：银行代码。

银行行长（职工编号，姓名，出生年月，职称，银行代码，任职时间），码：职工编号。

方案 3："管理"与"银行"两关系模式合并。

银行（银行代码，银行名称，银行所在地，联系电话，职工编号，任职时间），码：银行代码。

银行行长（职工编号，姓名，出生年月，职称），码：职工编号。

例 10－2　银行和银行员工之间的联系如图 10－12 所示，将 E－R 图转换为关系模型。

有以下两种转换方法。

方案 1：联系形成的关系模式独立存在。

银行（银行代码，银行名称，银行所在地，联系电话），码：银行代码。

银行员工（职工编号，姓名，职称，出生年月），码：职工编号。

属于（银行代码，职工编号，岗位），码：职工编号。

方案 2：联系形成的关系模式与 n 端实体对应的关系模式合并。

银行（银行代码，银行名称，银行所在地，联系电话），码：银行代码。

银行员工（职工编号，姓名，职称，出生年月，银行代码，岗位），码：职工编号。

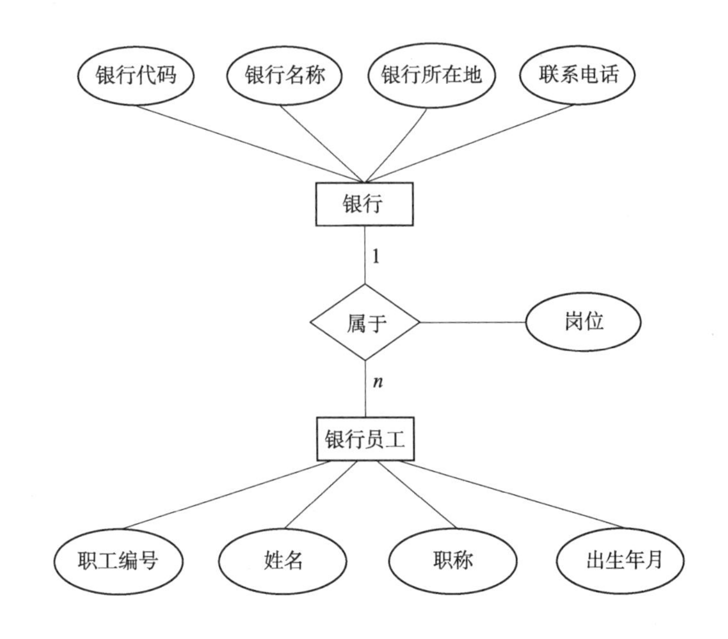

图 10－12　例 10－2 的 E－R 图

例 10－3　客户和银行之间的联系如图 10－13 所示，将 E－R 图转换为关系模型。

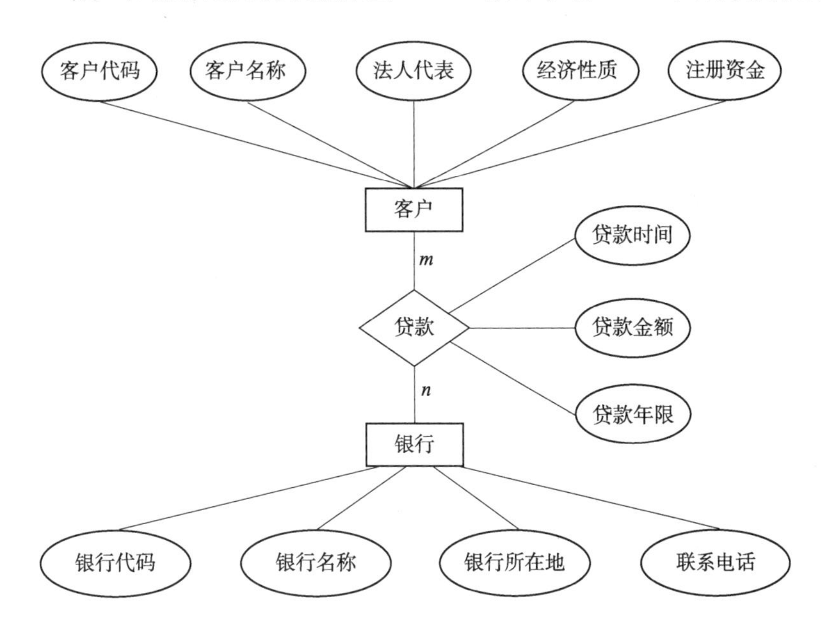

图 10－13　例 10－3 的 E－R 图

将 E－R 图转换为如下关系模型。

银行（银行代码，银行名称，银行所在地，联系电话），码：银行代码。

客户（客户代码，客户名称，法人代表，经济性质，注册资金），码：客户代码。

贷款（客户代码，银行代码，贷款时间，贷款金额，贷款年限），码：客户代码、银行代码和贷款时间的组合。

10.4.2 数据模型的优化

数据库逻辑结构设计的结果不是唯一的。为了进一步提高数据库应用系统的性能，还应该根据应用系统进行适当的修改，调整数据模型的结构，这就是数据模型的优化。关系数据模型的优化通常以规范化理论为指导，方法如下。

（1）确定数据依赖。按照需求分析阶段所得到的语义，分别写出每个关系模式内部各个属性之间的数据依赖以及不同关系模式属性之间的数据依赖。

（2）对各个关系模式之间的数据依赖进行极小化处理，消除冗余的联系。

（3）按照数据依赖的理论对关系模式逐一进行分析，考察是否存在部分函数依赖、传递函数依赖、多值依赖等，确定各关系模式分别属于第几范式。

（4）分析各关系模式是否适合应用环境，从而确定是否要对某些模式进行合并或分解。

必须注意的是，并不是规范化程度越高的关系模式就越优。例如，当查询经常涉及两个或者多个关系模式的属性时，系统经常进行连接运算。连接运算的代价是相当高的，可以说关系模型低效的主要原因就是连接运算引起的。这时可以考虑将这几个关系合并为一个关系。因此在这种情况下，第二范式甚至第一范式也许是合适的。

（5）对关系模式进行必要的分解，提高数据操作的效率和存储空间的利用率。常用的两种分解方法是水平分解和垂直分解。

水平分解是把关系的元组分为若干子集合，定义每个子集合为一个子关系，以提高系统的效率。根据“80/20 原则”，一个大关系中，经常被使用的数据只是关系的一部分，约占 20%，可以把经常使用的数据分解出来，形成一个子关系。如果关系 R 上具有 n 个事务，而且多数事务存取的数据不相交，那么关系 R 可分解为少于或等于 n 个子关系，使每个事务存取的数据对应一个关系。

垂直分解是把关系 R 的属性分解为若干子集合，形成若干个关系模式。垂直分解的原则是，经常在一起使用的属性从关系 R 中分解出来形成一个子关系模式。垂直分解可以提高某些事务的效率，但也可能使另一些事务不得不执行连接操作，从而降低了效率。因此是否进行垂直分解取决于分解后关系 R 上的所有事务的总效率是否得到了提高。垂直分解需要确保无损连接性和保持函数依赖，即保证分解后的关系具有无损连接性和保持函数依赖性。

规范化理论为数据库设计人员判断关系模式的优劣提高了理论标准，可用来预测模式可能出现的问题，使数据库设计工作有了严格的理论基础。

经过多次模型优化以后，最终的数据库模式得以确定。逻辑结构设计阶段的结果是全局逻辑数据库结构，对于关系数据库系统来说，就是一组符合一定规范的关系模式组成的关系数据库模式。

10.4.3 设计用户外模式

将概念结构转换为全局逻辑模型后，还应该根据局部应用需求，结合具体 DBMS 的特点，设计用户外模式。目前关系数据库管理系统一般都提供了视图概念，可以利用这一功能设计更符合局部用户需要的用户外模式。

定义数据库全局模式主要是从系统的时间效率、空间效率、易维护等角度出发。由于用户外模式与模式是相对独立的，因此在定义用户外模式时可以着重考虑用户的习惯与方便性。

（1）使用更符合用户习惯的别名。在合并各局部 E－R 图时，曾做了消除命名冲突的工作，以使数据库系统中同一关系和属性具有唯一的名字。这在设计数据库整体结构时是非常必要的。用视图机制可以在设计用户视图时重新定义某些属性名，使其与用户习惯一致，以方便使用。

（2）可以对不同级别的用户定义不同的视图，以保证系统的安全性。假设关系模式：客户（客户代码，客户名称，经济性质，法人代表，注册资金）。可以在该关系模式上建立两个视图：客户 1（客户代码，客户名称，经济性质，法人代表，注册资金），其经济性质为“国营”；客户 2（客户代码，客户名称，经济性质，法人代表，注册资金），其经济性质为“三资”。这两类客户包括的客户群体不同，通过视图定义可以防止用户非法访问本来不允许他们查询的数据，保证了系统的安全。

（3）利用视图简化用户对系统的操作。如果某些应用中经常要使用某些复杂的查询，为了方便用户使用，可以将这些复杂查询定义为视图，用户每次只对定义好的视图进行查询，可以简化用户对系统的操作。

10.5 数据库的物理设计

数据库在物理设备上的存储结构与存取方法称为数据库的物理结构，它依赖于给定的计算机系统。为一个给定的逻辑数据模型选取一个最适合应用要求的物理结构的过程，称为数据库的物理结构设计。

不同的 DBMS 所提供的物理环境、存取方法和存储结构有很大差别，所以没有通用的物理设计方法可遵循，只能给出一般的设计内容和原则。希望设计出优化的数据库物理结构，使得在数据库上运行的各种事务响应时间小、存储空间利用率高、事务吞吐量大。为此，首先要对运行的事务进行详细分析，获得数据库物理设计所需要的参数。其次，要充分了解所用的 RDBMS 的内部特征，特别是系统提供的存取方法和存储结构。还需要注意，数据库上运行的事务会不断变化、增加或减少，以后需要根据设计信息的变化调整数据库的物理结构。

根据上述的数据库设计内容和设计原则，数据库物理结构设计可分为如下两步。

（1）确定数据库物理结构，在关系数据库中主要指存取方法和存储结构。

（2）对数据库物理结构进行评价，评价的重点是时间和空间效率。

10.5.1 确定数据库物理结构

通常关系数据库的物理结构设计的主要内容包括选择存取方法、确定数据的存放位置和存储结构及确定系统配置。

1. 选择存取方法

数据库系统是多用户共享的系统，对同一个系统要建立多条存取路径才能满足多用户的多种应用要求。数据库物理结构设计的任务之一就是要确定选择哪些存取方法。

DBMS 一般都提供多种存取方法。常用的存取方法有索引存取方法、聚簇存取方法和 HASH 存取方法等。

1）索引存取方法

所谓索引存取方法实际上就是根据应用要求确定对关系的哪些属性建立索引，哪些属性列建立组合索引，哪些索引要设计为唯一索引等。其中，B + 树索引方式是数据库中经典的存取方法，使用最普遍。

2）聚簇存取方法

如果想提高某个属性（或属性组）的查询速度，那么可以把这个或这些属性（称为属性簇码）上具有相同值的元组集中存放在连续的物理块中，称为聚簇。聚簇功能可以大大提高查询的效率。选择聚簇存取方法，即确定需要建立多少个聚簇，每个聚簇中包括哪些关系。

必须强调的是，聚簇只能提高某些应用的性能，而且建立与维护聚簇的开销是相当大的。对已有关系建立聚簇，将导致关系中元组移动其物理存储位置，并使此关系上原有的索引无效，必须重建。当一个元组的聚簇码值改变时，该元组的存储位置也要做相应的移动，聚簇码值要相对稳定，以减小修改聚簇码值所引起的维护开销。

因此，当通过聚簇码进行访问或连接是该关系的主要应用，而与聚簇码无关的其他访问很少或者次要时，就可以使用聚簇。尤其当 SQL 语句中包含有与聚簇码有关的 ORDER BY、GROUP BY、UNION、DISTINCT 等子句或短语时，使用聚簇存取方法特别有利，可以省去对结果集的排序操作，否则很可能适得其反。

几乎所有的 RDBMS 都支持索引存取方法和聚簇存取方法。

3）HASH 存取方法

有些 DBMS 提供了 HASH 存取方法。如果一个关系的属性主要出现在相等连接条件中或主要是出现在相等比较选择条件中，而且满足下列两个条件之一，则此关系可以选择 HASH 存取方法：

（1）如果一个关系的大小可预知，而且不变；

（2）如果关系的大小动态改变，而且 DBMS 提供了动态 HASH 存取方法。

随着数据库技术的发展，出现了新兴的非关系数据库，很多非关系数据库使用 HASH 的存取方法，如键值（Key – Value）型数据库 Redis、MemCached 等。

2. 确定数据的存放位置和存储结构

确定数据库物理结构的核心是确定数据的存放位置和存储结构，包括确定关系、索引、聚簇、日志、备份等的存储位置和存储结构，确定系统配置等。确定数据的存放位置和存储结构要综合考虑存取时间、存储空间利用率和维护代价三方面的因素。这三个方面的因素常常是相互矛盾的，因此需要进行权衡，选择一个折中方案。

1）确定数据的存放位置

为了提高系统性能，应该根据应用情况将数据的易变部分与稳定部分、经常存取部分和存取频率较低部分分开存放。

例如，目前许多计算机都有多个磁盘，因此可以将表和索引放在不同的磁盘上，在查询时，由于两个磁盘驱动器并行工作，可以提高物理 I/O 读写的效率；也可以将比较大的表分放在两个磁盘上，以加快存取速度，这在多用户环境下特别有效；还可以将日志文件与数据库对象（表、索引等）放在不同的磁盘上，以改进系统的性能。此外，数据库的数据备份和日志文件备份等只在故障恢复时才使用，而且数据量很大，可以存放在另外的磁盘上。

2）确定数据的存储结构

确定数据的存储结构即确定数据记录的存储方式，与存取方法相对应，数据的存储结构也包括顺序存储、HASH 存储和聚簇存储三类，用户通常可通过建立索引来改变数据的存储方式，但在其他情况下，数据是采用顺序存储、散列存储还是其他的存储方式是由系统根据数据的具体情况来决定的。一般系统都会为数据选择一种更合适的存储方式。

由于各个系统所能提供的对数据进行物理安排的手段、方法差异很大，因此设计人员应仔细了解给定的 DBMS 提供的方法和参数，针对应用环境的要求，对数据进行适当的物理安排。

3. 确定系统配置

DBMS 产品一般都提供了一些系统配置变量、存储分配参数，供设计人员和数据库管理员对数据库进行物理优化。初始情况下，系统都为这些变量赋予了合理的默认值。但是这些值不一定适合每一种应用环境，在进行物理设计时，需要重新对这些变量赋值，以改善系统的性能。系统配置变量很多，如同时使用数据库的用户数、同时打开的数据库对象数、内存分配参数、缓冲区分配参数（使用的缓冲区长度、个数）、存储分配参数、物理块的大小、物理块装填因子、时间片的大小、数据库的大小、锁的数目等。这些参数值影响存取时间和存储空间的分配，在物理设计时就要根据应用环境确定这些参数值，以使系统性能最佳。

在进行物理结构设计时对系统配置变量的调整只是初步的，在系统运行时还要根据系统实际运行情况做进一步的调整，以期切实改进系统性能。

10.5.2 评价物理结构

数据库物理结构设计过程中需要对时间效率、空间效率、维护代价和各种用户要求进行权衡，其结果可以产生多种方案，数据库设计人员必须对这些方案进行细致的评价，从中选择一个较优的方案作为数据库的物理结构。

评价物理数据库的方法完全依赖于所选用的 DBMS，主要是从定量估算各种方案的存储空间、存取时间和维护代价入手，对估算结果进行权衡、比较，选择出一个较优的合理的物理结构。若该物理结构不符合用户需求，则需要修改设计。

10.6 数据库的实施和维护

完成数据库的物理结构设计之后，数据库设计人员就要用 DBMS 提供的数据定义语言和其他实用程序将数据库逻辑结构设计结果和物理结构设计结果严格描述出来，使之成为 DBMS 可以接受的源代码，再经过调试产生出数据库模式。然后就可以组织数据入库了，这就是数据库实施阶段。在数据库试运行后，即进入正式运行阶段。在运行的过程中，要对数据库进行维护。

10.6.1 建立数据库和应用程序的调试

建立数据库是在指定的计算机平台上和特定的数据库管理系统下，建立数据库和数据库的各种对象。建立数据库分为建立数据库模式和载入数据两个方面。

1. 建立数据库模式

建立数据库模式可以使用数据库管理系统提供的工具交互式进行，也可以使用 SQL 语句组成的脚本成批地建立，然后基于此数据库模式装入实际的数据。

在 SQL Server 中创建数据库模式的方法在第 3 章已完整介绍，在此不再赘述。

2. 载入数据

一般数据库系统中的数据量都很大，而且数据往往来源于部门中各个不同的单位，数据的组织方式、结构和格式都与新设计的数据库系统有相当大的差距，组织数据载入就要将各类源数据从各个局部应用中抽取出来，输入计算机，再分类转换，最后综合成符合新设计的数据库结构的形式，输入数据库。

这样的数据转换、组织入库的工作是相当费力、费时的工作，特别是原系统是手工数据处理系统时，各类数据分散在各种不同的原始表格、凭证、单据之中，DBMS 产品不提供通用的转换工具。为提高数据输入工作的效率和质量，应该针对具体的应用环境设计一个数据录入子系统，由计算机来完成数据入库的任务。数据录入子系统一般要有数据校验的功能，保证数据的正确性。

3. 数据库应用程序的设计、编码与调试

数据库应用程序的设计属于一般的程序设计范畴，但数据库应用程序有自己的特点：

◇ 大量使用数据存取命令；

◇ 形式多样的输出报表；

◇ 数据的有效性和完整性检查；

◇ 灵活的交互功能。

数据库应用程序的设计应与数据库设计同时进行，因此在组织数据入库的同时还要调试应用程序。应用程序的设计、编码和调试的方法、步骤在软件工程等课程中有详细讲解，可参考相关书籍。

10. 6. 2 数据库的试运行

在原有系统的数据有一小部分已输入数据库后，就可以开始对数据库系统进行联合调试，这称为数据库的试运行。这一阶段要对系统进行测试，分析系统是否达到预期目标，主要从以下两个方面进行。

1）功能测试

这一阶段要实际运行数据库应用程序，执行对数据库的各种操作，测试应用程序的功能是否满足设计要求。若不满足，则对应用程序部分进行修改、调整，直到达到设计要求为止。

2）性能测试

在数据库试运行时，还要测试系统的性能指标，分析其是否达到设计目标。在对数据库进行物理结构设计时已初步确定了系统的物理参数值，但一般的情况下，设计时的考虑在许多方面只是近似估计，和实际系统运行总有一定的差距，因此必须在试运行阶段实际测量和评价系统的性能指标。事实上，有些参数的最佳值往往是经过运行调试后找到的。若测试的结果与设计目标不符，则要返回物理结构设计阶段，重新调整物理结构，修改系统参数，某些情况下甚至要返回逻辑结构设计阶段，修改逻辑结构。

在数据库试运行阶段，需要特别注意两点：一是数据库录入要分阶段进行，分期分批地组织数据入库，先输入小批量数据做调试用，待试运行基本合格后，再大批量输入数据，逐步增加数据量，逐步完成运行评价；二是要做好数据恢复的准备，一旦发生故障，

能使数据库尽快恢复，尽量减少对数据库的破坏。

10.6.3 数据库的运行和维护

数据库试运行合格后，数据库开发工作就基本完成，即可投入正式运行。但是，由于应用环境在不断变化，数据库运行过程中物理存储也会不断变化，对数据库设计进行评价、调整、修改等维护工作是一个长期的任务，也是设计工作的继续和提高。

在数据库运行阶段，对数据库的日常维护工作主要是由数据库管理员完成的，工作内容主要包括以下几个方面。

1. 数据库的转储和恢复

数据库的转储和恢复是系统正式运行后最重要的维护工作之一。数据库管理员要针对不同的应用要求制订不同的转储计划，以保证一旦发生故障能尽快将数据库恢复到与之前数据一致的状态，并尽可能减少对数据库的破坏。

2. 数据库的安全性、完整性控制

在数据库运行过程中，由于应用环境的变化，对安全性的要求也会发生变化。比如，有的数据原来是机密的，现在是可以公开查询的了，而新加入的数据又可能是机密的。系统中用户的密级也会改变。这些都需要数据库管理员根据实际情况修改原有的安全性控制。同样，数据库的完整性约束条件也会变化，也需要数据库管理员不断修正，以满足用户要求。

3. 数据库性能的监督、分析和改造

在数据库运行过程中，监督系统运行，对监测数据进行分析，找出改进系统性能的方法是数据库管理员的又一重要任务。目前有些 DBMS 产品提供了监测系统性能参数的工具，数据库管理员可以利用这些工具方便地得到系统运行过程中一系列性能参数的值。数据库管理员应仔细分析这些数据，判断当前系统运行状况是不是最佳，应当做哪些改进。例如，调整系统物理参数，或对数据库进行重组织或重构造等。

4. 数据库的重组织与重构造

数据库运行一段时间后，由于记录不断增、删、改，会使数据库的物理存储情况变坏，降低了数据的存取效率，数据库性能下降，这时数据库管理员就要对数据库进行重组织或部分重组织（只对频繁增、删的表进行重组织）。DBMS 一般都提供数据重组织实用程序，按原设计要求重新安排存储位置、回收垃圾、减少指针链等，以提高系统性能。

数据库的重组织并不修改原设计的逻辑和物理结构，而数据库的重构造则不同，它是指部分修改数据库的模式和内模式。

由于数据库应用环境发生变化，增加了新的应用或新的实体，取消了某些应用，有的实体与实体间的联系也发生了变化等，使原有的数据库设计不能满足新的需求，需要调整数据库的模式和内模式。例如，在表中增加或删除某些数据项、改变数据项的类型、增加或删除某个表、改变数据库的容量、增加或删除某些索引等。当然数据库的重构也是有限的，只能做部分修改。如果应用变化太大，重构也无济于事，说明此数据库应用系统的生命周期已经结束，应该设计新的数据库应用系统。

第 11 章

MySQL 数据库简介

本章首先介绍 MySQL 数据库的安装及数据库的基本操作；然后介绍对数据的增、删、查、改基本操作；接着介绍 MySQL 的过程式数据对象；最后介绍 MySQL 数据库的数据一致性、安全性、并发性处理机制和数据恢复机制。

重点和难点

▶MySQL 数据库和数据表的基本操作

▶MySQL 数据操纵

▶MySQL 数据库的完整性和安全性实现

11.1 MySQL 数据库概述

11.1.1 MySQL 数据库的起源与发展

MySQL 是一种小型的、开源的关系数据库管理系统（RDBMS），具有较高的速度、可靠性和适应性。MySQL 的历史最早可追溯到 1979 年，起源于 Monty Widenius 用 BASIC 设计的报表工具 Unireg，后又用 C 重写，移植到 Unix 平台。1998 年 1 月发行 MySQL 关系数据库的第一个版本，提供了面向 C、C++、Eiffel、Java、Perl、PHP、Python 及 Tcl 等编程语言的编程接口（APIs），支持多种字段类型，且提供了完整的操作符，支持查询中的 SELECT 和 WHERE 操作。2008 年，MySQL 被 SUN 公司收购，2010 年 SUN 又被 Oracle 公司收购，MySQL 成为 Oracle 公司的另外一个数据库项目。经过多年发展，MySQL 版本已更新到 8.0。

MySQL 是一个真正的多用户、多线程的 SQL 数据库服务器，以客户机/服务器的结构实现，由一个服务器守护程序 MYSQLD 和很多不同的客户程序和库组成。MySQL 的主要目标是快捷、便捷和易用，能够快捷、有效、安全地处理大量的数据。

11.1.2 MySQL 服务器的安装与配置

1. 下载 MySQL

从 MySQL 官方网站可以下载 MySQL，下载地址为 https://dev.MySQL.com/downloads/，社区版为免费版，我们下载 MySQL Community Server（GPL），单击“Download”链接进入下载页面。

在“Download MySQL Community Server”页面中，向下滚动页面，选择所需要的操作系统，可以选择 msi 安装和 zip 离线安装包，zip 离线安装包需要在命令行中进行设置，在此我们选择下载 msi 安装包。

单击文本“Windows（x86，32 & 64 - bit），MySQL Installer MSI”或其后面的“Go to Download Page”按钮，进入如图 11 - 1 所示的下载页面。

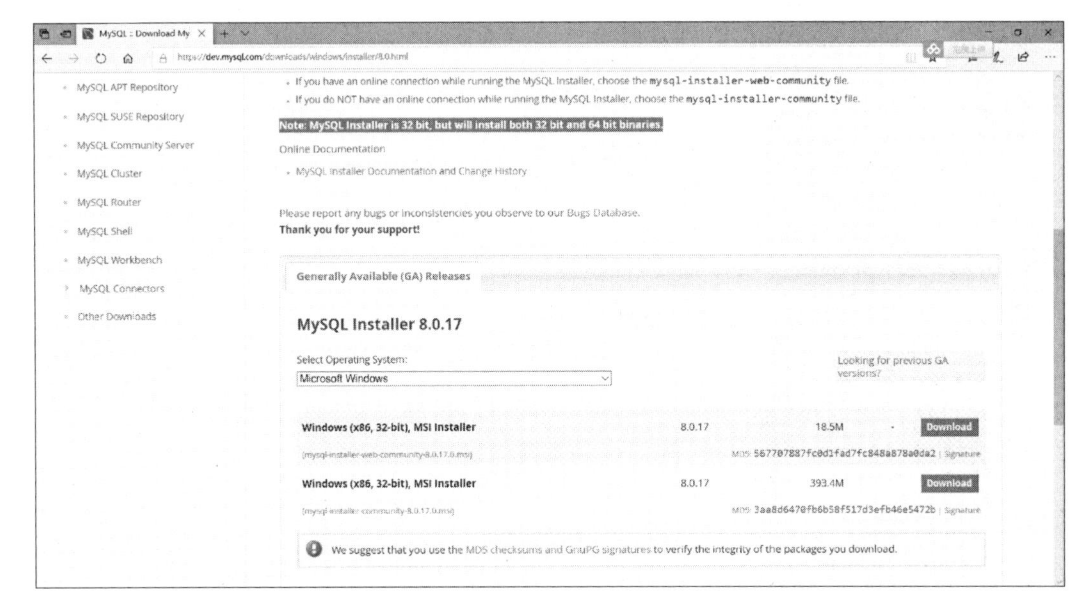

图 11 - 1　MySQL Installer MSI 下载页面

注意在网页中间有这样一条提示“Note：MySQL Installer is 32 bit，but will install both 32 bit and 64 bit binaries.”，因此虽然安装程序为 32 位，但是 64 位系统完全可以使用。有两个安装文件可以下载，第一个在安装过程中会自动去网站下载相应文件，第二个为离线安装，在此选择第二个文件下载。

此时进入 MySQL 账户页面，若有 MySQL 账户，则可登录，否则需要注册；或者直接单击网页下方“No thanks，just start my download”链接开始下载安装程序。

2. MySQL 环境的安装

下载结束后，硬盘上会得到一个名称为 MySQL - installer - community - 8. 0. 17. 0. msi 的文件，双击该文件即可开始安装。

（1）双击该文件后，进入“License Agreement”对话框，选择“I accept the license terms”复选框接受协议。

（2）作为初学者，可以按照安装向导所给出的默认选项直接单击“Next”按钮进行安装，进入安装界面，如图 11 - 2 所示。

（3）检查系统是否具备所必需的安装软件，若不存在，则按下“Execute”按钮进行在线安装，直到完成安装。

（4）安装完成后单击“Next”按钮，进入如图 11 - 3 所示的配置页面，选择默认值“Development Computer”（开发者类型）即可，MySQL 的默认端口号为 3306，也可以选择其他端口如 3307 等作为端口号。但是一般情况不会修改端口号，除非该端口正好被占用。

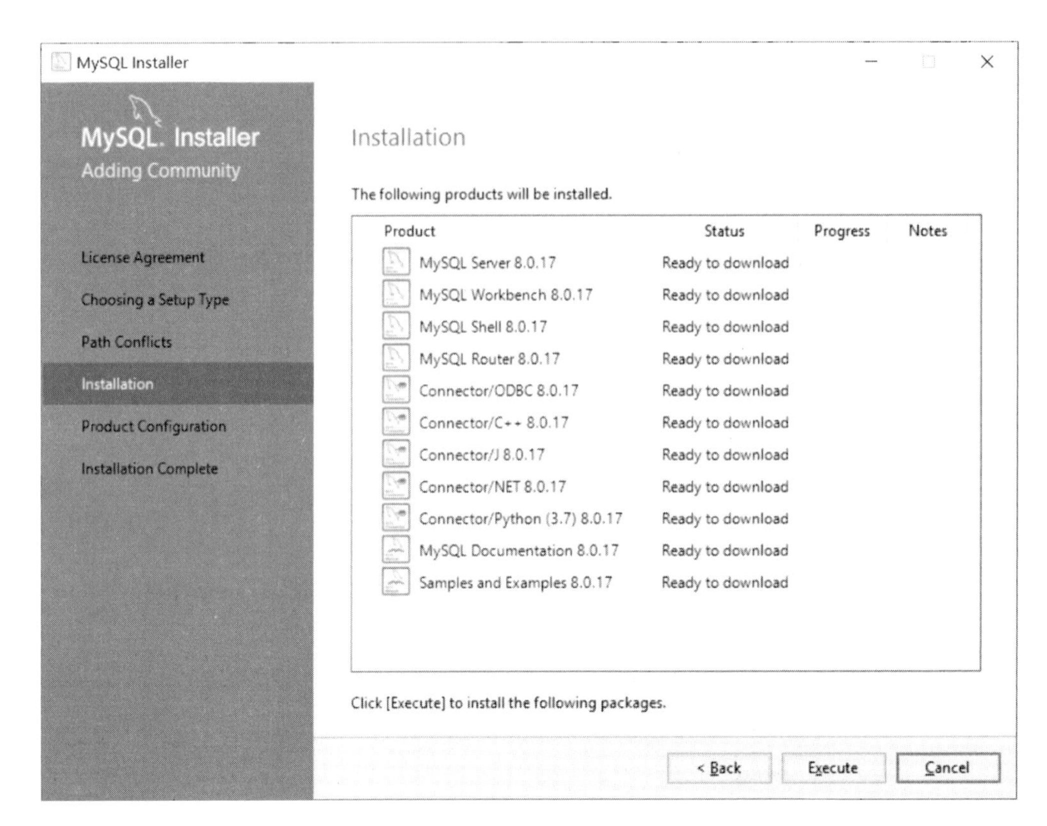

图 11－2　MySQL 安装

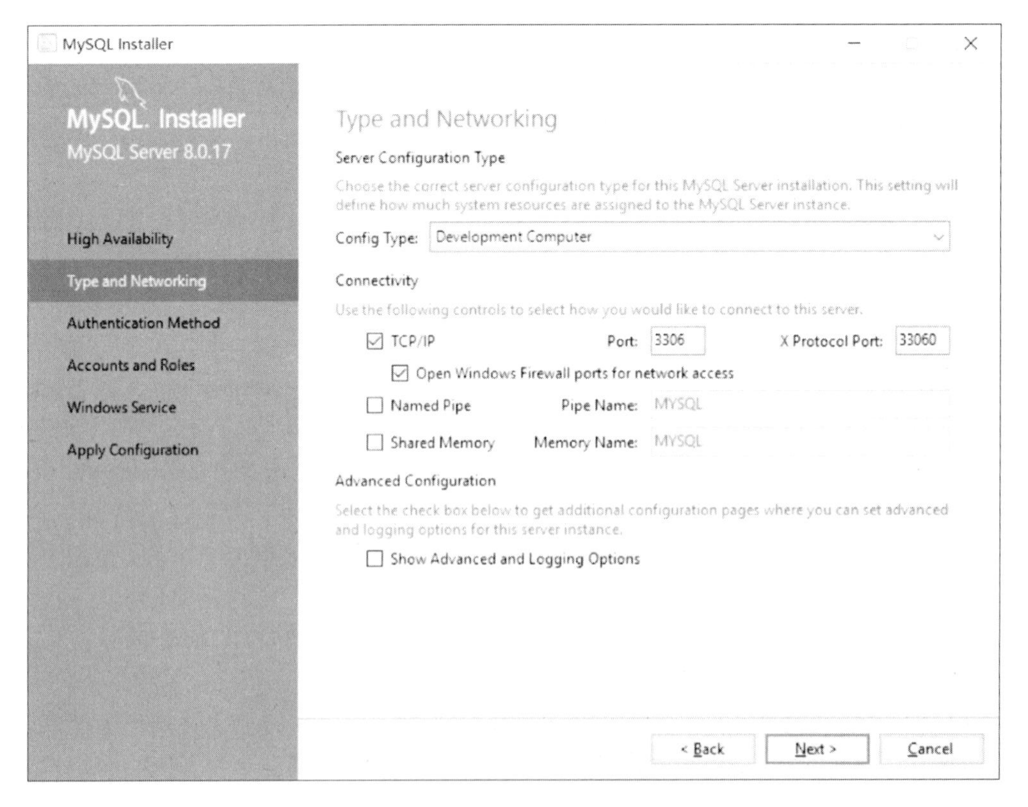

图 11－3　MySQL 配置

（5）单击“Next”按钮以后，将打开“Accounts and Roles”对话框，如图 11－4 所示。在这个对话框中可以设置 root 登录密码，也可以添加新用户。在此只设置 root 用户的登录密码为 sdufe（可以根据需要设置密码），其他采用默认。

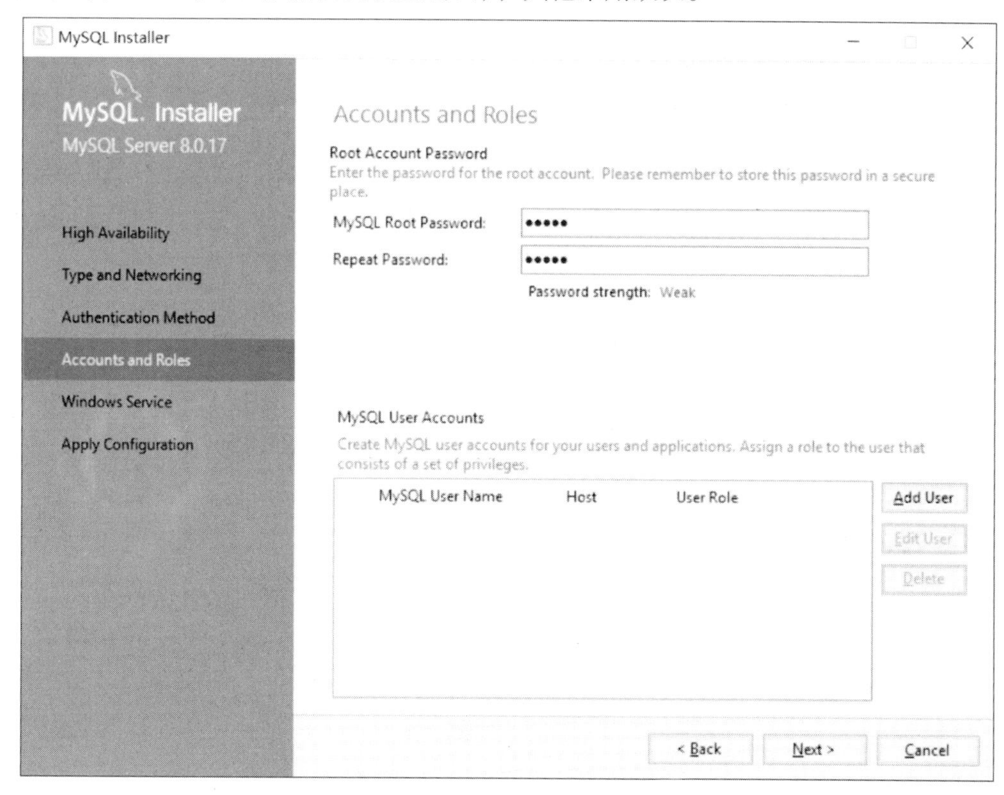

图 11－4　“Accounts and Roles”对话框

（6）单击“Next”按钮，直接选择默认选项，直到完成 MySQL 的配置。

至此，MySQL 安装完成。从“开始”菜单中可以启动“Workbench”工具和“MySQL shell”工具，“Workbench”工具提供图形化操作 MySQL 数据库的工具，“MySQL shell”工具提供了命令行操作 MySQL 数据库的工具。

11.1.3　启动、连接、断开和停止 MySQL 服务器

通过系统服务器和命令提示符（DOS）都可以启动、连接和关闭 MySQL，我们以 Windows 10 为例介绍操作流程。通常我们会设置为开机时启动 MySQL 数据库服务，一旦停止该服务数据库将无法使用。

1. 通过系统服务器启动和停止 MySQL 服务器

在 Windows10 系统中，右击桌面“此电脑”图标，在弹出的快捷菜单中选择“管理”命令，打开“计算机管理”对话框，选择左侧导航栏中的“服务和应用程序”项，双击右侧窗口中的“服务”项，打开“服务”窗口。

在“服务”窗口中找到 MySQL80（服务名称在安装过程中命名），其状态为正在运行，右击“MySQL80”项，可以进行启动、重新启动、停止、暂停、恢复等操作，如图

11 -5 所示。

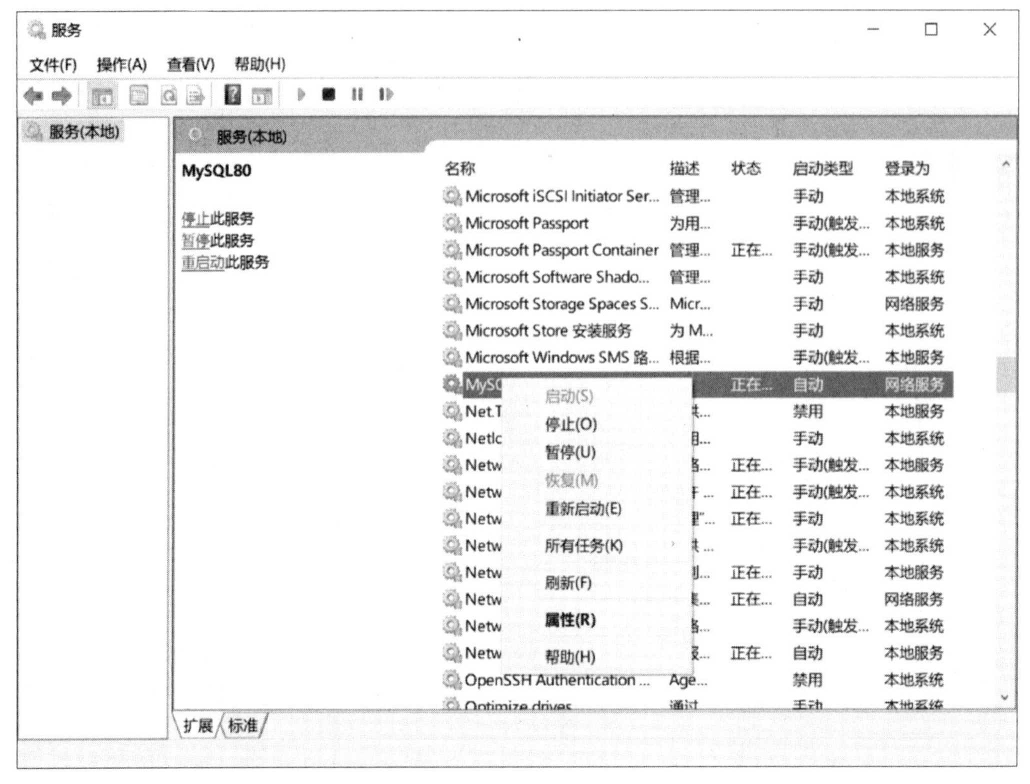

图 11 -5　MySQL 服务设置

2. 通过命令提示符启动和停止 MySQL 服务器

以管理员身份运行命令提示符，在命令提示符下输入：

```
\>net start MySQL80
```

回车后启动 MySQL 服务器。若要停止 MySQL 服务，则在命令提示符下输入“net stop MySQL80”，如图 11 -6 所示。

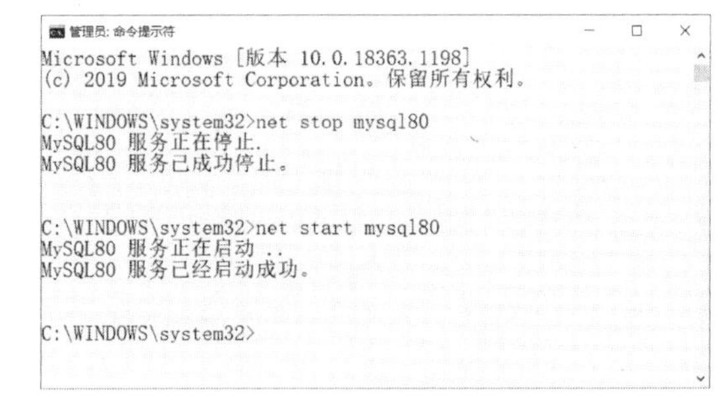

图 11 -6　通过命令提示符启动和停止 MySQL 服务器

3. 在命令行中连接 MySQL 服务器

以管理员身份运行命令提示符，输入以下命令：

```
\>MySQL -uroot -h127.0.0.1 -ppassword
```

输入命令后回车即可连接 MySQL 数据库。其中，root 为用户名，127.0.0.1 是 MySQL 服务器地址，127.0.0.1 表示本地数据库，password 为用户密码，且 -p 和密码之间不要加空格。然而在命令行中使用密码非常不安全，因此我们可以输入如下命令：

```
\>MySQL -uroot -h127.0.0.1 -p
```

回车后会提示输入密码，如图 11 -7 所示。

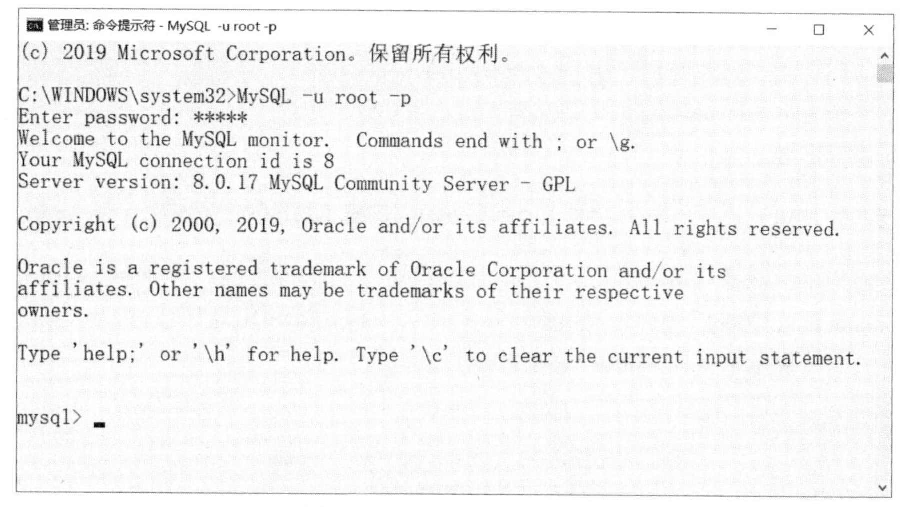

图 11 – 7　连接 MySQL 服务器

在连接本地 MySQL 服务器时，服务器地址可以省略不写。我们可以用如下命令连接本地 MySQL 服务器：

```
\ > MySQL - uroot    - p
```

- u 和 root 之间也可以添加空格，回车后输入密码即可连接到 MySQL 服务器。如果输入命令后出现“'MySQL' 不是内部或外部命令，也不是可运行的程序或批处理文件”的提示，是因为没有设置环境变量的缘故，可将 MySQL Server 安装目录的 bin 目录加入 path 环境变量中，也可以将路径切换到 MySQL Server 的安装路径下再进行连接。如安装目录为 C：\ Program Files \ MySQL \ MySQL Server 8. 0 \ bin，可将该路径加入环境变量 path 中，如图 11 – 8 所示，重新回到命令提示符进行连接即可。

图 11 – 8　设置环境变量

或者在命令提示符中输入以下命令：

```
\>cd C:\Program Files\MySQL\MySQL Server 8.0\bin
C:\Program Files\MySQL\MySQL Server 8.0\bin>MySQL -u root -p
```

即可进行连接。

4. 利用 MySQL Command Line Client 连接 MySQL

在开始菜单中选择"MySQL"→"MySQL Command Line Client"命令，打开"MySQL 8.0 Command Line Client"窗口，如图 11-9 所示。在"MySQL 8.0 Command Line Client"窗口中，只需按提示输入密码即可连接 MySQL。

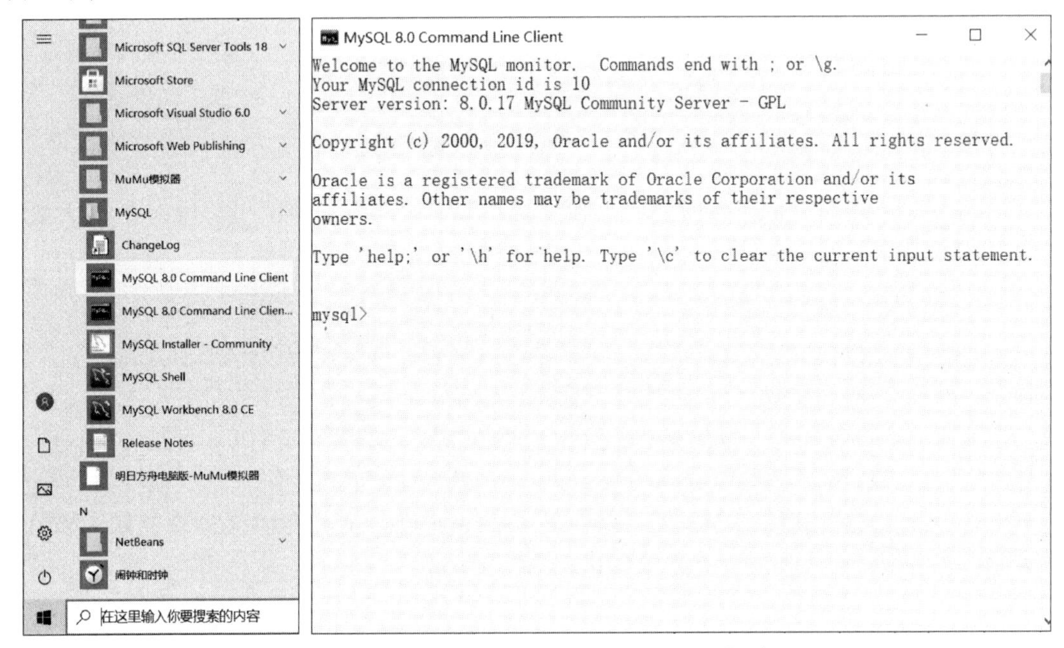

图 11-9 "MySQL 8.0 Command Line Client"窗口

5. 利用 Workbench 连接 MySQL

MySQL Workbench 是一款专为 MySQL 设计的集成化桌面软件，也是下一代的可视化数据库设计、管理的工具。该软件支持 Windows 和 Linux 系统，可以从 https://dev.MySQL.com/downloads/workbench/ 下载。MySQL Workbench 有两个版本：Community 和 Standard 版本，即社区版和商业版，在此介绍社区版。

MySQL Workbench 是可视化数据库设计软件，为数据库管理员和开发人员提供了一整套可视化的数据库操作环境，主要功能有数据库设计与模型建立、SQL 开发、数据库管理，后面会分别用 Workbench 和 MySQL Command Line Client 操作数据库。

在开始菜单中选择"MySQL"→"MySQL Workbench 8.0 CE"命令，打开"MySQL Workbench"页面，如图 11-10 所示。可以连接的服务器在主界面下方，单击相应服务器输入密码后即可连接相应的服务器。

MySQL 服务器可以使用的图形化客户端除 MySQL Workbench 外，还有 MySQL 官方提供的管理工具 MySQL Administrator，以及很多第三方开发的优秀工具，比较著名的有 Navicat、Sequel Pro、HeidiSQL 等。

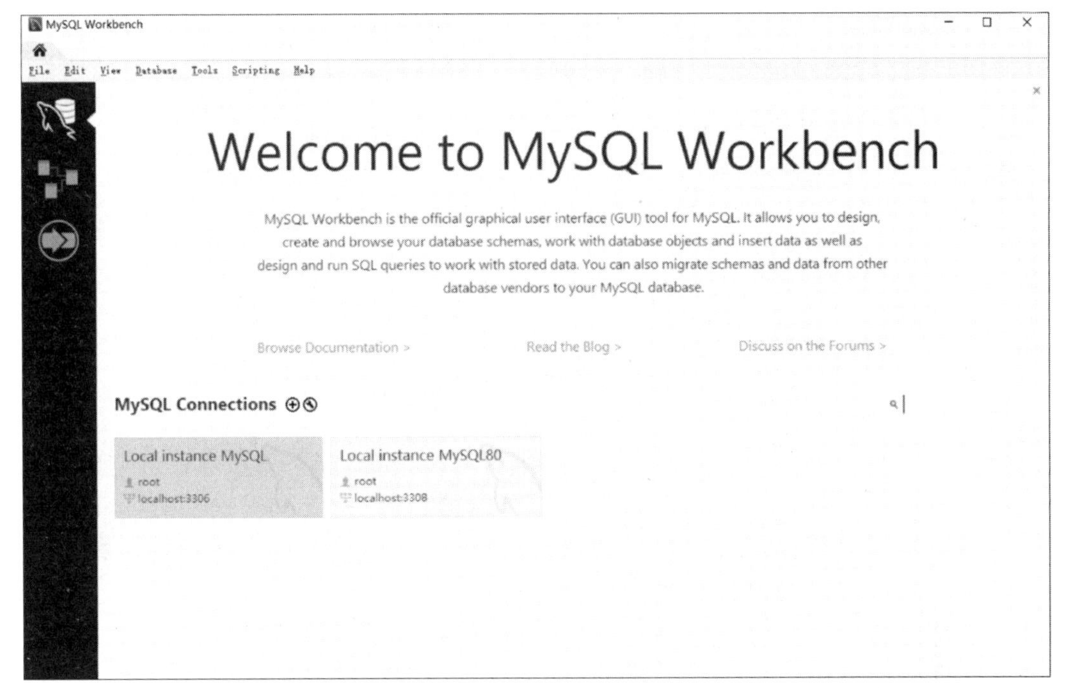

图 11－10 “MySQL Workbench”页面

此外，还有一些基于 Web 的管理工具，采用 B/S 结构，用户无须再安装客户端，管理工具运行于 Web 服务器上，用户机器上只要有浏览器，就能以访问 Web 页的方式操作 MySQL 数据库里的数据，如 phpMyAdmin 等。

11.2 MySQL 数据库和数据表

11.2.1 创建和修改数据库

1. 使用命令创建数据库

在命令行中连接 MySQL 服务器（或者利用 MySQL Command Line Client 连接）之后，即可利用命令方式操作 MySQL 数据库。创建数据库使用 CREATE DATABASE 命令，语法格式如下：

```
CREATE DATABASE [IF NOT EXISTS] 数据库名
[DEFAULT] CHARACTER SET 字符集
|[DEFAULT] COLLATE 校对规则
;
```

以上语法格式及参数说明如下。

◇ IF NOT EXISTS：若“数据库名”指定的数据库不存在，则创建该数据库；若存在，则不执行创建操作。若不写该选项，则在创建已存在的数据库时会出现错误，错误信息为“Can't create database 'XXXXX', database exists”。

◇ CHARACTER SET：数据库字符采用的默认字符集，省略时默认采用服务器默认字符集，连接数据库后以命令 \ s 查看。

◇ COLLATE：指定字符集的校对规则。

◇ 在 MySQL 中，每一条 SQL 语句都以分号；作为结束标志。

使用 USE 命令可指定当前数据库，USE 命令的语法格式如下：

```
USE 数据库名;
```

例 11－1 创建贷款数据库，数据库名称为 loandb，并指定该数据库为当前数据库。语句及执行结果如图 11－11 所示。

```
mysql> CREATE DATABASE loandb;
Query OK, 1 row affected (0.01 sec)

mysql> USE loandb;
Database changed
mysql>
```

图 11－11 例 11－1 语句及执行结果

◇ “Query OK” 表示 SQL 语句执行成功，“1 row affected” 表示操作影响的行数，“0.01 sec” 表示操作执行的时间。

◇ MySQL 服务器上的数据库列表可以通过 SHOW DATABASES 语句查看，系统将显示所有的 MySQL 服务器上的数据库信息。

◇ 值得注意的是，在 MySQL 命令中，大小写是不区分的。为了增加可读性，约定 MySQL 关键字使用大写，而用户所命名的变量名、表名、数据库名等则可以使用小写字母。

2. 使用命令修改数据库

数据库创建以后，如果要修改数据库，那么可以用 ALTER DATABASE 命令，语法格式如下：

```
ALTER DATABASE [IF NOT EXISTS]数据库名
[DEFAULT] CHARACTER SET 字符集
|[DEFAULT] COLLATE 校对规则
;
```

例 11－2 修改贷款数据库 loandb，将默认字符集改为 gb2312，校对规则改为 gb2312_chinese_ci。语句及执行结果如图 11－12 所示。

```
mysql> ALTER DATABASE loandb
    -> DEFAULT CHARACTER SET gb2312
    -> DEFAULT COLLATE gb2312_chinese_ci;
Query OK, 1 row affected (0.01 sec)
```

图 11－12 例 11－2 语句及执行结果

3. 使用命令删除数据库

对用户已经创建的数据库可以使用 DROP DATABASE 命令进行删除，删除数据库的语法格式如下：

```
DROP DATABASE [IF EXISTS] 数据库名
```

此处，IF EXISTS 子句避免删除不存在的数据库时出现 MySQL 错误信息。

但是，删除数据库时必须非常谨慎，因为删除数据库后该库中的所有数据全部被永久删除。

4. 在 MySQL Workbench 中创建、修改、删除数据库

MySQL Workbench 连接到数据库服务器后，主界面如图 11－13 所示。单击该界面左

侧的“Schemas”选项，在列表中显示了当前建立的所有数据库。

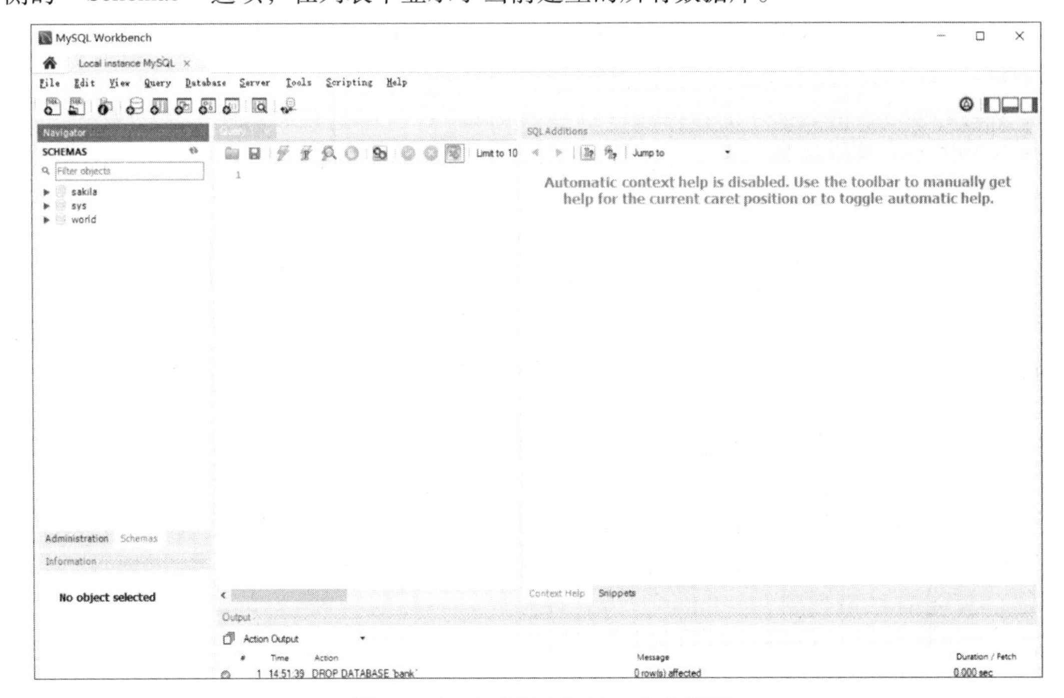

图 11－13　MySQL Workbench 主界面

在 Schemas 窗口的空白处单击鼠标右键，在弹出的快捷菜单中选择“Create Schema”命令，弹出 New Schema 窗口，如图 11－14 所示。在“Name”文本框中输入数据库的名称，如 loandb，在下面字符集及校对规则下拉列表中进行相应的选择，然后单击“Apply”按钮，弹出创建数据库 SQL 语句的预览窗口。

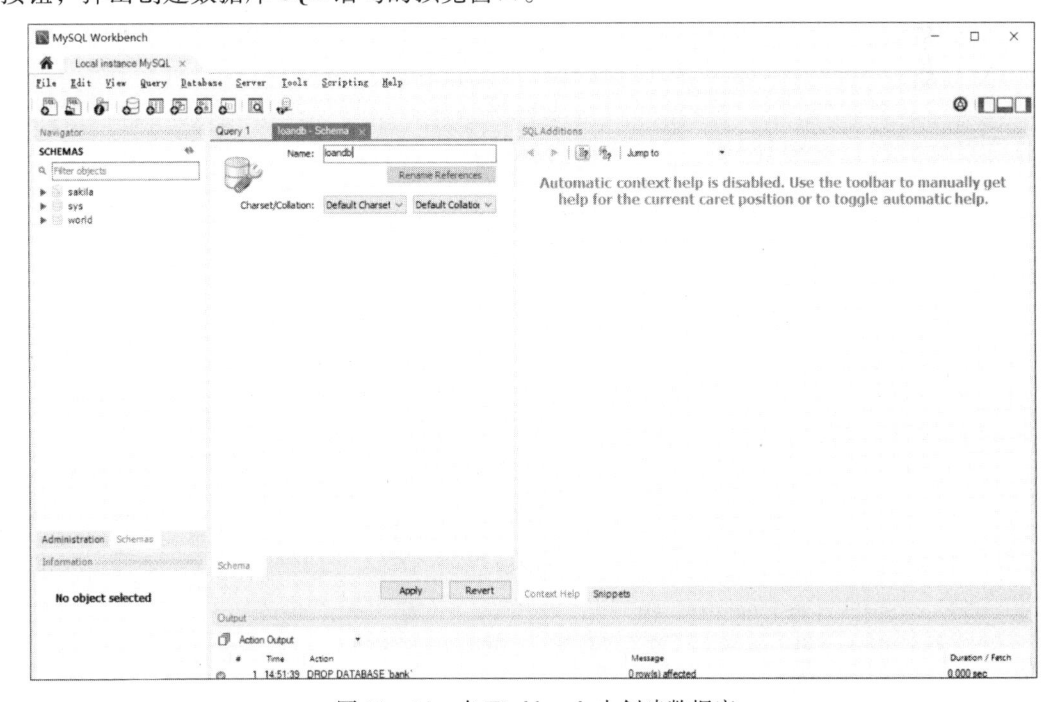

图 11－14　在 Workbench 中创建数据库

在预览窗口中可以查看当前操作的 SQL 脚本，即 CREATE DATABASE loandb，然后单击“Apply”按钮，在弹出的对话框中直接单击“ Finish”按钮，即可完成数据库 loandb 的创建。

若要对创建后的数据库进行修改，则在 Schemas 窗口中的该数据库上单击鼠标右键，在弹出的快捷菜单中选择“Alter Schema”命令，即可进行修改，修改步骤与创建数据库相同。

若要删除多余数据库，则在 Schemas 窗口中相应的数据库上单击鼠标右键，在弹出的快捷菜单中选择“Drop Schema”命令，然后在弹出的对话框中选择“Drop Now”命令直接删除，或者选择“Review SQL”命令预览 SQL 语句后再单击“Execute”按钮，完成删除。

11. 2. 2 创建和修改数据表

MySQL 数据库中的数据同样也存储在数据表中，数据表是数据库存放数据的对象实体。可以使用 SHOW TABLES 命令查看数据库中有哪些表，也可以通过“MySQL Workbench→Schemas→数据库名→Tables”方式查看。

1. MySQL 数据类型

MySQL 数据类型主要分为三类：数值型、字符型、日期时间型。

1）数值型

MySQL 支持所有标准 SQL 的数值类型。

这些类型包括严格数值数据类型（INTEGER、SMALLINT、DECIMAL 和 NUMERIC）及近似数值数据类型（FLOAT、REAL 和 DOUBLE PRECISION）。

关键字 INT 是 INTEGER 的同义词，关键字 DEC 是 DECIMAL 的同义词。BIT 数据类型保存位字段值，并且支持 MyISAM、MEMORY、InnoDB 和 BDB 表。

作为 SQL 标准的扩展，MySQL 也支持整数类型 TINYINT、MEDIUMINT 和 BIGINT 等。表 11 -1列出了数值型数据的存储空间和取值范围。

表 11 -1　数值型数据的存储空间和取值范围

类型		大小	范围（有符号）	范围（无符号）	用途
整数类型	TINYINT	1 字节	(-128 ~ 127)	(0 ~ 255)	小整数值
	SMALLINT	2 字节	(-2^15 ~ 2^15 -1)	(0 ~ 65 535)	大整数值
	MEDIUMINT	3 字节	(-2^23 ~ 2^23 -1)	(0 ~ 16 777 215)	大整数值
	INT 或 INTEGER	4 字节	(-2^31 ~ 2^31 -1)	(0 ~ 4 294 967 295)	大整数值
	BIGINT	8 字节	(-2^63 ~ 2^63 -1)	(0 ~ 2^64 -1)	极大整数值
实数类型	FLOAT	4 字节	-10^38 ~ 10^38	0 ~ 10^38	单精度浮点数值
	DOUBLE	8 字节	-10^308 ~ 10^308	0 ~ 10^308	双精度浮点数值
	DEC 或 DECIMAL	对于 DECIMAL（M, D），若 M > D，则为 M +2，否则为 D +2	依赖于 M 和 D 的值	依赖于 M 和 D 的值	小数值

2）字符型

字符型包括 CHAR、VARCHAR、BLOB、TEXT、VARBINARY、BINARY、ENUM 和 SET 等。字符型可以分为三类：普通文本字符串（CHAR、VARCHAR）、可变类型（TEXT、BLOB）、特殊类型（SET、ENUM），详细描述如表 11－2 所示。

表 11－2　字符型数据

类　　型	长　　度	说　　明
[national] CHAR（M） [binary | ASCII | Unicode]	M 为 0～255 之间的整数	固定长度为 M 的字符串，national 关键字指定了应该使用的默认字符集，binary 关键字指定了数据是否区分大小写，ASCII 关键字指定该列中使用 Latin1 字符集，Unicode 关键字指定使用 USC 字符集
[national] VARCHAR（M） [binary | ASCII | Unicode]	M 为 0～65536 之间的整数	变长字符串，参数与 CHAR [M] 类似
TINYBLOB	0～255	小 BLOB 字段
BLOB	0～65535	存储二进制数据，支持任何数据类型，如文本、声音和图像等
MEDIUMBLOB	0～2^24	中型 BLOB 字段
LONGBLOB	0～2^32	长 BLOB 字段
TINYTEXT	0～255	小 TEXT 字段
TEXT	0～65535	存储长文本
MEDIUMTEXT	0～2^24	中型 TEXT 字段
LONGTEXT	0～2^32	长 TEXT 字段
VARBINARY（M）	0～M	变长字节字符集
BINARY（M）	0～M	定长字节字符集
ENUM	最大值为 65535	枚举类型的取值范围需要在创建表时通过枚举方式显式指定，对 1～255 个成员的枚举需要 1 个字节存储，对于 255～65535 个成员的枚举需要 2 个字节存储，最多允许 65535 个成员
SET	64	可以容纳一组值或 NULL; SET 类型一次可以选取多个成员，而 ENUM 只能选一个成员，就相当于 ENUM 是单选，而 SET 是复选

3）日期时间型

表示时间值的日期时间型为 DATE、TIME、YEAR、DATETIME、TIMESTAMP，如表 11－3 所示。每个日期时间型数据都有一个有效值范围和一个“零”值，当指定不合法的、MySQL 不能表示的值时使用“零”值。MySQL 中日期的顺序是按照标准的 ANSI SQL 格式进行输出的。

表 11－3　日期时间型数据

类　型	大小（字节）	范　围	格　式	用　途
DATE	3	1000－01－01～9999－12－31	YYYY－MM－DD	日期值
TIME	3	'－838：59：59'～'838：59：59'	HH：MM：SS	时间值或持续时间
YEAR	1	1901～2155	YYYY	年份值
DATETIME	8	1000－01－01 00：00：00～ 9999－12－31 23：59：59	YYYY－MM－DD HH：MM：SS	混合日期和时间值
TIMESTAMP	4	1970－01－01 00：00：00～2037 的某个时间	YYYY－MM－DD HH：MM：SS	混合日期和时间值，时间戳

2. 在命令提示符下创建数据表

使用 CREATE TABLE 语句创建数据表。最常用的创建数据表的语法格式如下：

```
CREATE TABLE 表名 (
  属性名 数据类型 [完整约束条件],
  属性名 数据类型 [完整约束条件],
  …
  …
  属性名 数据类型 [完整约束条件]
);
```

完整性约束条件包括表 11－4 所列出的类型。

表 11－4　完整性约束条件的类型

约束条件	说　明	格　式
PRIMARY KEY	标识该属性为该表的主键，可以唯一地标识对应的元组	单字段主键：属性名 数据类型 PRIMARY KEY 多字段主键：PRIMARY KEY（属性名 1，属性名 2，…，属性名 n）
FOREIGN KEY	标识该属性为该表的外键，是与之联系的某表的主键	单字段外键：属性名 数据类型 FOREIGN KEY REFERENCES 表名（属性名） 多字段外键：CONSTRAINT 外键别名 FOREIGN KEY（属性名 1，属性名 2，…，属性名 n）REFERENCES 表名（属性名 1'，属性名 2'，…，属性名 n'）
NOT NULL	标识该属性不能为空	属性名 数据类型 NOT NULL | NULL 若省略该选项，则默认值为 NULL，即“允许空值”
UNIQUE	标识该属性的值是唯一的	单字段唯一键：属性名 数据类型 UNIQUE CONSTRAINT 唯一键别名 UNIQUE（属性名）属性名 2
AUTO_INCREMENT	标识该属性的值是自动增加的，可用于任何整数类型。这是 MySQL 的 SQL 语句的特色	属性名 数据类型 AUTO_INCREMENT
DEFAULT	为该属性设置默认值	属性名 数据类型 DEFAULT 默认值

例 11－3　在数据库 loandb 中创建银行表 BankT、客户表 CustomerT、贷款表 LoanT，数据表结构及其约束条件见第 3 章表 3－5、表 3－6、表 3－7，创建语句如下：

```
CREATE TABLE CustomerT(
    Cno char(5) NOT NULL PRIMARY KEY,
    Cname nvarchar(20) ,
    Cnature nchar(2),
    Ccaptical int ,
    Crep nchar(4)
);
CREATE TABLE BankT(
    Bno char(5) NOT NULL,
    Bname nchar(10) NULL,
    Bloc nchar(6) NULL,
    Btel varchar(16) NULL,
    PRIMARY KEY (Bno)
);
CREATE TABLE LoanT(
    Cno char(5) NOT NULL,
    Bno char(5) NOT NULL,
    Ldate datetime NOT NULL,
    Lamount decimal(8, 2) NULL,
    Lterm int NULL,
  PRIMARY KEY(Cno ,Bno,Ldate),
  CONSTRAINT   pk_loan_customer FOREIGN KEY(Cno)
               REFERENCES CustomerT(Cno),
  CONSTRAINT   pk_loan_bank FOREIGN KEY(Bno) REFERENCES BankT(Bno)
);
```

从上述语句可以看出，数据表的创建语句及各参数意义与 SQL Server 中创建数据表的语句及各参数意义相同。

3. 复制数据表结构

在一张已经存在的数据表的基础上创建一份该数据表的副本，也就是复制该数据表，是创建数据表的另一种语法结构，语法格式如下：

```
CREATE TABLE [IF NOT EXISTS]数据表名
{LIKE 源数据表名|(LIKE 源数据表名)}
```

以上语法格式及参数意义说明如下。

◇ 数据表名为要新建的数据表的名字。

◇ “LIKE 源数据表名”两侧可以加或不加小括号。

◇ 源数据表即要复制的数据表，指定为哪个表创建副本。

◇ 使用该语法复制数据表时，将创建一个与源数据表相同结构的表，该数据表的列名、数据类型、索引和约束等都将被复制，但数据表的内容是不会被复制的。因此，创建的新数据表是一张空表。要复制其中的数据，可以通过 AS（查询表达式）来实现。

4. 在命令行提示符下修改表

创建数据表之后，可以用命令 DESC 查看数据表结构，语法格式如下：

```
DESC 数据表名;
```

若需要对数据表结构进行修改，则可以使用 ALTER TABLE 命令，利用该命令可以对数据表的字段、约束等进行修改。一般来说，常用 ALTER TABLE 命令完成如下工作。

1）删除列

删除数据表中不需要的列，语法格式如下：

```
ALTER TABLE 数据表名 DROP 列名;
```

2）增加列

为数据表在某个位置新增一个列，可以将该列放在数据表中原有列的最前面或者是某列的后面，并指定该列的类型、完整性约束等信息，语法格式如下：

```
ALTER TABLE 数据表名 ADD 列名 类型 约束[FIRST|AFTER 列名];
```

3）修改列信息

修改某个列的信息，若不修改列名，则新列名与原列名保持一致即可。语法格式如下：

```
ALTER TABLE 数据表名 CHANGE 原列名 新列名 新类型 新约束
COMMENT '注释说明';
```

4）重命名列

重命名列的语法格式如下：

```
ALTER TABLE 数据表名 CHANGE COLUMN 原列名  新列名 列属性;
```

5）重命名数据表

重命名数据表的语法格式如下：

```
ALTER TABLE 数据表名 RENAME 新数据表名;
```

6）删除表中主键

删除表中主键的语法格式如下：

```
ALTER TABLE 数据表名 DROP PRIMARY KEY;
```

7）添加约束

添加约束的语法格式如下：

```
ALTER TABLE 数据表名 ADD CONSTRAINT 约束名 约束类型(字段名1,字段名2,…);
```

约束包括主键（PRIMARY KEY）、默认值（DEFAULT）、唯一约束（UNIQUE KEY）、非空约束（NOT NULL）、外键约束（FOREIGN KEY）等，约束的使用格式与创建数据表时相同。

8）删除约束

删除约束的语法格式如下：

```
ALTER TABLE 数据表名 DROP 约束类型 [约束名];
```

因一个数据表中只有一个主键，故删除数据表中主键时，约束类型后面不写主键名字；删除其他约束时，需要在约束类型后面指定约束的名字。

9）添加索引

添加索引的语法格式如下：

```
ALTER TABLE 数据表名 ADD INDEX 索引名（字段名）；
```

10）删除索引

```
ALTER TABLE 数据表名 DROP INDEX 索引名；
```

以上命令为常用的对数据表结构进行修改的命令。

5. 删除数据表

可以使用 DROP TABLE 语句删除数据表，语法格式如下：

```
DROP TABLE [IF EXISTS] 表名；
```

这个命令将数据表的数据、结构、约束、索引及数据表相关的权限等一并删除。

6. 在 MySQL Workbench 中创建数据表

在 MySQL Workbench 中创建数据表，可以在 Schemas 窗口中查找到相应数据库，在该数据库的“Tables”项上单击鼠标右键，如图 11－15 所示，在弹出的快捷菜单中选择“Create　Table…”命令，调出创建数据表的窗口，如图 11－16 所示。

图 11－15　在 MySQL Workbench 中创建数据表

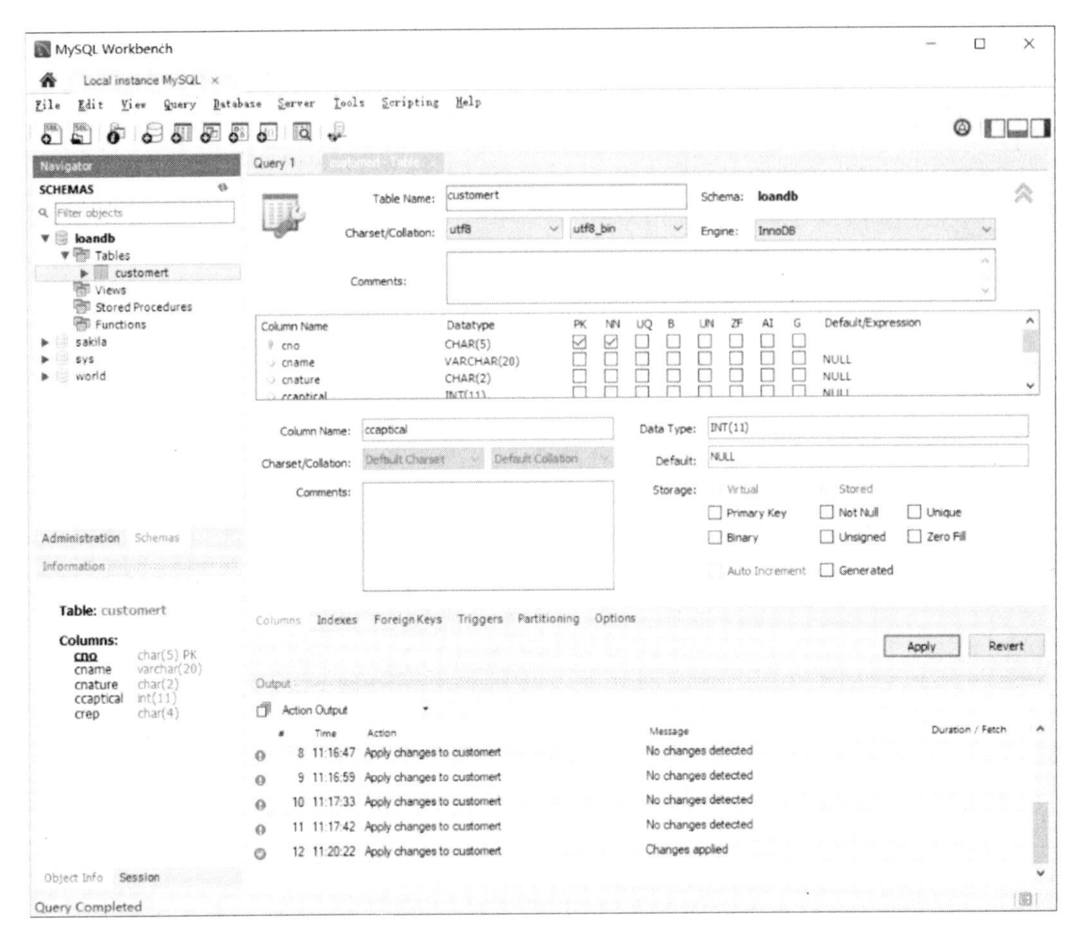

图 11－16　创建数据表的窗口

在该窗口的“Table Name”文本框中输入要创建数据表的名称，在窗口下方的列表中输入字段信息，包括字段名 Column Name、数据类型 Data Type。后面选项 PK 表示是否主键约束；NN 表示非空约束；UQ 表示唯一性约束；B 表示若这是一个长文本，则该数据为二进制 binary 数据而非文本数据；UN 表示该整数类型为无符号整型；ZF 表示 Zero Fill，即填充 0，若字段内容是 1 int（4），则内容显示为 0001 ；AI 表示自动增加一个字段；G 表示 Generated Column，是 MySQL 5.7 开始提供的新特性，表示这一列由其他列计算而得。双击“Column Name”列下面的空白行输入字段名称，修改相应的字段类型，选择合适的完整性约束，回车或者双击下一行可以进行下一字段的定义。在编辑某字段的同时，下面的区域会显示该字段的详细信息，也可以在详细信息区域修改该字段的参数，选择存储类型。

在此窗口中，还可以对索引、外键、触发器等进行设置，设置完成后，单击该窗口右下方的“Apply”按钮，弹出 SQL 预览对话框，单击该对话框的“Apply”按钮进入“Apply SQL Script to Database”对话框，单击该对话框的“Finish”按钮，完成数据表的创建。

7. 在 MySQL Workbench 中修改和删除数据表

数据表建立完成后，在 Schemas 窗口中它所属数据库的“Tables”列表下就会出现该数据表的名称。要想修改或删除一个表，在表名上面单击鼠标右键，在弹出的快捷菜单中选择“Alter Table”命令对数据表进行修改，方法与创建数据表相同，在此不再赘述。

若要删除该数据表，则在弹出的快捷菜单中选择“Drop Table”命令，弹出对话框，询问是查看 SQL 语句还是直接删除，如图 11－17 所示。若选择“Drop Now”命令，则直接删除该表；若选择“Review SQL”命令，则打开预览对话框查看删除该表的 SQL 语句，如图 11－18 所示。若要删除该数据表，则单击“Execute”按钮。但一定要注意，不要轻易删除数据表，一旦删除则数据不可恢复，因此该命令一定要慎用。

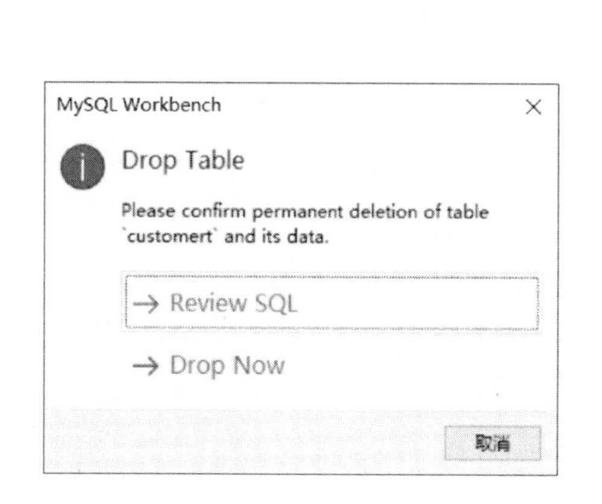

图 11－17　删除数据表

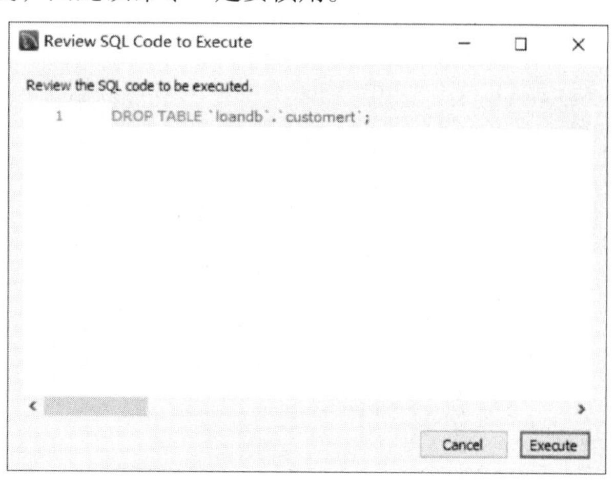

图 11－18　数据表删除语句预览

11.2.3　表数据的操作

表数据的操作是指对数据表中的数据进行增、删、改、查，在此介绍两种对表数据进行操作的方式。

1. 在 Command Line 中以命令方式实现数据操作

在 Command Line 中实现增、删、改、查的命令分别是 INSERT、DELETE、UPDATE、SELECT，使用方式与标准 SQL 中的相关命令的使用方式基本相同。在使用命令进行操作数据之前，要指定数据表所在的数据库，即用 USE 命令切换数据表所在的数据库为当前数据库，或者直接使用“数据库名．数据表名”的方式指定表所在的数据库。

1）INSERT 命令

INSERT 命令可以向一个已经建立的表中插入一行或多行数据，INSERT…VALUES 是 INSERT 语句最常用的语法格式，但是在 MySQL 中 INSERT 语句的用法和标准用法不尽相同，一般的用法有以下两种：

```
INSERT INTO tablename(列名1,列名2,…) VALUES(列值1,列值2,…)[,…n]
INSERT INTO tablename SET column_name1 = value1, column_name2 = value2,…;
```

第一种方法将列名和列值分开了，在使用时，列名必须与列值的数目及类型保持一致，这是标准 SQL 中 INSERT 语句的格式。

例 11－4　向银行表 BankT 中插入一条记录。

```
INSERT INTO BankT(Bno, Bname, Bloc, Btel)
          VALUES('J0101','建行济钢分理处','历城区','0531-88866691');
```

如果表名后什么都不写，就表示向表中所有的字段赋值。使用这种方式，不仅在 VALUES 中的值要和列数一致，而且顺序不能颠倒。

MySQL 在 VALUES 上也做了些变化，即如果 VALUES 中什么都不写，那么 MySQL 将使用表中每一列的默认值来插入新记录，如果表中的各个字段均设置了默认值或自增值，那么格式如下：

```
INSERT INTO 数据表名( ) VALUES( );
```

如果要一次插入多行的话，那么 VALUES 后面的列值数据可以用逗号隔开。

例 11－5 向 CustomerT 中输入多行数据。

```
INSERT INTO CustomerT VALUES ('C001','三盛科技公司','私营',30,'张雨')
                         ,('C002','华森装饰公司','私营',500,'王海洋')
                         ,('C003','万科儿童教育中心','集体',1000,'刘家强');
```

第二种方法允许列名和列值成对出现和使用，可以为所有列赋值，也可以为部分列赋值，但这种方式要求至少要为表中的一列赋值，省略的列取默认值或自增值。

例 11－6 利用 SET 方式向表 BankT 中插入一行数据。

```
INSERT INTO BankT
        SET Bno = 'J0102',
        Bname = '建行济南新华支行',
        Bloc = '市中区',
        Btel = '0531 - 82070519';
```

2）DELETE 命令

可以使用 SQL 的 DELETE FROM 命令来删除 MySQL 数据表中的记录，在“MySQL >”命令提示符下执行该命令。语法格式与标准 SQL 中该语句的语法格式相同。

```
DELETE FROM 数据表名 [WHERE 条件]
```

如果没有指定 WHERE 子句，那么 MySQL 表中的所有记录将被删除；如果在 WHERE 子句中指定条件，那么删除满足条件的记录。

例 11－7 利用 DELETE 语句删除 BankT 中位于历城区的所有银行的数据。

```
DELETE FROM BankT WHERE Bloc = '历城区';
```

另外，要删除表中所有的记录，除可以使用不带 WHERE 子句的 DELETE 语句外，还可以使用 TRUNCATE 语句，语法格式如下：

```
TRUNCATE [TABLE]数据表名;
```

3）UPDATE 命令

要修改或更新 MySQL 中的数据，可以使用 SQL 中的 UPDATE 命令，该命令采用标准 SQL 语法：

```
UPDATE 数据表名 SET 字段 1 = 值 1，字段 2 = 值 2,…
[WHERE 条件]
```

可以同时更新一个或多个字段，在 WHERE 子句中指定要更新行需要满足的条件。

4）SELECT 命令

数据查询，即表记录的检索，在 MySQL 中同样用 SELECT 语句完成，其语法格式与标准 SQL 中该语句的语法格式基本相同。语法格式如下：

```
SELECT 字段列表
FROM  数据源
WHERE 查询条件
GROUP BY 分组列
ORDER BY 排序列
HAVING 分组过滤条件
LIMIT 查询结果限定数量
;
```

查询中如果出现某个字段的数据为乱码，请使用 SET NAMES 命令设置正确的编码格式，然后再执行相应的 SELECT 语句进行显示。查询所有字段时，同样可以使用 * 来代替全部字段列表。

在 WHERE 子句中可以实现比较复杂的条件查询。MySQL 中的比较运算符如表 11 -5 所示。

表 11 -5　MySQL 中的比较运算符

符　号	描　述	符　号	描　述
=	等于	IN	在集合中
< >，! =	不等于	NOT IN	不在集合中
>	大于	< = >	严格比较两个 NULL 值是否相等
<	小于	LIKE	模糊匹配
< =	小于等于	REGEXP 或 RLIKE	正则式匹配
> =	大于等于	IS NULL	为空
BETWEEN	在两值之间，包括上下界值	IS NOT NULL	不为空
NOT BETWEEN	不在两值之间		

若需满足多个条件，则需要用逻辑运算符连接。AND 运算符表示同时满足两侧条件的记录才会被查询出来；OR 运算符表示两侧条件中有一个能够满足的记录即可被查询出来。

ORDER BY、GROUP BY、HAVING 等子句的用法及聚合函数的用法与在标准 SQL 中的用法相同。

LIMIT 子句是 MySQL 中的一个特殊关键字，对查询结果的条数进行限定，控制它的输出行数，类似标准 SQL 中的 Top n 的用法。该子句还可以从查询结果的中间部分取值，后面跟两个参数，第一个参数是开始读取的第一条记录的编号（第一个结果的记录编号为 0），第二个参数是要查询的记录的条数。

例 11 -8　对贷款表 LoanT 的贷款时间按降序排列，查询出从第 3 条记录开始 5 条贷款金额超过 100 万元的贷款记录。

```
SELECT * FROM LoanT WHERE Lamount > =100 ORDER BY Ldate DESC LIMIT 3,5;
```

2. 利用 MySQL Workbench 中可视化方式实现数据操作

在 MySQL Workbench 中，要对数据进行操作可以建立一个查询 Query，在查询窗口中直接输入数据操作语句，在查询窗口上面利用工具按钮执行所有 SQL 语句、选中的语句、光标所在语句等，进行数据操作。

11.3 MySQL 视图

在 MySQL 中创建视图也可以直接使用 SQL 语句完成。在 MySQL Workbench 中，单击“Create a new view in the active schema in the connected server”按钮，打开新建视图窗口，在该窗口中输入新视图的名字，然后在 DDL 窗口中编辑定义视图的 SQL 语句即可。

在 MySQL 中创建视图的语法与在标准 SQL 中创建视图的语法相同：

```
CREATE VIEW 视图名
AS
SELECT 语句
;
```

删除视图时，使用的语法格式如下：

```
DROP VIEW [IF EXISTS] 视图名
```

创建视图后，同样可以将该视图作为数据源进行查询。使用视图时，每个视图中可以使用多个表，一个视图也可以嵌套另一个视图，但是不要超过三层。而对视图进行添加、更新和删除操作会影响原表中的数据，但是当视图来自多个表时不允许添加和删除数据。利用视图修改数据库数据有诸多限制，一般在实际开发中视图仅用于查询。

11.4 MySQL 索引

11.4.1 MySQL 索引概述

MySQL 中的索引是存储在文件中的，所以索引也要占用物理空间。MySQL 将一个数据表的索引都保存在同一个索引文件中。如果更新数据表中的一个值或者向表中添加或删除一行，MySQL 会自动地更新索引，因此索引总是与数据表的内容保持一致。

在 MySQL 中将索引分为以下几类。

1）普通索引（INDEX）

普通索引是最基本的索引类型，没有唯一性之类的限制。创建普通索引的关键字是 INDEX。

2）唯一性索引（UNIQUE）

索引列的所有值都只能出现一次，即列中每一行的值都是唯一的。

3）主键（PRIMARY KEY）

主键是一种唯一索引，一般在创建数据表的时候指定，也可以通过修改数据表的方式创建，但一个数据表只能有一个主键。

4）全文索引（FULLTEXT）

MySQL 支持全文检索和全文索引，全文索引只能在 VARCHAR 或 TEXT 类型的列上创建。

5）空间索引（SPATIAL）

空间索引是对空间数据类型的字段建立的索引。MySQL 中的空间数据类型有 4 种，分别是 GEOMETRY、POINT、LINESTRING、POLYGON。MySQL 使用 SPATIAL 关键字进行扩展，使用于创建正规索引类型的语法能创建空间索引。必须将创建空间索引的列声明为 NOT NULL，且空间索引只能在存储引擎为 MYISAM 的表中创建。

创建索引时需要注意以下问题。

（1）只有当数据表类型为 MyISAM、InnoDB 或 BDB 时，才可以向有 NULL、BLOB 或 TEXT 的列中添加索引。

（2）一个数据表最多可以有 16 个索引，最大索引长度为 256 个字节。

（3）对于 CHAR 和 VARCHAR 列，可以索引列的前缀，即将列的前缀作为索引的一部分，使得索引速度更快且占用的存储空间更少。

（4）MySQL 索引可以建立在多个列上，索引最多可以由 15 个列组成。

11.4.2 创建索引

1. CREATE INDEX

CREATE INDEX 语句在已存在的数据表上可添加普通索引、UNIQUE、FULLTEXT、SPATIAL 索引。其语法格式如下：

```
CREATE [UNIQUE|FULLTEXT|SPATIAL] INDEX 索引名
ON 数据表名(列名[长度],…) ;
```

以上语法格式及参数说明如下。

◇ UNIQUE | FULLTEXT | SPATIAL 为可选项，若省略则表示创建普通索引，分别代表唯一索引、全文索引、空间索引。

◇ ON 后面是索引所在的数据表，小括号中为创建索引的一个或多个列，若有多个列可用逗号隔开。

◇ [长度] 指定索引长度，可选参数，若建立索引的列为字符型，可以通过指定索引长度建立由索引列的前缀构成的索引。

例 11－9 在 BankT 表中的 Btel 列建立唯一索引。

```
MySQL > CREATE UNIQUE INDEX ID_tel ON BankT(Btel);
```

2. CREATE TABLE

创建数据表时可以建立索引，语法格式如下：

```
CREATE TABLE 数据表名(
    属性名 数据类型[完整性约束条件],
    属性名 数据类型[完整性约束条件],
    ……
    属性名 数据类型 [完整性约束条件],
    [PRIMARY KEY (列名),]
    [[UNIQUE|FULLTEXT|SPATIAL] INDEX|KEY
    [别名] (属性名1 [(长度)][ASC|DESC][,…n]),
    …]
);
```

其中，INDEX | KEY 二者作用相同，在实际应用中选一个即可。若创建主键，则使用 PRIMARY KEY 行，否则根据需要选择普通索引、唯一索引、全文索引和空间索引。

3. ALTER TABLE

使用 ALTER TABLE 语句也可以创建索引，其语法格式如下：

```
ALTER TABLE 数据表名
...
|ADD [UNIQUE|FULLTEXT|SPATIAL]INDEX|KEY 索引名(索引列列表)
|ADD PRIMARY KEY (索引列列表)
;
```

4. SHOW INDEX FROM

索引建立以后，就可以利用 SHOW INDEX FROM 语句查看数据表中所建立索引的信息了：

```
SHOW INDEX FROM 数据表名
```

例 11-10 查看表 CustomerT 中建立的索引信息。

```
SHOW INDEX FROM CustomerT;
```

5. 删除索引

当一个索引不再需要的时候，可以使用 DROP INDEX 语句或者 ALTER TABLE 语句删除，语法格式如下：

```
DROP INDEX 索引名称 ON 数据表名 ;
ALTER TABLE 数据表名 DROP PRIMARY KEY|DROP INDEX 索引名;
```

6. 在 MySQL Workbench 中创建、修改和删除索引

在 MySQL Workbench 中创建、修改和删除索引，可以在 Alter Table 窗口进行。在要管理索引的数据表名称上面单击鼠标右键，在弹出的快捷菜单中选择“Alter Table”命令，打开该数据表的编辑窗口。单击窗口下侧的“Indexes”选项，打开该数据表的索引页面，如图 11-19 所示。

在该索引页面中部左侧窗口列出了已建立的索引，双击索引名称可对其进行重命名，单击 Type 列中对应的类型可以对索引类型进行重新选择。在已建立的索引名称上单击鼠标右键，可以在弹出的快捷菜单中选择命令删除该索引。单击空白行可以新建索引，输入索引名称，选择其类型，在右侧窗口中选择索引所在的列。设置完成后单击右下角的“Apply”按钮，打开 SQL 预览窗口，单击“Execute”按钮执行该命令，单击“Finish”按钮完成索引的修改。此时在 Schemas 窗口刷新，打开该数据表的“Indexes”列表，会列出该数据表的所有索引，在其中任一索引名称上单击鼠标右键即可选择“Create Index”命令打开该数据表的索引窗口，如图 11-20 所示，在该窗口中同样可以完成对索引的管理。

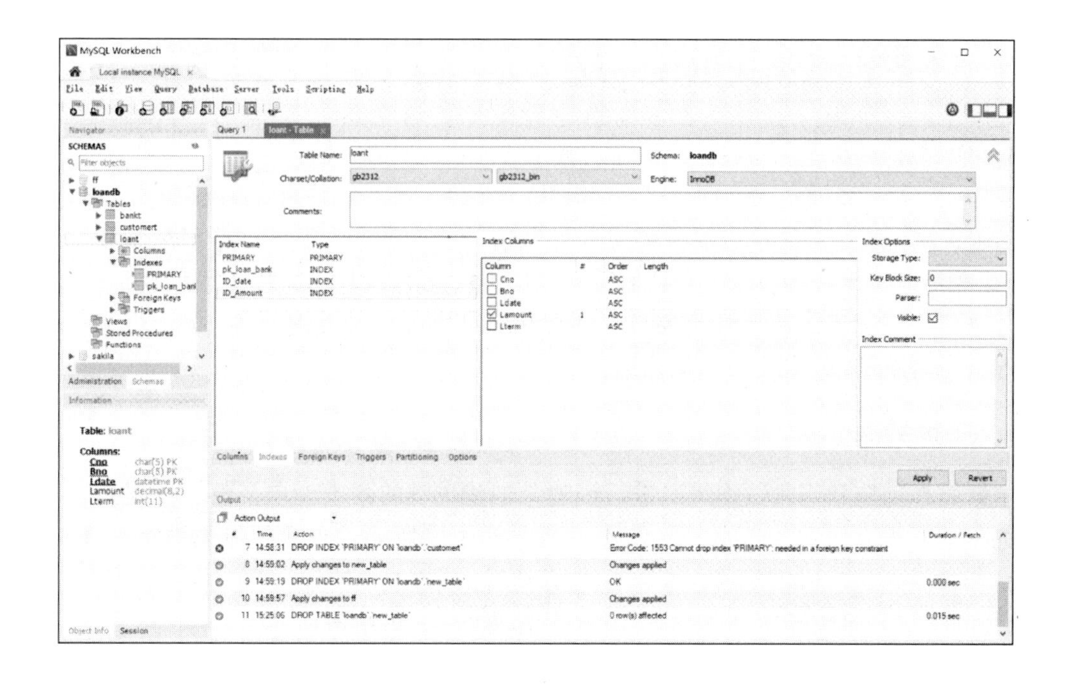

图 11－19　MySQL Workbench 中数据表的索引页面

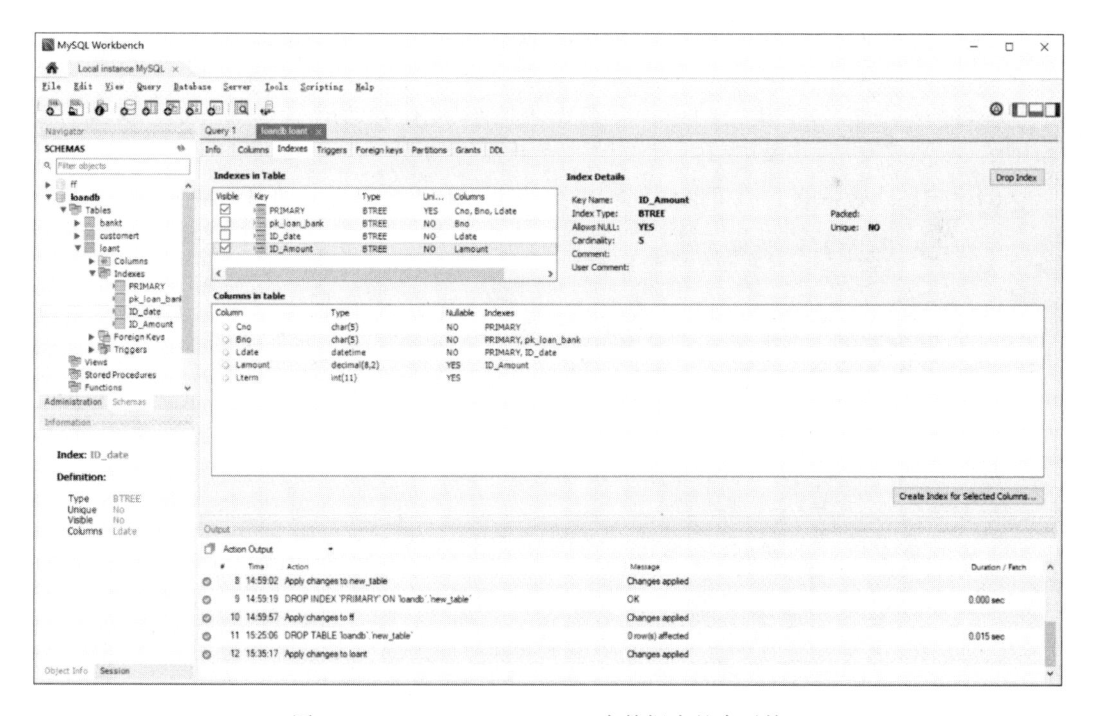

图 11－20　MySQL Workbench 中数据表的索引管理

在一个已经建立的数据表的某个字段上面建立索引，可以打开该表的“Columns”列表，在要建立索引的字段上面单击鼠标右键，在弹出的快捷菜单中选择“Create Index”命令，同样可以打开索引窗口新建和管理索引。

11.5 MySQL 数据完整性约束

MySQL 数据完整性包括实体完整性、域完整性及参照完整性。

实体完整性可以通过主键约束（PRIMARY KEY）、唯一键约束（UNIQUE）或标识列属性实现；域完整性可以通过数据类型（如数值类型、日期类型、字符串类型等限制类型）、非空约束（NOT NULL）、默认值定义（DEFAULT）、CHECK 约束（MySQL 8.0 支持 CHECK 约束）来实现；而参照完整性又叫引用完整性，通过外键约束（FOREIGN KEY）来实现。下面详细介绍几个常用的约束。

1. 主键约束

主键可在创建和修改数据表时进行创建，创建主键的列不能取空值。创建数据表时主键的创建方法有两种：若主键仅包含一列，可在该列定义的后面加关键字 PRIMARY KEY；若主键包含一列或多列，可以在列定义后面附加一个子句“PRIMARY KEY（列 1，列 2，…）”，前面介绍 CREATE TABLE 命令时有详细解释。

利用 ALTER TABLE 命令也可以建立主键，语法格式如下：

```
ALTER TABLE 数据表名  ADD PRIMARY KEY (主键列列表)
```

2. 唯一键约束

唯一键约束又称为替代键约束，即数据表的一列或多列的值是唯一的，关键字为 UNIQUE。

在创建和修改数据表时，可以添加唯一键约束。创建数据表时的语法格式如下：

```
CREATE TABLE 数据表名(
    …
    列名 数据类型(长度) [NOT NULL] UNIQUE
    …
);
```

或者：

```
CREATE TABLE 数据表名(
    列名数据类型(长度)[NOT NULL],
    …
    UNIQUE (列名1,列名2,…)
);
```

一个数据表可以有多个唯一键，创建唯一键约束时系统会自动创建 UNIQUE 索引。

3. 外键约束

参照完整性主要由外键来实现，外键的创建可以在使用 CREATE TABLE 命令创建数据表时完成，也可以在创建数据表之后由 ALTER TABLE 命令添加。由 CREATE TABLE 命令创建外键的语法格式如下：

```
CREATE TABLE 数据表名(
    ……
    FOREIGN KEY [外键名](外键列名…)
    REFERENCES 数据表名(引用列名…)
    [ON DELETE {RESTRICT|CASCADE|SET NULL|NO ACTION}]
    [ON UPDATE {RESTRICT|CASCADE|SET NULL|NO ACTION}]
)
```

其中，FOREIGN KEY 定义了外键，外键列为当前数据表中的列，按照外键定义该列值需要取指定数据表中列的值。REFERENCES 指定了所要引用的数据表及其中的列。外键列只能引用被参照或被引用数据表中的主键或唯一索引列。

ON DELETE 及 ON UPDATE 定义外键在删除和更新时的参照动作，其意义分别介绍如下。

◇ RESTRICT：当要删除或者更新父表中被参照列上外键中出现的值时，拒绝删除或更新操作。

◇ CASCADE：当从父表删除或更新行时，自动删除或更新子表中匹配的行。

◇ SET NULL：当从父表删除或更新行时，若子表中没有设置与之对应的外键列为 NOT NULL 的话，则设置子表中与之对应的外键列为 NULL；否则发生错误。

◇ NO ACTION：不采取动作，同 RESTRICT。

若没有指定这两个选项的操作，默认为 RESTRICT。

利用 ALTER TABLE 命令创建参照完整性约束时，语法格式如下：

```
ALTER TABLE <数据表名> ADD CONSTRAINT <外键名>
        FOREIGN KEY(<列名>…) REFERENCES <主表名>(<列名>…);
```

4. CHECK 约束

MySQL8.0 版本支持 CHECK 约束，可在创建或修改数据表时创建约束，其语法格式如下。

（1）列级 CHECK 约束，即建立在一个列上的约束：

```
CREATE TABLE 数据表名(
    …
    列名 类型[(长度)] [NOT NULL] CHECK(关系表达式)
    …
);
```

（2）表级 CHECK 约束，即建立在多个列上的约束：

```
CREATE TABLE 数据表名(
    列名 类型[(长度)] [NOT NULL],
    …
    CHECK(可以包含多个列的关系表达式)
    …
);
```

这种格式可以建立多个 CHECK 约束，多个 CHECK 约束之间用逗号隔开。

(3) 使用 ALTER TABLE 创建 CHECK 约束：

建立数据表之后要添加 CHECK 约束，可以使用 ALTER TABEL 语句，语法格式如下：

```
ALTER TABLE 数据表名 CHECK(关系表达式);
```

5. 非空约束

非空约束即 NOT NULL 约束，可在创建或者修改数据表时设定，在列属性的后面加关键字 NOT NULL 即可。

6. 删除约束

若删除一张数据表，则该数据表的所有完整性约束均被删除；若该数据表包含被参照数据表的外键，则根据创建外键选项确定该数据表是否拒绝被删除。

若仅删除约束，则可以使用 ALTER TABLE 命令进行删除。

```
ALTER TABLE 数据表名
DROP 约束类型 约束名 ;
```

11.6 MySQL 过程式数据库对象

MySQL 自 5.0 版本开始支持存储过程、存储函数、触发器和事件功能的实现。

11.6.1 存储过程

MySQL 存储过程是存储在数据库中的一段程序代码，由声明式 SQL 语句（如 CREATE、UPDATE、SELECT 等）或过程式 SQL 语句（如 IF – THEN – ELSE）组成，可以由程序、触发器或另一个存储过程调用。

1. 存储过程的创建

存储过程用 CREATE PROCEDURE 创建，业务逻辑和 SQL 语句写在 BEGIN 和 END 之间。在 MySQL 中可用 “call porcedureName ( );” 来调用存储过程。创建存储过程的语法格式如下：

```
CREATE PROCEDURE 存储过程名([参数],…)
        存储过程体
```

系统默认在当前数据库中创建存储过程，需要指定数据库的话可以在存储过程名前面指定数据库，格式为“数据库名．存储过程名”。以上语法格式及参数说明如下。

(1) 参数格式如下：

```
[IN|OUT|INOUT] 参数名 参数类型
```

IN | OUT | INOUT 为可选项，表示参数的类型，分别表示输入参数、输出参数、输入输出参数。存储过程利用输入参数接收数据，利用输出参数返回数据，利用输入输出参数既可接收数据又可返回数据。

存储过程可以有 0 到多个参数，存储过程即使没有参数，其名称后面的小括号也不可以省略。

在设置参数的时候需要注意，参数名不要使用列名，否则在存储过程中的 SQL 语句会将参数名看作列名从而引发不可预知的结果。

（2）存储过程体。存储过程体是存储过程的实现部分，这部分以 BEGIN 开头，以 END 结束，若存储过程体中只有一个语句时，则可以省略 BEGIN…END 标志。

在 MySQL 中，服务器处理语句的时候是以分号为结束标志的，但在创建存储过程的时候，存储过程可能包含多个 SQL 语句，每个 SQL 语句都是以分号结尾的，这时服务器处理程序的时候遇到第一个分号就会认为程序结束，引发错误。因此在创建存储过程之前，先使用命令 DELIMITER 结束符将 MySQL 语句的结束标志修改为其他符号，最后再使用“DELIMITER ;”恢复以分号为结束标志。

在存储过程体内，可以使用 SQL 语句或者 MySQL 流程控制语句，主要包括以下几个。

（1）局部变量。存储过程中的局部变量必须在 BEGIN…END 之间进行声明，声明局部变量使用 DECLARE 语句，且局部变量名字不必以@开头，在声明局部变量时可以为其指定一个初始值，若不指定则默认为 NULL。语法格式如下：

```
DECLARE 变量名…类型[(长度)][默认值];
```

（2）SET 语句。要给局部变量赋值可以使用 SET 语句，语法格式如下：

```
SET 变量名=变量值表达式[,变量名=变量值表达式]…;
```

在 MySQL 中，SET 语句可以一次为多个变量赋值。

（3）SELECT…INTO 语句。该语句把选定的列值直接存储到变量中，因此 SELECT 语句的返回结果只能有一行。语法格式如下：

```
SELECT 列名[,…] INTO 变量名[,…] FROM…
```

此语句只能用在存储过程中，且变量在该语句之前已经声明。通过该语句赋值的变量可以在语句块的其他语句中使用。

（4）控制流语句。MySQL 提供了两种选择结构，一种是 IF…THEN…ELSE 结构，另一种是 CASE…WHEN…ELSE 结构。

IF…THEN…ELSE 结构根据不同的条件执行不同的操作，语法格式如下：

```
IF 条件 THEN 语句 1
[ELSE IF 条件 THEN 语句 2]
…
[ELSE 语句 n+1]
END IF
```

该结构执行时，当条件为真时执行对应的 THEN 后面的语句，否则检测后面的条件；若所有条件均不成立，则执行 ELSE 后面的语句。

CASE…WHEN…ELSE 结构是多分支结构，语法格式如下：

```
CASE 表达式
    WHEN 值 1 THEN 语句 1
    [WHEN 值 2 THEN 语句 2]
    …
    [ELSE 语句 n+1]
END CASE
```

或者

```
CASE
    WHEN 条件1  THEN 语句1
    [WHEN 条件2  THEN 语句2]
    …
    [ELSE 语句n+1]
END CASE
```

而 MySQL 支持的循环语句有 WHILE、REPEAT、LOOP 三种，最常用的是 WHILE 循环语句。

WHILE 循环为当型循环，当条件成立时执行循环体，语法格式如下：

```
[开始标注:]
WHILE 条件 DO
  语句
END WHILE[结束标注]
```

其中，开始标注和结束标注若出现则必须同时出现，并且名字必须相同。

REPEAT 循环是一个直到型循环，先执行循环体，然后判定条件，条件不成立就一直执行循环体并判断条件，直到条件成立为止。

LOOP 循环可以看作是一个无限循环，必须在循环体中与 IF 语句和 LEAVE 语句连用才能退出循环。LEAVE 语句用于退出被标注的语句块或循环体，相当于 Transact - SQL 中的 BREAK 语句。

MySQL 还提供了另外一个语句 ITERATE，用于重新开始一个循环，相当于 Transact - SQL 中的 CONTINUE 语句。

2. 游标

MySQL 支持简单的游标，但是游标一定要在存储过程或函数中使用，使用一个游标需要用到四条特殊语句：DECLARE CURSOR（声明游标）、OPEN CURSOR（打开游标）、FETCH CURSOR（读取游标）、CLOSE CURSOR（关闭游标）。

（1）声明游标，语法格式如下：

```
DECLARE 游标名 CURSOR FOR SELECT 语句;
```

该命令将一个查询语句的结果与游标连接到一起，但注意此处的 SELECT 语句不允许有 INTO 子句。在存储过程中可以定义多个游标，但是一个块中的每个游标必须有唯一的名字。声明游标之后，就可以打开使用了。

（2）打开游标，语法格式如下：

```
OPEN 游标名
```

一个游标可以被打开多次，由于可能在用户打开游标后其他用户或程序正在更新数据表，所以可能打开的游标每次显示的结果都不相同。

（3）读取游标，即使用游标。游标打开后可以利用游标读取数据，语法格式如下：

```
FETCH 游标名 INTO 变量名…
```

该语句将游标指向的一行数据赋值给一些变量，子句中变量的数目必须等于声明游标时的 SELECT 子句中列的数目，且类型能够兼容。变量名指定存放数据的变量。

（4）关闭游标，游标使用完成后需要及时关闭，语法格式如下：

```
CLOSE 游标名
```

例 11－11 创建一个存储过程，功能是创建一个新数据表，在新数据表中统计每个银行的贷款总额。

```
DELIMITER $ $
CREATE PROCEDURE sumup( )
BEGIN
    DECLARE s decimal(10,2) DEFAULT 0;
    DECLARE num char(5) ;
    --将结束标志绑定到游标
    DECLARE founded boolean DEFAULT TRUE;
    DECLARE curloan CURSOR FOR SELECT Bno, Lamount FROM LoanT;
    --将结束标志 found 绑定到游标
    DECLARE CONTINUE HANDLER FOR NOT FOUNDSET founded = FALSE;
    DROP TABLE IF EXISTS loandb. b_loan;
    CREATE TABLE b_loan (
        Bno char(5) PRIMARY KEY,
        Bname nchar(10),
        Lamount decimal(10,2) DEFAULT 0
);
    INSERT INTO b_loan(Bno,Bname) SELECT Bno, Bname FROM BankT;
    OPEN curloan;
    FETCH curloan INTO num,s;
    WHILE founded DO
        UPDATE b_loan SET LAmount = LAmount + s WHERE bno = num;
        FETCH curloan INTO num,s;
    END WHILE;
    CLOSE curloan;
END $ $
DELIMITER ;
```

3. 存储过程的调用

存储过程创建完毕之后，就可以在程序、触发器或其他存储过程中调用了，调用格式如下：

```
CALL 存储过程名([参数]);
```

注意调用存储过程时的输入参数必须有确定的值，输出参数必须已经声明成为相应的类型，调用时的参数必须按顺序在类型和数量上与定义存储过程的参数一一对应。

4. 存储过程的修改和删除

删除存储过程使用 DROP PROCEDURE 命令，语法格式如下：

```
DROP PROCEDURE [IF EXISTS] 存储过程名;
```

可以使用 ALTER PROCEDURE 语句对存储过程的某些特征进行修改。若要修改内容，则采用先删除存储过程，再重新创建的方法完成。

5. 在 MySQL Workbench 中管理存储过程

在 Schemas 窗口，数据库列表中各个数据库下有一个“Storedprocedures”节点，在该节点上面单击鼠标右键，在弹出的快捷菜单中选择“Create Stored Procedure”命令，可以打开创建存储过程的窗口。Stored Procedure 节点下列出了已建立的存储过程，在相应的存储过程名称上面单击鼠标右键，在弹出的快捷菜单中可以选择命令创建、修改、删除存储过程，也可以查看创建存储过程的 SQL 代码等。

11.6.2 触发器

MySQL 也支持触发器实现数据库中数据的完整性，其代码可由声明式和过程式的 SQL 语句组成，因此用在存储过程中的语句也可以用在触发器的定义中。

1. 触发器的创建

可以使用 CREATE TRIGGER 语句创建触发器，语法格式如下：

```
CREATE TRIGGER 触发器名 触发时刻 触发事件
ON 数据表名 FOR EACH ROW 触发器动作
```

以上语法格式及参数说明如下。

（1）“触发器名”在当前数据库中是唯一的，且默认在当前数据库中创建。若创建其他数据库中的触发器，需要在触发器名称前面添加数据库的名称。

（2）“触发时刻”有两个选项 AFTER 和 BEFORE，以表示触发器是在激活它的语句之后或之前触发。

（3）“触发事件”指明激活触发程序的语句的类型，可能是 INSERT 类型（INSERT 语句、LOAD DATA 语句、REPLACE 语句）、UPDATE 类型（UPDATE 语句）、DELETE 类型（DELETE 语句和 REPLACE 语句）。

（4）“数据表名”表示在该数据表上发生触发事件才会激活触发器，同一个表不能有两个具有相同触发时刻和事件的触发器。

（5）“FOR EACH ROW”指定对受触发事件影响的每一行都要激活触发器的动作。

（6）“触发器动作”，即触发器激活时要执行的语句。

建立起触发器后，若要查看数据库中有哪些触发器，使用 SHOW TRIGGERS 命令。

2. 删除触发器

和其他数据库对象一样，可以用 DROP 语句将触发器从数据库中删除，语法格式如下：

```
DROP TRIGGER [数据库名.]触发器名称
```

3. 在 MySQL Workbench 中创建、修改、删除触发器

在 Schemas 窗口中，每个数据表下面都会有一个 Triggers 列表，其中列出了该表的所有触发器，可以在触发器名称上面单击鼠标右键，通过快捷菜单命令进行管理。在 Triggers 列表上单击鼠标右键，从弹出的快捷菜单中选择“Create Trigger”命令，可以新建触发器。

11.7 MySQL 数据库备份与恢复

MySQL 支持多种数据安全方法，最简单的就是数据的备份与恢复。

11.7.1 数据库备份

数据库备份是最简单的数据保护方法，MySQL 提供了不同的数据备份工具。

1. MYSQLDUMP 命令

MySQL 提供了很多实用客户端程序，保存在安装目录的 bin 下面。MYSQLDUMP 工具用于实现数据库的备份，将数据库中的数据备份成一个文本。使用 MYSQLDUMP 命令备份一个数据库的语法格式如下：

```
MYSQLDUMP -U 用户名 -P 数据库名 [数据表名1][数据表名2]… >备份文件名.sql
```

数据库名指定了要备份的数据库，而数据表名指定了要备份的数据表，若省略则备份整个数据库。备份文件名指定将数据库备份后得到的文件，一般备份为一个 .sql 文件。

例 11-12 为 loanDB 的 BankT 和 CustomerT 建立备份文件“D:/loanbak.sql”。

进入命令提示符，并输入以下语句：

```
MYSQLDUMP -u root -p loandb BankT CustomerT > D:/loanbak.sql
```

回车后系统提示输入密码，执行成功后会在 D 盘根目录下多出一个文件 loanbak.sql，这就是刚刚备份的文件。

要想备份多个数据库，可以使用 --database 参数，语法格式如下：

```
MYSQLDUMP -u root -p --database 数据库1 数据库2… >备份文件名.sql
```

而要备份所有 MySQL 的数据库，可使用 --all-database 选项：

```
MYSQLDUMP -u root -p --all-database >备份文件名.sql
```

2. 直接复制整个数据库目录

MySQL 有一种最简单的备份方法，就是将 MySQL 中的数据文件直接复制出来。使用这种方法，要先停止服务器，保证复制期间数据库中的数据不会发生变化，保证数据的一致性。且还原数据时最好是备份时相同版本的 MySQL，否则可能会出现存储文件类型不同的情况。

利用命令 show variable like '%datadir%' 查看数据库文件保存的具体位置，然后就可以

复制数据库文件了。

11.7.2 数据库恢复

1. 使用 MYSQL 命令还原

可以利用 MYSQL 命令将利用 MYSQLDUMP 命令备份的文件还原到数据库中，基本语法格式如下：

```
MYSQL  -u 用户名 -p [数据库名] < 备份文件.sql
```

用户名默认为 root，指定数据库名表示还原该数据库，若不指定则还原特定的数据库，在备份文件中由 CREATE DATABASE 语句直接指定还原的数据库。而利用 --all-database 选项备份的所有数据库的文件，是不需要指定数据库的。

2. 直接复制到数据库目录

若还原时的 MySQL 版本与备份时相同，则可以将直接拷贝出来的数据库目录文件直接复制回数据库数据目录中，这种方法对 MyISAM 类型的表有效，而对 InnoDB 类型的表不可用，同样 InnoDB 类型的表数据文件是不可复制的。

11.7.3 数据表的导入/导出

MySQL 数据表可以导出成文本文件、XML 文件或 HTML 文件，相应的文件也可以导入 MySQL 数据库中。

1. SELECT…INTO OUTFILE 导出文本文件

在 MySQL Command Line 中使用 SELECT…INTO OUTFILE 语句可以将数据表的内容导出成一个文本文件：

```
SELECT [列名…] FROM 数据表名 [WHERE 子句]
INTO OUTFILE'目标文件'[OPTION];
```

该语句的前半部分是一个普通的 SELECT 语句，通过这个 SELECT 语句来查询所需要的数据。后半部分是数据导出部分，'目标文件'指定了将查询出的结果集导出到哪个文件。OPTION 常用的选项包括以下几个。

(1) FIELDS TERMINATED BY '字符串'：设置字符串为字段的分隔符，默认值为 '\t'。

(2) FIELDS ENCLOSED BY '字符'：字段用指定的字符括起来，即每个字段的前后加上指定的字符作为分界符。

(3) FIELDS OPTIONALLY ENCLOSED BY '字符'：设置字符将 CHAR、VARCHAR、TEXT 类型的字段括起来，默认不使用任何符号。

(4) FIELDS ESCAPED BY '字符'：设置转义字符，默认为 '\'。

(5) LINES STARTING BY '字符串'：设置每行开头的字符串，默认情况下没有任何字符。

(6) LINES TERMINATED BY '字符串'：设置每行的结束符，默认为 '\n'。

在使用该语句导出文件时，指定目标文件的路径只能是 MySQL 的 secure_file_priv 参数指定的路径，该路径可用如下命令获得：

```
SELECT @ secure_file_priv;
```

2. 用 MYSQLDUMP 命令导出文本文件

如前所述，MYSQLDUMP 命令可以备份数据库中的数据，备份文件中保存的是 CREATE 语句和 INSERT 语句。且该命令还可以导出文本文件：

```
MYSQLDUMP -U 用户名 -P 密码 -T"目标目录" 数据库名 数据表名[选项]
```

目标目录参数是指导出的文本文件的路径，数据库名及数据表名指定了要导出的数据表，选项与 SELECT…INTO OUTFILE 命令的选项相同。

3. 用 MYSQL 命令导出文本文件

用 MYSQL 命令不仅可以登录 MySQL 服务器，还可以用于备份文件及导出文本文件，语法格式如下：

```
MYSQL -U 用户名 -P 密码 -E"SELECT 语句" 数据库名 > 文本文件全名
```

例 11-13 将数据库 loanDB 中的表 LoanT 备份到文本文件 D：\ loantbak. txt 中。

语句及执行结果如图 11-21 所示。

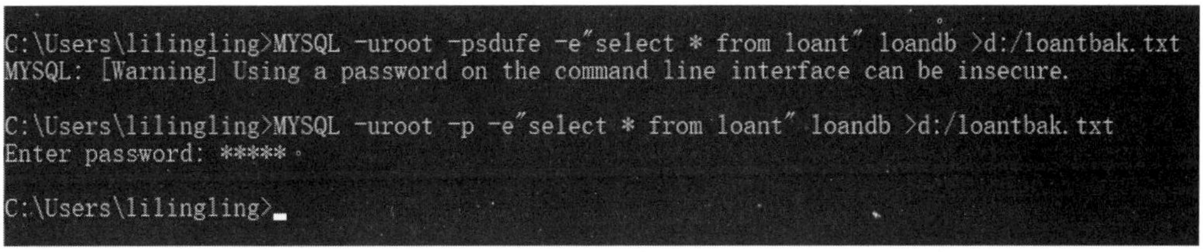

```
C:\Users\lilingling>MYSQL -uroot -psdufe -e"select * from loant" loandb >d:/loantbak.txt
MYSQL: [Warning] Using a password on the command line interface can be insecure.

C:\Users\lilingling>MYSQL -uroot -p -e"select * from loant" loandb >d:/loantbak.txt
Enter password: *****

C:\Users\lilingling>_
```

图 11-21 例 11-13 语句及执行结果

由于在命令中使用明文密码非常不安全，因此可以只在语句中用“-p”参数，然后在语句执行后的提示下输入密码即可完成数据导出，如图 11-21 中的第二条语句所示。

参 考 文 献

[1] 高凯．数据库原理与应用[M]．北京：电子工业出版社，2011.

[2] 萨师煊．数据库系统概论[M]．北京：高等教育出版社，2000.

[3] 陈志泊．数据库原理及应用教程[M]．北京：人民邮电出版社，2017.

[4] 姜桂洪．SQL Server 数据库应用与开发[M]．北京：清华大学出版社，2015.

[5] 刘爽英．数据库技术及应用[M]．北京：清华大学出版社，2013.

[6] 路嘉恒．大数据挑战与 NoSQL 数据库技术[M]．北京：电子工业出版社，2014.

[7] 钱乐秋，赵文耘，牛军钰．软件工程（第 2 版）[M]．北京：清华大学出版社，2013.

[8] 马俊，袁暋．SQL Server 2012 数据库管理与开发[M]．北京：人民邮电出版社，2016.

[9] 尹志宇，郭晴，等．数据库原理与应用教程——SQL Server 2012．北京：清华大学出版社，2019.

[10] 姜桂洪，孙福振，等．SQL Server 2016 数据库应用与开发[M]．北京：清华大学出版社，2018.

[11] 张素青，翟慧，等．MySQL 数据库技术与应用[M]．北京：人民邮电出版社，2018.

[12] Paul DuBois. MySQL 经典实例（第三版）[M]．北京：中国电力出版社，2019.

[13] 王英英．MySQL 8 从入门到精通[M]．北京：清华大学出版社，2019.

[14] C. J. Date. 你不可不知的关系数据库理论[M]．张大华，等，译．北京：人民邮电出版社，2016.